现代工程机械电气与电子控制

梁 杰 于明进 路 晶 主编

人民交通出版社

内 容 提 要

本书内容包括三篇,第一篇介绍现代工程机械基本电器及常用电气控制器件,如蓄电池、交流发电机、起动机、汽油机点火系、照明设备、信号装置及仪表、行程开关与接近开关、空气开关、接触器以及各种继电器等的结构、原理及特性等;第二篇介绍自动控制系统的基本概念以及计算机控制系统的有关知识;第三篇介绍比较典型的工程机械,如沥青混凝土摊铺机、沥青混凝土搅拌设备、挖掘机及压实机械的电控系统。

本书内容新、系统,并注重了理论联系实际,实用性强,可作为相关院校工程机械专业的教材以及从事工程机械管理、使用和维护人员的培训教材或参考书。

图书在版编目(CIP)数据

现代工程机械电气与电子控制/梁杰,于明进,路晶主编.—北京:人民交通出版社,2005.2
ISBN 7 – 114 – 05456 – 4

Ⅰ.现... Ⅱ.①梁...②于...③路... Ⅲ.①工程机械—电气控制②工程机械—电子控制 Ⅳ.TU6

中国版本图书馆 CIP 数据核字(2005)第 011377 号

书　　名:现代工程机械电气与电子控制
主　　编:梁 杰　于明进　路 晶
责任编辑:钱悦良
出版发行:人民交通出版社
地　　址:(100011) 北京市朝阳区安定门外外馆斜街 3 号
网　　址:http://www.ccpress.com.cn
销售电话:(010) 59757973
总 经 销:人民交通出版社发行部
经　　销:各地新华书店
印　　刷:北京鑫正大印刷有限公司
开　　本:787×1092　1/16
印　　张:19.25
字　　数:478 千
版　　次:2005 年 2 月　第 1 版
印　　次:2017 年 7 月　第 10 次印刷
书　　号:ISBN 7-114-05456-4
印　　数:17001 – 18500 册
定　　价:36.00 元

(有印刷、装订质量问题的图书由本社负责调换)

前　言

电气与电子控制系统是现代工程机械的重要组成部分,其性能的优劣直接影响了现代工程机械的动力性、经济性、工作可靠性、运行安全性、施工质量、生产效率以及使用寿命等。随着现代施工工程要求的不断提高,电子控制系统已成为现代工程机械不可缺少的组成部分,也是衡量现代工程机械技术水平高低及先进程度的一个重要依据。

随着现代科技的迅猛发展,特别是自 20 世纪 90 年代后期以来,微电子技术、计算机技术、智能技术、网络技术、总线技术、通信技术、传感与检测技术、机器人技术等的快速发展以及向工程机械领域的不断渗透,现代工程机械正处于一个机电一体化的崭新的发展时代。机械与电子、计算机等技术的有机结合,极大地提升了现代工程机械的综合技术性能。目前基于计算机技术的控制系统在现代工程机械中得到了越来越广泛的应用,计算机技术的应用一方面促进了现代工程机械由模拟控制系统向数字控制系统发展,提高了工程机械的作业精度、工作可靠性、过程自动化程度和工作效率,另一方面也使现代工程机械实现智能控制、网络化与整体控制成为可能。概括起来讲,电子控制系统在现代工程机械中的应用主要体现在以下几方面:

(1)状态监控、检测、报警与故障诊断

用来对工程机械的动力系统、传动系统、液压系统和工作装置等的运行状态进行监控,工作出现异常时及时报警并指出故障部位。

(2)节能与环保、提高工效

如日本小松公司的挖掘机采用的 CLSS 系统(闭式中心负荷传感系统)、韩国现代公司的挖掘机采用的 CAPO 系统(电脑辅助动力选择系统)、韩国大宇重工的挖掘机采用的 EPOS 系统(电子功率优化系统)、美国卡特匹勒公司和日本小松公司的柴油机喷油系统的电子控制等。

(3)提高控制精度和施工质量

为了保证成品料质量和提高生产率,现代沥青混凝土搅拌设备普遍采用了冷集料的级配、集料的加热温度及称重计量等自动控制系统;为提高作业精度和施工质量,沥青混凝土摊铺机以及平地机采用了自动调平系统,沥青混凝土摊铺机还广泛采用了作业速度和供料等自动控制系统。

(4)生产或工作过程的自动化、智能化

如沥青混凝土和水泥混凝土搅拌设备生产过程的计算机自动控制与动态监控,装载机和铲运机变速箱自动换档控制系统,振动压路机的振动控制系统等。

此外,目前国内外在工程机械的遥控操纵和无人化控制、机器人化、全球定位系统(GPS)和基于 GSM 移动电话网络的无线通信功能的应用、远程监控与维护技术以及机群控制与智能化管理等方面的研究也取得了较大的成果,其中的有些研究已达到实用化的阶段,如无线遥控的压路机和挖掘机在国外已研制成功并投入使用。

现代工程机械电气与电子控制技术的快速发展,一方面极大地提高了工程机械的综合性能和技术水平,同时也对施工单位工程机械的管理、使用和维护人员提出了更高的要求。为了使施工单位的工程机械应用人员及高校工程机械相关专业的广大师生全面了解和掌握现代工程机械电气、电子控制装置与系统的结构、组成、原理、特性以及使用、检测等技术,特编写了此书。

　　本书除系统地介绍现代工程机械基本电器及常用电气控制器件的结构、原理、特性及使用等内容外,还以路面施工机械、压实机械及土方机械为例,较详细地介绍了目前国内主流机型电控系统的组成、线路、原理及使用等技术,同时也增加了有关自动控制基础知识和基本概念以及计算机控制方面的一些内容,以有助于读者对本书中现代工程机械自动控制装置与系统有关章节内容的理解。本书以目前较为流行的机型为主,力求内容新、系统、详实、理论联系实际和实用性强。

　　本书由梁杰、于明进和路晶主编,其中梁杰编写第七、八、九、十、十一章,于明进编写第二、四章,路晶编写第五、六、十二、十三章,陈勇编写第一、三章。

　　由于作者水平有限,书中难免有不妥之处,敬请广大读者批评指正。

编　者
2005 年 1 月

目　录

第一篇　现代工程机械基本电器及常用电气控制器件

第二篇　现代工程机械自动控制基础

第三篇　现代工程机械电控系统

第一章 蓄电池

工程机械上用电设备所需的电能都是由蓄电池和发电机提供的。蓄电池是靠内部的电化学反应将化学能转变为电能给负载(用电设备)供电的;发电机是在发动机的驱动下,将机械能转变为电能给负载供电的。蓄电池和发电机并联连接,与用电设备的基本连接关系如图 1-1 所示。

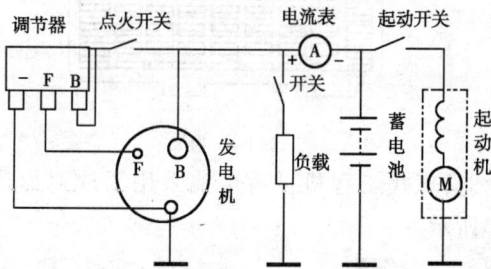

图 1-1 工程机械基本电路

蓄电池作为工程机械必不可少的电源,主要作用如下:

(1)在发动机起动时,为起动系和其他电气设备(包括发电机的激磁绕组)供电。

(2)由于各种原因(如:停车、发电机转速较低、发电机超载、发电机故障等)造成发电机不工作或输出电压低于蓄电池电压时,为电气设备供电。

(3)吸收电路中产生的过电压,稳定电网电压,保护电子元器件。

由于在发动机起动时,蓄电池必须能给起动机提供 300~600A 的电流(有的起动机最大起动电流超过 1000A),并且要能持续一定的时间(一般要求 5~10s 以上);在发电机发生故障不能发电时,蓄电池的容量应能维持车辆行驶一定的时间。因此,要求工程机械用蓄电池有尽可能小的内阻和足够的容量。

而起动用铅酸蓄电池虽然比能较低,但其内阻小、电压稳定、在短时间内能提供较大的电流,并且结构简单、原料丰富,因而在工程机械上得到广泛应用。本章主要介绍起动用铅蓄电池(以下简称蓄电池)的结构、原理、特性、使用和维护等内容。

第一节 蓄电池的结构

一、蓄电池的结构

蓄电池由 3 只或 6 只单格电池串联而成,每只单格电池的电压约为 2V,串联成 6V 或 12V 以供工程机械选用。目前国内外工程机械均选用 12V 蓄电池,需要 24V 电源时,用 2 只 12V 蓄电池串联使用。

现代工程机械用蓄电池的结构如图 1-2 所示,主要由极板、隔板、电解液和外壳 4 部分组成。

图 1-2 蓄电池结构
1-塑料电池槽;2-塑料电池盖;3-正极柱;4-负极柱;5-加液孔螺塞;6-穿臂链条;7-汇流条;8-负极板;9-隔板;10-正极板

1.极板

极板是蓄电池的核心部分,在蓄电池充、放电

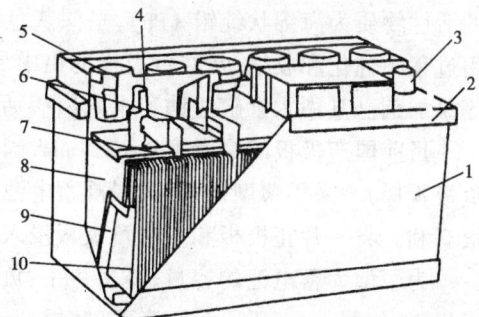

1

过程中,电能与化学能的相互转换,依靠极板上活性物质与电解液中硫酸的化学反应来实现。极板是由栅架和活性物质组成,形状如图1-3所示;栅架如图1-4所示,由铅锑合金浇铸而成,加锑目的是提高机械强度和浇铸性能。但是锑有副作用,它会加速氢的析出而加速电解液消耗,还易从正极板栅架中解析出来而引起蓄电池自放电和栅架溃烂,缩短蓄电池的使用寿命。目前国内外大多采用铅-低锑合金栅架,含锑量为2%~3.5%。

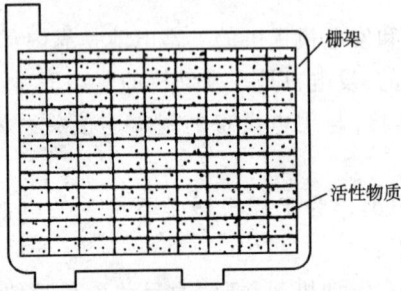

图1-3 极板

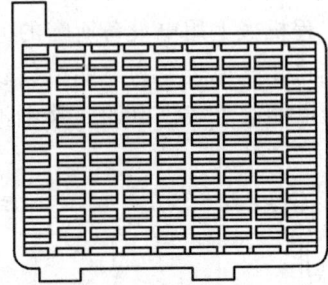

图1-4 栅架

为了降低蓄电池的内阻,改善蓄电池的起动性能,现代工程机械蓄电池采用了放射形栅架。常用的放射形栅架结构分别如图1-5a)和1-5b)所示。

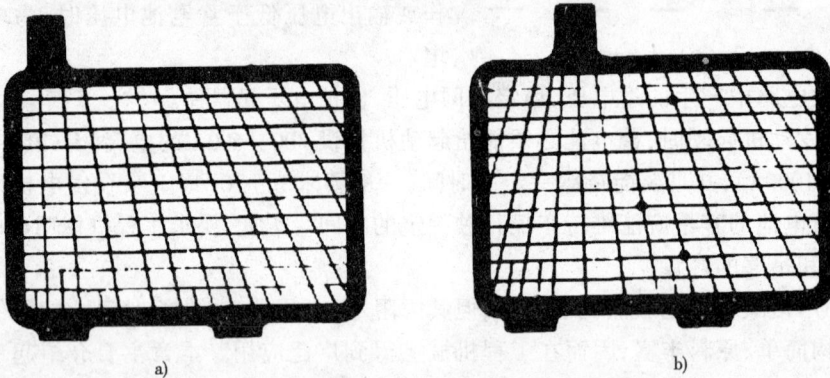

a)   b)

图1-5 放射形栅架结构

极板分为正极板和负极板两种。将涂上铅膏后的生极板先经热风干燥,再放入稀硫酸中进行充电便得正极板和负极板。正极板上的活性物质为二氧化铅(PbO_2),呈深棕色,负极板上的活性物质为海绵状纯铅（Pb）,呈深灰色。为了提高负极板活性物质的多孔性,防止其在使用过程中钝化和收缩,常在负极板的铅中加入少量腐植酸、硫酸钡、木素磺酸钠和木素磺酸钙等添加剂。其中木素磺酸钠和木素磺酸钙对改善蓄电池的低温起动性能有显著效果。

目前国产极板的厚度为2~2.4mm,国外大多采用1.1~1.5mm厚的薄型极板(正极板比负极板厚)。采用薄型极板,对提高蓄电池的比容量(即单位尺寸所提供的容量)和起动性能都很有利。将一片正极板和一片负极板浸入电解液中,便可得到2.1V左右的电动势。

为了增大蓄电池的容量,将多片正、负极板分别并联,用汇流条焊接起来便分别组成正、负极板组,如图1-6a)所示。汇流条(横板)上联有极柱,各片间留有空隙。安装时各片正、负极板相互嵌合,中间插入隔板后装入蓄电池单格内,便形成单格电池。因为正极板上的化学反应比负极板上的化学反应剧烈,所以正极板夹在负极板之间,可使其两侧放电均匀,防止两侧活性物质体积变化不一致而造成极板拱曲,所以在每个单格电池中,负极板总比正极板多一片。如

6-Q-60 型蓄电池,每个单格电池中的正极板为 4 片,负极板则为 5 片。

蓄电池的额定容量可按单格电池内正极板的额定容量来计算。因为单格电池内各片正极板均并联,所以蓄电池的额定容量 C_{20}(即 20h 率额定容量)就等于每片正极板的额定容量 C_s 乘以单格电池内正极板片数 N,即

$$C_{20} = C_s N \tag{1-1}$$

例如,6-Q-105 型蓄电池,每个单格电池有正极板 $N = 7$ 片,每片正极板的额定容量 $C_s = 15A \cdot h$,所以该电池的额定容量 C_{20} 为:$C_{20} = C_s N = 105A \cdot h$。

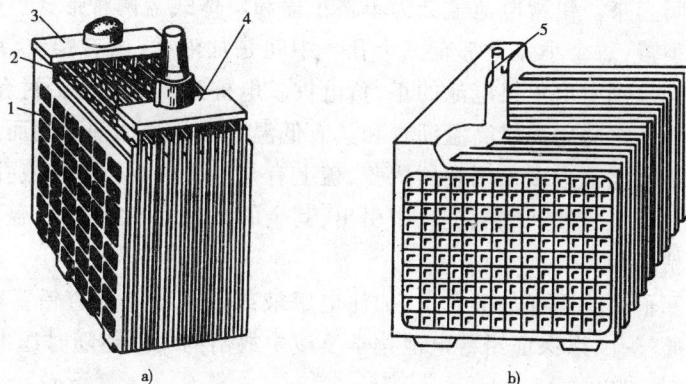

图 1-6　极板组总成构造
a)极板组总成;b)极板组
1-极板;2-隔板;3、4-横板;5-极柱

2.隔板

为了减小蓄电池的内阻和尺寸,蓄电池的正负极板应尽可能靠近。为了防止相邻正、负极板彼此接触而短路,正、负极板之间要用隔板隔开。

隔板应具有多孔性,以便电解液渗透,还应具有良好的耐酸性和抗氧化性。隔板材料有木质、微孔橡胶和微孔塑料等。木质隔板价格便宜,但耐酸性能差,已很少使用。微孔橡胶隔板性能好、寿命长,但生产工艺复杂、成本较高,故尚未推广使用。微孔塑料隔板孔径小、孔率高、薄而柔,生产效率高、成本低,因此目前广泛采用。

安装时,隔板带槽一面应面向正极板,且沟槽必须与外壳底部垂直。因为正极板在充、放电过程中化学反应剧烈,沟槽既能使电解液上下流通,也能使气泡沿槽上升,还能使脱落的活性物质沿槽下沉。

3.电解液

在蓄电池充放电过程中,电解液不但起导电作用,而且参与化学反应。电解液由纯硫酸与蒸馏水按一定比例配制而成。

电解液的纯度是影响蓄电池电气性能和使用寿命的重要因素,因此蓄电池用电解液应符合专业标准 ZBK 84003—89《铅酸蓄电池用电解液》规定。由于普通工业用硫酸含铜、铁等有害杂质量较高,普通用水含杂质较多,会加速自放电,所以它们不能用于蓄电池。电解液所用硫酸和蒸馏水应符合国家有关标准规定。

电解液密度过高、过低不但影响蓄电池的内阻和容量,而且直接影响蓄电池的使用寿命。电解液密度越高,氧化作用越强,对栅架的腐蚀就越严重;密度越低,越容易导致蓄电池在冬季

使用中出现结冰。实际使用中,充足电后,电解液密度一般在$1.28\pm0.03\text{g/cm}^3$之间。

4.外壳

铅蓄电池的外壳是用来盛放极板组和电解液的容器,其材料应耐热、耐酸、耐震。目前国内多采用硬橡胶外壳和聚丙乙烯塑料外壳。聚丙乙烯塑料外壳壁薄、重量轻、外形美观、透明,便于检查电解液液面高度等蓄电池内部情况。

外壳内有隔壁,将其分成3个或6个相同大小的单格,并且相互之间不沟通,各单格底部都有凸肋,以放置极板组。凸肋间的空腔可积存极板脱落下来的活性物质,以防极板间造成短路。

外壳上口用盖封闭起来。铅蓄电池盖分为单格小盖和整体式盖两种形式。硬橡胶壳的铅蓄电池大多采用单格小盖,每个小盖上都有三个孔。中间是加液孔,内有螺纹,用以安装加液孔螺塞;两边是电桩孔,分别引出单格电池的正、负电桩。电桩穿出部位加铅衬套,装配时与电桩焊为一体。小盖与外壳之间用无蜡高温沥青和具有低温特性的添加剂配制而成的沥青封口剂密封。塑料外壳的铅蓄电池大多采用整体式盖,盖上有与各单格对应的加液孔和两个正、负端电桩孔,铅蓄电池正、负极桩便从端电桩孔中引出,其余的电桩均不露出盖,盖与外壳的密封方法采用加热熔合或粘结剂粘合。

加液孔的塑料螺塞平时旋紧在加液孔上,加注电解液或蒸馏水和检查铅蓄电池的技术状况时旋下。螺塞上有通气孔,以保证铅蓄电池化学反应中放出的气体能随时逸出。

5.连接条和极桩

铅蓄电池的连接条和极桩均用铅锑合金铸成。连接条的作用是将铅蓄电池的单格电池串联起来,以提高蓄电池的电动势。连接方式有三种:第一种是敞露式,即连接条敞露在铅蓄电池的外部;第二种是跨桥式(图1-7a),即在相邻单格电池之间的隔壁上端留有豁口,连接条通过豁口跨越隔壁,所有连接条均布置在整体盖的下面,第三种是穿壁式(图1-7b),即在相邻单格电池之间的隔壁上打孔,供连接条穿过,把单格电池连接起来。后两种连接方式主要用于整体盖式铅蓄电池上,具有省铅、电阻小、起动性能好等优点,应用越来越广。

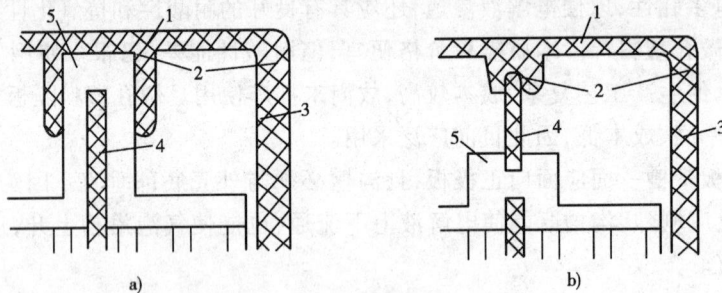

图1-7 单格电池的连接方式

a)跨桥式;b)穿壁式

1-电池盖;2-粘结剂;3-电池外壳;4-隔壁;5-连接条

蓄电池的各单格电池串联后,两端的正负极柱穿出电池盖,分别形成蓄电池的正负极桩。一般正极桩标"＋"号或涂红色,较粗;负极桩标"－"号或涂蓝色、绿色等,较细。

二、铅蓄电池的型号

在JB 2259—85《铅蓄电池产品型号编制方法》中规定,铅蓄电池的型号由4部分组成,内容及排列格式如下:

4

```
┌──────────┐   ┌──────────┐   ┌──────────┐
│串联的单体 │──│铅蓄电池  │──│铅蓄电池  │──┌────────┐
│电池数    │   │的类型    │   │的特征    │  │额定容量│
└──────────┘   └──────────┘   └──────────┘  └────────┘
```

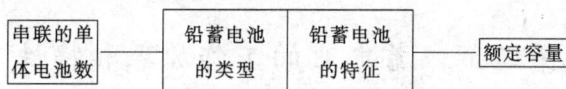

(1)串联的单体电池数用阿拉伯数字表示。

(2)铅蓄电池类型是根据其主要用途来划分的。如起动用铅蓄电池代号为"Q",摩托车用铅蓄电池代号为"M"。

(3)铅蓄电池特征为附加部分,仅在同类用途的产品中具有某种特征而在型号中又必须加以区别时采用。当产品同时具有两种特征时,原则上应按顺序将两个代号并列标志。产品特征代号见表 1-1 所示。

(4)额定容量是指 20h 放电率时的容量,单位为 A·h,用阿拉伯数字表示。

铅蓄电池特征代号 表 1-1

特 征	代 号	特 征	代 号	特 征	代 号
干荷电	A	防酸式	F	气密式	Q
湿荷电	H	密闭式	M	激活式	I
免维护	W	半密闭式	B	带液式	D
少维护	S	液密式	Y	胶质电解液	J

在产品具有某些特殊性能时,可用相应的代号加在产品型号的末尾。如 G 表示薄型极板的高起动率电池,S 表示采用工程塑料外壳、电池盖及热封工艺的蓄电池。

例如:

3-Q-90 由 3 个单体电池组成,额定电压为 6V,额定容量为 90A·h 的起动用铅蓄电池。

6-QA-105 由 6 个单体电池组成,额定电压 12V,额定容量为 105A·h 的起动用干荷电铅蓄电池。

6-QAW-100 由 6 个单体电池组成,额定电压 12V,额定容量为 100A·h 的起动用干荷电免维护铅蓄电池。

目前,免维护蓄电池型号、规格不统一。部分免维护蓄电池的型号、规格及主要参数见表 1-2。

部分免维护蓄电池的型号、规格及主要参数 表 1-2

欧洲/日本型号	通用型号	C_{20} (A·h)	长×宽×高 (mm×mm×mm)	净重量 (kg)	冷起动电流(A)	储备时间 (min)	负荷试验电流(A)
30B20R	NS40ZMF	35	197×126×219	10.2	275	55	135
30B20L	NS40ZLMF	35	197×126×219	10.2	275	55	135
46B24R	NS60MF	45	237×126×219	12.3	325	75	160
46B24L	NS60LMF	45	237×126×219	12.3	325	75	160
A50D20R	A50D20RMF	50	206×172×201	12.3	350	78	170
A50D20R	A50D20LMF	50	206×172×201	12.3	350	78	170
55D26R	N50ZMF	55	260×172×221	16.65	475	90	230
55D26L	N50ZLMF	55	260×172×221	16.65	475	90	230
65D26R	NS70MF	65	260×172×221	17.51	550	140	250
54533	26R60SK	45	206×172×220	12.79	410	75	200
55530	20-55	55	242×172×190	14.80	400	90	200
56318	20-63	63	293×172×175	16.60	625	100	310
56618	20-66	66	277×172×190	17.40	500	110	250

第二节　蓄电池的工作原理和特性

蓄电池作为一种可逆的低压直流电源,既能将化学能转换为电能对外供电,也能将电能转换为化学能储存起来。以下介绍蓄电池的工作原理和特性。

一、蓄电池的工作原理

根据格拉斯顿和特拉普1882年创立的双极硫酸盐化理论(简称双硫化理论),当蓄电池放电时,正极板和负极板之间通过外接负载构成回路,使正极板上的活性物质二氧化铅(PbO_2)和负极板上的活性物质铅(Pb)与电解液中的硫酸(H_2SO_4)作用形成硫酸铅($PbSO_4$)和水(H_2O),电解液密度减小;而充电时,在外加电源的作用下,正极板和负极板上的硫酸铅($PbSO_4$)与电解液中的水作用又分别转化为二氧化铅(PbO_2)、铅(Pb)和硫酸(H_2SO_4),电解液密度增大。总电化学反应方程式为:

$$PbO_2 + 2H_2SO_4 + Pb \underset{充电}{\overset{放电}{\rightleftharpoons}} PbSO_4 + 2H_2O + PbSO_4$$

　(正极板)(电解液)(负极板)　　(正极板)(电解液)(负极板)

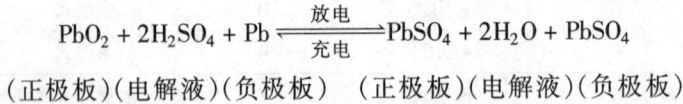

1. 电动势的建立

根据能斯特理论,金属或金属化合物插入电解液后,部分金属或金属化合物溶于电解液,当溶解达到平衡时,在金属或金属化合物与电解液之间产生了电势差,叫作电极电势。由于蓄电池正极是二氧化铅(PbO_2),负极是铅(Pb),材料不同,电极电势不同,从而形成了蓄电池的电动势。

在负极板周围,有少量的Pb溶于电解液生成二价铅离子(Pb^{2+}),而在极板上留下了一些电子,使极板带负电;由于正负电荷的相互吸引,Pb^{2+}沉附于极板的表面,当溶解达到平衡时,负极板与电解液之间的电势差约为$-0.1V$。

在正极板周围,有少量的PbO_2溶于电解液,与电解液中的水反应生成氢氧化铅($Pb(HO)_4$),$Pb(HO)_4$又电离成四价铅离子(Pb^{4+})和氢氧根离子(OH^-)

$$PbO_2 + 2H_2O \rightarrow Pb(HO)_4$$

$$Pb(HO)_4 \rightleftharpoons Pb^{4+} + 4HO^-$$

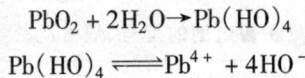

这相当于PbO_2中的氧离子(O^{2-})进入电解液,Pb^{4+}沉附于极板的表面,使极板带正电,当溶解达到平衡时,正极板与电解液之间的电势差约为$2.0V$。

因此,在外电路未接通、正负极板与电解液反应平衡时,铅蓄电池的电动势(即正负极之间的电势差)约为$E = 2.0 - (-0.1) = 2.1(V)$。

2. 放电过程

蓄电池将化学能转换成电能的过程称为蓄电池的放电过程。当蓄电池接上负载时,在电动势的作用下,放电电流I_f便从正极经过负载流向负极,即电子从负极流向正极,使正极电位降低、负极电位升高,原有的电离平衡被破坏。在正极板处,Pb^{4+}得到电子变成Pb^{2+}后又与电解液中的SO_4^{2-}结合生成$PbSO_4$沉附于正极板上,使正极板处的电离平衡因为Pb^{4+}的减少而被打破,从而引起PbO_2不断减少;在负极板处,因为极板上的电子减少打破了负极板与电解液之间的电离平衡,从而引起负极板上的Pb失去电子形成Pb^{2+},Pb^{2+}又与电解液中的SO_4^{2-}结合生成$PbSO_4$沉附于极板上;在电解液中,由于SO_4^{2-}的减少和OH^-与氢离子(H^+)相对增多,打破原来的平衡,使相对过剩的 OH^- 与 H^+ 不断结合成水。当放电回路断开时,放电过程即被终止,正负极与电解液之间达到新的电离平衡状态;只有当正负极板上的活性物质全部转变为 $PbSO_4$ 时,蓄电池才因为正负极板的电位差等于零,即电动势等于零而失去供电能力,放电过程才彻底停止。

蓄电池放电过程具有以下特征:

(1)正、负极板上的活性物质逐渐转变为 $PbSO_4$。理论上,放电过程可以进行到正负极板上的活性物质全部转变为 $PbSO_4$ 为止,但是,由于电解液不能渗透到活性物质内部,使活性物质不能被充分利用。在使用中,所谓放完电的蓄电池,其活性物质的利用率(表征 PbO_2 和 Pb 转变为 $PbSO_4$ 的多少)只有 $20\% \sim 30\%$;并且随着放电电流的增大,活性物质的利用率降低,起动放电时,活性物质的利用率仅 10% 左右。所以,采用薄型极板和增加极板孔率是提高活性物质利用率、减小重量的有效途径。

(2)随着放电的进行,电解液中的 H_2SO_4 减少,水增多,电解液密度下降。在使用中,可以通过检测电解液密度来判断蓄电池的放电程度。

(3)由于 $PbSO_4$ 的导电性能比 PbO_2 和 Pb 差,随着 $PbSO_4$ 的增多,蓄电池内阻增大。同时,由于 $PbSO_4$ 附着于极板表面,使电解液与 PbO_2 和 Pb 接触面积越来越小,蓄电池的供电能力逐渐下降。

3. 充电过程

蓄电池将外接电源的电能转换成化学能储存起来的过程称为蓄电池的充电过程。充电时,蓄电池接直流电源,电源的正负极分别接蓄电池的正负极(即二者是并联而不是串联)。当电源电压高于蓄电池的电动势时,在电源电压的作用下,充电电流 I_c 从蓄电池的正极流入、负极流出,电子则从蓄电池的正极经外电路流入蓄电池负极,这时正、负极板和电解液发生的电化学反应正好与放电过程相反。在正极板处, Pb^{2+} 失去电子变成 Pb^{4+} 后,使正极板处的电离平衡因为 Pb^{2+} 的减少和 Pb^{4+} 的增多而打破,从而引起 $PbSO_4$ 不断溶解,同时形成 PbO_2;在负极板处, Pb^{2+} 得到电子形成 Pb, Pb^{2+} 减少打破了负极板与电解液之间的电离平衡,从而引起负极板上的 $PbSO_4$ 不断溶解,同时形成 Pb;在电解液中,由于 OH^- 与 H^+ 相对减少,打破原来的平衡,使水不断分解为 OH^- 与 H^+,同时 SO_4^{2-} 增多。当电源断开时,充电过程即被终止,正负极与电解液之间达到新的电离平衡状态;只有当正负极板上的 $PbSO_4$ 全部转变为 PbO_2 和 Pb 时,充电过程才完全结束。

蓄电池充电过程具有以下特征:

(1)正、负极板上的活性物质逐渐由 $PbSO_4$ 转变为 PbO_2 和 Pb。理论上,充电过程可以进行到正负极板上的活性物质全部转变为 PbO_2 和 Pb 为止,但是,当大部分 $PbSO_4$ 转变为 PbO_2 和 Pb 时,部分充电电流将电解水,使蓄电池正极冒出氧气,负极冒出氢气,并且随着 $PbSO_4$ 的减少和充电电流的增大,电解水也越来越多,不但引起电解液中水的减少、蓄电池寿命缩短,还造成电能浪费。因此在使用中,当绝大部分 $PbSO_4$ 转变为 PbO_2 和 Pb、电解液中大量冒气泡时,就停止充电,并且在充电末期充电电流适当减小。

(2)随着充电的进行,电解液中的水减少、 H_2SO_4 增多,电解液密度上升。在充电过程中,可以通过检测电解液密度来判断蓄电池的充电程度。

(3)随着充电的进行, $PbSO_4$ 的减少及 PbO_2 和 Pb 的增多,蓄电池内阻减小;同时,蓄电池的供电能力逐渐恢复。

二、蓄电池的特性

蓄电池作为一种化学电源,其主要技术参数电动势、内部电阻(简称内阻)和其充放电过程都有一些特点,了解这些特点对正确选择和合理使用蓄电池有重要的指导作用。

1. 静止电动势

电动势的高低,表征着电源给负载提供电压的大小,同样内阻的情况下,电动势越高,电源给负载提供的电压也越高。蓄电池的静止电动势是指蓄电池处于既不充电也不放电的静止状态时,正负极板之间的电位差,用 E_0 表示,E_0 大小主要与电解液的密度和温度有关。实际应用中,电解液密度一般在 $1.100g/cm^3 \sim 1.300g/cm^3$ 范围内,E_0 可用关系式(1-2)近似计算,

$$E_0 = 0.85 + \rho_{25℃} \quad (V) \tag{1-2}$$

式中:$\rho_{25℃}$——电解液 25℃时的密度,g/cm^3。$\rho_{25℃}$ 与实测电解液密度 ρ_t 的关系如式(1-3)所示

$$\rho_{25℃} = \rho_t + \beta(t - 25) \tag{1-3}$$

β——密度温度系数,$0.00075g/cm^3/℃$;表示电解液温度升高1℃,密度减小 0.00075 g/cm^3。

t——实测温度,℃。

蓄电池充足电时,电解液密度一般在 $1.28g/cm^3$ 左右;放电终了时,电解液密度一般在 $1.12g/cm^3$ 左右,对应的静止电动势约在 $2.05 \sim 1.97V$ 之间。可见铅蓄电池的静止电动势随着充电和放电程度不同变化不大。因此,通过直接测量铅蓄电池的静止电动势判断其充放电程度,容易产生较大的误差,而用测量电解液密度的方法,相对误差要小一些。

2. 内阻

电源的内阻大小,决定了电源带负载的能力,内阻越小,电源带负载的能力越强,即可以输出更大的电流。蓄电池的内阻包括极板、隔板、电解液、连接条和极桩等部分的电阻。

极板电阻很小,并且随极板上活性物质的变化而变化。极板上 $PbSO_4$ 越多,极板电阻越大。因此随着蓄电池放电,极板电阻越来越大,接近放电终了时,活性物质大部分转变为 $PbSO_4$,使极板电阻大大增加,蓄电池的供电能力迅速降低。

隔板电阻与隔板的材料、厚度及多孔性有关。在常用隔板中,木质隔板比微孔橡胶隔板和塑料隔板电阻大,微孔塑料隔板电阻最小。

电解液电阻与电解液的温度和密度有关。温度越低,电解液粘度越大,渗透能力下降,加之离子热运动减弱,电解液电阻增大。因此,蓄电池内阻随温度降低而增大。如 6-Q-75 型蓄电池,在 $+40℃$ 时内阻为 0.01Ω,而在 $-20℃$ 时,内阻增大到 0.019Ω,增加了近一倍。电解液密度过大时,由于粘度增加,渗透能力下降,引起电阻增大;密度过低时,电解液中的导电离子 H^+ 和 SO_4^{2-} 减少,电阻增大,实验表明,25℃时电解液密度为 $1.208g/cm^3$ 电阻最小。

连接条和极桩的电阻是很小的,但是极桩的接触电阻却不可忽视,若极桩表面形成氧化物,则蓄电池的内阻将明显增大。

完全充足电的蓄电池在 20℃时,其内阻 R_0 可根据(1-4)计算。

$$R_0 = 0.0585 \times U_e / Q_e \quad (\Omega) \tag{1-4}$$

式中:U_e——蓄电池的额定电压,V;

Q_e——蓄电池的额定容量,$A \cdot h$。

综上分析可知,保持蓄电池充足电状态、采用适当密度的电解液、提高电解液的温度(如冬

季对蓄电池保温)并减小极桩接触电阻,是降低蓄电池内阻、提高蓄电池供电能力的有效措施。

3.放电特性

是指在恒流放电(放电电流大小保持不变)过程中,蓄电池端电压和电解液密度随放电时间而变化的规律。将一只完全充足电的蓄电池以 20h 率的电流连续放电,每隔一定时间测量其单格的端电压和电解液密度,整理得到图 1-8 所示的放电特性曲线。由图可见,电解液密度随着放电时间的延长几乎按直线规律下降,这是因为放电电流恒定,电化学反应速度一定,单位时间内消耗的硫酸量和生成的水量都为定值。所以,蓄电池的放电程度与电解液密度接近成线性关系,电解液密度每下降 $0.04g/cm^3$,蓄电池约放电 25%。

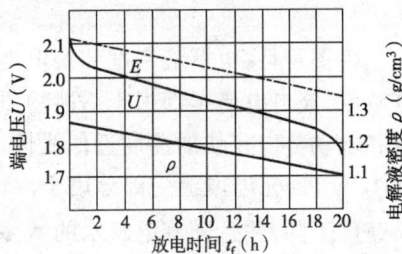

图 1-8 放电特性曲线

由于蓄电池内阻 R_0 的存在,因此放电过程中,蓄电池端电压 U 低于其电动势 E,即

$$U = E - I_f R_0 \tag{1-5}$$

式中:I_f——放电电流,A。

从放电特性曲线可以看出,放电开始时,蓄电池端电压从 2.1V 迅速下降,这是由于孔隙内的硫酸与活性物质反应后,孔隙外的硫酸来不及补充引起的。

放电中期,极板孔隙外渗入的硫酸量与极板孔隙内消耗的硫酸量达到平衡,由于电动势随着电解液密度的减小而减小,蓄电池内阻上的压降随着 $PbSO_4$ 的增多而增大。因此,端电压随着放电过程的进行缓慢下降,并且下降速度高于电动势的下降速度。

放电末期,有一个特殊阶段——放电终了,对应的端电压称为放电终止电压。将近放电终了时,极板上的活性物质大部分转变成 $PbSO_4$,由于 $PbSO_4$ 比 PbO_2 和 Pb 体积大 2~3 倍,所以 $PbSO_4$ 的生成使极板孔隙的截面积减小,阻碍了电解液的渗透,极板孔隙内消耗掉的硫酸难以得到补充,端电压迅速下降至放电终止电压(以 20h 率放电,单格电压为 1.75V),放电过程达到放电终了。此时应立即停止放电,否则使蓄电池在短时间内端电压急剧下降为零,致使蓄电池过度放电(简称过放电)。过放电将使蓄电池产生硫化故障,导致极板损坏、容量减小。因此,应熟悉蓄电池放电终了的特征,避免过放电。

蓄电池放电终了的特征是:电解液密度下降到最小许可值,约为 $1.12g/cm^3$;单格电池电压降至放电终止电压。

放电终止电压高低与放电电流大小有关,放电电流越大,放电终止电压越低,如表 1-3 所示。

蓄电池的放电终止电压与放电电流的关系   表 1-3

放电电流(A)	$0.05C_{20}$	$0.1C_{20}$	$0.25C_{20}$	C_{20}	$3C_{20}$
连续放电时间	20h	10h	3h	30min	5min
单格电池终止电压(V)	1.75	1.70	1.65	1.55	1.5

注:C_{20} 为蓄电池 20h 率的额定容量,A·h。

4.充电特性

是指在恒流充电过程中,蓄电池的端电压和电解液密度随充电时间变化的规律。以一定

9

的充电电流 I_c 向一只完全放电的蓄电池进行连续充电,每隔一定时间测量其单格的端电压和电解液密度,整理得到蓄电池的充电特性曲线。图 1-9 所示为蓄电池以 10h 率恒流充电的特性曲线。

充电时,电源电压必须克服蓄电池的电动势 E 和内阻 R_0 上的压降,因此充电过程中,铅蓄电池的端电压 U 总是高于蓄电池电动势 E,即:

$$U = E + I_c R_0 \tag{1-6}$$

由图可见,电解液密度和蓄电池电动势的变化主要经历三个阶段。在充电的中前期,没有电解水,充电电流全部用于活性物质转变,单位时间内生成硫酸量和消耗水量一定,电解液密度和电动势以较快的速度近似线性增长;充电进行到后期时,极板表面的 $PbSO_4$ 大部分转变为 PbO_2 和 Pb,充电电流一部分用于活性物质转变,还有一部分电解水,电解液密度和电动势的增长速度下降,并且随着电解水的增多,电解液密度和电动势的增长越来越缓慢;当极板上的活性物质几乎全部转变完成时,称为充电终了,此后继续充电,充电电流几乎全部用于电解水,电解液密度几乎不再变化(严格地讲,由于水电解成气体排出,使电解液密度非常缓慢地上升),电动势也维持恒定,不再升高。

从充电特性曲线还可以看出,充电开始时,蓄电池端电压迅速上升,这是由于孔隙内发生化学反应生成的硫酸来不及向孔隙外扩散引起的;随后,当极板孔隙内析出的硫酸量与向外扩散的硫酸量达到平衡时,端电压随着电解液密度的升高缓慢上升;端电压升高到约 2.3V 时,水开始电解,在负极板周围形成氢气,在正极板周围形成氧气,由于氢离子在负极板处的积存使电解液与负极板之间产生了附加电极电位,端电压急剧上升到约 2.5 ~ 2.6V;达到充电终了时,电解液沸腾,端电压稳定在 2.7V 左右;此后再充电,端电压也不再升高。

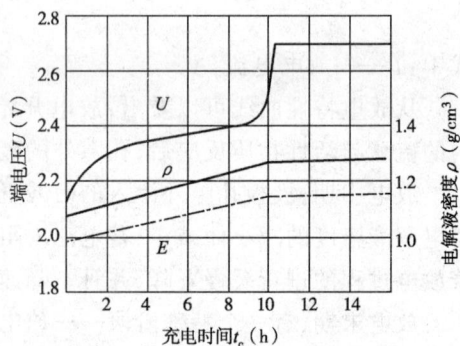

图 1-9 充电特性曲线

蓄电池充电终了的标志是:蓄电池内产生大量气泡,电解液“沸腾”;单格电池端电压上升到最大值 2.7V;电解液密度上升到最大值,约 $1.28g/cm^3$。

实际应用中,为了保证充足电,蓄电池达到充电终了后,一般还继续充电(称为过充电)2 ~ 3h。

注意:过充电时间不可过长,否则不但浪费电能、过量消耗水,而且容易加速活性物质脱落,降低蓄电池的容量,缩短蓄电池的使用寿命。

第三节　蓄电池的容量及影响因素

一、蓄电池的容量

蓄电池的容量是标志蓄电池对外放电能力的重要参数,也是选用蓄电池的重要依据。

蓄电池的容量可以分为实际容量和标称容量两类。实际容量是指实际使用过程中,完全充足电的蓄电池在允许放电的范围内所能输出的电量 C,单位为安培·小时,简称安·时(A·h)。

$$C = \int_0^{t_f} I_f \mathrm{d}t \qquad (1-7)$$

式中：I_f——放电电流，A；

t_f——放电时间，h。

蓄电池的标称容量可分为额定容量和储备容量两种。

额定容量用 20 h 率容量表示，它是指充足电的新蓄电池在电解液温度为 $25 \pm 5℃$ 条件下，以 20h 率放电电流（即 $0.05 C_{20}$ 安培）连续放电至各单格电池的平均电压降到 1.75V 时输出电量的最小允许值。它是检验新蓄电池是否合格的重要指标，新蓄电池的输出电量如果小于额定容量，即为不合格。

储备容量 C_m 是指充足电的新蓄电池在电解液温度为 $25 \pm 2℃$ 条件下，以 25A 电流连续放电至 12V 蓄电池端电压下降至 $10.50 \pm 0.05V$，6V 蓄电池端电压下降至 $5.25 \pm 0.02V$，放电所持续的时间，单位为 min。它表征汽车充电系失效时，蓄电池尚能持续提供 25A 电流的能力。

当 $C_m < 480min$ 或 $C_{20} \leqslant 200A \cdot h$ 时，储备容量和额定容量之间的换算关系如下：

$$C_{20} = \sqrt{17778 + 208.3 \times C_m} - 133.3 \qquad (1-8)$$

二、影响蓄电池容量的因素

影响蓄电池容量的因素有构造因素和使用因素两个方面。构造因素主要包括：极板厚度、表面积以及其他影响蓄电池内阻的结构因素；使用因素主要包括：电解液密度、温度和放电电流。

极板越薄，活性物质的多孔性越好，电解液越容易渗透，活性物质的利用率越高，蓄电池输出容量就越大。在外壳容积一定的前提下，采用薄型极板可以增加极板片数，增大蓄电池容量。因此，应尽量减小极板厚度。

极板表面积越大，能够参加化学反应的活性物质就越多，输出容量也就越大。增大极板表面积的方法有两种：增加极板片数和提高活性物质的多孔率。只要空间允许，可以通过增加极板片数增大蓄电池容量；依靠技术进步，提高活性物质的多孔率，是提高蓄电池容量的最有效途径。

适当增加电解液的密度，可以提高电解液的渗透速度和蓄电池的电动势，并减小内阻，使蓄电池的容量增大。但电解液密度超过一定值时，由于电解液粘度增大渗透速度降低，使内阻增大、极板硫化增加，导致蓄电池的容量减小。图 1-10 所示为蓄电池容量与电解液密度的关系。综合考虑电解液密度对蓄电池性能的影响，不同用途的蓄电池应采用不同密度的电解液。起动用蓄电池因内部容积限制，电解液储量较少，为防止放电终了时电解液密度过低，一般使用密度为 $1.260 \sim 1.300 g/cm^3$ 的电解液。实践证明，较低的电解液密度有利于提高放电电流和容量，有利于延长蓄电池的使用寿命。因此，在保证放电终了电解液不结冰的前提下，应尽可能减小电解液的密度。

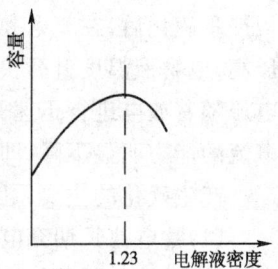

图 1-10　电解液密度对容量的影响

在蓄电池放电过程中，正、负极板上的活性物质会不断转变为 $PbSO_4$。而 $PbSO_4$ 的体积比 PbO_2 大 1.86 倍、比 Pb 大 2.68 倍，所以随着 $PbSO_4$ 的不断产生，极板孔隙会逐渐减小，硫酸渗透困难。放电电流越大，单位时间内产生的 $PbSO_4$ 越多，堵塞极板孔隙的作用越明显，使更多的极板内层活性物质不能参加反应。同时,放电电流越大,硫酸的需求量也越大,导致孔隙内电解液密度急剧下降,于是端电压迅速降低,缩短了放电时间。所以,放电电流越大,极板上用于参加电化学反应的活性物质越少,蓄电池容量越小,并且还影响蓄电池的使用寿命。因此必须想方设法减小发动机起动时的阻力矩,降低起动电流,并严格控制起动时间,每次起动的时间一般不得超过5s,而且相邻两次起动之间的时间间隔应在15s以上。

图 1-11 为 3-Q-75 型蓄电池以 225A 的电流放电,在不同温度下所输出的容量与额定容量的百分比。由图可见,电解液温度越高,蓄电池输出容量越大。这是因为温度降低,电解液粘度增加,同时隔板微孔收缩,使蓄电池内阻增大,电解液扩散速度减慢,活性物质内部的化学反应难以进行,使容量降低。

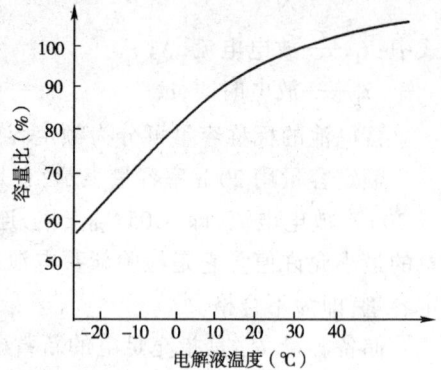

图 1-11　容量与电解液温度的关系

可见,电解液温度的高低对蓄电池容量有很大影响,在冬季应作好蓄电池的保温工作,以改善低温起动性能。

第四节　蓄电池的常见故障

蓄电池的常见故障有极桩腐蚀、极桩松动、封胶干裂等外部故障和极板硫化、自放电、活性物质脱落等内部故障。外部故障可以直接通过外观检查发现,并根据具体情况进行维修或更换。对内部故障则需要根据使用和维护过程中的现象进行仔细分析,确定原因,视情处理。

一、极 板 硫 化

是指极板表面形成白色、坚硬、不易溶解的粗晶粒硫酸铅的现象,简称"硫化"。这种粗晶粒硫酸铅导电性能很差,正常充电时很难还原为二氧化铅和海绵状铅。由于晶粒粗,体积大,会堵塞活性物质的孔隙,阻碍电解液的渗透和扩散,因此,硫化后蓄电池的内阻显著增大。极板严重硫化后,在充电和放电时都会出现异常现象。由于内阻大,充电时,单格电池的充电电压高,电解液温度升高快,过早出现"沸腾"现象,又因还原性差,所以密度上升很慢;放电时,端电压随着放电进行迅速下降,达到终止电压持续的时间缩短,容量减小,特别是持续供给起动电流的能力明显下降,即"一充就热,稍放便无"。

产生硫化的主要原因有:

(1)蓄电池长期充电不足或放电后不及时充电,造成温度变化时极板上的硫酸铅再结晶是产生硫化的主要原因。在正常放电时,极板上生成的硫酸铅晶粒较小,导电性能相对较好,充电时能够还原为 PbO_2 和 Pb。但是,当蓄电池长期处于充电不足状态时,极板上的硫酸铅部分溶解,温度越高,溶解度越大;当温度降低时,溶解度随之减小,以致出现过饱和现象,部分硫酸铅从电解液中析出,再次结晶成更大晶粒的硫酸铅附在极板表面而形成硫化。

(2)蓄电池液面过低,在汽车行驶过程中,由于电解液上下波动,极板(主要是负极板)露出部分与空气接触而被强烈氧化,极板氧化部分再与波动的电解液接触,就会逐渐形成粗晶粒硫酸铅硬化层而使极板上部产生硫化。

减轻或避免硫化的主要措施是保持蓄电池经常处于充足电状态,及时检查电解液液面高度和密度,保持其符合规定。在汽车上虽有充电系统为蓄电池充电,但只能保证基本充足,因此应当定期(1~2个月)取下进行补充充电;对于放完电的蓄电池,应在24h内进行补充充电;电解液液面高度应符合规定。

对于已经硫化的蓄电池,应视硫化程度进行处理。轻者用过充电方法充电恢复,不太严重的可采用去硫化充电方法进行充电恢复,重者只能报废。

二、自放电

蓄电池在无负载状态下,电量自行消失的现象称为自放电。蓄电池自放电是不可避免的,这是其构造决定的。对于充足电的蓄电池,在30天内,若每昼夜容量降低不超过1%,则为正常现象;若每昼夜容量降低超过1%,则为自放电故障。自放电故障导致了蓄电池的使用性能变坏,表现在蓄电池的供电能力随着存放时间的延长明显下降,自放电严重时,可能出现"充电良好,出车困难",即蓄电池正常充电,但次日或几日后出车时有起动机运转无力等现象,表明蓄电池供电能力不足。

影响蓄电池自放电的因素主要包括结构因素和使用因素。构造因素如栅架中锑元素含量等;使用因素如电解液含杂质过多,电解液密度偏高,电池表面不清洁等,都会加剧蓄电池自放电。

为了减轻自放电,在使用中必须注意以下几点:
(1)配制电解液用硫酸和蒸馏水必须符合有关标准规定;
(2)配制电解液所用器皿必须由耐酸材料制做,配好的电解液应妥善保管,严防掉入脏物;
(3)蓄电池盖、塞要盖好,以免掉入杂质;
(4)蓄电池表面要保持清洁、干燥。

产生自放电故障后,应根据原因进行处理。若蓄电池表面脏污,可用清水冲洗干净,用热水效果更好;若电解液不纯,应倒出电解液,取出极板组,抽出隔板,用蒸馏水冲洗干净后重新组装,加入新的电解液后充足电即可。

三、活性物质脱落

主要是正极板上的活性物质 PbO_2 脱落,这是蓄电池过早损坏的主要原因之一。活性物质脱落故障的特征是蓄电池输出容量降低,充电时电解液浑浊,有褐色物质。

活性物质脱落的原因有,充电电流过大;过充电时间过长;低温大电流放电。充电电流过大使温度升高快、反应剧烈,容易引起极板栅架腐蚀,加速活性物质脱落;过充电会电解水,产生大量氢气和氧气,当氢气从负极板的孔隙内向外冲出时,容易导致活性物质 Pb 脱落,当氧气从正极板的孔隙内向外冲出时,容易导致活性物质 PbO_2 脱落;大电流放电,特别是低温大电流放电时极板易拱曲变形而导致活性物质脱落。此外,电解液密度增大、温度升高,也会加速栅架腐蚀和活性物质脱落。

为了减轻活性物质脱落,使用中应避免长时间过充电;蓄电池的充电电流不能过大;充电时电解液温度不得过高;电解液密度在保证冬季不结冰的前提下,应尽量降;蓄电池采用弹性支撑,减轻汽车行驶产生的颠簸振动。

脱落的活性物质沉积较少时,可清除后继续使用;沉积多时,须更换极板。

第五节　蓄电池的充电

为了使蓄电池保持一定容量和延长蓄电池的使用寿命,必须对蓄电池进行充电。新蓄电池和修复后的蓄电池在使用前必须进行初充电,使用中的蓄电池必须进行补充充电,并在必要时进行去硫化充电。

一、充 电 设 备

汽车上采用的充电设备是由发动机驱动的发电机。充电室采用的多为硅整流充电机、晶闸管整流充电机和智能充电机等。

二、充 电 方 法

蓄电池是直流电源,因此必须用直流电源对其充电。充电时,充电电源正极接蓄电池正极,充电电源负极接蓄电池负极。充电方法有定流充电、定压充电和快速脉冲充电三种。

1.定流充电

定流充电是指在充电过程中充电电流始终保持不变的一种充电方法。如图 1-12 所示。充电电流 $I_c = \dfrac{U-E}{R}$,U 为蓄电池两端的充电电压,R 为蓄电池的内阻,E 为蓄电池的电动势。在充电过程中,蓄电池的内阻虽然逐渐减小,但是电动势却是逐渐升高,并且其变化量较内阻大,所以要保持恒定的充电电流,就必须逐步提高蓄电池两端的充电电压。当单格电池的端电压升高到 2.4V 左右时,开始电解水、形成氢气和氧气,这时应将 I_c 减小一半,直到蓄电池完全充足电。

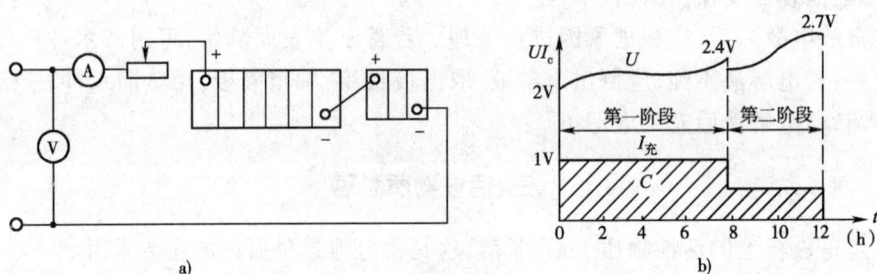

图 1-12　定流充电
a)电路连接简图;b)充电特性曲线

采用定流充电时,不论蓄电池是 6V 还是 12V 都可以串联在一起充电,如图 1-12a)所示。充电时,每个单格需要 2.7V 充电电压,故串联的单格电池总数不应超过 $n = \dfrac{U_c}{2.7}$,U_c 为充电机的额定电压。所串联蓄电池的容量最好相同,否则充电电流的大小应按照容量最小的来选定。当小容量的蓄电池充足电后,随即拆除,再继续给大容量的蓄电池充电。

定流充电有较大的适应性,可任意选择和调整充电电流,对蓄电池的技术状况要求低,有利于延长蓄电池的使用寿命,使用广泛,如初充电、补充充电、去硫化充电都可以采用定流充电。定流充电的缺点是充电时间长,并且需要经常调节充电电流。

2.定压充电

定压充电是指蓄电池的充电电压在充电全过程中保持恒定的充电方法,如图 1-13 所示。

14

定压充电开始时,由于蓄电池的电动势 E 较低,充电电流很大。此后随着 E 的增大,充电电流逐渐减小,至充电终了时,充电电流将自动降低到零(图 1-13b)。这样在充电过程中可不用人照管,充电结束时会自动断电,不易造成过充电。另外,由于定压充电开始时电流很大,在充电的前 4~5h 内蓄电池就可获得额定容量的 90%~95%,因而大大缩短了充电时间,较适合于补充充电。但定压充电不能调整充电电流的大小,充电开始电流很大,蓄电池温度较高,容易引起极板弯曲,活性物质脱落;充电末期,充电电流很小,极板深处的硫酸铅不易被还原,所以不能用于初充电和去硫化充电。

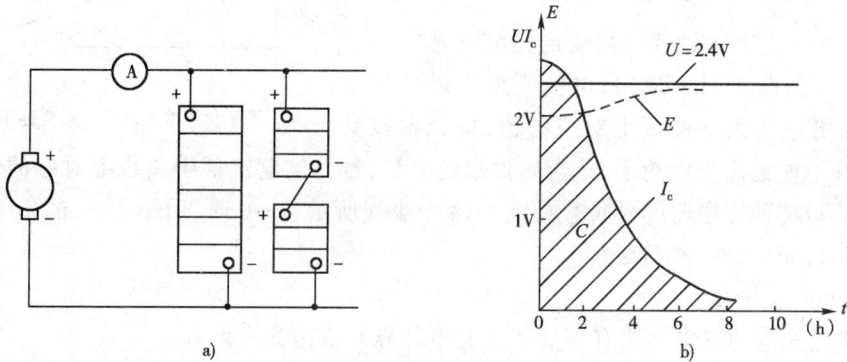

图 1-13 定压充电
a)电路连接简图;b)充电特性曲线

定压充电可将额定电压相同的蓄电池并联在一起充电。采用定压充电时,要选好充电电压,若充电电压过高,则会造成蓄电池温度过高和过充电,容易造成极板弯曲和活性物质脱落;若充电电压过低,则会使蓄电池充电不足。一般每单格电池的充电电压为 2.3~2.4V。

3.快速充电

定流充电和定压充电称为"常规充电"。要完成一次初充电需要 60~70h,补充充电也要近 20h,充电时间太长,给使用带来不便。从 20 世纪 70 年代开始,我国进行快速充电原理和技术的研究,先后研制生产出可控硅快速充电机和智能快速充电机,使蓄电池的初充电一般不超过 5h,补充充电只需 0.5~1.5h,大大缩短了充电时间,提高了效率。

(1)快速充电的原理

在充电后期的化学反应过程中,蓄电池正负极板之间的电极电位差会高于蓄电池的静止电动势,这种现象称为极化。极化是阻碍蓄电池充电过程中电化学反应正常进行的主要因素,要实现快速充电,就必须找出极化的原因并采取相应措施。理论分析和实践表明,产生极化的原因主要有以下三点:①欧姆极化,因为蓄电池各导电部分均有一定电阻,当电流通过时将会产生电压降(欧姆压降),充电停止后会自动消失。②浓差极化:充电过程中,由于化学反应在极板的孔隙内生成硫酸,使极板孔隙内的电解液密度较容器内的电解液密度稍高一些,这种由电解液密度差异引起的电极电位的变化称之为浓差极化。停止充电后,由于分子的扩散,浓差极化也会逐渐消失。③电化学极化:充电接近终了时,极板表面上的活性物质大部分已转变成二氧化铅和铅,此时单格电压约为 2.3V,如再继续充电,则水开始分解,并在负极板上逸出氢气,正极板上逸出氧气。由于氢离子在负极板上与电子结合较为缓慢,使负极板附近积存有多量的氢离子,造成负极板电位降低,同时正极板逐渐被氧离子包围形成过氧化电极使正极板电位提高,这就是电化学极化。随着充电的进行和充电电流的增加,这种电化学极化会更加明

15

显。

另外,在充电过程中,蓄电池能够接受的充电电流是随时间而衰减的,如图1-14所示。充电电流为

$$i = I_0 e^{-\alpha t} \tag{1-9}$$

式中:I_0——在 $t = 0$ 时,蓄电池能接受的充电电流最大值;

α——衰变率常数,即充电接受比,$\alpha = \dfrac{I_c}{I_0}$,$I_c$ 为 $t = 0$ 时蓄电池实际接受的充电电流。

遵循这条曲线进行充电,蓄电池则处于最佳接受状态。若充电电流大于曲线上对应的值,即充电接受

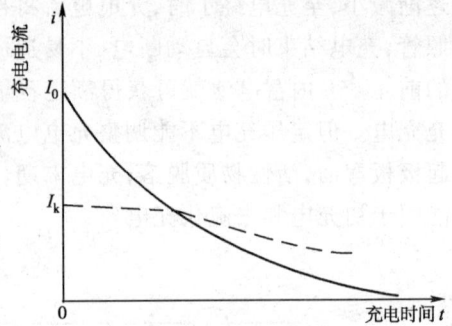

图 1-14 蓄电池充电接受能力曲线

比大于1,并不能提高充电速率,只会导致水的分解;若充电电流低于曲线上对应的值,即充电接受比小于1,将使充电时间延长。如图1-14中虚线所示,$t = 0$ 时,用小于 I_0 的 I_k 充电,充电接受比小于1,充电时间必然延长。

(2)快速充电方法

实现快速充电的基本方法有智能快速充电和脉冲快速充电两种。

利用蓄电池在充电初期可以接受较大充电电流的特点,间断地以大电流充电,使蓄电池在较短时间内,可以恢复60%左右的容量。这种以脉冲大电流充电来实现快速充电的方法称为脉冲快速充电法,其充电过程如下:采用大电流充电(如最大瞬时充电电流可达 $2C_{20}$);当单格电池电压上升到2.4V,水刚开始分解、冒泡时,由控制电路控制开始进行脉冲充电,即先停止充电一段时间(如 $10 \sim 20ms$),随之欧姆极化消失,浓差极化也因电解液的扩散而部分消失;接着再以小电流放电(如以 $0.1C_{20}$ 的电流放电),脉冲宽度为10ms,目的是消除电化学极化中产生的电荷积累,同时消除极板孔隙中形成的气体、帮助浓差极化进一步消失;然后再停止放电30ms,在此期间,自动检查电动势是否降至规定的数值,若未降至规定数值,再进行一次放电,若已降至规定数值,则进行充电,如此循环,直至充足电为止。

控制充电电流按最佳充电电流曲线变化而实现快速充电的方法称为智能快速充电法。智能快速充电把蓄电池充电技术提高到了一个新的水平,主要优点是充电速度快、空气污染轻、省电节能、便于管理。对电池集中、充电频繁的部门,特别是汽车队,其优越性尤为突出。

三、充 电 种 类

根据充电时蓄电池的技术状态不同,充电分为初充电、补充充电和去硫化充电三种。

1.初充电

对新蓄电池或更换极板后的蓄电池进行的首次充电,称为初充电。初充电的目的在于恢复蓄电池在存放期间极板上部分活性物质缓慢放电和硫化而失去的电量。因此,初充电对蓄电池的使用性能影响极大。若初充电不彻底,会导致蓄电池永久性的充电不足,致使蓄电池容量不足、寿命缩短。初充电的特点是充电电流小,充电时间长。这是因为新极板总是难免受到潮湿空气的氧化,其电阻相对增大,采用小电流充电可防止温升过高、保证充电质量。初充电的程序如下:首先根据所在地区的最低温度或按照蓄电池制造厂家的规定往蓄电池中加注一定密度的电解液,静置 $4 \sim 6h$,并将液面调整到高出隔板上缘 $10 \sim 15mm$ 位置。将蓄电池的正极接充电机的正极,蓄电池负极接充电机负极。初充电过程分两个阶段进行。第一阶段,充电

电流约为额定容量的 1/15,充电至单格电池端电压达到 2.4V,而且电解液中放出气泡,然后转入第二阶段。第二阶段的充电电流为第一阶段的 1/2,充电至电解液剧烈放出气泡(沸腾)、电压和电解液密度在 3h 内稳定不变为止。

充电过程中应经常测量电解液温度。若温度上升到 40℃,应将电流减半;如继续上升到 45℃,应立即停止充电,并采用人工冷却,待冷至 35℃ 以下时再充。初充电临近完毕时,应测量电解液密度,如不符合规定,应用蒸馏水或密度为 1.4g/cm³ 的电解液进行调整。调整后应再充电 2h,如密度仍不符合规定,应再调整并充电 2h,直至密度符合规定为止。然后旋好加液孔螺塞,擦净蓄电池表面,即可使用。

对部分更换极板的蓄电池,修复后初充电时,应加入比规定密度低 0.03 ~ 0.06g/cm³ 的电解液,并按一般初充电电流值的 50% ~ 80% 进行充电。

2.补充充电

蓄电池在使用过程中,常有充电不足的现象,应根据需要进行补充充电。一般每月至少一次。如发现有下列情况之一者,应及时进行补充充电。

(1)电解液密度降到 1.20g/cm³ 以下时;

(2)冬季放电超过额定容量的 25%,夏季超过 50% 时;

(3)起动无力或灯光暗淡等表明电力不足时;

(4)充电后,两个月未使用。

补充充电也分两个阶段进行。第一阶段电流值一般为蓄电池额定容量的 1/10,充电至单格电池端电压达到 2.4V,电解液中放出气泡;第二阶段电流值一般为蓄电池额定容量的 1/20,充电至端电压和电解液密度在 3h 内稳定不变为止。

表 1-4 给出了几种常见蓄电池的初充电和补充充电的充电电流。

蓄电池的充电电流(A)　　　　　　　　　　　　　　表 1-4

蓄电池型号	初　充　电		补　充　电	
	第一阶段	第二阶段	第一阶段	第二阶段
3-Q-75	5	3	7	3
3-Q-90	6	3	9	4
3-Q-105	7	4	10	5
3-Q-120	8	4	12	6
3-Q-135	9	4	13	6
3-Q-150	10	5	15	7
6-Q-60	4	2	6	3
6-Q-75	5	3	7	3
6-Q-90	6	3	9	4
6-Q-105	7	4	10	5
6-Q-120	8	4	12	6

四、充电注意事项

(1)严格遵守各种充电方法的充电规范。

(2)充电过程中注意对各个单格电池电压和电解液密度的测量,及时判断其充电程度和技术状况。

(3)充电过程中注意各个单格电池的温升,以防温度过高影响蓄电池的性能,必要时可用风冷或水冷的方法降温。

(4)初充电工作应连续进行,不可长时间间断。

(5)配制和加注电解液时,要严格遵守安全操作规程和器皿的使用规则。

(6)充电时应备好冷水和10%的苏打水溶液或10%的氨水溶液,以便处理溅出的电解液。

(7)充电时打开电池的加液孔盖,使氢气、氧气顺利逸出,以免发生事故。

(8)充电室应装有通风设备;严禁用明火照明、取暖等。

(9)充电设备不应和蓄电池放置在同一房间内。充电时应先接牢电池线,停止充电时,应先切断充电电源;导线连接要可靠,严防火花产生。

第六节　其他类型的铅蓄电池

一、干荷电铅蓄电池

干荷电铅蓄电池与普通蓄电池相比,结构基本相同,区别主要在于负极板的制造工艺要求较高,具有干荷电的特性。普通蓄电池正极板的活性物质(PbO_2)化学性能比较稳定,其荷电性能可以长期地保持。而负极板的活性物质(Pb)由于表面积大,化学活性高,容易被氧化。为使干荷电铅蓄电池的负极板在贮存时也能较长时间地保持其荷电性能,在负极板中加大了防氧化剂的含量,并在化成过程中有一次深放电循环或进行反复地充、放电,使活性物质达到深化。化成后的负极板,先用清水冲洗,再放入防氧化剂溶液中进行浸渍,让负极板表面生成一层保护膜,并采用特殊的干燥工艺(干燥罐中充入惰性气体或抽真空)处理,即可制成具有干荷电性能的极板,从而使干荷电铅蓄电池有如下优点:

(1)储存时间长,极板组在干燥状态下能够较长期(一般为2年)地保存制造过程中所得到的电荷,使其有效储存时间比一般蓄电池长一年左右。

(2)使用方便,在规定的保存期(两年)内如需使用,只要灌入规定密度的电解液,搁置15min、调整液面高度至规定范围后,不需进行初充电即可使用。

对贮存期超过两年的干荷电铅蓄电池,因极板上的活性物质部分氧化,使用前应以补充充电的电流充电5～10h后再用。

干荷电铅蓄电池的使用与维护方法与普通蓄电池基本相同。

二、免维护铅蓄电池

免维护铅蓄电池也叫MF蓄电池,结构如图1-15所示,与普通蓄电池相比,具有以下特点:

极板栅架采用铅钙合金或低锑合金(含锑2%～3%),减少了析气量,耗水量。同时自行放电也大大减少,使用寿命延长。

隔板采用袋式聚氯乙烯隔板,将正极板包住,可保护正极板活性物质不致脱落,并防止极板短路。

消除了通气孔,在单格电池顶部装有催化剂钯,帮助排出的氢氧离子结合生成水再回到蓄电池中去,减少了水的消耗。还使蓄电池顶部和接线柱保持清洁,减少了极桩的腐蚀。

单格电池间采用穿壁式连接,减小了内阻,提高了起动性能。

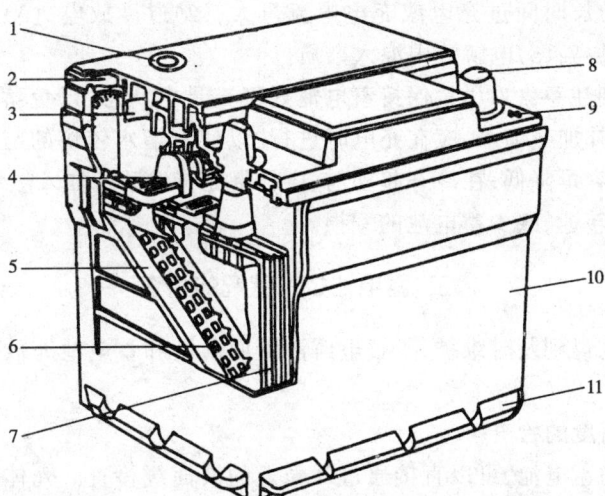

图 1-15　免维护蓄电池结构

1-内装小型密度计(指示器);2-壳内起消除火焰作用的排烟孔;3-液气隔板;4-连接条;5-活性物质;6-铅钙栅架;7-袋式隔板;8-极桩;9-模压代号;10-聚丙烯壳体;11-用于安装的下滑面

外壳为聚丙烯塑料热压而成,壳底没有凸肋,极板组直接座落在蓄电池底部,这样可使极板上部容积增大,电解液储量增大,且壳体内壁薄,与同容量电池相比,重量轻,体积小。

所以,免维护铅蓄电池具有如下优点:

(1)免维护铅蓄电池合理使用过程中不需添加蒸馏水,短途运输车辆可行驶 8 万 km,长途载货车可行驶 40 万～80 万 km 而不需维护,使用方便;

(2)极桩腐蚀极轻甚至没有腐蚀;

(3)使用寿命长,一般在 4 年左右,几乎是普通蓄电池的 2 倍;

(4)蓄电池自行放电少,使用或贮存时不需进行补充充电。

第七节　蓄电池的使用与维护

蓄电池的使用性能和寿命,不仅取决于其本身的质量,而且还取决于蓄电池的使用和维护情况。

一、蓄电池的正确使用和维护

在蓄电池的日常使用和维护中应尽量做到:(1)及时充电。放完电的蓄电池应在 24h 内送到充电室充电;装在车上使用的蓄电池每两月至少应补充充电一次,蓄电池的放电程度,冬季不得超过 25%,夏季不得超过 50%;带电解液存放的蓄电池,每两月应补充充电一次。(2)正确使用起动机。不连续使用起动机,每次起动的时间不得超过 5s,如果一次未能起动发动机,应休息 15s 以上再作第二次起动,连续三次起动不成功,应查明原因,排除故障后再起动发动机。(3)应经常清除蓄电池表面的灰尘污物,保持蓄电池表面清洁、干燥;电解液洒到蓄电池表面时,应当用抹布蘸 10% 浓度的苏打水或碱水擦净,然后再用清洁的抹布擦干;极柱和电线接头上出现氧化物时应予以清除;经常疏通通气孔。(4)经常检查电解液液面高度,必要时用蒸馏水或电解液进行调整使其保持在规定范围内。

应尽量避免:(1)长时间过充电或充电电流过大;(2)过度放电;(3)电解液液面过低或过高;(4)电解液密度过高;(5)电解液内混入杂质。

在冬季还应特别注意:(1)尽量保持蓄电池处于充足电状态,以免蓄电池放电后电解液密度降低而结冰。(2)补加蒸馏水,应在充电时进行,以使蒸馏水较快的与电解液混合而不致结冰。(3)由于蓄电池容量降低,在冷态起动前,应尽量先将发动机加入热水并空摇数转,以减小起动阻力,提高起动转速,减少蓄电池的亏损。

二、蓄电池技术状况的检查

为了保证蓄电池得到及时维护,了解电解液液面高度和蓄电池充放电程度的检查方法非常重要。

1.电解液液面高度的检查

对于塑料壳体的蓄电池,可以直接通过外壳上的液面线检查。壳体前后侧面上都标有两条平行的液面线,分别用"max"或"UPPER LEVEL"或"上液面线"和"min"或"LOWER LEVEL"或"下液面线"表示电解液液面的最高限和最低限,电解液液面应保持在高、低水平线之间,参见图 1-16。

对于橡胶壳体的蓄电池,可以用孔径为 3～5mm 的透明玻璃管测量电解液高出隔板的高度来检查,如图 1-17 所示。检测方法是:将玻璃管垂直插入蓄电池的加液孔中,直到与保护网或隔板上缘接触为止,然后用手指堵紧管口并将管取出,管内所吸取的电解液的高度即为液面高度,其值应为 10～15mm。

图 1-16　电解液密度检测　　　　　　　　图 1-17　电解液液面高度检测

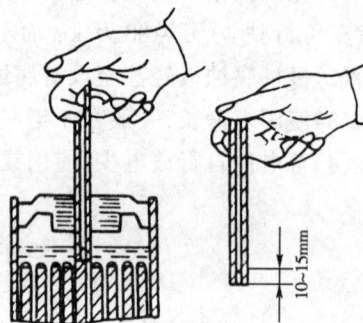

当电解液液面偏低时,应补充蒸馏水。除非液面降低是由电解液溅出或泄露所致,否则不允许补充硫酸溶液。这是因为电解液液面正常降低是由于电解液中水的电解和蒸发引起的。

2.蓄电池放电程度的检查

蓄电池的放电程度可根据电解液密度判断和用高率放电计或蓄电池测试器检查。

(1)根据电解液密度判断

电解液密度可用吸式密度计或电解液密度检测仪检测。

图 1-16 为用吸式密度计测定电解液密度的示意图,使用时先用拇指适当压瘪橡皮球,再将密度计的吸管插入电解液中,然后慢慢放松拇指,橡皮球恢复使电解液吸入玻璃管中,吸入管中的电解液使浮子浮起,此时管中液面所对应的浮子刻度值即为电解液密度。

电解液密度检测仪有电子密度检测仪和光学密度检测仪两种,电子密度检测仪是利用电位检测法检测的,光学密度检测仪是利用光的折射原理检测的。电解液密度检测仪具有测量精度高、操作简便等优点,但是成本较高。

根据实践经验,电解液密度每下降 $0.04g/cm^3$ 约相当于蓄电池放电 25%,所以从测得的电解液密度就可以粗略估算出蓄电池的放电程度。

测量电解液密度时注意:必须同时测量电解液温度,以便将测得的电解液密度按式 1-3 进行修正,得到对应 25℃ 时的电解液密度;在大电流放电或加注蒸馏水后,不能立即测量电解液密度,应等电解液充分混合均匀后再测,一般在半小时以后即可。

很多免维护蓄电池设有内装式密度计(又称为蓄电池指示器或充电状态指示器),内部装有一颗能反光的彩色塑料小球,随其浮升的高度变化,从观察孔中可以看到的颜色是不同的,由此判断蓄电池的状态。如有的塑料小球是绿色,这样,若密度计呈绿色,说明小球上升到笼子顶部,并与玻璃棒的下端接触,表示电解液相对密度在 $1.22g/cm^3$ 以上,蓄电池放电不超过 30%;当密度计呈深绿色或黑色时,表明小球已经降到了笼子底部,说明蓄电池必须充电,直到出现绿色亮点;若密度计呈浅黄色或者无色透明,表明电解液液面已下降到密度计以下,必须更换蓄电池。又如,凌志 LS400 轿车蓄电池的技术状况用蓄电池指示器的色标反映,指示器的色标如图 1-18 所示,指示器显示蓝色表示蓄电池状态良好;显示白色表示蓄电池需要充电;显示红色表示蓄电池需要加蒸馏水。

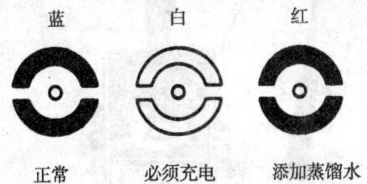

图 1-18 蓄电池技术状况指示器

(2)用高率放电计检查

高率放电计是模拟接入起动机负荷,通过测量单格电池在大电流(接近起动机起动电流)放电时的端电压,判断蓄电池的技术状况和起动能力的一种测量工具。它由一个量程为 2.5V 的双向直流电压表和一个定值负载电阻组成,如图 1-19 所示。

测量时将高率放电计两叉尖紧压在单格电池的正、负极桩上,历时 5s 左右,观察大电流放电情况下蓄电池所能保持的端电压。用放电电阻为 0.01Ω 的高率放电计测量,完全充足电的蓄电池单格电压约为 $1.7 \sim 1.8V$,蓄电池每放电 25%,单格电压约下降 0.1V,蓄电池达到放电终了时,单格电压约为 $1.2 \sim 1.4V$。

一般情况下,技术状况良好的蓄电池,单格电压应在 1.5V 以上,并在 5s 内保持稳定;如果某一单格电池的电压在 5s 内迅速下降或比其他单格电压低 0.1V 以上,表明该单格电池有故障。

注意:①不同型号的高率放电计,负荷电阻值可能不同,放电电流和电压表的读数也就不同,使用时应注意参照说明书。②高率放电计的测量结果还与蓄电池容量有关,蓄电池容量越大,内阻就越小,高率放电计的测量值也越大。③测量时应保证高率放电计两叉尖与单格电池的正、负极桩良好接触。

(3)用蓄电池测试器检查

由于蓄电池的主要作用是给起动机供电,因此对蓄电池进行模拟起动放

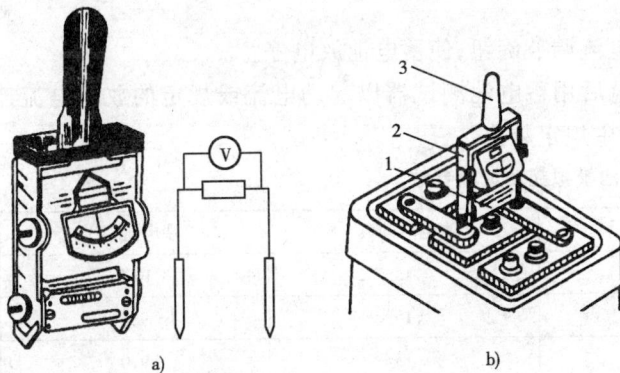

图 1-19 高率放电计测量单格电压
1-分流电阻;2-电压表;3-手柄

电,能较为准确地反映蓄电池的技术状态,特别是干荷蓄电池和免维护蓄电池,联条均为穿壁式或跨桥式,蓄电池表面只有正、负极桩,无法用只能检测单格电池电压的高率放电计进行检测。因此能对整只蓄电池进行模拟起动放电并测量蓄电池端电压的蓄电池测试器应用越来越广。蓄电池测试器有可调电流式、不可调电流式两种。

不可调电流式的测试器,如图 1-20 所示,实际就是 12V 的高率放电计,应用方便。

可调电流的蓄电池测试器如图 1-21 所示,可调电流的蓄电池测试器主要由碳片电阻、电流调节旋钮、电流表、电压表、电流检测电缆和电压检测线等组成。碳片电阻由多块碳片并排构成。当沿顺时针方向转动电流调节旋钮时,碳片与碳片之间相互压紧,使蓄电池放电电路的电阻减小、电流增大;反之,当沿逆时针方向转动电流调节旋钮时,放电电阻增大、电流减小。当转动旋钮到碳片与碳片不再接触时,放电电流即被切断。检测的程序如下:

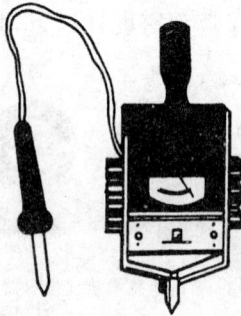

图 1-20 蓄电池测试器

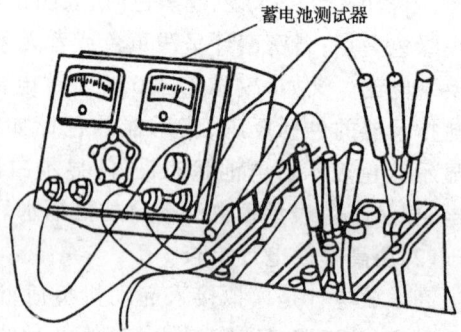

图 1-21 蓄电池测试器的使用

①将电流调节旋钮沿逆时针方向旋到直到无弹簧推力为止,目的是使碳片之间脱离接触,切断放电电路;

②把电流检测电缆上的正(红色)、负(黑色)夹分别夹到蓄电池的正、负极柱上;

③把电压检测线上的正(红色),负(黑色)夹也分别夹到蓄电池的正、负极柱上;

④沿顺时针方向转动电流调节旋钮,直到电流表指示的数值达到规定的蓄电池放电电流值。连续放电 15s 后,观察电压表指针指示的位置,若指针指在蓝色区域(端电压高于 9.6V),表明蓄电池状态良好;若指针指在红色区域(端电压低于 9.6V),表明蓄电池存电不足,应补充充电或更换蓄电池;若在检测过程中电流表指针不能稳定指示放电电流值甚至急剧减小到零,则说明蓄电池有故障,应予更换;

⑤读数完毕后,沿逆时针方向转动电流调节旋钮,使蓄电池放电停止。

对于技术状态良好的蓄电池,充足电后用蓄电池测试器以起动电流或规定的放电电流连续放电 15s 时,其端电压应不低于表 1-5 中规定数值。

蓄电池模拟起动放电参数

表 1-5

蓄电池容量(A·h)	放电电流(A)	放电时间(s)	端电压(V)
> 100	200 ~ 300	15	10.2
> 50	100 ~ 170	15	9.6
> 30	70 ~ 120	15	9.0

除了上述方法外,蓄电池的放电程度还可以通过电压表测量蓄电池的开路电压来判断或根据起动机运转情况就车检查。

22

蓄电池完全充足电时,单格开路电压约为 2.15V,单格开路电压每下降 0.01V 约相当于蓄电池放电 7%。

就车检查蓄电池放电程度时,连续几次使用起动机,若都能驱动发动机正常旋转,则说明蓄电池存电充足;若旋转无力或不能旋转,则说明蓄电池放电过多或有故障。在夜间,开灯并使用起动机时,若起动机旋转有力,灯光稍许变暗,则说明蓄电池存电充足;若起动机旋转无力,灯光暗淡,则说明蓄电池放电过多;若不能带动发动机,且灯丝变红甚至熄灭,则说明蓄电池放电过多或严重硫化。

三、蓄电池的拆卸和安装

从车上拆下蓄电池时,应首先接通点火开关检查并读取自诊断系统的故障码,然后按下述程序进行拆卸:

(1)将点火开关置于"OFF"(断开)位置,切断电源;

(2)先拧松负极柱上搭铁电缆的接头螺栓并取下搭铁电缆接头,然后再拧松正极柱上的电缆接头螺栓和取下该电缆接头,以免拆卸正极柱上的电缆接头时扳手搭铁导致蓄电池短路放电,拧松蓄电池正、负电缆的固定夹;

(3)拆下蓄电池固定架;

(4)从车上取下蓄电池。

拆下蓄电池时,应检查其外壳有无裂纹与电解液渗漏的痕迹,如有裂纹或渗漏,应予更换。

将蓄电池安装到车上时,应按下述程序进行:

(1)参照技术参数检查待用蓄电池是否适合本车使用;

(2)确认蓄电池正、负极桩的安放位置正确后,再将蓄电池放到安装架上;

(3)在正、负极桩及其电缆接头上涂抹一层凡士林或润滑脂,以防极桩和接头氧化腐蚀;

(4)正、负电缆接头分别接于正、负极桩上(注意,先接正极桩上的电缆接头,然后再接负极桩上的搭铁电缆接头,以防扳手搭铁导致蓄电池短路放电;电缆不应绷得过紧);

(5)装上压板,拧紧蓄电池固定架。

第二章 交流发电机及其调节器

第一节 概　述

一、发电机和调节器的作用

发电机是在发动机的驱动下,将机械能转变为电能的装置。发电机作为工程机械的主要电源,主要作用如下:

(1)在发动机怠速以上转速运转时,为用电设备供电;

(2)给蓄电池充电。

在工作过程中,发动机的转速是变化的,用电设备的工作状态是变化的,决定了发电机的转速和负载是变化的。为了保证发动机运转过程中电气设备正常工作,必须安装调节器。

由于直流发电机和交流发电机的结构、原理不同,相应的调节器的作用也不同。直流发电机调节器的功用是控制发电机输出电压、输出电流不超过相应的规定值,并自动接通与切断发电机与蓄电池之间的电路。交流发电机调节器的基本作用是:当发电机的负载和发动机的转速在正常范围内时,保持发电机输出电压平均值维持在规定范围内。

二、对发电机和调节器的基本要求

(1)发动机怠速运转时,发电机输出电压应不低于蓄电池的端电压并具有一定的带载能力;

(2)在发动机中高速运转时,发电机应能满足大多数用电设备同时用电的要求;

(3)发电机的负载和发动机的转速在正常范围内变化时,保持发电机输出电压既不低于蓄电池电压,又不高于用电设备的允许电压;

(4)在发电机电枢电压低于蓄电池电压时,防止蓄电池通过发电机电枢放电。

三、交流发电机的分类

工程机械采用的发电机可分为直流发电机和交流发电机两类。直流发电机是通过换向器(机械整流器)整流,输出直流电的发电机;交流发电机是用二极管(或可控硅)整流,输出直流电的发电机。由于交流发电机与直流发电机相比,具有体积小、重量轻、结构简单、维修方便、使用寿命长、发动机低速时充电性能好、配用的调节器结构简单、产生的无线电干扰信号弱、能节省大量铜材等优点,因此,直流发电机已基本淘汰,工程机械发电机几乎全部采用交流发电机。

交流发电机可按总体结构、整流器结构和搭铁型式等进行分类。按总体结构不同,交流发电机可分为:

(1)普通交流发电机,指既无特殊装置,也无特殊功能与特点的工程机械交流发电机。

(2)整体式交流发电机,指内装电子调节器的交流发电机。

(3)带泵交流发电机,指带真空泵的交流发电机。

(4)无刷交流发电机,指无电刷和滑环结构的交流发电机。

(5)永磁交流发电机,指转子磁极采用永磁材料的交流发电机。

按整流器结构不同,交流发电机可分为:

(1)六管交流发电机,指整流器是由 6 只硅整流二极管组成的三相桥式全波整流电路的交流发电机。

(2)八管交流发电机,指整流器总成有 8 只二极管的交流发电机。

(3)九管交流发电机,指整流器总成有 9 只二极管的交流发电机。

(4)十一管交流发电机,指整流器总成有 11 只二极管的交流发电机。

按激磁绕组搭铁方式不同,交流发电机可分为:

(1)内搭铁交流发电机,指激磁绕组一端通过发电机外壳直接搭铁,另一端通过调节器接电源的交流发电机。

(2)外搭铁交流发电机,指激磁绕组一端直接接电源,另一端通过调节器搭铁的交流发电机。

四、交流发电机调节器的分类

交流发电机调节器种类很多、型式各异,按其总体结构可分为电磁振动式调节器和电子调节器两大类。

电磁振动式调节器可按调节器控制激磁电路的触点对数和功能进行分类。

电磁振动式调节器按级分为:

(1)单级电磁振动式调节器,指通过一对触点控制激磁电路的电磁振动式调节器,如 FT111、FT211、FT126 型调节器。

(2)双级电磁振动式调节器,指通过两对触点控制激磁电路的电磁振动式调节器,如 FT61、FT61A、FT70 型调节器。

电磁振动式调节器按功能分为:

(1)单联电磁振动式调节器,指仅起发电机端电压调节作用的电磁振动式调节器,其内部只有一组继电器,如 FT111、FT61、FT70 型调节器。

(2)双联电磁振动式调节器,指除调节发电机端电压作用外还具有其他作用的电磁振动式调节器,其内部有两组继电器,如 FT126、FT61A 型调节器。

电子调节器可按结构型式、装配方式、功能和配用发电机的搭铁方式进行分类。

按结构型式电子调节器分为:

(1)分立元件调节器,指利用分立电子元件组成的电子调节器。

(2)集成电路调节器,指主要利用集成电路组成的电子调节器。集成电路调节器大都为混合集成电路调节器,常用的有厚膜集成电路、薄膜集成电路和单片集成电路调节器。

按装配方式电子调节器分为:

(1)外装式调节器,指与交流发电机分开安装的电子调节器。

(2)内装式调节器,指安装在交流发电机上的电子调节器。

按功能电子调节器分为:

(1)普通电子调节器,指仅有控制发电机端电压一项功能的电子调节器。

(2)带充电指示控制器的电子调节器,指除具有控制发电机端电压功能之外,还具有控制充电指示灯功能的电子调节器。

按所匹配发电机的搭铁形式不同电子调节器可分为:

(1)内搭铁电子调节器,指适合于与内搭铁交流发电机配用的电子调节器。

(2)外搭铁型电子调节器,指适合于与外搭铁交流发电机配用的电子调节器。

第二节　交流发电机的基本结构

工程机械交流发电机使用 40 多年来,虽然局部结构不断改进,但主要结构基本相同,都是由三相交流发电机和三相桥式整流器组成,具体包括定子、转子、整流器、端盖和皮带轮等。图 2-1 和图 2-2 分别为 JF132 交流发电机的组件图和结构图。

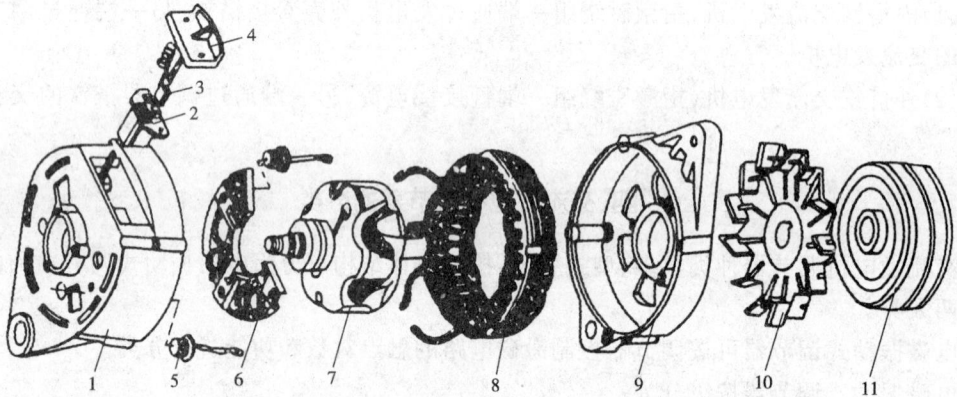

图 2-1　JF132 型交流发电机组件图

1-后端盖;2-电刷架;3-电刷;4-电刷弹簧压盖;5-二极管;6-散热板;7-转子;8-定子;9-前端盖;10-风扇;11-皮带轮

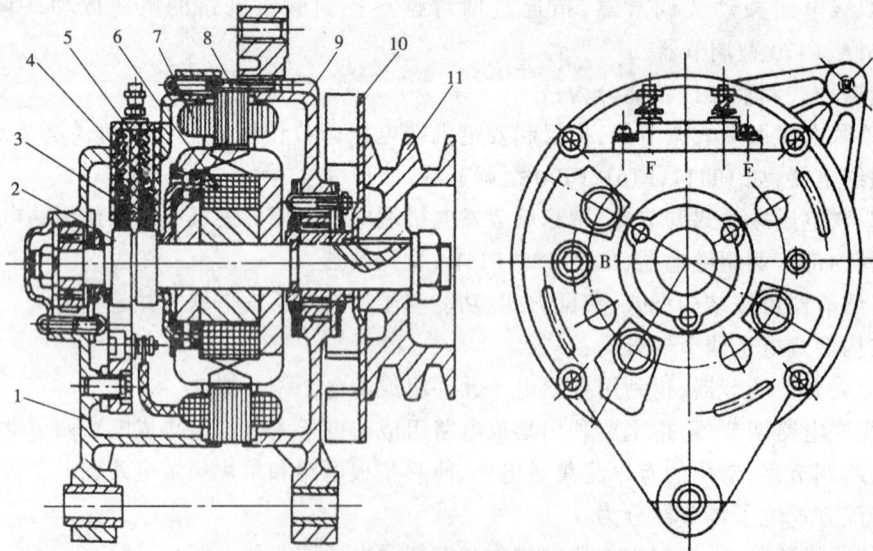

图 2-2　JF132 型交流发电机结构图

1-后端盖;2-滑环;3-电刷;4-电刷弹簧;5-电刷架;6-激磁绕组;7-定子绕组;8-定子铁心;9-前端盖;10-风扇;11-皮带轮

26

一、转　　子

转子用来形成发电机的磁场。转子一般由磁轭、激磁绕组、爪极、滑环和轴等部件构成,如图 2-3 所示。

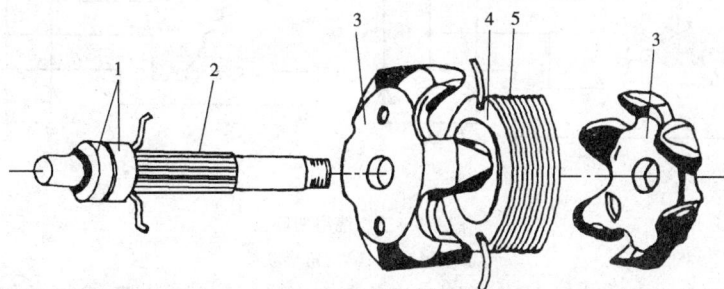

图 2-3　转子组成

1-滑环;2-轴;3-爪极;4-磁轭;5-激磁绕组

轴用优质钢车削而成,中部有压花,一端有半圆键槽和螺纹。导磁用的磁轭用软磁材料低碳钢制成,压装在轴的中部。激磁绕组用高强度漆包铜线绕成,套装在磁扼上,两个线头分别穿过爪极的上的小孔与两个滑环焊接。爪极用低碳钢板冲压或用精密铸造而成,两块爪极具有数目相等的鸟嘴状磁极,互相交错压装在激磁绕组和磁扼的外面。滑环由导电性能优良的铜制成,两个滑环之间及与轴之间均用云母绝缘。

滑环与装在后端盖上的炭刷相接触,当炭刷与直流电源接通时,激磁绕组中便有电流流过,产生磁场,使得一块爪极被磁化为 N 极,另一块爪极为 S 极,从而形成了犬牙交错的多对磁极(一般交流发电机都做成 6 对磁极)并沿圆周方向均匀分布。由于爪极凸缘的外形像鸟嘴,使其磁通密度近似正弦规律。转子磁场的磁力线分布如图 2-4 所示。

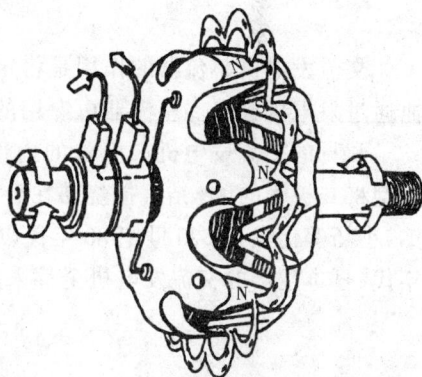

图 2-4　转子磁场分布

二、定　　子

定子又称电枢,用来产生交流电动势,它由定子铁心和定子绕组组成。定子铁心一般是由相互绝缘的内圆带嵌线槽的环状硅钢片或低碳钢板(厚度一般为 $0.5 \sim 1$mm)叠合铆接或焊接而成。定子铁心槽内嵌入三相对称定子绕组。

三相定子绕组的接法有星形和三角形两种。星形接法是将三相定子绕组的末端 x、y、z 联在一起,首端 A、B、C 引出,分别与硅二极管相接,如图 2-5a)所示。三角形接法是把三相定子绕组首尾顺序相接(例如 x 接 B,y 接 C,z 接 A)联成一个闭合回路,再从三个联接点引出三根导线分别与硅二极管相接,如图 2-5b)所示。由于星形接法有利于降低发电机空载转速、提高发电机低速输出能力,应用较多。

为了在三相定子绕组中产生频率相同、相位差 120°、幅值相等并且尽可能高的三相对称交流电动势,定子绕组在定子铁心中的布置应遵循如下原则:

（1）每相绕组串联的线圈个数及匝数应完全相等，并且每相绕组串联的线圈个数尽量与磁极对数相等。

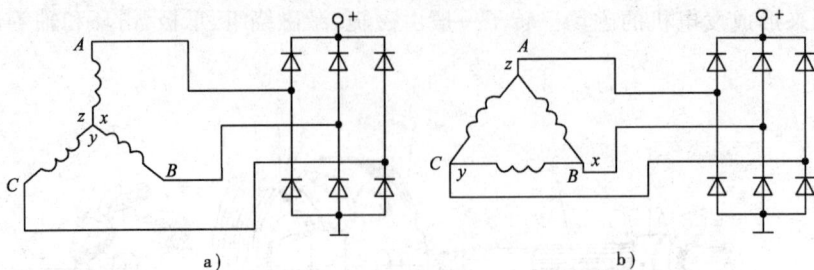

图 2-5 三相绕组的联接
a)星形联接；b)三角形联接

（2）每个线圈的节距（指每个线圈的两组有效边在定子铁心上所间隔的槽距数目）必须相等，并尽量与极距（指相邻的异性磁极中心线之间的间隔所对应的定子铁心上的槽距数目）相等。

（3）三相绕组的三个首端在定子铁心槽内的位置应分别相隔120°电角度。

三、整 流 器

交流发电机整流器的作用是将定子绕组产生的三相交流电整流后向外输出，并阻止蓄电池通过发电机放电。整流器由专用的二极管和安装二极管的元件板组成。

常见的交流发电机二极管的内部结构如图 2-6 所示，以 b)、d)两种型式应用最广。由于 b)型将二极管的 PN 结直接烧结在金属散热板上，具有接触电阻小、散热效果好、耐震、结构简单、小巧等优点，自 20 世纪 80 年代以后，在工业发达国家的交流发电机上应用日趋增多，到 90 年代，日本生产的交流发电机全都采用了 b)型结构。

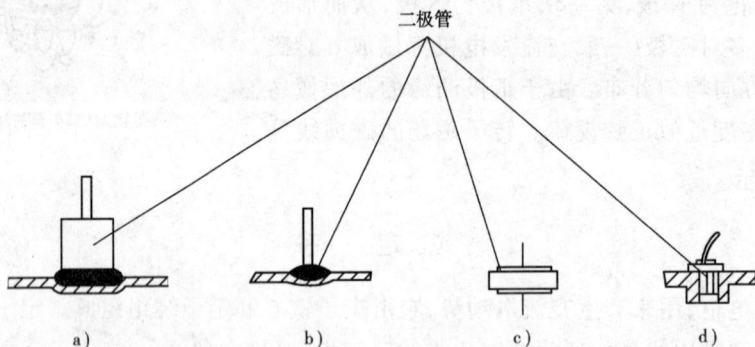

二极管

图 2-6 交流发电机二极管的结构

整流器的硅二极管根据引线的极性不同分为正极管和负极管两种类型：

（1）正极管：引线为二极管的正极，外壳为负极，在管壳底上一般有红字标记；

（2）负极管：引线为二极管的负极，外壳为正极，在管壳底上一般有黑字标记。

安装二极管的铝制散热板称为整流板（或元件板）。现代工程机械交流发电机的整流器大都有两块整流板，安装正极管的整流板称为正整流板（或正元件板），所有正极管的负极通过正整流板连在一起形成发电机的正极，通常在正整流板上制有一个螺孔，称为输出（或电枢）接柱安装孔，螺栓由此引至后端盖外部作为发电机的输出接柱，该接柱即为发电机的正极，标记为

"B";安装负极管的整流板称为负整流板(或负元件板),所有负极管的正极通过负整流板连在一起形成发电机的负极,如图 2-7 所示。有的发电机只有正整流板,没有负整流板,三只负极管直接压装在发电机的后端盖上,即后端盖相当于负整流板,国产发电机大多采用此种结构。

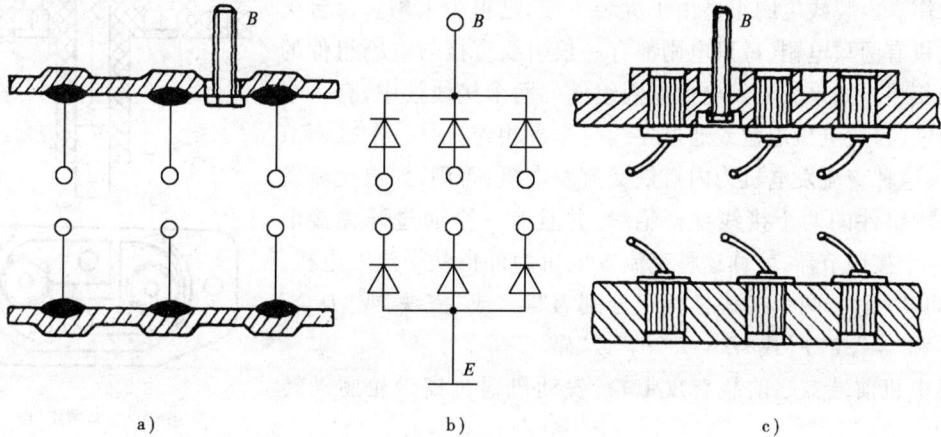

图 2-7　二极管安装示意图
a)焊接式;b)电路图;c)压装式

图 2-8 所示为 JF1522A 型交流发电机的整流器总成。目前,多数发电机的整流器总成都装在后端盖的外侧,在整流器总成外面再加装一个防护盖。这与整流器总成装于交流发电机后端盖内侧相比更便于冷却和维修。

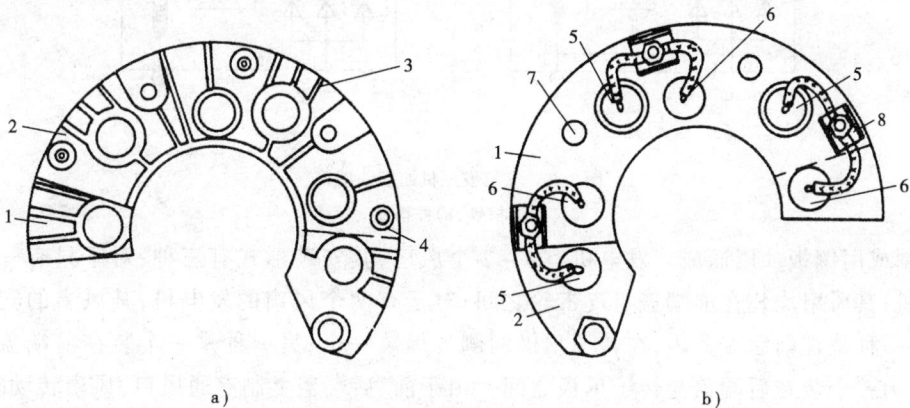

图 2-8　JF1522A 型交流发电机整流器总成
a)整流板;b)整流器总成

1-负整流板;2-正整流板;3-散热片;4-连接螺栓;5-正极管;6-负极管;7-安装孔;8-绝缘垫

四、端盖和其他部件

交流发电机的前、后端盖均用铝合金铸造而成,以减少漏磁。因为铝合金是非导磁材料,并具有重量轻、散热性能好等优点。

在后端盖上装有电刷组件,电刷组件包括电刷、电刷架和电刷弹簧等,如图 2-9 所示。电刷主要成分是石墨,所以又称"碳刷";电刷架是用酚醛玻璃纤维塑料模压而成。两个电刷分别安装在电刷架的两个孔内,靠电刷弹簧张力分别压在两个滑环上、并与滑环保持良好接触。电刷组件的安装型式有外装式(无须将发电机前后端盖拆开就可以完成电刷的拆装作业)和内装

29

式(必须将发电机前后端盖拆开才能进行电刷的拆装作业)两种,图 2-9 所示的电刷组件为外装式结构,其电刷的拆装和更换直接在发电机外部进行,拆装检修方便,因此,现代交流发电机普遍采用。内装式电刷组件由于拆装不便,已很少采用。每台交流发电机有两只电刷,每只电刷都有一根引线直接与电刷组件的接线柱相接。如果交流发电机电刷组件的两个接线柱中,有一个直接搭铁(与发电机端盖或通过导线与车身相连),另一个接调节器,就称这种交流发电机为内搭铁交流发电机;否则,如果交流发电机电刷组件的两个接线柱都绝缘,并且有一个通过开关接电源,另一个接调节器,就称这种交流发电机为外搭铁交流发电机,如图 2-10 所示。两个接线柱标记分别为"－"或"搭铁"或"$D-$"或"F_1"和"＋"或"F"或"$D+$"、"F_2"或"磁场"等。

发电机前端盖之前装有皮带轮,发动机通过皮带轮驱动转子转动。

发电机的通风散热主要依靠风扇来完成。风扇一般用铝合

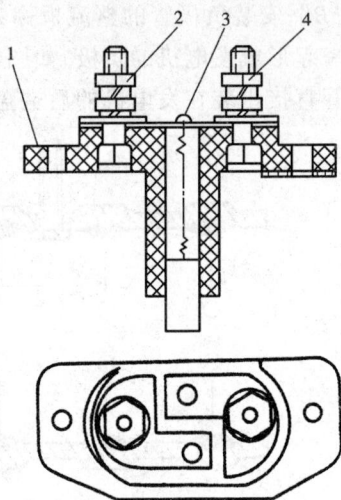

图 2-9　电刷组件
1-电刷架;3-电刷与弹簧;2、4-接线柱

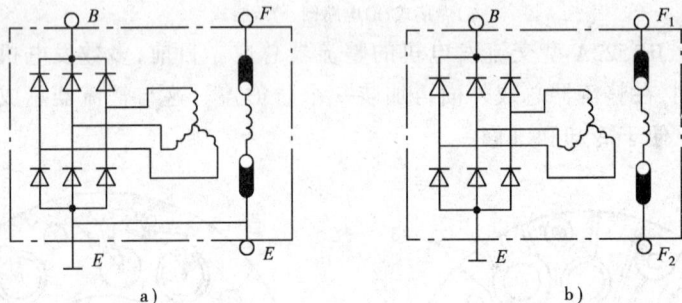

图 2-10　交流发电机的搭铁型式
a)内搭铁;b)外搭铁

金板压制或用钢板冲压而成。发电机有 1～2 个风扇,其安装形式有三种:对于只有一个风扇的发电机,其风扇均装在前端盖与皮带轮之间;对于有两个风扇的发电机,其风扇的安装型式有两种,一种是在前后端盖内,在转子爪极两侧各焊装一个;另一种是一个装在前端盖与皮带轮之间,另一个装在后端盖与转子爪极之间。由于前、后端盖上制有通风口,风扇转动时,空气便从进风口流入,经发电机内部再从出风口流出将发电机内部热量带走,达到散热目的。

五、国产交流发电机的型号

国产交流发电机型号由 5 部分组成。

产品 代号	电压等级 代号	电流等级 代号	设计 序号	变型 代号

(1)产品代号:交流发电机的产品代号有 JF、JFZ、JFB 和 JFW 四种,分别表示交流发电机、整体式交流发电机、带泵交流发电机和无刷交流发电机(字母"J"、"F"、"Z"、"B"和"W"分别为"交"、"发"、"整"、"泵"和"无"字的汉语拼音第一个大写字母)。

(2)电压等级代号:用 1 位阿拉伯数字表示,1、2、6 分别表示 12V、24V 和 6V。

(3)电流等级代号:用 1 位阿拉伯数字表示,其含义见表 2-1。

代号	1	2	3	4	5	6	7	8	9
电流(A)	~19	≥20~29	≥30~39	≥40~49	≥50~59	≥60~69	≥70~79	≥80~89	≥90

(4)设计序号:按产品设计先后顺序,以 1~2 位阿拉伯数字组成。

(5)变型代号:交流发电机以高速臂位置作为变型代号。从驱动端看,在中间不加标记;在右边时用 Y 表示;在左边时作 Z 表示。

例如:JF152:表示交流发电机。其电压等级为 12V、电流等级为:≥50A~59A,第二次设计。

JFZ1913Z 型交流发电机是电压等级为 12V、电流等级为≥90A、第 13 次设计,调整臂在左边的整体交流发电机。

第三节　交流发电机的工作原理

一、交流电动势的产生

交流发电机是利用电磁感应原理产生交流电动势的。

交流发电机的三相定子绕组按一定规律分布在定子铁心的槽中,彼此相差 120°电角度。当激磁绕组接通直流电源时,在激磁绕组内部形成轴向磁场,转子的两块爪极分别被磁化成 N 极和 S 极。磁力线由 N 极出发,除一部分经过定子铁心内的空气直接返回 S 极和少部分经过定子铁心外的空气返回 S 极外,大部分磁力线都穿过转子与定子之间很小的气隙进入定子铁心,最后又通过气隙回到相近的 S 极,通过磁轭和轴构成磁回路,如图 2-11 所示。

当转子旋转时,定子绕组中的磁通发生有规律的变化,使定子绕组产生感应电动势,如图 2-12 所示。由于转子磁极呈鸟嘴形,所以定子绕组感应的交流电动势近似呈正弦曲线变化。这样,三相定子绕组中便产生了频率相同,幅值相等,相位互差 120°的正弦电动势 e_A、e_B 和 e_C,波形如图 2-13b)所示。三相绕组中电动势的瞬时值可以近似用下列函数表示。

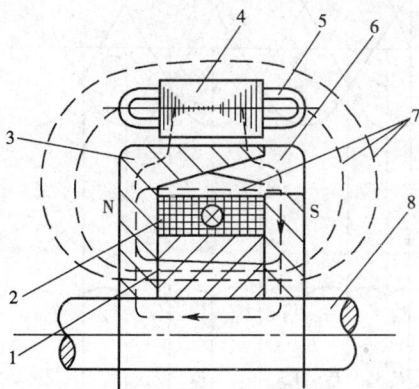

图 2-11　交流发电机的磁路
1-磁轭;2-激磁绕组;3、6-爪极;4-定子铁心;
5-定子绕组;7-漏磁;8-轴

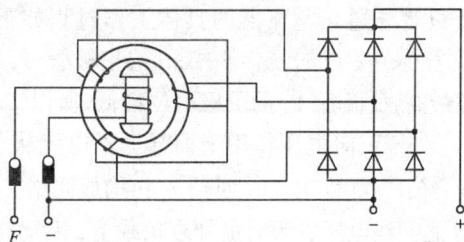

图 2-12　交流发电机的工作原理图

$$e_A = \sqrt{2}\,E_\Phi \sin \omega t$$

$$e_B = \sqrt{2}\,E_\Phi \sin(\omega t - 120°)$$

$$e_C = \sqrt{2}\,E_\Phi \sin(\omega t + 120°) \tag{2-1}$$

式中：E_Φ——每相绕组电动势的有效值，V；

ω——电角速度，rad/s。

发电机每相绕组中所产生的电动势的有效值 E_Φ 为

$$E_\Phi \approx 4.44 K f N \Phi \tag{2-2}$$

式中：K——定子绕组系数，一般小于1，采用整距绕组时等于1；

f——感应电动势频率，Hz，$f = Pn/60$，P 为磁极对数，n 为转子转速，r/min；

N——每相绕组的匝数；

Φ——磁极的磁通，Wb。

由式(2-2)可知，定子绕组内感应电动势的大小与每相绕组串联的匝数和感应电动势的频率(或转子的转速与磁极对数的乘积)成正比。

二、整流原理

利用二极管的单向导电性，交流发电机通过整流器将定子绕组所感应出的交流电转变为直流电对外输出。

由于二极管的单向导电性，当给二极管加正向电压(即二极管的阳极电位高于阴极电位)时，二极管处于导通状态；反之，当给二极管加反向电压(即阳极电位低于阴极电位)时，二极管处于截止状态，这样二极管就只有一个方向电流可以通过，因此可以把交流电变为直流电。一般交流发电机中，6只硅二极管组成三相桥式全波整流电路(图 2-14a)，其中三只正极管 V_1、V_3、V_5 的阴极联接在一起，三只负极管 V_2、V_4、V_6 的阳极联在一起，一只正极管的阳极与一只负极管的阴极连接后再与定子绕组连接。

由于二极管的嵌位作用和三相电动势的对称性，使得所有正极管或所有负极管不会同时导通，一般情况下，只有两只二极管同时导通，即阳极电位最高的那只正极管和阴极电位最低的那只负极管导通。整流器的具体工作过程如下：

当 $0 < t < t_1$ 时，$u_C > u_A > u_B$，正极管 V_5 阳极电位最高，负极管 V_4 的阴极电位最低，所以二极管 V_5、V_4 处于正向电压作用下而导通。电流从 C 相出发，经 V_2、负载 R_L、V_4 回到 B 相构成回路。此时 C、B 之间线电压的瞬时值加在负载上；

当 $t_1 < t < t_2$ 时，$u_A > u_C > u_B$，正极管 V_1 阳极电位最高，负极管 V_4 的阴极电位最低，所以二极管 V_1、V_4 处于正向电压作用下而导通。电流从 A 相出发，经 V_1、负载 R_L、V_4 回到 B 相构成回路。此时 A、B 之间线电压的瞬时值加在负载上；

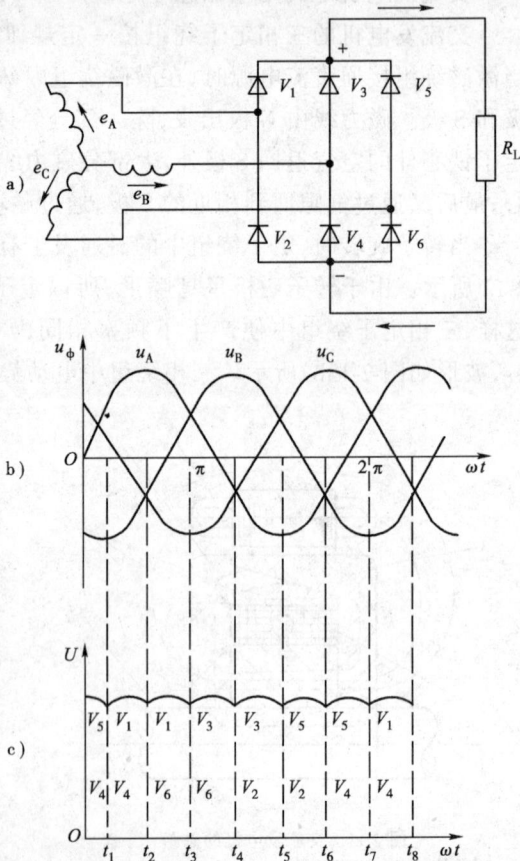

图 2-13　三相桥式整流电路中的电压波形

a)三相桥式整流电路；b)三相交流电的波形；c)整流后负载上的电压波形

32

当 $t_2 < t < t_3$ 时，$u_A > u_B > u_C$，正极管 V_1 阳极电位最高，负极管 V_6 的阴极电位最低，所以二极管 V_1、V_6 处于正向电压作用下而导通。电流从 A 相出发，经 V_1、负载 R_L、V_6 回到 C 相构成回路。此时 A、C 之间线电压的瞬时值加在负载上；

依次下去，在不同时刻不同的正极管和负极管轮流导通，将该时刻 A、B、C 之间线电压的最大值加到负载上，从而使负载上得到一个比较平稳的直流脉动电压。不同时刻正极管和负极管轮流导通情况和负载电压波形如图2-13c)所示。

不论定子绕组是星型连接还是三角形连接，发电机输出直流电压的平均值 U 都是定子绕组线电压 U_L 的1.35倍，即：

$$U = 1.35\, U_L \qquad (2\text{-}3)$$

有的交流发电机带有中心抽头，它是从星型连接的三相绕组中性点引出来的，如图2-14所示，中性点接线柱的标记通常"N"。中性点对发电机外壳(即搭铁)之间的电压 U_N(中性点电压)是通过三个负二极管整流后得到的直流电压，等于发电机直流输出电压 U 的一半，即

图 2-14 带中心抽头的交流发电机

$$U_N = \frac{1}{2} U \qquad (2\text{-}4)$$

中性点电压一般用来控制各种不同用途的继电器，如磁场继电器、充电指示灯继电器、起动复合继电器等。

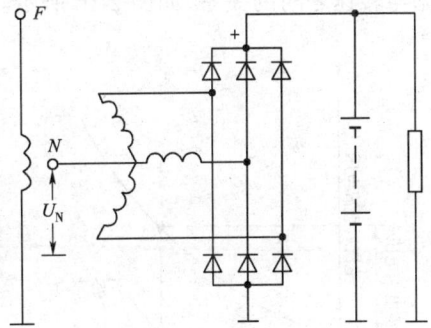

三、交流发电机的激磁方式

除了永磁式交流发电机外，其他类型的交流发电机的磁场都是由电磁铁形成的，即通过给激磁绕组通电使爪极磁化形成磁场(称为"激磁"或"励磁")。交流发电机采用他激和自激结合的激磁方式，当交流发电机输出电压低于蓄电池端电压时，发电机的激磁电流由蓄电池供给，称为他激；当发电机输出电压高于蓄电池电压时，发电机的激磁电流由自己供给，称为自激。

由于交流发电机转子的爪极剩磁较弱，如果完全依靠自激，在发电机低速运转时，加在二极管上的正向电压很小，二极管的正向电阻较大，仅利用较弱的剩磁产生的很小的电动势很难克服二极管的正向电阻，激磁电流几乎为零，使发电机端电压难以建立起来。因此，工程机械上发电机与蓄电池并联，开始时由蓄电池向交流发电机激磁绕组提供他激电流，以使发电机端电压很快建立起来并转变为自激，从而降低了交流发电机的空载转速，增加了蓄电池的充电机会，有利于蓄电池的使用维护。

第四节　交流发电机的工作特性

交流发电机的工作特性是指交流发电机输出的直流电压、电流和转速之间的关系，包括输出特性、空载特性和外特性。

一、空 载 特 性

空载特性是指交流发电机空载运行(输出电流为0)时，发电机端电压和转速之间的关系，如图2-15所示。

通过空载特性可以发现,交流发电机的输出电压随着转速的升高而升高,如果不采取调压措施,在高速时发电机的输出电压可以升高到近100V,这对用电设备是非常有害的;通过空载特性还可以看出发电机由他激转为自激的转速,判断交流发电机低速充电性能的好坏。

二、输 出 特 性

输出特性是指发电机端电压一定(一般定为额定电压14V或28V)时,交流发电机输出电流与转速之间的关系,如图2-16所示。

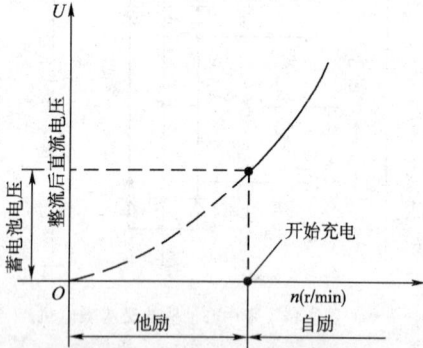

图 2-15 交流发电机的空载特性

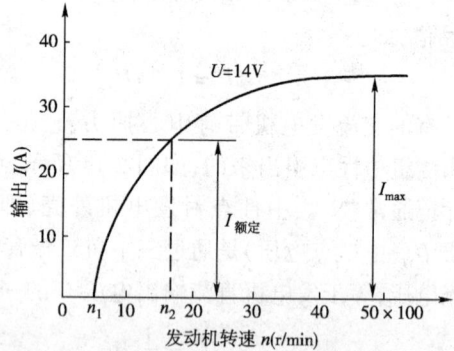

图 2-16 交流发电机的输出特性

输出特性是交流发电机的重要特性,通过它可以了解发电机在不同转速下输出功率的情况,确定一些重要的技术参数。

(1)在额定电压下,发电机输出电流为0时的转速n_1,称为发电机的空载转速,是选择发电机与发动机传动比的主要依据。

(2)在额定电压下,发电机输出额定电流(即输出额定功率)时的转速,称为满载转速n_2,额定电流一般规定为发电机最大输出电流的70%~75%。

(3)在中低速时,发电机输出电流随转速的升高而增大,当转速升高到一定值后,发电机输出电流不再随转速的升高和负载电阻的减小而增大,这时的电流值称为发电机的最大输出电流或限流值。这是由于随着转速的升高,定子绕组的阻抗增大,发电机的内部电压降增大;定子绕组中的感应电动势虽然也有所增加,但是定子电流增加时,电枢反应的增强也使感应电动势增加速度逐渐减小,当发电机转速达到一定值后,其输出电流几乎不变。可见交流发电机具有自身限制输出电流的能力,避免了负载过多而烧坏发电机的危险。

空载转速和满载转速是表示交流发电机性能的主要指标。在产品说明书中均有规定。使用中只要测得这两个数据,与规定值相比即可判断发电机性能是否良好。

三、外 特 性

外特性是指交流发电机转速一定时,端电压与输出电流的关系。如图2-17所示。

从外特性曲线可知,随着输出电流增加,发电机的端电压下降较大。因此在发电机高速运转时,如果突然

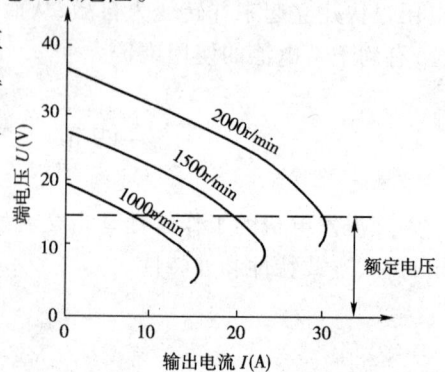

图 2-17 交流发电机的外特性

失去负载,则其端电压会急剧升高,这对用电设备特别是电子设备是非常有害的。

通过以上分析可以发现,在转速变化时,交流发电机端电压有较大变化,在转速恒定时,由于输出电流的变化对端电压也有很大的影响。因此,实际使用中交流发电机必须配用电压调节器。

第五节 其他型式的交流发电机

随着对交流发电机要求的越来越高,8管、9管和11管的交流发电机应用越来越多,无刷交流发电机和永磁交流发电机应用也日趋广泛,下面简要介绍他们的主要特点。

一、8管交流发电机

定子绕组作星型连接,并且用两只二极管分别连接定子绕组中性点与发电机正极和负极的普通交流发电机称为8管交流发电机。8管交流发电机的主要结构和性能有如下特点:

1.具有8只整流二极管

除具有一般交流发电机所具有的三只正极管 VD_1、VD_3、VD_5 和三只负极管 VD_2、VD_4、VD_6 外,还具有两只中性点二极管 VD_7、VD_8,相当于有4只正极管和4只负极管。定子绕组和二极管之间的连接关系如图2-18所示。

2.中性点二极管能够提高交流发电机的输出功率

试验证明,在不改动交流发电机结构的情况下,增加中性点二极管后,发电机高速运转时,输出功率可以提高11%~15%,并且发电机转速越高,输出功率增加越明显。

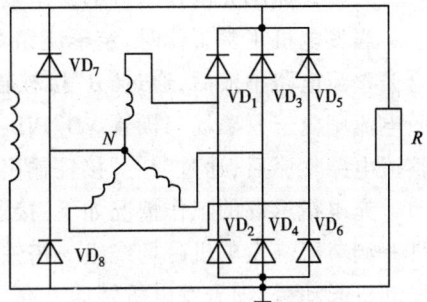

图 2-18　8管交流发电机电路图

中性点二极管提高发电机的输出功率,实际上是通过减少发电机内部损失实现的。没有中性点二极管时,发电机的内阻约等于两相定子绕组阻抗之和,增加中性点二极管后,发电机的内阻约等于一相定子绕组的阻抗,几乎比原来减小了一半,发电机的内部损失也相应减少,因而发电机的输出功率相应提高;并且定子绕组的阻抗与发电机转速近似成正比,随着发电机转速的升高,定子绕组的阻抗和发电机的内部损失直线增大,中性点二极管减小发电机内部损失、增大输出功率的作用越来越明显。

二、9管交流发电机

在6管交流发电机基础上,增设了三只小功率二极管,与三只负极管组成三相桥式整流电路专门提供自激电流的发电机称为9管交流发电机,所增设的三只小功率二极管称为激磁二极管或磁场二极管。主要结构和性能有如下特点:

1.具有3只激磁二极管

除具有一般交流发电机所具有的三只正极管 VD_1、VD_3、VD_5 和三只负极管 VD_2、VD_4、VD_6 外,还具有三只激磁二极管 VD_7、VD_8、VD_9。三只激磁二极管功率小,尺寸小,一般采用图2-6c)所示的结构。内搭铁的9管交流发电机定子绕组、激磁绕组和二极管之间的连接关系如图2-19所示。

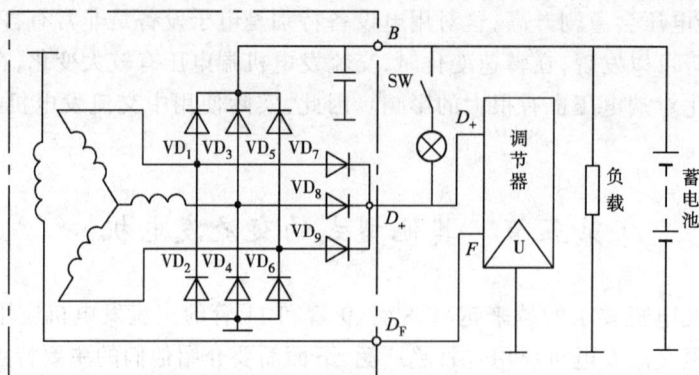

图 2-19　9 管交流发电机充电系统电路

2.带有充电指示灯

充电指示灯既可指示发电机的工作情况,又可在停车后警告驾驶员及时断开点火开关(或电源开关),防止磁场绕组长时间通电,还减小了他激电流,有利于延长蓄电池的使用寿命。

3.省去控制充电指示灯的继电器或控制器,充电指示灯电路简单。

当发电机正常工作时,定子绕组中产生的三相交流电动势经 $VD_1 \sim VD_6$ 组成的三相桥式全波整流电路整流后,通过"B"接柱输出直流电压向负载供电和向蓄电池充电。发电机的自激电流则由三只磁场二极管 VD_7、VD_8、VD_9 与三只负极管 VD_2、VD_4、VD_6 组成的三相桥式全波整流电路整流后,通过"D_+"接柱输出的直流电压供给。

充电指示灯的工作情况如下:接通点火开关 SW,蓄电池电流便经点火开关 SW→充电指示灯→调节器→发电机磁场绕组→搭铁构成回路。此时充电指示灯亮,表示由蓄电池供电。在发动机起动后,随着发电机转速升高,发电机端电压随之升高,充电指示灯两端的电位差降低,指示灯亮度减弱。当发电机端电压高于蓄电池端电压时,发电机"B"、"D_+"接柱电位相等,此时充电指示灯两端电位差降低到零,指示灯熄灭,表示发电机已正常工作,磁场电流由发电机自己供给。当发电机转速降低或充电系统发生故障而导致发电机不发电时,"D_+"接柱电位降低,充电指示灯两端电位差增大,指示灯发亮,警告驾驶员不充电。

三、11 管交流发电机

具有三只正极管、三只负极管、三只磁场二极管和两只中性点二极管的交流发电机,称为 11 管交流发电机,其充电系统的典型电路如图 2-20 所示。11 管交流发电机兼有 8 管与 9 管交流发电机的特点和作用,前面已分别介绍,故不赘述。

四、无刷交流发电机

无刷交流发电机是指无电刷和滑环的交流发电机。无刷交流发电机分为爪极式无刷交流发电机和感应子式无刷交流发电机两种类型。目前工程机械上采用的无刷交流发电机多为爪极式无刷交流发电机,下面介绍其结构特点和工作原理。

1.爪极式无刷交流发电机的结构特点

爪极式无刷交流发电机的总体结构与前述爪极式有刷交流发电机大致相同,所不同的是其磁场绕组是静止的,不随转子转动,因此磁场绕组的两端可直接引到发电机端盖的接线端子上,从而省去滑环和电刷。无刷交流发电机的结构如图 2-21 所示,其特点是激磁绕组 5 装在

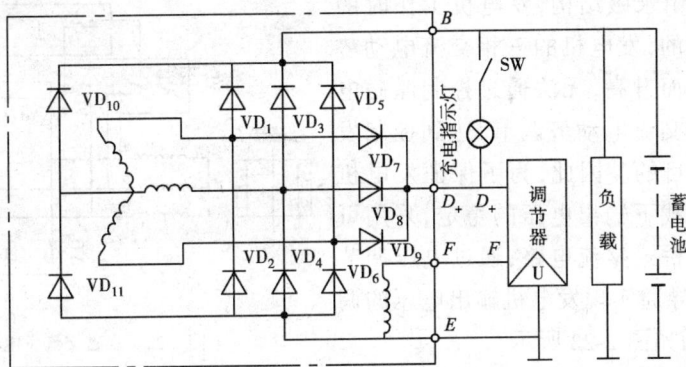

图 2-20　11 管交流发电机充电系统电路

电机中部的磁轭托架 10 上,磁轭托架 10 用螺栓固定在端盖(一般固定在后端盖)8 上。这样,尽管磁极 3、4 转动,但是激磁绕组 5 并不转动,因此磁场绕组两端可直接从端盖引出,形成无刷结构。两爪极 3、4 中,只有爪极 4 直接固定在转子轴 6 上,另一爪极 3 则用非导磁材料将其与爪极 4 固定在一起。当带轮带动转子轴 6 旋转时,爪极 4 就带动另一爪极 3 一同在定子内转动。在爪极 3 的轴向制有大圆孔,磁轭托架 10 由此圆孔伸入爪极 3 和 4 的腔室内,磁轭托架 10 与爪极 3 以及转子磁轭之间均需留出附加间隙 g_1 和 g_2,以便转子转动。

两爪极之间固定连接的常用方法有:

(1)用非导磁连接环固定;

(2)用铜焊接。

2.爪极式无刷交流发电机的工作原理

电源经过发电机壳体或端盖上的接柱直接给激磁绕组提供激磁电流,其主磁通路径如图 2-21 带箭头的封闭曲线所示。主磁通由转子磁轭出发,经附加间隙 g_2→磁轭托架 10→附加间隙 g_1→左边爪极 3(N 极)→主气隙 g→定子铁心 2 →主气隙 g→右边爪极 4(S 极)→转子磁轭,形成闭合回路。当转子旋转时,爪极磁场的磁力线便

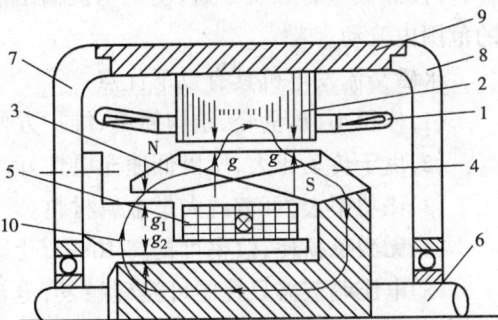

图 2-21　爪极式无刷交流发电机的结构
1-定子绕组;2-定子铁心;3、4-爪形磁极;5-激磁绕组;6-转子轴;7、8-端盖;9-机座;10-磁轭托架

在定子绕组内交替穿过,使定子槽中的三相绕组切割旋转磁场的磁力线而感应出交变电动势,三相交流电动势经整流器整流变为直流电输出。

由于无刷交流发电机没有滑环和电刷,不存在电刷和滑环磨损及接触不良导致的发电不稳及不发电等故障,工作可靠。但是两个爪极之间连接制造工艺较困难。此外,由于磁路中增加了两个附加间隙 g_1、g_2,使磁阻增大,通过定子绕组的最大磁通量减小,在输出相同功率的情况下,其激磁绕组的激磁电流必须增大。

五、永磁式无刷交流发电机

永磁式无刷交流发电机利用永久磁铁作为转子磁极,旋转时形成旋转磁场。它不仅去掉了电刷和滑环,而且不需要激磁绕组,结构更加简单可靠,使用寿命长。

转子的材料使用钕铁硼等永磁材料,转子磁极采用瓦片形结构,用环氧树脂粘在磁轭上,磁极之间呈鸽尾型,用胶填充。

由于转子采用永磁结构,发电机工作时的旋转磁通是不变的,发电机的三相交流电动势随着转速的升高而升高,无法通过控制激磁电流的方法对三相交流电动势调节,达到控制发电机输出电压的目的。因此,为了保证发电机在不同转速和负载下输出电压的稳定,采用可控硅控制的三相桥式整流电路,通过电压调节器控制可控硅的导通实现发电机输出电压的调节,其电路原理图如图 2-22 所示。

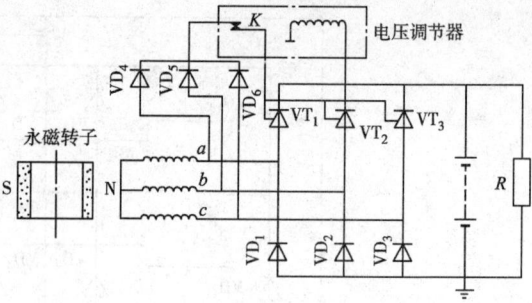

图 2-22 永磁交流发电机原理图

三只共阳极硅二极管 VD₁、VD₂、VD₃ 与三只共阴极 VT₁、VT₂、VT₃ 可控硅组成三相可控桥式整流电路。另外由 VD₁ ~ VD₆ 组成三相全波整流电路,通过电压调节器为可控硅控制极提供触发电压。发电机的电压控制原理如下:当交流发电机转速较低时,电压调节器触点 K(或电子开关)闭合,可控硅的控制极获得正向触发电压,当发电机端电压高于蓄电池电压时,可控硅导通,发电机向蓄电池和负载提供三相全波整流电压。随着发电机转速的进一步提高,发电机输出电压也增大。当输出电压超过某一数值时,电压调节器触点 K 断开,可控硅失去正向触发电压而截止,使输出电压下降。输出电压下降到低于某一数值时,电压调节器触点 K 又闭合,可控硅被重新触发导通,使发电机输出电压又回升。如此反复,使发电机输出电压在规定的范围内波动。

永磁交流发电机具有以下优点:

(1)体积小、重量轻、结构简单、维护方便、使用寿命长。

(2)由于传动比大,所以低速充电性好。

(3)比功率大,可节约大量金属材料。

(4)无激磁损耗,效率可提高 10% 以上。

(5)电压调节器只控制可控硅触发,电流很小,只有 10mA 左右,有利于简化调节器结构,减少调节器故障,延长调节器寿命。

(6)由于永磁体的磁导率接近空气的磁导率,使电枢反应的磁阻增大,因而电压波形稳定。

第六节 电磁振动式调节器

一、调节器的基本原理

根据电磁感应原理,发电机的感应电动势为

$$E = C\Phi n \tag{2-5}$$

一般交流发电机的端电压为

$$U \approx E - Ir = C\Phi n \left(\frac{R}{R + r} \right) \tag{2-6}$$

式中:E——感应电动势,V;

C——电机结构常数;

Φ——每极磁通,Wb;

n——发电机转速,r/min;

U——发电机的端电压,V;

r——发电机定子绕组的阻抗,Ω;

R——负载电阻,Ω。

由式(2-6)可以看出,发电机的端电压与发电机的结构常数、转速、磁通、负载电阻及定子绕组的阻抗有关。而发电机在工程机械上是由发动机按固定的传动比驱动旋转的,其转速随发动机转速变化而在很大范围内变化,定子绕组的阻抗也随转速的变化相应变化,并且发电机的负载大小也不是固定不变的。由于结构常数一定,要保持发电机端电压平均值恒定,就必须相应地改变磁极磁通。因为磁极磁通的多少取决于磁场电流的大小。所以可以通过调节激磁电流平均值的大小使发电机端电压平均值在不同的转速和负载情况下基本保持恒定,调节器就是利用这一原理工作的。

发电机负载一定时,随着发电机转速升高,端电压提高。当转速升高到一定程度、端电压达到调节器调节电压上限值 U_2 时,调节器开始使激磁电流 I_f 由 I_{f2} 减小到 I_{f1},因此磁通减少,电动势降低,端电压下降;当端电压下降到调节器调节电压下限值 U_1 时,调节器开始使激磁电流由 I_{f1} 增大到 I_{f2},因此磁通增多,电动势升高,端电压上升;当端电压再次升高到 U_2 时,调节器重复上述工作过程,使发电机端电压在 U_1、U_2 之间变化,保持端电压平均值基本稳定。发电机转速越高,端电压从 U_1 升高到 U_2 和从 U_2 下降到 U_1 的时间越短,调节器的调节频率提高,同时激磁电流的平均值越小,如图 2-23 所示。

发电机转速一定时,随着发电机负载减小,即负载电阻增大,端电压提高。当负载减小到一定程度、端电压达到调节器调节电压上限值 U_2 时,调节器开始使激磁电流 I_f 由 I_{f2} 减小到 I_{f1},因此磁通减少,电动势降低,端电压下降;当端电压下降到调节器调节电压下限值 U_1 时,调节器开始使激磁电流由 I_{f1} 增大到 I_{f2},因此磁通增多,电动势升高,端电压上升;当端电压再次升高到 U_2 时,调节器重复上述工作过程,使发电机端电压在 U_1、U_2 之间变化,保持端电压平均值基本稳定。发电机负载越小,即负载电阻越大,端电压从 U_1 升高到 U_2 和从 U_2 下降到 U_1 的时间越短,调节器的调节频率提高,同时激磁电流的平均值越小,如图 2-23 所示。

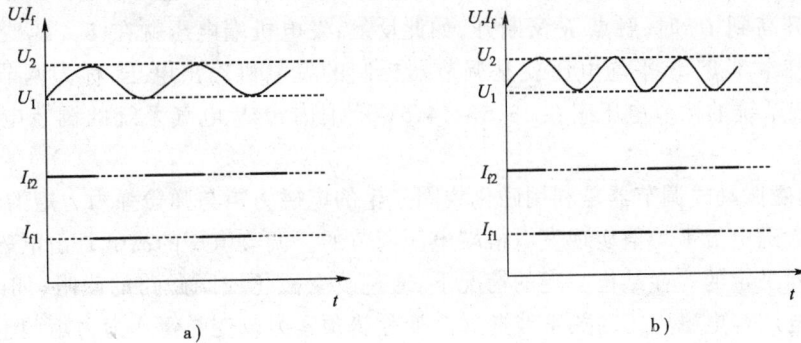

图 2-23 调节器工作时激磁电流和端电压变化情况
a)低速或负载较大时；b)高速或负载较小时

虽然一般调节器都是通过调节激磁电流使磁场磁通改变来控制发电机的端电压,但是因调节器的种类不同,其激磁电流的调节方法并不相同。电磁振动式调节器是通过触点开闭改变激磁电路的电阻来改变激磁电流平均值的;电子调节器是利用三极管的开关特性接通与切断激磁电流来改变激磁电流平均值的。

二、电磁振动式调节器的基本组成和原理

电磁振动式调节器主要由电磁铁、弹簧、触点和附加电阻等部分组成。图 2-24 是电磁振动式调节器的基本原理图,电磁铁由铁心、磁化线圈 4 等组成。

发电机未转动时,触点 K 在弹簧力矩作用下保持闭合。当发电机转动后,其感应电动势便随转速升高而升高。

发电机端电压低于蓄电池电压时,发电机激磁绕组和调节器磁化线圈由蓄电池供电,激磁电流的回路为:蓄电池正极→调节器触点 K→激磁绕组 3→搭铁→蓄电池负极,磁化线圈电流的回路为:蓄电池正极→磁化线圈→搭铁→蓄电池负极。

发电机端电压高于蓄电池电压但尚低于调节电压上限值时,激磁绕组和磁化绕圈则由发电机供电,激磁电流的回路为:发电机正极→调节器触点 K→激磁绕组 3→搭铁→发电机负极,磁化线圈电流的电路为:发电机正极→磁化线圈→搭铁→发电机负极。

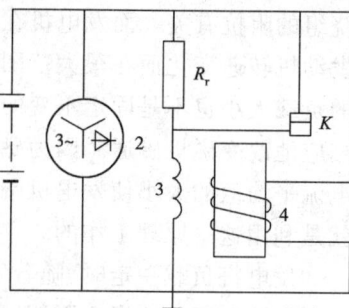

图 2-24 电磁振动式调节器基本
原理图
1-蓄电池;2-发电机;3-发电机激磁绕组;
4-磁化线圈

磁化线圈中的电流产生电磁力吸引衔铁,磁力线由铁心出发,经衔铁和磁轭回到铁心而构成回路。由于发电机端电压低于调节电压上限值,调节器磁化线圈电流产生的电磁力矩,还不足以克服弹簧拉力产生的力矩,所以触点 K 仍保持闭合状态,附加电阻 R_r 被触点短路。

当发电机转速升高,其端电压达到调节电压上限值 U_2 时(图 2-23),调节器磁化线圈产生的电磁力矩便大于弹簧力矩而将衔铁吸下,触点 K 断开,附加电阻 R_r 串入激磁电路中。此时激磁电路为:发电机正极→附加电阻 R_r→磁场绕组→搭铁→发电机负极。由于激磁电路串入了附加电阻 R_r,因此总电阻增大,激磁电流减小,磁极磁通减少,发电机端电压下降。当发电机端电压降到调节电压下限值 U_1 时,调节器磁化线圈电流减小,使电磁力矩小于弹簧力矩,因此触点 K 重又闭合,附加电阻 R_r 又被短路,激磁电流增大,发电机端电压再次升高。当发电机端电压升高到 U_2 时,触点 K 又断开,如此反复,发电机端电压就在 U_1、U_2 之间脉动并保持平均电压基本不变,该平均电压就是调节器控制的发电机输出电压,称为调节器的调节电压。12V 电气系统的调节电压应在 13.5～14.5V 范围内,24V 电气系统的调节电压应在 27～29V 范围内。

可见,电磁振动式调节器是利用磁化线圈产生的电磁力矩与弹簧弹力力矩的平衡,控制触点开闭改变激磁电流平均值实现发电机端电压调节的。调节电压的高低是由电磁力矩与弹簧弹力力矩共同决定的。在结构一定的情况下,通过改变磁化线圈磁路的磁阻(如改变磁隙)改变发电机端电压与电磁力矩的关系或通过改变弹簧预紧力改变弹簧弹力力矩调整调节电压的高低。增大磁隙(磁阻)或弹簧预紧力,可以提高调节电压;减小磁隙(磁阻)或弹簧预紧力,可以减小调节电压。

三、电磁振动式调节器存在的问题及解决方法

上述电磁振动式调节器原理虽然可行,但存在调节电压在上下限之间变化太慢、调节电压随温度变化、触点容易烧蚀等问题,需加以解决。

(1)由于电磁振动式调节器的机械部件有机械惯性,磁化线圈有磁滞性,因此触点振动频

率较低。而触点振动频率是决定电压调节器工作性能的重要参数,振动频率低,发电机端电压在调节电压上、下限值 U_2、U_1 之间变化就慢,会导致灯光闪烁、仪表指针不稳,影响用电设备正常工作。因此,必须设法提高调节器触点的振动频率。

提高触点振动频率的方法有:

①减小机械惯性。采用薄而轻的衔铁,并将其外形做成三角形或半圆形,缩短衔铁重心与支点间的距离,减小衔铁转动惯量。

②减小铁心磁滞的影响。通过采用加速电阻 R_a,提高铁心磁通的变化速率,即在触点闭合状态时,使铁心磁化增强,触点迅速断开;在触点断开状态时,铁心磁化减弱,使触点迅速闭合,从而提高触点振动频率。图 2-25 所示为采用加速电阻 R_a 的电磁振动式电压调节器线路图,该电路的特点是:加速电阻 R_a 与附加电阻 R_r 串联后和触点 K 并联,磁化线圈 3 一端搭铁,另一端接在两电阻之间。因此,磁化线圈两端的电压等于发电机端电压减去加速电阻 R_a 上的电压降。当触点 K 闭合时,磁化线圈中的电流等于加速电阻 R_a 与附加电阻 R_r 的电流之和,加速电阻 R_a 的电流仅为磁化线圈电流的一部分,R_a 上的电压降较小,磁化线圈两端的电压较高,增强了磁通,加速了触点的断开;当触点 K 断开时,加速电阻 R_a 中的电流等于磁化线圈与附加电阻 R_r 的电流之和,加速电阻 R_a 的电流增大而磁化线圈的电流减小,R_a 上的电压升高,磁化线圈两端的电压降低,加速了触点的闭合,使触点振动频率加快。

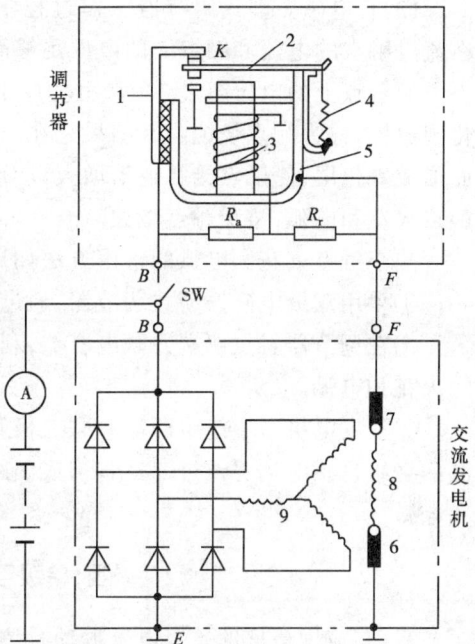

图 2-25　具有附加电阻和加速电阻调节器
1-触点支架;2-衔铁;3-磁化线圈;4-弹簧;5-磁轭;6-电刷;7-滑环;8-磁场绕组;9-定子绕组;R_a-加速电阻;R_r-附加电阻

(2)当环境温度变化以及磁化线圈中的电流变化引起磁化线圈电阻变化时,调节电压也会随之发生变化。由于铜导线的电阻随温度升高而增大,因此调节器的调节电压将随温度升高而升高,当温度升高 50℃ 时,铜导线电阻将增大 20%,这将引起发电机输出电压大幅度增高。因此,电压调节器必须采取温度补偿措施。

目前常用下述两种方法:

①采用康铜材料进行补偿,减小磁化线圈电阻随温度的变化。康铜丝的电阻温度系数很小,仅为铜导线电阻温度系数的 1/800,电阻值随温度变化相对减小。采用康铜材料进行补偿,具体方法有三种:第一种是将康铜丝绕制成电阻(称为温度补偿电阻,参见图 2-26 中 R_3)后再与磁化线圈串联,第二种是将康铜丝作为磁化线圈的一部分绕在铁心上;第三种是将加速电阻做成康铜丝电阻。

②采用磁分路。由于康铜丝电阻只能减小温度的影响,还不能达到完全补偿之目的,所以在调节器中还广泛采用了磁分路进行补偿,即给衔铁并联一片状磁分路。磁分路安装在铁心与磁轭之间,与衔铁形成并联关系。磁分路的材料大都采用铁镍合金(铁 69%、镍 31%)或铁镍铝合金(铁 64%、镍 34%、铝 2%)制成,其磁阻都是随温度升高而增大。磁分路的温度补偿原理如下:磁化线圈在铁心中产生的磁通分为两路,一路经气隙、衔铁和磁轭回到铁心,这部分

41

磁通越多,则吸引衔铁的力矩越大;另一路经磁分路片、磁轭回到铁心。当温度升高时,虽然磁化线圈电阻增大,电流减小会使磁通减少,但是,温度升高又使磁分路片的磁阻增大,使通过磁分路片的磁通减少,这又使通过气隙和衔铁的磁通增多,从而弥补了线圈电流减小带来的影响,使调节器调节电压基本不随温度变化而变化。

(3)在电磁振动式调节器工作过程中,当触点断开时可能产生电弧,通常称为触点火花。在流过触点的电流和触点上的电压足够高的情况下,就能产生持续的电弧;当流过触点的电流不大而触点上的电压超过300V,就能产生火花。触点火花和电弧都会引起触点电蚀及严重氧化现象,总称为触点烧蚀。其结果是在一个触点上产生凹坑,另一个触点上产生凸起,触点表面形成氧化层,使触点接触电阻增大,严重影响调节器的性能。必须采取有效措施减小调节器触点火花和电弧,避免触点烧蚀。

减小触点火花和电弧的常用方法如下:

①采用双级电磁振动式调节器,通过减小附加电阻来减小触点火花和电弧。

②在调节器触点两端并联电容器,利用电容器两端电压不能突变的特性,减轻触点断开时的火花和电弧。

③在发电机激磁绕组两端并联二极管(俗称"续流二极管"),利用二极管的单向导电性,使激磁绕组自感电动势通过二极管构成回路,限制了自感电动势的上升,减轻触点断开时的火花和电弧。

四、单级电磁振动式调节器实例

目前,应用最广的单级电磁振动式调节器是带有灭弧系统的 FT111 和 FT211 调节器,下面介绍其结构和工作情况。

1.结构特点

FT111 和 FT211 调节器除具有铁心、磁轭、磁化线圈 W_1、触点 K、衔铁、弹簧和附加电阻 R_2 之外,还设有加速电阻 R_1、温度补偿电阻 R_3 和由二极管 VD、加速线圈 W_2 与电容器 C 组成的触点保护电路,如图 2-26 所示。

2.电压调节过程

点火开关 SW 一旦接通,交流发电机的激磁绕组和调节器的磁化线圈 W_1 便有电流流过。

(1)当发电机尚未发电或端电压低于蓄电池电动势时,激磁电流和磁化线圈电流均由蓄电池供给。激磁电流电路为:蓄电池正极→电流表 A→点火开关 SW→调节器接柱"B"→磁轭→衔铁→触点 K→调节器接柱"F"→发电机接柱"F"→电刷→滑环→激磁绕组→滑环→电刷→搭铁→蓄电池负极。流过磁化线圈 W_1 的电流有两路,一路为:蓄电池正极→电流表 A→点火开关 SW→调节器接柱"B"→加速电阻 R_1→磁化线圈 W_1→温度补偿电阻 R_3→搭铁→蓄电池负极;另一路为:蓄电

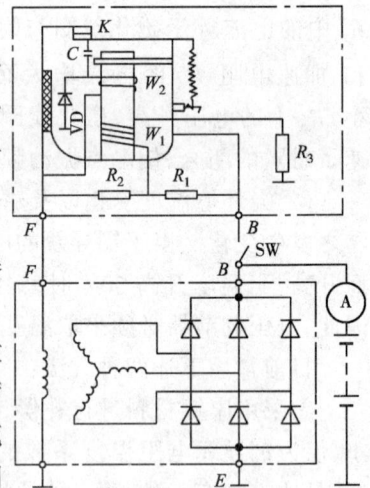

图 2-26 FT111 型调节器

R_1-加速电阻; R_2-附加电阻; R_3-温度补偿电阻; W_1-磁化线圈; W_2-加速线圈; VD-二极管; C-电容器

池正极→电流表 A→点火开关 SW→调节器接柱"B"→磁轭→衔铁→触点 K→附加电阻 R_2→磁化线圈 W_1→温度补偿电阻 R_3→搭铁→蓄电池负极。此时磁化线圈电流产生的电磁力矩尚小于弹簧力矩,故触点 K 保持闭合状态,发电机端电压随转速升高而升高。

(2)当发电机端电压高于蓄电池电动势时,发电机开始自激,激磁电流和磁化线圈电流由发电机供给,与此同时,发电机开始向用电设备供电和向蓄电池充电,此时激磁电路和磁化线圈电流的电路没变,但电源是交流发电机而不是蓄电池。由于发电机输出电压仍低于调节器调节电压,磁化线圈电流产生的电磁力矩仍小于弹簧力矩,触点 K 仍保持闭合状态,发电机输出电压随转速升高或磁场电流增大而继续升高。

(3)当发电机输出电压升高到调节电压上限值时,调节器开始工作,并将发电机输出电压控制在某一值不变。当发电机端电压升高时,调节器磁化线圈 W_1 两端的电压也随之升高,磁化线圈电流增大,所产生的电磁力矩也随之增大;当发电机输出电压达到调节电压上限值时,磁化线圈电流产生的电磁力矩便超过弹簧力矩而将触点 K 吸开。触点 K 断开后,激磁电流的电路为:发电机正极接柱"B"→点火开关 SW→调节器接柱"B"→加速电阻 R_1→附加电阻 R_2→调节器接柱"F"→发电机接柱"F"→激磁绕组→搭铁→发电机负极;磁化线圈 W_1 的电路为:发电机正极→电流表 A→点火开关 SW→调节器接柱"B"→加速电阻 R_1→磁化线圈 W_1→温度补偿电阻 R_3→搭铁→发电机负极。由于激磁绕组电路中串入了调节器的加速电阻和附加电阻,因此,激磁电路总电阻增大,激磁电流减小,磁极磁通减少,发电机端电压下降。当发电机端电压下降时,调节器磁化线圈两端的电压也随之下降,线圈电流减小,电磁力矩减小。当发电机端电压下降到调节电压下限值时,磁化线圈电流产生的电磁力矩便小于弹簧力矩,触点在弹簧力矩作用下重又闭合,调节器加速电阻和附加电阻又被隔出激磁电路,因此,激磁电路总电阻减小,激磁电流增大,磁极磁通增多,发电机端电压上升;当发电机端电压上升到调节电压上限值时,磁化线圈电流产生的电磁力矩又超过弹簧力矩而将触点 K 吸开,调节器重复上述工作过程,使触点 K 不断开闭振动,通过改变激磁电路电阻值的大小,使激磁电流平均值随发电机转速变化而变化,从而使发电机输出电压平均值基本稳定。

3.保护电路工作过程

在调节器工作过程中,每当发电机端电压达到调节器调节电压上限值时,磁化线圈 W_1 产生的电磁力矩便将触点 K 吸开,加速电阻和附加电阻随即串入激磁电路,使激磁电流急剧减小。由于激磁电流急剧减小,因此在激磁绕组中便产生很高的自感电动势,自感电动势正向加在二极管 VD 上,并通过加速线圈 W_2 与激磁绕组构成放电回路,起到续流作用而保护触点,同时也使自感电动势迅速衰减,防止工程机械上的电子元件被反向击穿而损坏;电容器 C 通过加速线圈 W_2 并联在触点 K 的两端,用以进一步吸收浪涌电压,加速感应电动势衰减,减少触点电蚀。

上述保护电路不仅具有减小触点火花,使触点电蚀减少和保护工程机械电子设备的作用,而且当触点断开时,由于放电电流通过加速线圈 W_2,产生的磁通与磁化线圈 W_1 产生的磁通方向相反,加快了铁心退磁和触点闭合,提高了触点振动频率,有利于改善发电机输出电压波形。

五、双级电磁振动式调节器

为了减小触点的火花和电弧,减轻触点烧蚀,可以采用双级电磁振动式调节器,它是在单级电磁振动式调节器的基础上,增加一对常开触点形成的。

1.基本原理

双级电磁振动式调节器的基本原理如图 2-27 所示,特点在于:有两对触点 K_1、K_2,分别称为低速触点和高速触点,低速触点 K_1 是常闭触点,和附加电阻并联,高速触点 K_2 是常开触点,和发电机激磁绕组并联;附加电阻 R_r 的阻值比单级式的要小得多。

双级电磁振动式调节器的工作原理如下:

(1)发电机端电压较低,调节器磁化线圈电流产生的电磁力矩,还不足以克服弹簧拉力产生的力矩,所以触点 K_1 仍保持闭合状态,附加电阻 R_r 被低速触点 K_1 短路,激磁电路电阻最小,发电机端电压随着转速升高而升高。

(2)当发电机端电压升高到一定值时,调节器磁化线圈产生的电磁力矩便大于弹簧力矩而将衔铁吸下,低速触点 K_1 断开,附加电阻 R_r 串入激磁电路中,激磁电路总电阻增大,激磁电流减小,磁极磁通减少,发电机端电压下降。当发电机端电压降到调节电压下限值时,调节器磁化线圈电流减小,使电磁力矩小于弹簧力矩,低速触点 K_1 重又闭合,附加电阻 R_r 又被短路,激磁电流重又增大,发电机端电压再次升高。如此反复,发电机端电压就在调节电压下上限值 U_1、U_2 之间脉动并保持平均值基本不变,该平均值就是调节器低速触点控制的发电机输出电压,称为调节器的一级调节电压。

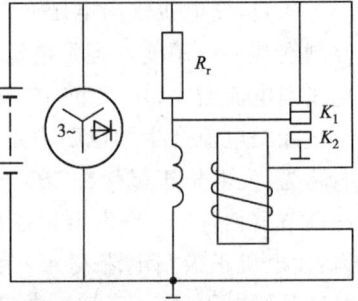

图 2-27 双级电磁振动式调节器原理图

(3)随着发电机转速的提高,低速触点断开的时间越来越长,当转速升高到一定程度时,衔铁居于中间位置,低速触点和高速触点都处于断开位置,附加电阻完全串联在激磁电路中,低速触点 K_1 失去调节作用。由于激磁电路电阻一定,发电机端电压随着转速升高而升高,同时衔铁逐渐下移。

(4)当发电机端电压升高到一定值时,衔铁进一步下移,使高速触点 K_2 闭合,激磁绕组被高速触点短路,激磁电流迅速减小到零,发电机端电压随之迅速下降,电压下降又使磁化线圈的电磁力矩减小,在弹簧力矩作用下,高速触点 K_2 重又断开,衔铁又居中间位置,激磁电流增大,发电机端电压重又升高。如此循环,通过高速触点 K_2 振动,激磁绕组周期性的被短接,使发电机端电压平均值保持基本不变,该平均值就是调节器高速触点控制的发电机输出电压,称为调节器的二级调节电压。

双级电磁振动式调节器的优点是触点火花小,调节范围大。这是因为调节器的工作范围主要在第二级,低速触点的工作范围很小,这样附加电阻阻值便可设计得很小(约为单级式的1/10左右),所以低速触点 K_1 的断开功率很小,触点火花小;高速触点 K_2 工作时,附加电阻已经串入激磁电路,激磁电流已减小,所以触点火花很小。由于高速触点 K_2 是利用短路激磁绕组的方法来减小激磁电流、调节发电机端电压的,所以高速触点 K_2 的工作转速上限取决于发电机的剩磁,因此调节范围大。缺点是触点间隙小,不便维护和调整;当高速触点之间烧蚀或脏污使接触电阻增大后,激磁绕组不能被有效短路,可能引起高速时发电机端电压失控。因此双级电磁振动式调节器必须密封良好。常见的双级电磁振动式调节器的具体结构如图 2-28 所示。

2.实例

虽然图 2-27 所示的双级电磁振动式调节器由于附加电阻较小,触点烧蚀大大减轻,但还存在触点振动频率低、调节电压随温度变化等问题。为此,实际双级电磁振动式调节器一般还包括加速电阻、温度补偿电阻、磁分路等结构,以改善调节器性能。现以 FT61 型双级电磁振动式调节器为例,说明其结构和工作情况。

(1)FT61 型调节器的结构

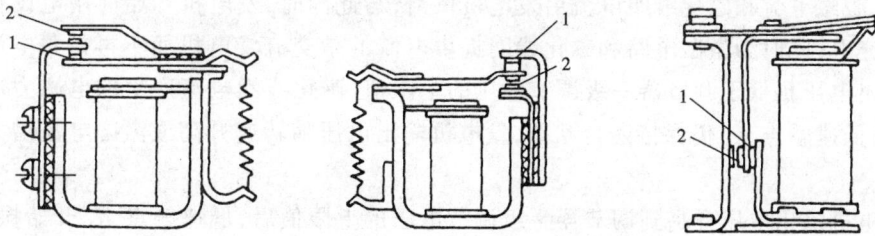

图 2-28 双级电磁振动式电压调节器的结构形式

1-低速触点；2-高速触点

FT61 型双级电磁振动式调节器的结构如图 2-29 所示，由电磁铁机构、触点组件和三只电阻 R_1、R_2、R_3 等组成。触点有两对，上、下两个为静触点，其塑料支架绝缘固装在磁轭 5 上。两静触点之间的动触点铆接在衔铁 2 的一端，衔铁 2 的另一端用弹簧 4 拉紧。调节器不工作时，在弹簧 4 拉力作用下，上对触点（即低速触点 K_1）处于闭合状态，下对触点（即高速触点 K_2）处于断开状态。低速触点的静触点支架 1 经导线与调节器的"B"接柱（也称"点火"接柱）相连；高速触点的静触点支架经导线与调节器底座相连而搭铁。衔铁 2 与磁轭 5 之间用铜质导电片铆接。动触点经衔铁、导电片、磁轭与调节器"F"接柱（也称"磁场"接柱）相连。电阻 R_1、R_2 串联后跨接在调节器接柱"B"与"F"之间。磁化线圈一端接在 R_1、R_2 之间；另一端经过电阻 R_3 搭铁。根据各电阻的连接关系，不难分析出 R_1、R_2、R_3 分别是加速电阻、附加电阻和温度补偿电阻。

（2）FT61 型调节器的工作情况

FT61 型双级电磁振动式调节器与交流发电机组成的充电系统电路如图 2-29 所示，调节器工作情况如下：

发电机尚未转动或其电压低于蓄电池电动势时，激磁电流由蓄电池供给，发电机端电压随转速升高而升高。激磁电流电路为：蓄电池正极→电流表 A→点火开关 SW→调节器"B"接柱→静触点支架 1→低速触点 K_1→衔铁 2→磁轭 5→调节器"F"接柱→发电机"F"接柱→绝缘电刷→滑环→激磁绕组→滑环→搭铁电刷→搭铁→蓄电池负极。流过磁化线圈 3 的电流有两路，一路为：蓄电池正极→电流表 A→点火开关 SW→调节器"B"接柱→加速电阻 R_1→磁化线圈 3→温度补偿电阻 R_3→搭铁→蓄电池负极；另一路为：蓄电池正极→电流表 A→点火开关 SW→调节器"B"接柱→磁轭 5→衔铁 2→低速触点 K_1→附加电阻 R_2→磁化线圈 3→温度补偿电阻 R_3→搭铁→蓄电池负极。此时磁化线圈电流产生的电磁力矩尚小于弹簧力矩，故低速触点 K_1 保持闭合状态，发电机端电压随转速升高而升高。

当发电机端电压高于蓄电池电动势时，发电机

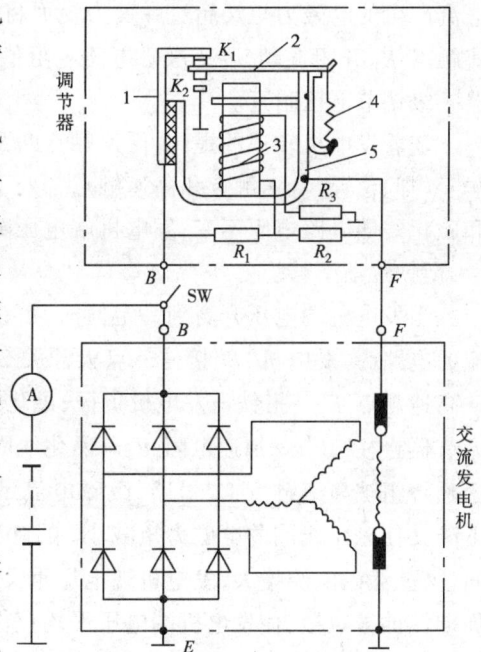

图 2-29 FT61 型双级电磁振动式调节器线路图

1-支架；2-衔铁；3-磁化线圈；4-弹簧；5-磁轭 R_1-加速电阻；R_2-附加电阻；R_3-温度补偿电阻；K_1-低速触点；K_2-高速触点

开始自激,激磁电流和磁化线圈电流由发电机供给,与此同时,发电机开始向用电设备供电和向蓄电池充电,此时为激磁电路和磁化线圈提供电流的是交流发电机而不再是蓄电池。由于发电机输出电压仍低于调节器一级调节电压的上限值,磁化线圈电流产生的电磁力矩仍小于弹簧力矩,低速触点 K_1 仍保持闭合状态,发电机输出电压随转速升高或激磁电流增大而继续升高。

当发电机输出电压升高到调节器一级调节电压的上限值后,低速触点 K_1 开始振动,保持发电机输出电压平均值基本稳定。当发电机端电压升高时,调节器磁化线圈 3 两端的电压也随之升高,磁化线圈电流增大,所产生的电磁力矩也随之增大;当发电机输出电压达到调节器一级调节电压的上限值时,磁化线圈电流产生的电磁力矩便超过弹簧力矩而将低速触点 K_1 吸开。低速触点 K_1 断开后,发电机激磁电流的电路为:发电机"B"接柱→点火开关 SW→调节器"B"接柱→加速电阻 R_1→附加电阻 R_2→调节器"F"接柱→发电机"F"接柱→绝缘电刷→滑环→激磁绕组→滑环→搭铁电刷→搭铁→发电机负极;调节器磁化线圈 3 的电路为:发电机"B"接柱→点火开关 SW→调节器接柱"B"→加速电阻 R_1→磁化线圈 3→温度补偿电阻 R_3→搭铁→发电机负极。由于激磁电路中串入了调节器的加速电阻和附加电阻,激磁电路总电阻增大,激磁电流减小,磁极磁通减少,发电机端电压下降。当发电机端电压下降时,调节器磁化线圈两端的电压也随之下降,线圈电流减小,电磁力矩减小。当发电机端电压下降到一级调节电压下限值时,磁化线圈电流产生的电磁力矩便小于弹簧力矩,在弹簧力矩作用下低速触点重又闭合,加速电阻和附加电阻又被隔出激磁电路,因此,激磁电路总电阻减小,激磁电流增大,磁极磁通增多,发电机端电压上升;当发电机端电压上升到一级调节电压上限值时,磁化线圈电流产生的电磁力矩又超过弹簧力矩而将低速触点 K_1 吸开,调节器重复上述工作过程,使低速触点 K_1 开闭振动,改变激磁电路电阻值的大小,从而使发电机输出电压平均值稳定在调节器一级调节电压附近。

随着发电机转速的提高,低速触点断开的时间越来越长,当转速升高到一定程度时,衔铁居于中间位置,低速触点和高速触点都处于断开位置,附加电阻串联在激磁电路中,激磁电路和磁化线圈电路电阻不变,发电机端电压随着转速升高而升高,同时磁化线圈电磁力矩越来越大,衔铁逐渐下移。

当发电机端电压升高到一定值时,衔铁进一步下移,使高速触点 K_2 闭合,高速触点 K_2 电流的电路为:发电机"B"接柱→点火开关 SW→调节器"B"接柱→加速电阻 R_1→附加电阻 R_2→高速触点 K_2→搭铁→发电机负极;磁化线圈 3 的电路为:发电机"B"接柱→点火开关 SW→调节器接柱"B"→加速电阻 R_1→磁化线圈 3→温度补偿电阻 R_3→搭铁→发电机负极。由于激磁绕组被高速触点 K_2 短路,激磁电流迅速减小到零,发电机端电压便随之迅速下降,电压下降又使磁化线圈的电磁力矩减小,在弹簧力矩作用下,高速触点 K_2 重又断开,衔铁又居中间位置,激磁电流增大,发电机端电压重又升高。如此循环,通过高速触点 K_2 振动,磁场绕组周期性的被短接,使发电机端电压平均值保持在调节器的二级调节电压附近。

加速电阻不仅提高低速触点的振动频率,也能提高高速触点的振动频率。高速触点 K_2 闭合后,由于激磁绕组被短路,加速电阻上的电流增大、电压提高,使磁化线圈的电压降低、电磁力矩减小,有利于高速触点 K_2 加速断开;高速触点 K_2 断开后,激磁绕组重新串入电路,加速电阻上的电流减小、电压降低,使磁化线圈的电压升高、电磁力矩增大,有利于高速触点 K_2 加速闭合。

46

六、双联电磁振动式调节器

1.带充电指示灯继电器的双联调节器

为了反映充电系的工作是否正常,除了采用电流表外,还可以采用充电指示灯。控制充电指示灯的常用方法有:利用交流发电机中性点电压,通过继电器进行控制;利用交流发电机端电压,通过继电器进行控制;利用9管交流发电机直接控制。

用来接通和断开充电指示灯的继电器称为充电指示灯继电器,充电指示灯继电器与电压调节器制作在一起,形成带充电指示灯继电器的双联调节器。下面以丰田汽车发电机调节器和国产FT126为例加以说明。

(1)丰田汽车发电机调节器

丰田汽车用电磁振动式调节器由双级电磁振动式电压调节器和充电指示灯继电器两部分组成,两组电磁铁机构均铆接固定在调节器底座上面,底座下面固装电阻并铆接有调节器引出导线的接线片,其内部线路如图2-30所示,特点是双级电磁振动式电压调节器无加速电阻和温度补偿电阻,结构简单;磁化线圈通过常开触点接电源正极,只有发电机中性点电压建立起来后,触点才能闭合,给磁化线圈通电,这就避免了发电机不发电时蓄电池通过磁化线圈放电。调节器的工作原理如下:

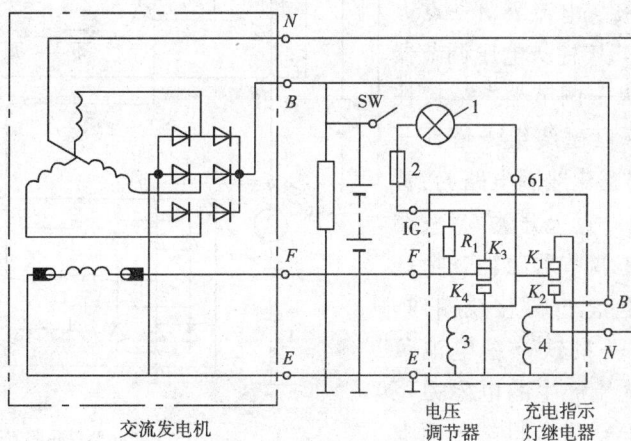

图2-30 丰田汽车调节器电路

1-充电指示灯;2-熔断器;3-调节器磁化线圈;4-充电指示灯继电器线圈;R_r-调节电阻;K_1、K_2-继电器触点;K_3、K_4-低速和高速触点

接通点火开关SW,充电指示灯1亮,指示蓄电池放电。充电指示灯电路为:蓄电池正极→点火开关SW→充电指示灯1→调节器"61"接柱→充电指示灯继电器常闭触点K_1→调节器"E"接柱→搭铁→蓄电池负极。同时,电压调节器磁化线圈3被常闭触点K_1短路,不产生电磁力矩。低速触点K_3保持闭合状态,激磁电路为:蓄电池正极→点火开关SW→熔断器2→调节器"IG"接柱→低速触点K_3→调节器"F"接柱→发电机"F"接柱→磁场绕组→发电机"E"接柱→搭铁→蓄电池负极,转子磁极便产生磁通,转子一旦旋转,定子绕组内就会产生三相交流电,经由整流器整流后转变成直流电。

发电机发电后,其中性点电压直接加在充电指示灯继电器线圈4的两端,继电器线圈4便有电流流过,其电路为:发电机定子绕组→发电机"N"接柱→调节器"N"接柱→充电指示灯继电器线圈4→调节器"E"接柱→发电机"E"接柱→负极管→发电机定子绕组。当发电机端电压达到充电电压时,充电指示灯继电器线圈 4 产生的电磁力矩克服弹簧力矩将 K_1 断开、K_2 吸合,充电指示灯被点火开关 SW 和 K_2 短路后熄灭,指示发电机发电并开始向蓄电池充电。同时,发电机端电压通过 K_2 加在磁化线圈两端,磁化线圈产生电磁力矩。当发电机端电压升高到一定程度时,调节器磁化线圈产生的电磁力矩克服弹簧力矩将低速触点断开,电压调节器开始工作,调节过程不再赘述。

(2)国产 FT126 型双联调节器

FT126 型调节器也由电压调节器和充电指示灯继电器两部分组成,其原理如图 2-31 所示。电压调节器为具有保护电路的单级电磁振动式电压调节器,其构造和工作原理与 FT111 型单级电磁振动式调节器基本相同。充电指示灯继电器有两对触点,常闭触点控制充电指示灯电路,常开触点控制调节器磁化线圈电路,触点的开闭由发电机中性点电压通过线圈 W_3 控制。工作过程如下:

接通点火开关 SW,充电指示灯亮,指示蓄电池放电。充电指示灯电路为:蓄电池正极→电流表 A→点火开关 SW→充电指示灯→调节器"61"接柱→继电器常闭触点 K_2→搭铁→蓄电池负极。发电机激磁电路为:蓄电池正极→电流表 A→点火开关 SW→调节器"IG"接柱→电压调节器磁轭→衔铁→触点 K→调节器"F"接柱→发电机"F"接柱→激磁绕组→搭铁→蓄电池负极。调节器磁化线圈电路为:蓄电池正极→电流表 A→点火开关 SW→调节器"IG"接柱→电压调节器磁轭→衔铁→触点 K→附加电阻 R_2→磁化线圈 W_1→温度补偿电阻 R_3→搭铁→蓄电池负极。此时磁化线圈电流产生的电磁力矩很小,触点 K 保持闭合,发电机端电压随转速升高而升高。

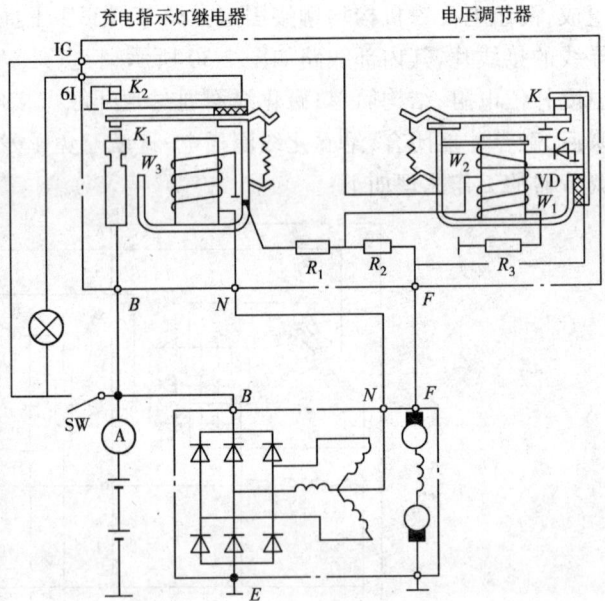

图 2-31 FT126 型双联调节器原理图

当发电机中性点电压超过继电器线圈的闭合电压时,充电指示灯继电器线圈 W_3 产生的电磁吸力吸动衔铁下移,触点 K_2 断开、K_1 闭合。触点 K_2 断开后,充电指示灯电路切断,指示灯熄灭,表示发电机已经发电。触点 K_1 闭合后,电压调节器磁化线圈 W_1 中的电流包含两路,一路是:发电机"B"接柱→调节器"B"接柱→继电器触点 K_1→继电器下触点臂→磁轭→加速电阻 R_1→磁化线圈 W_1→温度补偿电阻 R_3→搭铁→发电机负极;另一路是:发电机"B"接柱→点火开关 SW→调节器"IG"接柱→电压调节器磁轭→衔铁→触点 K→附加电阻 R_2→磁化线圈 W_1→温度补偿电阻 R_3→搭铁→发电机负极。此时磁化线圈电流产生的电磁力矩还小于弹簧力矩,故触点 K 保持闭合状态,发电机端电压随转速升高而升高。

当发电机端电压随转速升高和磁场电流增大而升高到调节电压上限值时,电压调节器触点 K 开始振动,通过改变磁场电路电阻值,使磁场电流改变维持发电机输出电压平均值基本稳定。触点 K 的工作情况和 VD-W_2-C 保护电路的工作原理与 FT111 型调节器完全相同,不再赘述。

点火开关接通后充电指示灯不亮或发动机起动后充电指示灯不熄灭,表示充电系工作不正常,需要检修。

2.带磁场继电器的双联调节器

在柴油发动机工程机械上,交流发电机的激磁电路和调节器的磁化线圈电路多数是由电源开关控制。停车时,如果驾驶员忘记关断电源开关,那么,蓄电池就会长时间向发电机激磁电路和调节器磁化线圈放电,不仅容易造成蓄电池亏电,而且容易导致激磁绕组烧坏。为此,许多柴油发动机工程机械都装有磁场继电器,以根据发电机的工作情况自动接通与断开交流发电机激磁电路和调节器磁化线圈的电路。若磁场继电器与发电机调节器设在一起,就形成带磁场继电器的双联调节器。下面以常用的 FT61A 型双联调节器为例,说明其工作原理。

FT61A 型双联调节器的内部线路如图2-32所示。图中左边一组为磁场继电器,右边一组为电压调节器。磁场继电器铁心上绕有起动线圈 W_1 和维持线圈 W_2,起动线圈 W_1 在起动按钮接通时直接承受蓄电池电压,维持线圈 W_2 直接承受发电机中性点电压;磁场继电器触点 K_3 为常开触点,控制电压调节器电路通断,只有在该触点闭合时,发电机激磁电路和调节器磁化线圈电路才能接通。电压调节器为双级电磁振动式调节器,其结构和工作原理与 FT61 型调节器相似。

FT61A 型双联调节器工作原理如下:

(1)起动发动机时,接通电源开关 SW,按下起动按钮 SB,起动线圈 W_1 通电产生电磁力矩使继电器触点 K_3 闭合,激磁电路和磁化线圈电路接通。起动按钮 SB 按下时,起动线圈

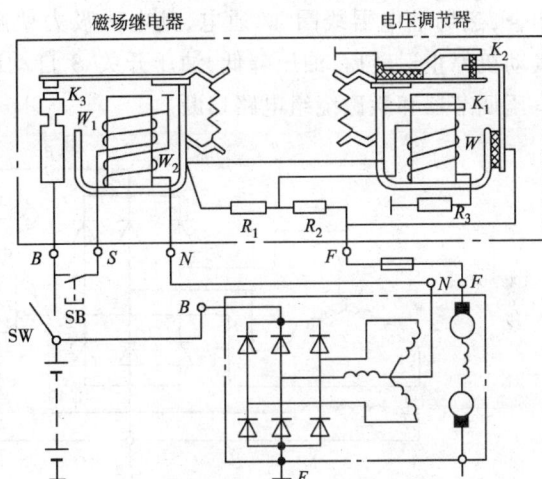

图 2-32　FT61A 型双联调节器原理图

W-磁化线圈;W_1-起动线圈;W_2-维持线圈;SW-电源开关;SB-起动按钮;K_1、K_2、K_3-触点;R_1-加速电阻;R_2-附加电阻;R_3-温度补偿电阻

W_1 的电路为:蓄电池正极→电源开关 SW→起动按钮 SB→调节器"S"接柱("按钮"接柱)→起动线圈 W_1→搭铁→蓄电池负极。起动线圈 W_1 电流产生的电磁吸力便将继电器触点 K_3 吸闭,激磁电路和磁化线圈电路接通,激磁电路为:蓄电池正极→电源开关 SW→调节器"B"接柱→继电器触点 K_3→磁轭→电压调节器磁轭→低速触点 K_1→调节器"F"接柱→熔断器→发电机"F"接柱→激磁绕组→搭铁→蓄电池负极。磁化线圈 W 的电流包含两路,一路是:蓄电池正极→电源开关 SW→调节器"B"接柱→继电器触点 K_3→磁轭→加速电阻 R_1→磁化线圈 W_1→温度补偿电阻 R_3→搭铁→蓄电池负极;另一路是:蓄电池正极→电源开关 SW→调节器"B"接柱→继电器触点 K_3→磁轭→电压调节器磁轭→衔铁→低速触点 K_1→附加电阻 R_2→磁化线圈 W_1→温度补偿电阻 R_3→搭铁→蓄电池负极。

(2)随着发动机起动转速升高,发电机中性点电压也随之升高,维持线圈 W_2 产生的磁通方向与起动线圈 W_1 一致,使继电器触点 K_3 闭合更紧。

(3)发动机起动后,起动按钮 SB 断开,起动线圈 W_1 电流切断,触点 K_3 在维持线圈 W_2 产生的电磁吸力作用于保持闭合,使发电机磁场电路和调节器磁化线圈电路能正常工作。当发电机转速升高,其电压升到一级调节电压上限值时,低速触点 K_1 开始振动;当发电机端电压达到二级调节电压上限值时,高速触点 K_2 开始振动,维持发电机端电压平均值基本稳定。

(4)当发动机停止转动时,由于发电机不发电,中性点没有电压,因此,继电器维持线圈 W_2 中没有电流,继电器铁心无电磁吸力,触点 K_3 在弹簧拉力作用下断开,切断发电机激磁电路和调节器磁化线圈电路。这样,即使忘记断开电源开关 SW,蓄电池也不会向发电机激磁绕组和调节器磁化线圈 W 放电,从而避免了停车后蓄电池向激磁绕组和磁化线圈放电造成的亏电和激磁绕组长时间通电而烧坏的情况。

采用 FT61A 型调节器,还有一个优点,当由于各种原因导致发电机不发电时,磁场继电器自动切断激磁电路和磁化线圈电路,减少蓄电池放电,延长使用时间。

还有一种利用发动机机油压力通过油压开关控制的磁场继电器,如图 2-33 所示。油压开关 S 在油压未建立起来前是断开的,发动机起动时,曲轴旋转,润滑油压力上升使油压开关 S 闭合,磁场继电器线圈 W 通电,其电磁吸力使触点 K 闭合,给电压调节器和激磁绕组供电。发动机停止运转后,油压降低,油压开关 S 自动断开,磁场继电器线圈 W 断电,触点 K 断开,电压调节器和激磁绕组电路切断。

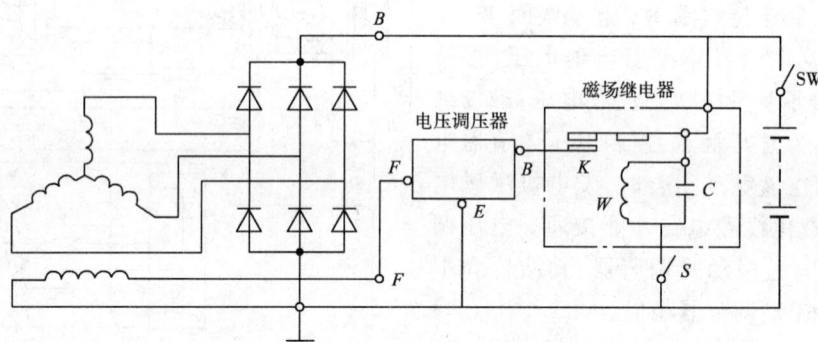

图 2-33 发动机油压开关控制的磁场继电器电路

第七节　电子调节器

电子调节器是由电子元件组成,利用稳压管的反向击穿特性和晶体管的开关特性调节发电机输出电压的装置。电子调节器可分为采用分离元件的晶体管调节器和集成电路调节器两类,后者在整体式发电机中应用广泛。

与电磁振动式调节器相比,电子调节器具有以下优点:

不存在机械惯性和磁滞性,调节频率高,电压波动小;

无机械触点、衔铁等运动部件,避免了工程机械振动和冲击对调节器性能的影响,工作可靠性高;

没有触点,不存在烧蚀、变形等问题,使用寿命长;

大多采用环氧树脂封装,具有较高的防尘和耐腐蚀性能,无需维修;

能满足大功率发电机的要求,发电机功率愈大,磁场电流也愈大,通过选择不同功率的晶体管,即可满足发电机功率增大的要求。而电磁振动式调节器受触点断开功率的限制,难以满足现代工程机械配用交流发电机功率越来越高的要求;

不会发射电磁干扰信号,对无线电无干扰。

集成电路调节器除具有上述优点之外,还有两个突出优点:体积小、重量轻,可作为一个标准部件装在发电机上,充电系线路简化,故障少,线路损失减少;精度高,耐高温性能好,在

130℃高温环境条件下仍能可靠工作。

电子调节器从本质上克服了电磁振动式调节器的缺点,随着电子元件生产工艺的改进、成本的降低和工程机械用电设备的增多,电子调节器特别是集成电路调节器将完全取代电磁振动式调节器。

一、电子调节器的工作原理

1．基本组成

由于工程机械交流发电机有内搭铁型与外搭铁型之分,与之配套使用的电子调节器也有内搭铁型与外搭铁型两类。内、外搭铁型电子调节器的基本电路分别如图 2-34 和图 2-35 所示。由图可见,基本电路由三只电阻 R_1、R_2、R_3,两只三极管 VT_1、VT_2,一只稳压二极管 VS 和一只二极管 VD 组成。

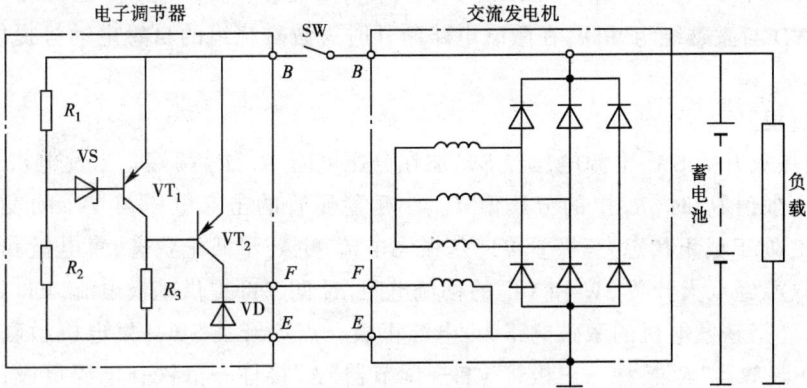

图 2-34　内搭铁型电子调节器基本电路

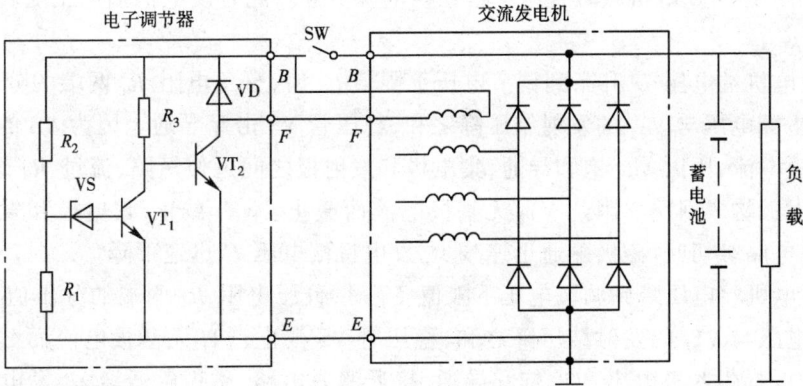

图 2-35　外搭铁型电子调节器基本电路

电阻 R_1、R_2 串联构成分压器,接在交流发电机输出端(标记"B"或"BATT"等)与搭铁端(标记"E"或"$-$"等)之间,直接监测发电机端电压 U 的变化,分压电阻 R_1 两端的电压 U_1 为

$$U_{R1} = \frac{R_1}{R_1 + R_2} U \tag{2-7}$$

可见,发电机端电压 U 升高,分压电阻 R_1 两端的电压 U_{R1} 也升高;反之,当 U 下降时,U_{R1} 也下降。电阻 R_3 既是三极管 VT_1 的负载电阻(集电极电阻),又是三极管 VT_2 的偏流电阻。

VT_1 为小功率三极管,接在大功率三极管 VT_2 的前一级,起功率放大作用,也称放大级。

51

VT_2 称为开关三极管,简称开关管,VT_2 的集电极与发电机激磁绕组相联,激磁绕组电阻就成为 VT_2 的负载电阻,VT_2 饱和导通时,集电极和发射极之间近似短路,发电机激磁电路接通;VT_2 截止时,集电极和发射极之间近似断路,发电机激磁电路被切断。因此,通过控制 VT_2 的饱和导通与截止,可以控制发电机激磁电路通断、调节发电机输出电压。外搭铁型调节器的三极管 VT_1 和 VT_2 是 NPN 型,内搭铁型调节器的三极管 VT_1 和 VT_2 是 PNP 型。

稳压二极管(简称稳压管)VS 是感受元件,其一端接 VT_1 的基极,另一端接在分压电阻 R_1、R_2 之间。VS 与 VT_1 的发射结反向串联后再与 R_1 并联,组成电压检测电路,监测发电机端电压的变化。当发电机端电压 U 升高到调节电压上限值 U_2 时,分压电阻 R_1 两端的分压值 U_{R1} 达到稳压管的击穿电压与 VT_1 的发射结压降之和,稳压管 VS 击穿导通;当发电机端电压 U 降低到调节电压下限值 U_1 时,分压电阻 R_1 两端的分压值 U_{R1}、低于稳压管的击穿电压与 VT_1 的发射结压降之和,稳压管 VS 截止。

二极管 VD 与激磁绕组并联,在激磁电路断开时为激磁绕组的自感电动势提供回路,防止三极管击穿。

2. 工作过程

(1)接通点火开关 SW,电源电压经 SW 加在分压电阻 R_1、R_2 两端。当发电机端电压 U 低于调节电压上限值 U_2 时,R_1 上的分压值 U_{R1} 小于稳压管的击穿电压与 VT_1 的发射结压降之和,稳压管 VS 处于截止状态,三极管 VT_1 基极无电流,也处于截止状态,集电极和发射极之间近似断路。电源经点火开关 SW 和 VT_2 的偏流电阻 R_3 向 VT_2 提供基极电流,VT_2 饱和导通,接通激磁电路,外搭铁发电机的激磁电路为:电源正极→点火开关 SW→发电机激磁绕组→发电机"F"接柱→调节器"F"接柱→三极管 VT_2→调节器"E"接柱→搭铁→电源负极;内搭铁发电机的激磁电路为:电源正极→点火开关 SW→调节器"B"接柱→三极管 VT_2→调节器"F"接柱→发电机"F"接柱→发电机激磁绕组→搭铁→电源负极。此时发电机端电压随转速升高而升高。

(2)当发电机端电压 U 升高到调节电压上限值 U_2 时,分压电阻 R_1 两端的分压值 U_{R1}、达到稳压管的击穿电压与 VT_1 的发射结压降之和,稳压管 VS 击穿导通。因为 VS 的工作电流就是 VT_1 的基极电流,所以 VT_1 饱和导通,集电极和发射极之间近似短路,流过 R_3 的电流经 VT_1 集电极和发射极构成回路。因此 VT_2 无基极电流而截止。VT_2 截止,集电极和发射极之间近似断路,激磁电路被切断,磁极磁通迅速减少,发电机端电压 U 迅速下降。

(3)当发电机端电压降到调节电压下限值 U_1 时,分压电阻 R_1 两端的分压值 U_{R1}、低于稳压管的击穿电压与 VT_1 的发射结压降之和,稳压管 VS 截止,VT_1 无基极电流而截止。发电机又经 R_3 向 VT_2 提供基极电流,VT_2 饱和导通,接通激磁电路,磁极磁通增多,发电机端电压 U 重又升高,U 升高到调节电压上限值 U_2 时,调节器重复(2)、(3)工作过程,将发电机端电压平均值稳定在一定范围内。

二、晶体管调节器实例

国产 JFT106 负极外搭铁型调节器,可以配用 14V、750W 的 9 管交流发电机,也适用于 14V、功率小于 1000W 的一般交流发电机,原理如图 2-36 所示。

电阻 R_1、R_2、R_3 构成调整方便的分压电路,R_4 和稳压管 VS_2 构成电压检测电路。

三极管 VT_1 与复合连接的三极管 VT_2、VT_3 构成开关电路。

R_4、R_5、R_7、R_8 是三极管的偏置电阻,保证三极管有合适的工作状态。

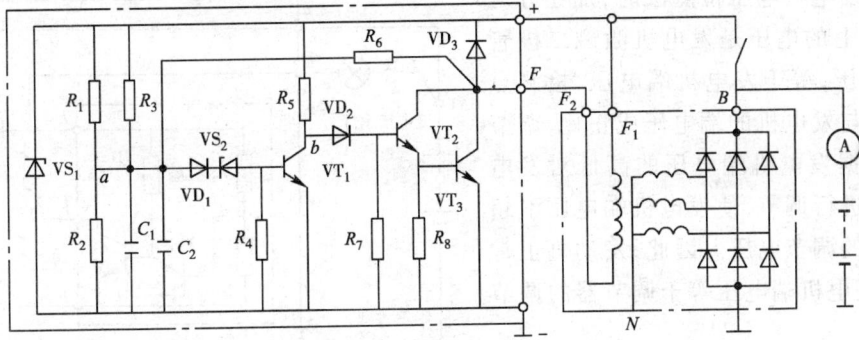

图 2-36　JFT106 型晶体管调节器原理图

二极管 VD_3 反向并联在发电机激磁绕组两端,起续流作用。当 VT_3 截止时,由于激磁绕组中的电流突然变小,将产生较高的自感电动势,通过 VD_3 可以构成自感电流闭合回路,保护了大功率三极管 VT_3。

VD_2 为温度补偿二极管,减少温度对调节器调节电压的影响。

二极管 VD_3 接在稳压管 VS_2 之前,当发电机端电压降低时,二极管 VD_3 能迅速截止,保证稳压管 VS_2 可靠截止。

R_6 是正反馈电阻,用来提高 VT_3 的导通和截止速度,电容器 C_1 和 C_2 用来降低 VT_3 的开关频率,减少功率损耗。

稳压管 VS_1 接在发电机的输出端,吸收电路的瞬态过电压,使调节电压保持稳定。

工作过程如下:接通点火开关,蓄电池电压经点火开关作用在分压器两端,稳压管 VS_2 承受反向电压。由于蓄电池电压低于调节电压上限值,反向电压低于 VS_2 的击穿电压。因此,VS_2 截止,三极管 VT_1 也截止,"b"点电位近似于电源电位,二极管 VD_2 承受正向电压而导通,于是三极管 VT_2、VT_3 也导通,接通了发电机激磁绕组的电路,其通路为:

蓄电池正极→电流表→点火开关→发电机"F_1"接柱→激磁绕组→发电机"F_2"接柱→调节器"F"接柱→VT_3 集电极、发射极→调节器"E"接柱→搭铁→蓄电池负极。

发动机转速逐步上升,当发电机端电压超过蓄电池的端电压时,发电机开始转为自激并给蓄电池充电。

当发电机端电压高于调节电压上限值时,作用在分压器"a"点的电压,即稳压管 VS_2 承受的反向电压,超过其反向击穿电压而击穿导通,三极管 VT_1 也导通。VT_1 导通后"b"点电位降低,二极管 VD_2 正向电压趋于零而截止,使 VT_2、VT_3 也截止,切断了发电机的激磁电路,激磁电流中断,发电机磁场消失,发电机电压下降。当电压下降到调节电压下限值时,稳压管 VS_2 又截止,于是 VT_1 也截止,VT_2、VT_3 又导通,发电机电压重新升高。这样反复循环,控制发电机激磁电路的通断,保证发电机端电压维持在调节电压附近。

三、集成电路调节器实例

由于导线上有压降,发电机端电压与蓄电池端电压有差异,电流越大,导线上的压降越大,发电机端电压与蓄电池端电压的差异也越大。因此,集成电路调节器检测电压的方法分两种:发电机电压检测法和蓄电池电压检测法。通过检测发电机端电压,进行调节的方法称为发电机电压检测法,基本电路如图 2-37 所示。通过检测蓄电池端电压,进行调节的方法称为蓄电池电压检测法,基本电路如图 2-38 所示。

采用发电机电压检测法时,加在分压器 R_1、R_2 上的电压是发电机激磁二极管输出的电压,等于发电机端电压,检测点 P 的电压与发电机的端电压成正比,调节器直接根据发电机端电压的高低对发电机端电压进行调节,使发电机端电压不超过调节器的调节电压。因此,发动机正常工作时,发电机端电压等于调节器的调节电压。

采用蓄电池电压检测法时,加在分压器 R_1、R_2 上的电压是蓄电池的端电压,检测点 P 的电压与蓄电池的端电压成正比,

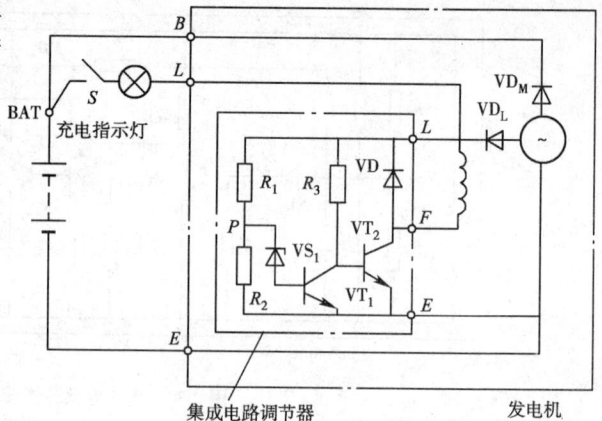

图 2-37 发电机电压检测法

调节器根据蓄电池端电压的高低对发电机端电压进行调节,使蓄电池端电压不超过调节器的调节电压。因此,发动机正常工作时,蓄电池端电压等于调节器的调节电压,发电机端电压高于调节器的调节电压。

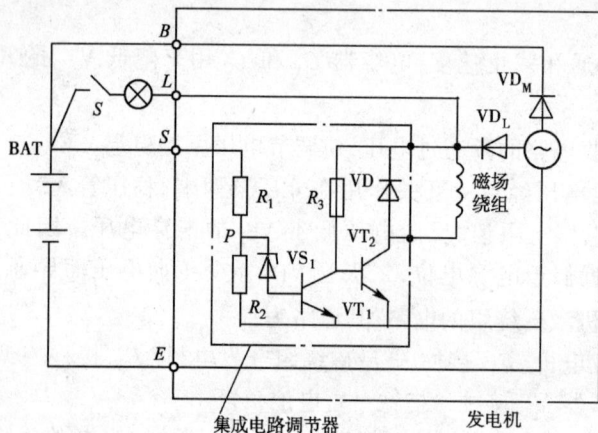

图 2-38 蓄电池电压检测法

采用发电机电压检测法,发电机的引出线少,线路简单,但是,由于发电机的端电压等于调节器的调节电压,当发电机与蓄电池之间的导线上压降较大时,蓄电池端电压将偏低,容易造成蓄电池充电不足。采用蓄电池电压检测法,由于调节器是根据蓄电池端电压的高低对发电机端电压进行调节的,因此,当发电机的"B"或"S"接柱与蓄电池之间的导线发生故障造成调节器分压器 R_1、R_2 上的电压低于调节电压时,调节器就无法对发电机端电压的进行调节,发电机的端电压就会失控,这对电气设备十分有害,为此实际电路都采取了必要的安全措施。

1．发电机电压检测法集成电路调节器实例

JFZ1913Z 和 JFZ1813Z 型发电机,都是整体式外搭铁 11 管交流发电机,额定功率 1.2kW,发电机结构和充电系电路分别如图 2-39 和图 2-40 所示。

发电机共有两个接线柱,输出接线柱 10 直接与蓄电池正极相连对外供电;磁场接线柱 9 通过二极管、充电指示灯、保险片和点火开关与蓄电池正极连接,为发电机提供他激电流、控制充电指示灯。

调节器采用发电机电压检测法,通过三个端子分别与发电机的激磁二极管输出端、电刷和壳体连接。

工作过程如下:

接通点火开关,蓄电池经点火开关 7、保险片 6、充电指示灯 5、二极管 4 给发电机提供他激电流和为调节器检测控制部分提供电压。由于蓄电池端电压低于调节器的调节电压上限值,

54

调节器使激磁电路接通,同时充电指示灯亮。他激电路和充电指示灯电路为:

蓄电池正极→点火开关7→保险片6→充电指示灯5→二极管4→激磁绕组→调节器→搭铁→蓄电池负极。

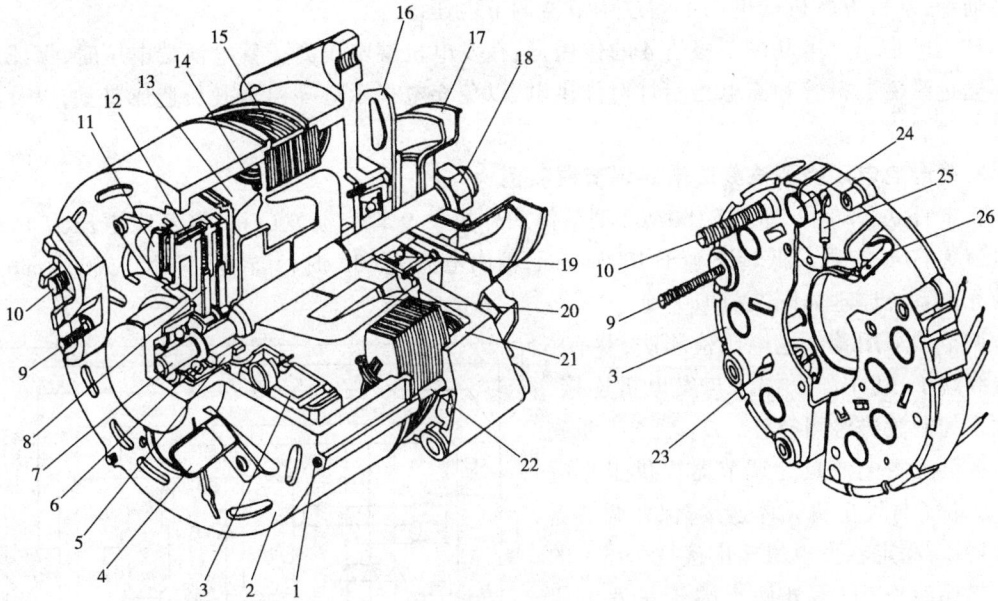

图 2-39　JFZ1913Z 和 JFZ1813Z 发电机结构图

1-联接螺栓;2-后端盖;3-元件板;4-防干扰电容器;5-滑环;6-轴承;7-转子轴;8-电刷;9-磁场接线柱;10-输出接线柱;11-调节器;12-电刷架;13-磁极;14-定子绕组;15-定子铁心;16-风扇叶轮;17-皮带轮;18-紧固螺母;19-轴承;20-激磁绕组;21-前端盖;22-定子槽楔子;23-电容器插接片;24-整流二极管;25-激磁二极管;26-电刷架压紧片

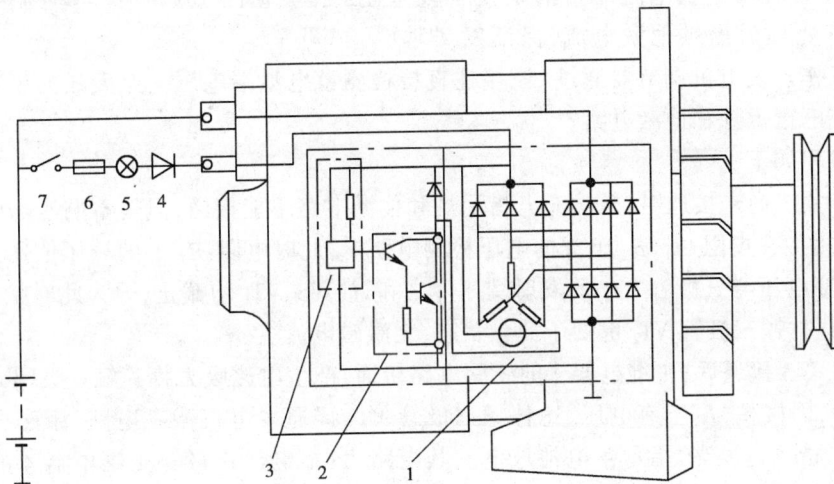

图 2-40　JFZ1913Z 和 JFZ1813Z 发电机充电系电路原理图

1-交流发电机;2-内装式调节器;3-调节器的检测控制部分;4-二极管;5-充电指示灯;6-保险片;7-点火开关

随着发动机转速升高,当发电机端电压超过蓄电池的端电压时,发电机开始自激并给负载供电,给蓄电池充电,以及为调节器检测控制部分提供电压。充电指示灯5因两端的电压几乎为零而熄灭,指示发电机已正常工作。如果发电机端电压还未升高到调节器的调节电压上限值,则调节器使激磁电路接通。发电机自激电路为:发电机定子绕组→激磁二极管→激磁绕组

→调节器→搭铁→负极管→发电机定子绕组。当发电机端电压高于调节器的调节电压上限值时,调节器使激磁电路断开,发电机磁通减弱,端电压降低;当发电机端电压低于调节器的调节电压下限值时,调节器又使激磁电路接通,发电机端电压上升。如此循环调节器不断控制激磁电路通断,维持发电机端电压不超过调节器调节电压。

与充电指示灯串联的二极管4的作用是:在发电机端电压高于蓄电池端电压时,保证发电机不通过激磁二极管和充电指示灯对外供电,以免充电指示灯亮给驾驶员造成错觉,以及激磁二极管过载损坏。

2. 蓄电池电压检测法集成电路调节器实例

日本日立公司生产的 LR160-708 型整体式外搭铁 9 管交流发电机,其额定电压为 14V,额定电流为 60A,空载最低转速小于 1000r/min;输出电流为 60A 时,其转速不高于 5000r/min。对应的充电系统原理如图 2-41 所示。

调节器采用蓄电池电压检测法,共有 6 个接线端子,其中 4 个端子与发电机连接,F 端子控制激磁绕组搭铁,D_+ 端子为激磁绕组提供激磁电流及为调节器提供工作电压,E 端子与发电机壳体连接,保证调节器可靠搭铁,固定在发电机输出接柱"B"上的端子起保险作用;另外两个端子是发电机的"S"、"L"接柱,"S"接柱与蓄电池正极连接,控制调节器工作;"L"接柱和充电指示灯连接,提供他激电流、控制充电指示灯。充电指示灯 6 两端并联电阻的目的是,在充电指示灯烧坏后提供他激电流,保证发

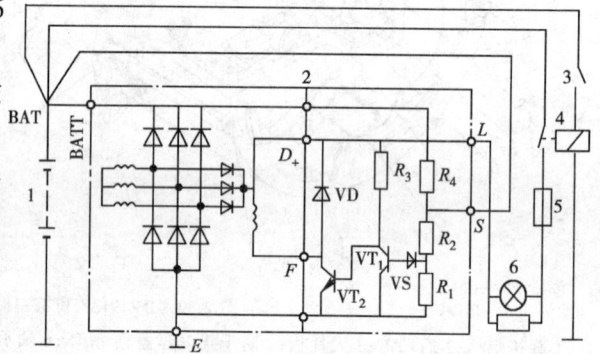

图 2-41　LR160-708 型发电机充电系统原理图

1-蓄电池;2-交流发电机;3-点火开关;4-主继电器;5-熔断器;6-充电指示灯及电阻

电机正常工作。发电机调节器通过"S"接柱直接检测蓄电池端电压。点火开关 3 通过主继电器 4 控制充电指示灯和他激电路。

工作过程如下:

点火开关 3 尚未接通时,虽然充电指示灯和他激电路不能接通,但是蓄电池电压经调节器接柱"S"直接加在电阻 R_1、R_2 组成的电压检测电路上,此时电阻 R_1 上的分压值 U_{R1} 低于稳压管 VS 的击穿电压与三极管 VT_1 的发射结压降之和,故 VS、VT_1 均截止,因为此时接柱"L"上无电压,所以达林顿三极管 VT_2 也处于截止状态,无激磁电流。

点火开关 3 接通后,主继电器 4 的线圈电路接通,产生电磁吸力将其触点吸闭。主继电器触点闭合后,因接柱"L"上有电压,达林顿三极管 VT_2 接通发电机激磁电路,激磁电流流经充电指示灯 6,指示灯发亮,指示蓄电池放电。其电路为:蓄电池正极→主继电器 4 的触点→熔断器 5→充电指示灯 6 及电阻→调节器接柱"L"→激磁绕组→三极管 VT_2→搭铁→蓄电池负极。此时若发电机旋转,则其电压随转速升高而升高。当发电机电压升高到蓄电池充电电压时,充电指示灯 6 因两端电位相等而熄灭,指示发电机已正常工作,开始自激并向蓄电池充电,蓄电池端电压随发电机端电压升高而升高。

当调节器"S"端检测到蓄电池端电压升高到调节电压上限值 U_2 时,电阻 R_1 上的分压值 U_{R1} 升高到稳压管 VS 的击穿电压与三极管 VT_1 的发射结压降之和,故 VS、VT_1 均导通,VT_2 发射结几乎被短路而截止,激磁电路被切断,发电机端电压下降,蓄电池端电压随之下降。当蓄

电池端电压降到调节电压下限值 U_1 时，R_1 上的分压值 U_{R1} 低于稳压管 VS 的击穿电压与三极管 VT_1 的发射结压降之和，VS、VT_1 截止，达林顿三极管 VT_2 重又导通而接通激磁电路，发电机端电压又升高，蓄电池端电压也升高。当蓄电池端电压升高到调节电压上限值时，重复上述工作过程，维持蓄电池端电压（即充电电压）不超过调节器调节电压。

当发电机"S"接柱与蓄电池正极"BAT"间的连线断线时，充电指示灯工作没有变化，调节器的检测电路由原分压电阻 R_1、R_2 和限压电阻 R_4 组成，直接检测发电机接柱"BATT"的电压，调节器继续工作，防止发电机电压失控，发电机照常给蓄电池充电和给其他电气设备供电。

当发电机"BATT"接柱与蓄电池正极"BAT"间的连线断线时，调节器的检测电路由原分压电阻 R_1、R_2 和限压电阻 R_4 组成，直接检测发电机接柱"BATT"的电压，调节器继续工作，防止发电机电压失控，发电机只能由激磁二极管通过充电指示灯及其电阻给用电设备供电，因此输出功率很小，充电指示灯亮不明显，蓄电池不但无法充电，还要给用电设备供电。

第八节 交流发电机的检修

为了预防和及时发现充电系的故障，在使用过程中，应定期对交流发电机进行就车检查；交流发电机每运行 750h（相当于 30000km）或发电机发生故障导致功率降低或不发电，应及时拆检，检查零部件的技术状况，主要包括电刷和轴承的磨损情况，整流器有无损坏、定子绕组和转子绕组有无短路、断路和搭铁故障，电刷与滑环接触情况等；检修完毕，还要对交流发电机进行性能测试。

一、交流发电机的就车检查

交流发电机的就车检查内容主要包括皮带外观、导线连接情况、运转噪声和发电情况。

1. 皮带的外观

用肉眼观察皮带的内外表面，应无裂纹或帘线拉断现象，有则更换皮带。

皮带的松紧直接影响充电系的工作情况和发电机的使用寿命。皮带太松，容易导致皮带打滑，降低了发电机的转速，使发电机的输出功率下降；皮带太紧，加大了发电机轴承的负荷，加速轴承磨损，严重时造成发电机转子与定子接触，引起发电机"扫膛"，烧坏发电机。皮带的松紧可以用皮带挠度或张力来反映。

皮带挠度是指在皮带轮之间某一规定的位置，给皮带施加规定的压力后，加力点处皮带的挠度，皮带挠度应在规定范围内。不同的车型，加力点的位置和力的大小有差异，皮带挠度的规定值也不同，实际检查时，应按照相应车型说明书或手册的规定进行。如丰田系列发动机规定：用 100N 的力压在两个皮带轮之间的皮带的中央部位，皮带挠度为：新皮带（从未使用过的和装到车上随发动机转动不足 5min 的皮带）5～10mm，旧皮带（装到车上随发动机转动超过 5min 以上的皮带）7～14mm。皮带挠度不符合规定要求时，应进行调整。

皮带张力需用专用工具进行检查，检查方法参见有关说明书。不同的车型，皮带张力的规定值也不同，实际检查时，应按照相应车型说明书或手册的规定进行。皮带张力不符合规定时应予调整。

2. 导线的连接

检查各导线端头的连接部位是否正确；发电机"B"接柱上的线必须用螺母加弹簧垫圈固定；采用插接器连接的，插座与线束插头的连接必须锁紧，不得松动。

3.运转噪声

当发电机皮带过松或过紧、或发电机有机械故障或某些电气故障时,发电机转动就会发出各种异常的噪声。检查时,逐渐加大发动机油门,提高发动机转速,同时监听发电机有无异常噪声,如有应查明原因予以消除。

4.发电情况

发电机的发电情况,直接影响蓄电池的起动性能和使用寿命。发电机的发电情况可用万用表或直流电压表检查。

将万用表置于直流电压档(DCV),表的"−"表笔接发电机"E"接柱或发动机机体等,以便可靠搭铁;"+"表笔接发电机"B"接柱,测量发电机的端电压。发动机没运转时,测得电压等于蓄电池的端电压;发动机怠速运转时,如果发电机的端电压有所提高,表明发电机已经发电,如果发电机的端电压没有升高或反而降低,表明充电系有故障,如果线路连接正确、调节器工作正常,则应拆检发电机。

二、交流发电机的拆卸

将交流发电机从工程机械上拆下时,可按下列步骤进行:

(1)拆下发电机"B"接柱上的导线。由于发电机"B"接柱上的导线直接与蓄电池正极连接,为了避免拆卸过程中扳手搭铁导致发电机与蓄电池之间的导线和电缆烧坏,最好先将电源总开关断开或先拆下蓄电池的搭铁电缆。注意:如果车辆有自诊断功能,在拆蓄电池的搭铁电缆前,应先读取故障码。

(2)拆下发电机上的其他导线或拔下插接器插头,必要时作好标记,以便接线。

(3)拆下发电机固定螺栓和皮带松紧调节螺栓,松开皮带。

(4)取下交流发电机,并用棉纱擦净发电机表面的尘土和油污,以便分解与检修。

三、交流发电机分解前的检测

为了初步判定交流发电机有无故障和故障发生的部位,以便有的放矢进行检修、提高工作效率,在发电机分解之前,应先用万用表对其进行不解体检测。主要检测发电机"B"和"E"之间的正反向电阻、中性点"N"和"B"、"E"之间的正反向电阻以及两电刷连接的接柱之间的电阻,以判断整流器、定子绕组和电刷、转子部分是否有严重故障。检测时,万用表置于"Ω"档的$R \times 1$位置或二极管检测档。

"B"和"E"之间的正反向电阻可以粗略反映整流器的状况。整流器正常时,正向电阻一般在十几到几十欧姆之间,反向电阻10kΩ以上;如果正反向电阻都很小(导通),说明至少有一个正极管和一个负极管击穿短路;如果正反向电阻都很大(截止),说明有半数以上的整流二极管烧断。

中性点"N"和"B"、"E"之间的正反向电阻可以粗略定子绕组和整流器的状况,正常时,"N"和"B"、"E"之间正向电阻一般都在十几到几十欧姆之间,反向电阻都在10kΩ以上。如果"N"和"B"之间的正反向电阻都很小(导通),说明至少有一个正极管击穿短路;如果正反向电阻都很大(截止),说明有正极管烧断或定子绕组断路故障。如果"N"和"E"之间的正反向电阻都很小(导通),说明至少有一个负极管击穿短路;如果正反向电阻都很大(截止),说明有负极管烧断或定子绕组断路故障。

两电刷连接的接柱之间的电阻可以粗略反映电刷和转子的状况。正常时,电阻一般在几欧姆到几十欧姆之间,随车型不同而异。如果电阻比规定值小,说明激磁绕组有短路故障;如果电阻比规定值大,说明电刷与滑环接触不良;如果电阻无穷大,说明激磁绕组断路或电刷与滑环没有接触。

四、交流发电机的分解

工程机械交流发电机的种类繁多,型式各异,但是它们的分解程序却大同小异。下面分别举例说明一般交流发电机和整体式交流发电机的分解步骤。

1.一般交流发电机的分解

广泛应用的国产 JF13 系列交流发电机分解步骤如下:

(1)旋下电刷组件的两个固定螺钉,取下电刷组件;

(2)旋下后轴承盖的三个固定螺钉,取下后轴承防尘盖,旋下转子轴向锁止螺母;

(3)拆下前后端盖之间的连接螺栓,用木榔头轻击前后端盖,使前后端盖分离,注意分离前后端盖时,应使定子与后端盖在一起,以免折断定子绕组引线,转子与前端盖、风扇和皮带轮在一起;

(4)从后端盖上拆下定子绕组端头,使定子与后端盖分离;

(5)必要时,从后端盖上拆下元件板或整流器总成;

(6)必要时,拆下皮带轮固定螺母,取下皮带轮、半圆键和风扇,将转子和前端盖分开后,拆下轴承盖。

在分解时,有的发电机轴与轴承和皮带轮配合很紧或由于长期未拆而锈死,遇到此种情况,不能用榔头使劲敲打应用拉器拆卸。

2.整体式交流发电机的分解

JFZ1913Z 型发电机的结构如图 2-39 所示,分解步骤如下:

(1)拆下固定电刷组件和调节器 11 的两个螺钉,取下电刷组件和调节器;

(2)拆下接线柱"B"、"D"上的固定螺母,注意:不要损坏绝缘架;

(3)拆下绝缘架固定螺钉,取下绝缘架;

(4)拆下防干扰电容器 4 的固定螺钉,拔下电容器引线插头,取下电容器;

(5)拆下前后端盖之间的连接螺栓 1,用木榔头轻击前后端盖,使前后端盖分离,注意分离前后端盖时,应使定子与后端盖在一起,以免折断定子绕组引线,转子与前端盖、风扇和皮带轮在一起;

(6)拆下整流器总成固定螺钉,从后端盖上取下整流器与定子总成;

(7)用 50W 以下的电烙铁熔化定子绕组与整流器的焊接点,使定子总成与整流器分离;

(8)必要时,旋下转子轴上的皮带轮紧固螺母 18,取下皮带轮、风扇等零件,使前端盖与转子轴分离。

五、交流发电机零部件的检修

交流发电机总成分解后,用压缩空气吹净内部灰尘,并用汽油或煤油清洗各部油污后,进行零部件检修。

1.转子的检修

转子的检修主要包括:激磁绕组、转子轴和轴承、滑环的检修。

(1)激磁绕组的检修

在使用过程中,由于振动、扫膛等原因,可能造成激磁绕组短路、断路和搭铁故障,可以通过测量电阻并结合外观进行检查。

检查激磁绕组短路和断路故障时,万用表置于"Ω"档的 $R \times 1$ 位置、表笔分别触在两滑环上,如图 2-42 所示。如果电阻比规定值小,说明激磁绕组有短路故障;如果电阻无穷大,说明激磁绕组有断路故障。

激磁绕组搭铁故障可以用交流试灯或万用表进行检查。用交流试灯检查的方法如图 2-43 所示,灯亮表明激磁绕组或滑环有搭铁故障。万用表置于"Ω"档的 $R \times 10k$ 位置、表笔分别触在滑环和转子轴上,如果电阻无穷大,说明激磁绕组绝缘良好,否则说明有搭铁故障。

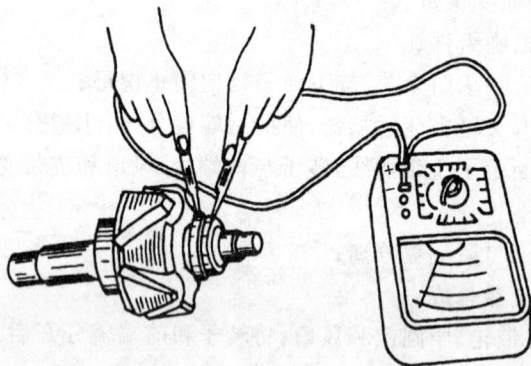

图 2-42 测量激磁绕组的电阻　　　　　图 2-43 激磁绕组的绝缘检查

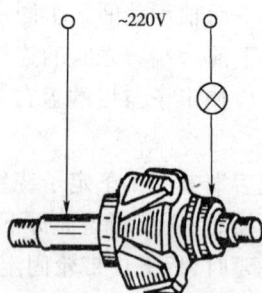

激磁绕组短路往往是由于扫膛(磁极圆周方向有擦痕)或调节器故障造成激磁绕组发热使绝缘漆损坏引起的,激磁绕组呈暗红色。如果激磁绕组有断路或搭铁故障,应首先检查激磁绕组与滑环连接处是否开焊、激磁绕组在拐弯处是否因与磁极摩擦而搭铁或断路。

如果激磁绕组内部发生短路、断路或搭铁故障,一般需更换整个转子或重绕激磁绕组。

(2)转子轴和轴承的检修

由于发电机转子转速很高,因此转子与定子之间不允许有任何接触,而转子磁极与定子铁心间的气隙又很小(一般为 0.25～0.50mm,最大不超过 1.0mm),所以要求转子磁极外圆周表面对两端轴颈公共轴线的径向圆跳动不大于 0.05mm,否则应予校正或更换。

封闭式轴承,不要拆开密封圈,不宜在溶剂中清洗,轴承径向不应有松旷感觉,滚珠和轨道应无明显损伤,转动灵活,否则更换。

(3)滑环的检修

滑环表面应光洁,不得有油污,两滑环之间不得有污物,否则应进行清洁。可用干布蘸汽油擦净,当滑环脏污严重并有轻微烧损时,可用细砂布磨光;若严重烧损或失圆,可在车床上车削修复,修复后,滑环表面粗糙度不大于 $Ra1.60\mu m$,滑环厚度不小于 1.50mm。

2.定子的检修

定子表面不得有刮痕,导线表面不得有碰伤、绝缘漆剥落等现象。

由于定子绕组本身电阻很小(一般不足 1Ω),定子绕组的短路故障用测量电阻的方法检查有一定困难,可以通过外观检查定子绕组绝缘漆是否损坏加以判断。

定子绕组断路故障可用万用表按图 2-44 所示的方法检查。万用表置于"Ω"档的 $R \times 1$ 位置,两表棒每触及定子绕组的任何两相首端,电阻值都相等并且电阻很小,说明没有断路故障;如果电阻无穷大,说明定子绕组有断路故障。

定子绕组的绝缘情况按图 2-45 所示的方法检查,灯亮说明绕组有搭铁故障,灯不亮为绝缘良好。也可以用万用表检查,万用表置于"Ω"档的 $R \times 10k$ 位置、表笔分别触在定子铁心和定子绕组的端子上,如果电阻无穷大,说明激磁绕组绝缘良好,否则说明有搭铁故障。

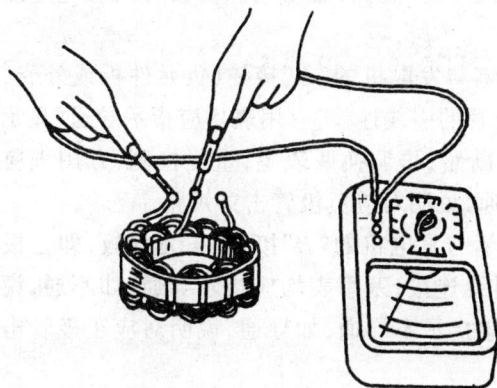

图 2-44　检查定子绕组的断路　　　　　图 2-45　检查定子绕组绝缘情况

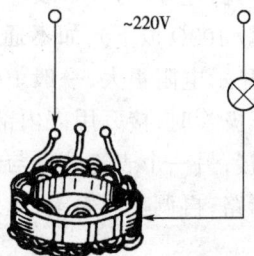

定子绕组若有断路、短路、搭铁故障,而又无法修复时,则需重新绕制或更换定子总成。

3.整流器的检修

整流器的检修主要是二极管的检修。当二极管的引线与定子绕组的端子拆开后,即可用万用表对每只二极管进行检测。万用表置于"Ω"档的 $R \times 1$ 位置或二极管检测档。

二极管好坏的检测:万用表的两个表笔分别接在被测二极管的两极上检测一次,然后交换两表笔的位置再检测一次。若两次测得阻值为一大(称为反向电阻,一般 $10k\Omega$ 以上)一小(称为正向电阻,一般几欧姆到几十欧姆),则二极管正常;如果两次电阻都很小说明二极管击穿短路;如果两次电阻都很大,说明二极管烧断;反向电阻越大,二极管的性能越好。

二极管极性的检测:更换二极管时,需要正确辨明二极管的极性,以免造成更严重的故障。当二极管或整流板总成上无任何标记时,可用万用表的电阻档检测判断二极管的极性。常用的万用表电阻档的内部电路如图 2-46 所示,指针式万用表的正接柱"+"与表内电源负极连接,

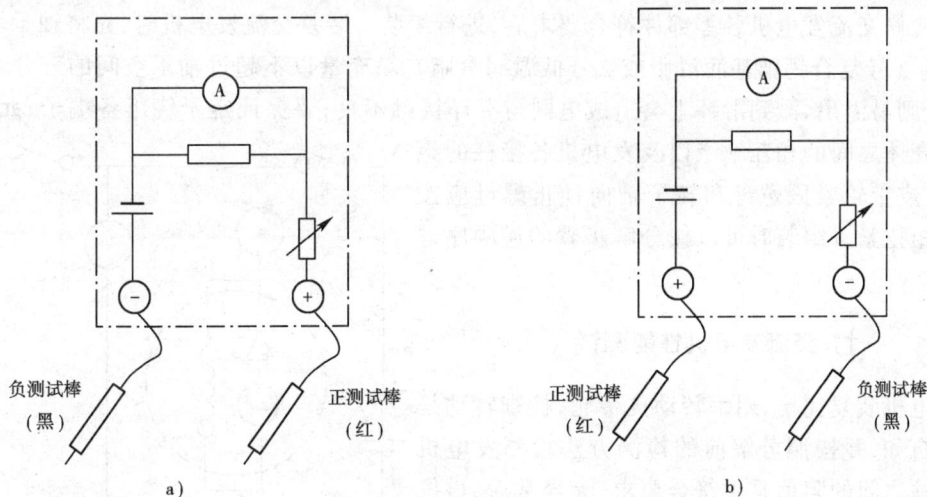

图 2-46　万用表电阻档电路示意图
a)指针式万用表;b)数字式万用表

61

负接柱"−"与表内电源正极连接;数字式万用表正好相反。用万用表的两个表笔分别与被测二极管的两极连接,二极管电阻很小(正向导通)时,万用表内电源正极对应表笔连接的是二极管的正极(阳极),电源负极对应表笔连接的是二极管的负极(阴极);二极管电阻很大(反向截止)时,万用表内电源正极对应表笔连接的是二极管的负极(阴极),电源负极对应表笔连接的是二极管的正极(阳极)。

检测负极管时,接万用表内部电源正极的表笔与发电机的"E"接柱(负元件板或外壳,即负极管的外壳)连接,另一个表笔分别与各个负极管的引线连接,万用表均应指示导通(显示电阻很小,一般100Ω以下),如不通,说明该负极管断路;再调换两表笔,重复检测,万用表应指示不导通(显示电阻很大,一般10kΩ以上),如导通,说明对应负极管击穿短路。

检测正极管时,接万用表内部电源负极的表笔与发电机的"B"接柱(正元件板,即正极管的外壳)连接,另一个表笔分别与各个正极管的引线连接,万用表均应指示导通,如不通,说明该正极管断路;再调换两表笔,重复检测,万用表应指示不导通,如导通,说明对应正极管击穿短路。

检测激磁二极管时,接万用表内部电源负极的表笔与发电机的"D_+"接柱连接,另一个表笔分别与各个激磁二极管的另一个引线连接,万用表均应指示导通,如不通,说明该激磁二极管断路;再调换两表笔,重复检测,万用表应指示不导通,如导通,说明对应激磁二极管击穿短路。

正极管或负极管损坏后,如果它们采用压装形式,则可以单独更换;否则,应更换相应的元件板总成。激磁二极管损坏后,单独更换时要注意二极管的极性和规格。

4.电刷组件的检修

电刷及电刷架应无破损或裂纹,电刷在电刷架中应能活动自如,无卡滞现象。

电刷长度也叫电刷高度,应不低于原长的1/2,否则应更换。

电刷弹簧的弹力和长度应按照相应车型的规定进行检验,如弹簧自由高度一般在30mm左右,当压缩至14mm时,压力应为0.1～0.2kg,不符合规定应更换,以免造成电刷与滑环接触不良或加速电刷与滑环磨损。

六、交流发电机的组装

经检修交流发电机各零部件符合要求后,进行组装。装复交流发电机时,先将轴承填充润滑脂(1～3号复合钙钠基润滑脂或2号低温润滑脂),填充量以不超过轴承空间的三分之二为宜,过量则易溢出,溅到滑环上会造成电刷与滑环接触不良;要保证定子绕组各端子、元件板、发电机壳体之间的相互绝缘以及发电机各接柱的绝缘要求;皮带轮紧固螺母和转子轴向锁止螺母应按规定力矩扭紧。组装时可以按分解步骤的逆顺序进行。

七、交流发电机性能测试

发电机装复完毕,用手转动皮带轮,检查转动是否灵活自如,并按照分解前的检测方法检测发电机各接线柱之间的阻值是否符合要求,无异常后,再按规定进行发电机的空载试验和负载试验,发电机由调速电机驱动,试验电路如图2-47所示。

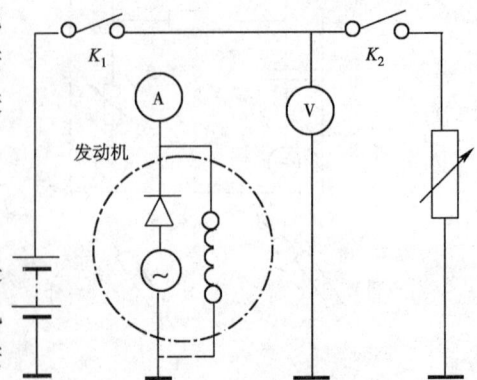

图2-47　发电机性能试验电图

试验步骤如下：

(1)接通开关 K_1 ,断开开关 K_2 ,使蓄电池为发电机提供他激电流；

(2)起动调速电机,提高发电机转速,当电流表指示电流趋于零时,表明发电机已经自激发电,断开开关 K_1 ；

(3)继续提高发电机转速,电压表指示达到发电机额定电压时对应的发电机转速就是空载转速；

(4)将可变电阻调到最大,接通开关 K_2 ,增加负载同时提高转速,使发电机电压维持在额定值附近,不要过高或过低,电压表指示达到发电机额定电压、电流表指示达到发电机额定电流时对应的发电机转速就是满载转速；

(5)试验完毕,首先使调速电机停止,然后断开开关 K_2 ,以免发电机因失去负载电压急剧升高而损坏。

交流发电机的空载转速和满载转速越低,说明发电机的性能越好,应不高于对应的规定值；否则,说明发电机性能不良或有故障。

第九节　调节器的检修

当充电系工作异常,经检查确认调节器发生故障时,应对调节器进行检修；检修完毕,要对调节器进行性能试验,必要时进行调整；调节器代用时要遵循一些基本原则。

一、调节器的检修

1.电磁振动式调节器的检修

首先检查调节器底部电阻的绝缘材料是否烧坏,有无断路、搭铁故障；再打开调节器盖,观察调节器触点有无烧蚀,各电阻、线圈有无烧焦或短路、断路等故障。若触点轻微烧蚀,可用"00"号砂纸打磨。若触点严重烧蚀或电阻、线圈有烧焦或短路、断路等故障,应更换调节器。

2.电子调节器的检查

通过测量调节器各个接线柱之间的电阻的方法难以对调节器进行全面、准确地检查。要正确区分电子调节器的搭铁型式、检查调节电压高低,必须搭制专门电路或使用专用检测仪器。

电子调节器的搭铁型式,可以用图 2-48 所示电路识别。指示灯 L_1 和 L_2 分别对应外搭铁发电机和内搭铁发电机的激磁绕组,线路连接无误后关闭开关,如果指示灯 L_1 亮、L_2 灭,表明调节器适用于外搭铁发电机；如果指示灯 L_1 灭、L_2 亮,表明调节器适用于内搭铁发电机；如果指示灯 L_1 和 L_2 都亮,表明调节器调节值过低或调节器已经损坏。如果指示灯 L_1 和 L_2 都不亮,表明蓄电池电压过低或开关已经损坏。

如果将图 2-48 中的蓄电池用连续可调的直流电源代替,则不但可以区分调节器的类型,而且还可以检测调节器调节电压,如图 2-49 所示,将指示灯、开关和连续可调直流电源合为一体,就得到简易的电子调节器检测仪。使用步骤如下：首先调节电源电压低于调节器标称电压(12V 或 24V),接通开关,正常情况下只有一个指示灯亮,如果指示灯 L_1 亮、L_2 灭,表明调节器适用于外搭铁发电机；如果指示灯 L_1 灭、L_2 亮,表明调节器适用于内搭铁发电机；随后慢慢调高直流电源电压,亮的指示灯越来越亮,电源电压调高到一定值时,原来亮的指示灯突然变暗、原来不亮的指示灯也亮了,即两个指示灯都亮,此时的电源电压就是调节器的调节电压。如果电源电压较低时,两个指示灯亮度几乎一样,说明调节器有故障或调节电压过低;如果电源电压高于调节电压最大值(14.5V 或 29V)时,两个指示灯状态没有变化,即原来亮的指示灯没有变暗、原来不亮的指示灯仍然不亮,说明调节器有故障或调节电压过高。

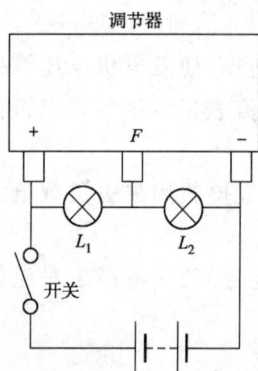

图 2-48　电子调节器识别

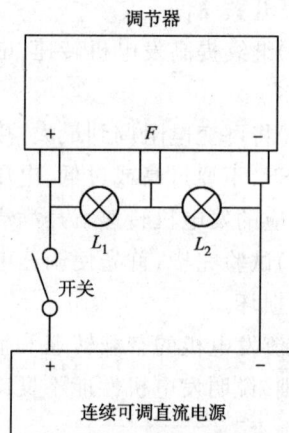

图 2-49　电子调节器检查

二、调节器的性能试验

为了确保调节器在各种使用条件下很好地发挥作用,在试验台上对调节器进行调节特性、转速特性和负载特性试验,试验电路如图 2-50 所示。

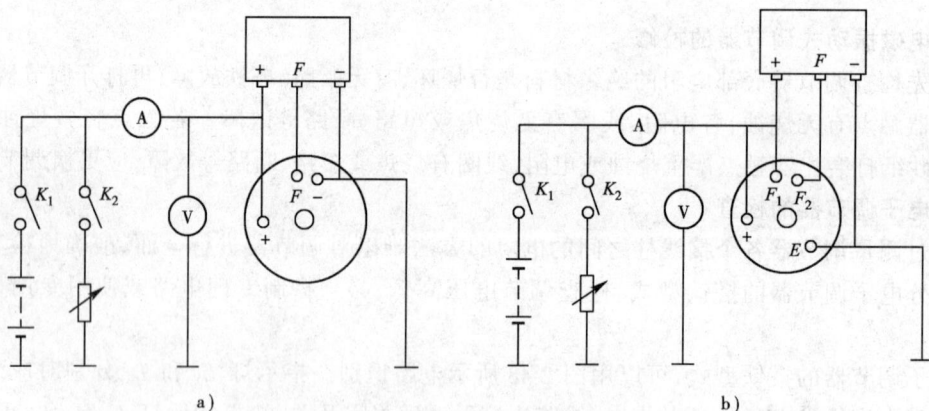

图 2-50　调节器试验电路
a)发电机内搭铁式;b)发电机外搭铁式

1.调节特性

调节特性试验目的是检测调节器在规定介质温度和发电机转速、负载情况下,调节电压是否在规定值范围内。调节特性试验条件和调节器周围介质温度为 20 ± 5℃时的标准如表 2-2 所示。

试验方法如下:

(1)接通开关 K_1,断开开关 K_2,使蓄电池为发电机提供他激电流;

(2)起动试验台调速电机,提高发电机转速,当电流表指示电流趋于零时,表明发电机已经自激发电,断开开关 K_1;

64

(3)将可变电阻调到最大,接通开关 K_2,增加负载同时提高转速;

(4)通过反复调节,使发电机的转速稳定在 3500r/min,电流表指示为规定值,对应的电压表读数就是调节器的调节电压。

电磁振动式调节器调节电压不符合规定时,可调节弹簧张力调整。

调节特性试验条件和标准 表 2-2

额定电压 (V)	发电机转速 (r/min)	负载电流(A)			调节电压 (V)
		电子式	单级电磁振动式	双级电磁振动式	
14	3500	50%额定负载	10%额定负载	50%额定负载	13.5～14.5
28					27.0～29.0

2. 转速特性

转速特性试验的目的是检测调节器在规定试验条件下,调节电压随发电机转速变化的幅度是否在规定值范围内。转速特性试验条件和标准如表 2-3 所示。

转速特性试验条件和标准 表 2-3

额定电压(V)	周围介质温度(℃)	负载电流(A)	发电机转速(r/min)	调节电压变化(V)
14	20±5	50%额定负载	2500～9000	≥0.7
28				≥1.4

试验方法如下:

(1)接通开关 K_1,断开开关 K_2,使蓄电池为发电机提供他激电流;

(2)起动试验台调速电机,提高发电机转速,当电流表指示电流趋于零时,表明发电机已经自激发电,断开开关 K_1;

(3)将可变电阻调到最大,接通开关 K_2,逐步提高转速并不断调整负载至规定值,记录发电机转速在规定范围内变化时调节电压的最大值与最小值,二者之差应符合规定。

3. 负载特性

负载特性试验的目的是检测调节器在规定试验条件下调节电压随发电机负载变化的幅度是否在规定值范围内。负载特性试验条件和标准如表 2-4 所示。

负载特性试验条件和标准 表 2-4

额定电压(V)	周围介质温度(℃)	负载电流(A)	发电机转速(r/min)	调节电压变化(V)
14	20±5	(10～80)%额定负载	3500	≥1.0
28				≥2.0

试验方法如下:

(1)接通开关 K_1,断开开关 K_2,使蓄电池为发电机提供他激电流;

(2)起动试验台调速电机,提高发电机转速,当电流表指示电流趋于零时,表明发电机已经自激发电,断开开关 K_1;

(3)将可变电阻调到最大,接通开关 K_2,逐步增大负载电流并不断调整转速至规定值,记录发电机负载在规定范围内变化时调节电压的最大值与最小值,二者之差应符合规定。

三、调节器的代用

在维修过程中,如果需要更换调节器而又无原车配件时,可以在明确发电机搭铁类型的前提下遵循如下原则,选其他调节器进行代用。

（1）调节器的标称电压必须与发电机的标称电压相同。否则,如果12V发电机误用24V调节器,调节器起不到调节电压作用,将使发电机中高速运行时输出电压得不到有效控制而损坏用电设备;如果 24V 发电机误用 12V 调节器,不但引起不充电故障,而且使调节器很快损坏。

（2）调节器允许电流必须大于发电机激磁电流的最大值(或能承受激磁绕组的感应电动势)。这可根据调节器元件的耐压、耐流及激磁绕组的电阻、匝数等来判别。

（3）尽量采用与原调节器搭铁方式相同的调节器,以减少线路改动、便于电路以后的恢复。

（4）调节器类型必须与发电机的搭铁型式相适应,否则发电机激磁电路无法接通,不发电。必要时,可以改变发电机的搭铁型式。

第十节　充电系运行故障的诊断

充电系能否正常工作,直接影响到蓄电池和用电设备的使用寿命和性能。因此,明确充电系正常工作的特征,了解充电系常见故障的现象、本质及诊断排除方法,对及时发现充电系故障、准确诊断故障发生的部位和原因并采取有效措施迅速排除具有重要的意义。

充电系的工作情况,可以通过充电指示灯或电流表、车上的电压表或外接电压表进行检查,工作正常时具有如下特征:

（1）点火开关接通后,充电指示灯亮或电流表指示放电,电压表显示蓄电池的端电压;

（2）发动机起动后,充电指示灯熄灭;

（3）发动机怠速运转时,如果不打开灯光、空调等用电设备,电流表应指示小电流充电,电压表指示比发动机运转前高;

（4）发动机中高速运转,如果蓄电池亏电而又不打开灯光、空调等用电设备,充电电流一般不低于 20A,如果蓄电池充足电,充电电流一般不大于 10A,电压表指示应在调节电压范围内（13.5 ~ 14.5V 或 27.0 ~ 29.0V）;

（5）发电机无异响。

如果充电系工作情况与上述特征不完全相符,表明充电系有故障。充电系常见故障有不充电、充电电流过小、充电电流过大、充电电流不稳和发电机异响等。

一、不　充　电

1.现象

发电机中高速运转,电流表或充电指示灯始终指示放电,蓄电池端电压不比发动机运转前高。

本质:发电机不发电或充电线路有断路故障。

2.常见原因

（1）皮带过松或有油污引起打滑;

（2）充电电路或激磁电路线路或保险发生断路等故障;

（3）发电机内部定子、转子或整流器发生故障或电刷与滑环接触不良等;

（4）调节器调节电压低于蓄电池的电动势或调节器发生故障无法接通激磁电路,如电磁振动式调节器弹簧太松或脱落、常闭触点接触不良等,电子调节器大功率管断路等。

3.诊断方法

由于车型不同,充电系的组成、线路和各总成的结构也不尽相同,故障诊断的方法也有差异,下面重点以一般内搭铁交流发电机配单级调节器和电流表的充电系为例加以说明,电路如图 2-51 所示,包括充电电路和激磁电路两部分。充电电路为:

发电机"＋"接柱→电流表"＋"接柱→电流表"－"接柱→保险→起动机主接线柱→蓄电池正极→蓄电池负极→电源总开关→搭铁→发电机负极(壳体)。

激磁电路包括他激电路和自激电路,他激电路为:

蓄电池正极→起动机主接线柱→保险→电流表→点火开关→调节器"＋"接柱→调节器"F"接柱→发电机"F"接柱→激磁绕组→发电机"－"接柱→搭铁→电源总开关→蓄电池负极。

自激电路为:

发电机"＋"接柱→点火开关→调节器"＋"接柱→调节器"F"接柱→发电机"F"接柱→激磁绕组→发电机"－"接柱→搭铁→发电机负极。

图 2-51　充电系基本电路连接图

1-电源总开关;2-蓄电池;3-保险;4-电流表;5-点火开关;6-调节器;7-发电机;8-起动机

发生不充电故障时,可按如下方法诊断:

(1)检查发电机皮带是否过松或有油污打滑,一般用拇指压皮带的中点,挠度为 10 ~ 15mm 左右,皮带表面无油污;

(2)检查充电电路、激磁电路中各元件上的导线接头是否有松脱;

(3)用试灯或万用表检查充电电路是否有断路。用试灯时,试灯一端搭铁,另一端触及发电机"＋"接线柱,若试灯亮,说明充电线路良好;试灯不亮,表明充电线路有断路,可将试灯触及发电机"＋"接线柱的一端触及电流表的"＋"接线柱,若试灯亮,说明蓄电池到电流表的"＋"接线柱的充电线路正常,电流表与发电机之间的充电线路断路,若试灯不亮,可按此方法对电流表与蓄电池之间的充电电路的各个接线柱逐个进行检查,找出断路处。用万用表检查时,既可以用电阻档或二极管检测档直接测量导线电阻判断,也可以用直流电压档测量导线两端与参考点的电压差进行判断,如果被测导线电阻为零或导线两端与参考点的电压相等,说明被测导线正常,否则,说明被检导线断路或接触不良。

(4)用试灯或万用表检查激磁电路是否有断路。接通点火开关,试灯一端搭铁,将试灯的另一端分别触及调节器的"＋"、"F"接线柱和发电机"F"接线柱,以检查激磁电路是否断路和调节器是否接通。若试灯亮,说明线路良好,若灯不亮,则是该点至蓄电池正极之间有断路。用万用表检查的方法同(3)。

(5)检查发电机是否发电。在线路良好的情况下,将调节器"F"接柱上的线拆下后与调节器"＋"接线柱上的线连接起来,然后起动发动机,使其中速运转(因为此时调节器不起作用,故转速不易过高),若电流表或充电指示灯显示充电,说明发电机发电,调节器有故障;否则,说明发电机不发电。

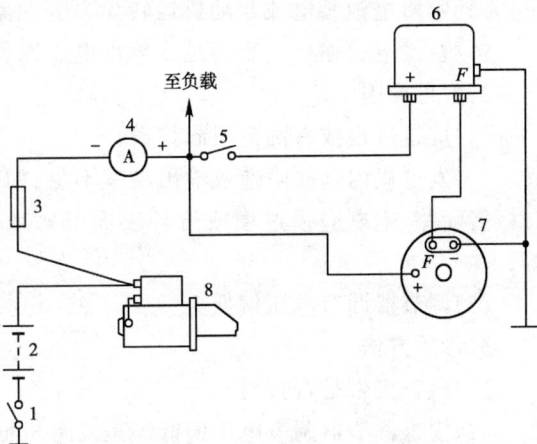

二、充电电流过小

1.现象

发动机中高速运转,蓄电池亏电并且其他功率较大的用电设备没有接通的情况下,充电指示灯或电流表虽然显示充电,但充电电流很小;或者蓄电池基本充足电情况下,就不再继续充电;常伴随蓄电池亏电或起动机运转无力等现象。

本质:发电机输出功率不足或输出电压偏低。

2.常见原因

(1)皮带过松或有油污引起打滑;

(2)发电机内部故障造成输出功率不足:如定子绕组有一相断路或接触不良,整流器个别二极管断路,电刷磨损过度或滑环表面脏污或电刷弹簧弹力不足造成电刷与滑环接触不良等;

(3)调节器调节电压偏低。

3.诊断方法

(1)检查皮带是否打滑;

(2)检查调节器调节电压偏低还是发电机输出功率不足:发动机中高速运转,用电流表或电压表检查接通前照灯(或电喇叭等功率较大的用电设备,但不得超过发电机的额定功率)前后蓄电池充放电变化。如果前照灯接通前后,充电电流变化不大或蓄电池端电压没有明显下降,就说明调节器调节电压偏低;反之,如果蓄电池由充电转为放电,或蓄电池端电压明显下降,就表明发电机输出功率不足。如果条件允许,也可以采用将调节器控制激磁电路通断的两个接柱(内搭铁调节器的"B"或"$+$"与"F"接柱;外搭铁调节器的"E"或"$-$"与"F"接柱)上的线短接的方法进行检查。将调节器对应接线柱上的线连接起来,发动机中速运转,若充电电流增大或蓄电池端电压接近或达到发电机额定电压,说明调节器调节电压偏低;若充电电流或蓄电池端电压无明显变化,说明发电机功率不足。

三、充电电流过大

1.现象

发动机中高速运转,蓄电池充足电后充电电流仍然在 10A 以上;往往还伴随蓄电池电解液消耗快,需经常补充电解液,灯泡和其他一些用电设备容易烧坏等现象。

本质:发电机输出电压偏高。

2.常见原因

(1)调节器有故障使激磁电路无法切断:如电磁振动式调节器因磁场线圈电路断路或触点烧结或调节器搭铁不良等引起常闭触点不能打开,电子调节器大功率三极管集电极和发射极击穿短路或稳压二极管断路等;

(2)调节器调整电压偏高:如电磁振动式调节器弹簧弹力过大;

(3)标称电压 12V 的发电机采用了 24V 的调节器;

(4)FT111 或 FT211 的"点火"("$+$")、"磁场"("F")两接柱上的线接错。

3.诊断方法

检查调节器标称电压是否与发电机相符,接线是否正确,调节器搭铁是否良好,如果正常,就说明调节器故障,应检修或更换调节器。

四、充电电流不稳

1.现象

发动机正常运转时,电流表指针不断摆动或指示灯忽明忽灭。

本质:发电机输出电压不稳定或充电线路接触不良。

2.常见原因

(1)充电线路连接处松动,使充电电流时大时小;

(2)调节器搭铁线接触不良,使调节器不能正常连续工作造成发电机输出电压忽高忽低;

(3)发电机皮带有油污,使发电机转速忽高忽低,输出电压不稳;

(4)发电机电刷与滑环接触不良或个别二极管性能不良等。

3.诊断方法

检查发电机皮带是否打滑,接线是否正确,调节器搭铁是否良好,如果正常,应检修发电机。

五、发电机异响

1.现象

发动机运转过程中,发电机发出异常的响声。

本质:发电机及其零部件异常振动产生噪声。

2.常见原因

(1)发电机皮带打滑;

(2)发电机安装位置不正确;

(3)发电机轴承润滑不良或损坏;

(4)发电机扫膛;

(5)发电机个别二极管或定子绕组有短路或断路故障。

3.诊断方法

一旦出现发电机异响,应立即检查,以免造成更严重的故障。首先检查发电机安装位置是否正确,皮带是否打滑,如果无异常,应仔细检修发电机。

采用整体式交流发电机的充电系,发生不充电等故障时,应首先检查发电机皮带是否打滑,然后检查充电电路和充电指示灯电路(他激电路)线路(含保险)是否正常。如果发电机皮带和线路部分正常,则发电机或调节器有故障。由于调节器装在发电机上,有的还与电刷一起固定,难以采用将调节器短路的方法检查发电机是否发电,因此可以采用换件法(譬如更换调节器)进一步诊断。

注意:对于采用充电指示灯的充电系,在诊断充电系故障时,除了根据充电指示灯的指示,参照上面介绍的方法外,还要根据充电指示灯的工作原理,结合蓄电池和用电设备的工作情况进行仔细分析,只有这样才能作出正确的判断。

首先,充电指示灯指示正常,充电系工作未必正常。因为充电指示灯是由发电机中性点电压(或相电压)或磁场二极管输出电压控制,充电指示灯的亮和灭只能反映发电机是否发电,而无法直接反映蓄电池是否充电和充电电流的大小。所以即使充电指示灯指示正常,充电系也可能有故障,应注意根据起动机的运转情况和其他用电设备的工作情况及时发现充电系故障。

譬如:如果线路连接良好但起动机运转无力,或夜间行车用电设备多一些时灯光变暗,表明蓄电池充电不足或发电机功率不足,应检查是否有不充电或充电电流过小故障;经常补充蓄电池电解液及继电器触点或灯泡容易烧坏,应检查是否有充电电流过大的故障。

另外,发电机发电和蓄电池充电,充电指示灯指示未必正常。譬如:图 2-30 和 2-31 所示的充电系,当发电机的"N"接柱与调节器的"N"接柱之间的导线断路或中性点控制的线圈短路或断路时,发电机发电,蓄电池也充电,并且充电电流过大,但充电指示灯常亮不灭;又如图2-41所示的充电系,充电指示灯烧坏后,蓄电池通过与充电指示灯并联的电阻提供他激电流,发电机和调节器正常工作,蓄电池充电正常,但充电指示灯常灭不亮。

第十一节　交流发电机及其调节器使用注意事项

交流发电机、电子调节器等都含有电子元件,当受到较高的瞬间正反向过电压或短路电流的作用时,其中的电子元件就容易损坏。因此,在使用和维护中应注意以下几点:

(1)绝大部分车用交流发电机为负极搭铁,蓄电池搭铁极性必须相同。否则,蓄电池将直接通过发电机二极管放电,使二极管很快烧坏。

(2)发动机运转过程中,禁止用试火法检查发电机是否发电。

(3)发电机不发电或者充电电流很小时,应及时找出故障并加以排除,以免造成更严重的故障。因为如果有一个正极管或负极管短路、发电机就不能发电,如此时发电机继续运转,与故障二极管同极性的其他二极管和定子绕组烧坏。

(4)绝对禁止用兆欧表(摇表)或220V交流试灯检查没有和整流器拆开的定子绕组的绝缘情况,否则会使二极管击穿而损坏。

(5)柴油车停熄时,应将电源开关断开,汽油车停熄后,应将点火开关断开,以免蓄电池长期向发电机激磁绕组和调节器磁化线圈放电。

(6)发电机与蓄电池之间连接的各导线均应牢固、可靠,防止突然断开,产生过电压,损坏二极管。

(7)发电机最好与专用的调节器配合使用,接线正确、完整,电磁振动式调节器外壳与发电机之间的搭铁线必须可靠连接。

(8)配用双级电磁振动式调节器时,应特别注意,当检查充电系统的故障时,不允许直接将发电机的"B"与"F"或调节器的"点火"与"磁场"短接,以免烧坏调节器中的高速触点。

(9)更换电子元件时,焊接用烙铁不得高于 45W,焊接要迅速,最好用金属镊子捏住管脚加强散热,以免损坏电子元件。

(10)诊断充电系统故障时,不允许在发动机中高速运转情况下短路调节器,以免发电机无故障时,输出电压过高而损坏用电设备。

(11)在蓄电池未与车上的发电机和其他电气设备断开之前,不能用充电机为蓄电池充电。

第十二节　微机控制交流发电机充电系统

在一些车辆上,交流发电机的电压调节器已经消失,其输出电压由微机进行控制。下面对微机控制交流发电机充电系统的工作原理、故障诊断方法作简要介绍。

一、工 作 原 理

微机控制交流发电机充电系统原理如图 2-52 所示。交流发电机由点火开关、自动切断继电器和电子控制单元 ECU 共同控制。发电机激磁绕组的一端(B)接自动切断继电器(即 ASD 继电器)的常开触点(87),由自动切断继电器控制实现与电源正极的连接与断开;激磁绕组另一端(C)接电子控制单元 ECU,由 ECU 控制搭铁。点火开关不是直接串联在激磁电路中控制激磁电路,而是与 ASD 继电器的线圈串联,通过 ASD 继电器间接控制激磁电路。发电机的输出端(A)与蓄电池正极及 ECU 均相连。ECU 上与充电系有关的连接点有 5 个:三个检测点和两个控制点。三个检测点分别是:蓄电池电压检测点(3),ASD 检测点(57)和发动机转速检测点(图中未画出);两个控制点分别是 ASD 继电器控制点(51)和发电机激磁控制点(20)。各检测点和控制点的作用如下:

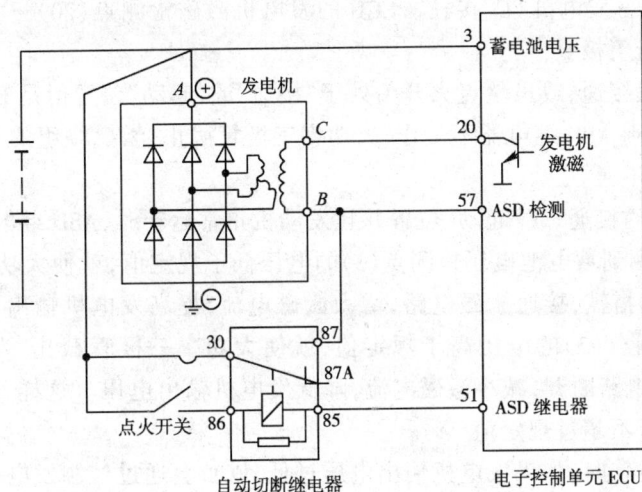

图 2-52　微机控制交流发电机充电系统原理图

蓄电池或发电机通过蓄电池电压检测点(3)为 ECU 供电,即使在点火开关断开时,蓄电池仍直接通过蓄电池电压检测点(3)向 ECU 中的存储器等供电,以免存储器中存储的故障代码和发动机运行信息数据丢失。除此之外,蓄电池电压检测点(3)的信号还具有如下作用:

①在发动机工作时,该信号可以表明发电机有无输出,并检测充电电压过高或过低故障;

②根据该信号电压的高低,ECU 调节发电机的激磁电流,使发电机的输出电压保持在规定值,起到调节器的作用;在发动机怠速运行时,ECU 根据该信号电压的高低,通过控制发动机的怠速转速,调节充电率,以免怠速时蓄电池放电,这是调节器无法实现的;

③根据该信号电压的高低,ECU 对喷油器喷油脉冲宽度和点火闭合角进行修正。

利用 ASD 检测点(57),ECU 检测自动切断继电器电路工作和故障情况。

发动机转速检测点的信号,是 ECU 控制燃油喷射和点火系统的主要依据之一,通过该信号 ECU 还控制自动切断继电器的工作和发动机的怠速,也可以控制发电机激磁电路通断。

通过 ASD 继电器控制点(51),ECU 控制自动切断继电器工作。当点火开关处于"接通"或"起动"位置时,ECU 使 ASD 继电器线圈接地的同时,检测发动机转速信号。如果 ECU 在 3s 内未接受到发动机转速信号(即发动机不转),ECU 将切断 ASD 继电器控制点(51)的搭铁,使通过该点搭铁的自动切断继电器和燃油泵继电器(图中未画出)等停止工作,切断激磁绕组、点火线圈、燃油泵和喷油器的电源；一旦 ECU 接受到发动机转速信号(表明发动机运转)，马上将 ASD 继电器控制点(51)搭铁，使自动切断继电器和燃油泵继电器等投入工作，接通激磁绕组、点火线圈、燃油泵和喷油器的电路。

通过发电机激磁控制点(20)，ECU 控制发电机激磁绕组的搭铁。当点火开关处于"接通"或"起动"位置时，ECU 使激磁绕组搭铁的同时，检测发动机转速信号。如果 ECU 在 3s 内未接受到发动机转速信号(即发动机不转)，ECU 将切断激磁绕组搭铁电路；一旦 ECU 接受到发动机转速信号(表明发动机运转)，马上根据蓄电池电压的高低接通或切断激磁绕组搭铁电路。

发电机电压调节原理如下：

为了保证发电机输出电压在规定范围内，ECU 根据蓄电池电压检测点(3)的电压和发动机转速，通过大功率三极管控制发电机的激磁电路的搭铁。

发电机激磁电路为：蓄电池或发电机正极→保险装置→ASD 继电器的常开触点→发电机"B"接柱→激磁绕组→发电机"C"接柱→ECU 的发电机激磁检测点(20)→大功率三极管→搭铁→蓄电池或发电机负极。

如果点火开关没接通，或虽然点火开关处于"接通"或"起动"位置但是 ECU 在 3s 内未接受到发动机转速信号，则 ASD 继电器不工作，大功率三极管截止，激磁绕组的电源电路和搭铁电路都断开，激磁电路不通。

当点火开关处于"接通"或"起动"位置并且发动机正常运转时，ASD 继电器工作，常开触点闭合。如果 ECU 检测到蓄电池电压检测点(3)的电压低于规定值，就使大功率三极管导通，发电机激磁检测点(20)搭铁，接通激磁电路，增大激磁电流，提高发电机输出电压；如果 ECU 检测到蓄电池电压检测点(3)的电压高于规定值，就使大功率三极管截止，发电机激磁检测点(20)无法搭铁，激磁电路断开，减小激磁电流，降低发电机输出电压。这样，通过 ECU 的控制，使发电机的输出电压不超过规定值。

在发动机怠速运转时，如果发电机输出电压过低，ECU 会通过控制发电机激磁电流和提高怠速，调整发电机的输出电压。

二、故 障 诊 断

如果指示灯、仪表显示或电气设备工作情况表明充电系可能有故障，则应立即停车检查。诊断微机控制交流发电机充电系的故障，基本方法如下：

(1)如果自诊断系统具有充电系故障的自诊断功能，应首先读取故障码，明确故障的种类；如果自诊断系统没有充电系故障的自诊断功能，则应利用电压表测量蓄电池端电压在发动机不同转速及不同用电设备情况下的变化情况，确定故障种类，再进一步检查。

(2)检查发电机皮带是否打滑；

(3)用试灯或万用表检查导线有无断路或接插件接触不良；

(4)用万用表检查激磁绕组是否有断路或搭铁故障；

(5)检查 ASD 继电器是否正常；

(6)如果皮带、线路、激磁绕组和 ASD 继电器都正常，充电系仍有故障，应拆检发电机，如果发电机也正常，则检查 ECU 及其排线。

第三章 起 动 机

第一节 概 述

发动机由静止状态过渡到能自行稳定运转状态的过程，称为发动机的起动。发动机的起动方式主要有人力起动、辅助汽油机起动和电力起动（又称起动机起动）三种。人力起动结构简单，但是劳动强度大，不可靠、不安全，只适用于一些小功率的发动机，在一些汽车上仅作为后备方式保留着；辅助汽油机起动结构复杂，操作麻烦，主要用在一些大功率柴油发动机上；电力起动结构比较简单，操作简便，起动迅速，并且可以远距离控制，因此在工程机械上得到广泛应用。电力起动系统，简称起动系，主要由蓄电池、起动机、起动开关和起动电路等组成。

一、起动系的作用

起动系的作用是在正常使用条件下，通过起动机将蓄电池储存的电能转变为机械能带动发动机以足够高的转速运转，以便发动机顺利起动。

二、对起动系的基本要求

(1)起动机的功率应和发动机起动所必需的功率相匹配，以保证起动机产生的电磁力矩大于发动机的起动阻力矩(摩擦阻力矩和压缩阻力矩)，带动发动机以高于最低起动转速(指在一定条件下，发动机能够起动的最低曲轴转速，汽油机一般为 50～70r/min，柴油机一般为 100～150r/min)的转速运转；

(2)蓄电池的容量必须和起动机的功率相匹配，保证为起动机提供足够大的起动电流和必要的持续时间；

(3)起动电路的连接要可靠，起动主电路导线电阻和接触电阻要尽可能小，一般都在0.01Ω 以下。因此，起动主电路的导线截面积比普通的导线大得多，并且连接要非常牢固、可靠；

(4)发动机起动后，起动机小齿轮自动与发动机飞轮退出啮合或滑转，防止发动机带动起动机运转。

三、起动机的基本组成

起动机是起动系的核心，主要由直流电动机、传动机构和控制装置三部分组成，具体结构如图 3-1 所示。

(1)直流电动机，其作用是将电能转变为机械能，产生电磁转矩。

(2)传动机构(又称啮合机构)，其作用是在发动机起动时，使起动机驱动齿轮啮入飞轮齿圈，将直流电动机产生的电磁转矩传递给飞轮，驱动发动机运转；而在发动机起动后，使起动机驱动齿轮自动打滑，以免反拖起动机电枢轴，并最终与飞轮齿圈脱离啮合。

（3）控制装置,用来控制起动机主电路的通断,并控制传动机构的工作。在有些汽油车上,它还用来隔除点火系点火线圈的附加电阻。

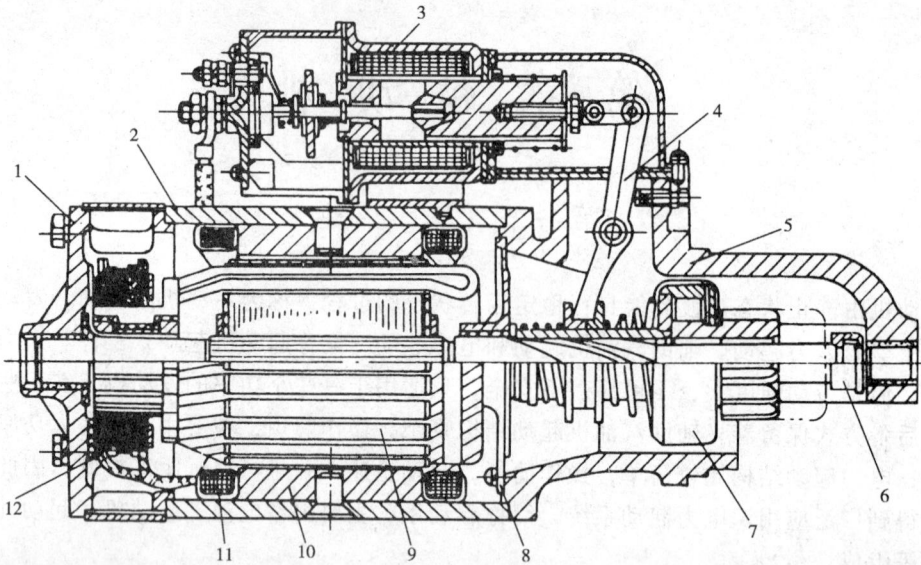

图 3-1 起动机的构造

1-前端盖;2-机壳;3-电磁开关;4-拨叉;5-后端盖;6-限位螺母;7-单向离合器;8-中间支撑板;9-电枢;10-磁极;11-磁场绕组;12-电刷

四、起动机的分类

起动机种类繁多,具体结构和原理不尽相同,可按直流电动机、传动机构、控制装置的不同进行分类。

按直流电动机磁场产生的方式分为永磁起动机和激磁起动机。

（1）永磁起动机,指直流电动机的磁场是由永久磁铁产生的起动机。由于永磁起动机功率较小(一般在 2kW 以下),一般都带有减速装置。

（2）激磁起动机,指直流电动机的磁场是由电磁铁产生的起动机。绝大部分工程机械起动机都是这种型式。

按控制装置的操纵方式分为机械操纵起动机和电磁操纵起动机。

（1）机械操纵起动机,指驾驶员通过机械装置直接操纵传动机构齿轮的啮合和直流电动机主电路接通的起动机。由于驾驶员劳动强度大,且不便于远距离控制,已应用较少。

（2）电磁操纵起动机,指驾驶员利用电磁装置操纵传动机构齿轮的啮合和直流电动机主电路接通的起动机,目前国内外生产的绝大部分工程机械和汽车采用电磁操纵起动机。

按传动机构有无减速装置分为减速起动机和非减速起动机(普通起动机)。

（1）减速起动机,指直流电动机的电枢轴与驱动齿轮之间有减速装置的起动机。

（2）非减速起动机,指直流电动机的电枢轴与驱动齿轮之间无减速装置的起动机,目前应用最为广泛。

按驱动齿轮的啮入方式分为 4 种:

（1）惯性啮合式起动机,指驱动齿轮依靠自身旋转的惯性力啮入飞轮齿圈的起动机。

（2）电枢移动式起动机,指驱动齿轮依靠电枢的轴向移动啮入飞轮齿圈的起动机。

(3)齿轮移动式起动机,指驱动齿轮依靠电枢轴内部的啮合推杆的推动啮入飞轮齿圈的起动机。

(4)强制啮合式起动机,指通过拨叉或直接推动驱动齿轮啮入飞轮齿圈的起动机。

惯性啮合式起动机结构简单,但工作可靠性差,已基本淘汰;电枢移动式和齿轮移动式起动机虽然结构比较复杂,但是工作柔和、冲击小,在一些功率柴油车上应用较多;强制啮合式起动机工作可靠,结构比较简单,在汽车上应用最为广泛。

五、起动机的型号

根据中华人民共和国行业标准 QC/T 73—93《汽车电气设备产品型号编制方法》规定,起动机的型号由 5 部分组成。

产品代号	电压等级代号	功率等级代号	设计序号	变型代号

(1)产品代号:起动机的产品代号有 QD、QDJ、QDY 三种,分别表示起动机、减速起动机和永磁起动机(包括永磁减速起动机),字母"Q"、"D"、"J"、"Y"分别为"起"、"动"、"减"、和"永"字的汉语拼音第一个大写字母。

(2)电压等级代号:用 1 位阿拉伯数字表示,1、2、6 分别表示 12V、24V 和 6V。

(3)功率等级代号:用 1 位阿拉伯数字表示,其含义见表 3-1。

功 率 等 级 代 号 表 3-1

代号	1	2	3	4	5	6	7	8	9
功率(kW)	0~1	1~2	2~3	3~4	4~5	5~6	6~7	7~8	>8

(4)设计序号:按产品设计先后顺序,以 1~2 位阿拉伯数字组成。

(5)变型代号。

例如:QD124 表示额定电压为 12V、功率为 1~2kW、第四次设计的起动机。

第二节　起动机的直流电动机

起动机的直流电动机按磁场产生的方式不同分为永磁电动机和激磁电动机。根据磁场绕组和电枢绕组的连接方式,激磁电动机又分为串激电动机(又称串励电动机,磁场绕组和电枢绕组串联)、并激电动机(又称并励电动机,磁场绕组和电枢绕组并联)和复激电动机(又称复励电动机,部分磁场绕组和电枢绕组并联、其他磁场绕组和电枢绕组串联)。在工程机械起动机中,由于串激电动机应用最多,下面主要以串激电动机为例介绍起动机用直流电动机的构造、原理和特性。

一、构　　造

直流电动机主要由电枢、磁极、外壳、电刷等组成,如图 3-2 所示。

电枢是直流电动机的转子部分,由铁心、绕组、换向器和电枢轴组成。如图 3-3 所示。电枢铁心由外圆带槽的硅钢片叠成,压装在电枢轴上;电枢绕组一般都采用较粗的矩形截面的裸体铜线绕制而成,并且多采用波绕法,以便结构紧凑,并且通过较大的电流,获得较大的电磁力矩,电枢绕组嵌装在硅钢片的槽中,为了防止电枢绕组搭铁和匝间短路,在电枢绕组与铁心之间和电枢绕组匝间用绝缘性能良好的绝缘纸隔开,为了避免电枢绕组在高速时离心力的作用

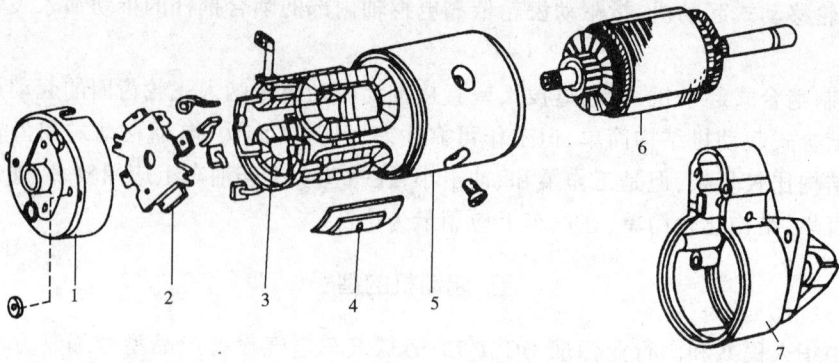

图 3-2　直流电动机的组成
1-前端盖；2-电刷和电刷架；3-磁场绕组；4-磁极铁心；5-外壳；6-电枢；7-后端盖

下甩出，在铁心槽口的两侧用轧纹将绕组挤紧；换向器的结构如图 3-4 所示，它由一定数量的燕尾形铜片组成，并用轴套和压环组装成一个整体，压装在电枢轴上，各铜片之间以及铜片与轴套、压环之间均用云母或硬塑料片绝缘。电枢绕组各线圈的两端焊接在相应铜片的接线突缘上，经过绝缘电刷和搭铁电刷分别与起动机磁场绕组一端和起动机壳体连接。电枢轴除了安装铁心和换向器外，还制有螺旋槽或花键槽，以便安装传动装置，电枢轴两端通过轴承支撑在起动机前后端盖上。

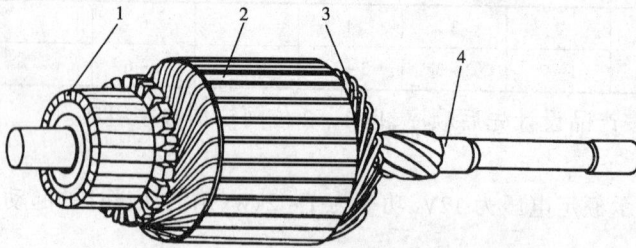

图 3-3　电枢总成
1-换向器；2-铁心；3-绕组；4-电枢轴

磁极用来产生电动机运转所必须的磁场，它由铁心和磁场绕组并通过外壳组成，如图 3-5 所示。多数起动机有 4 个磁极，少数有 6 个磁极。铁心用低碳钢制成，并用螺钉固定在电动机外壳上，通过外壳构成磁回路。磁场绕组套装在每个磁极铁心上，它通常也是用较粗的矩形截面的裸体铜线绕制，匝间用绝缘纸绝缘，外部用玻璃纤维带包扎。有的起动机将所有磁场绕组的所有线圈串联在一起，然后再与电枢绕组串联，磁场绕组的连接方法及相应的电路原理如图 3-6a) 所示；多数起动机是将磁场绕组的线圈分成两组，每组线圈相互串联，然后两组再并联起来与电枢绕组串联，磁场绕组的连接方法及相应的电路原理如图 3-6b) 所示。后一种接法既可以充分发挥铁心的导磁性能，又可以减少电能损耗，有利于增大电枢起动电流，提高起动转矩，因此应用广泛。无论磁场绕组的各个线圈怎样连接，磁场绕组一般总是一端与起动机主接柱连接，另一端与绝缘电刷连接，并且保证通电后各磁极所产生的磁场是相互交错的，即同名磁极相对。起动机磁极分布及磁力线方向如图 3-7 所示。

电刷由铜与石墨粉压制而成，其中含铜 80% ~ 90%，石墨 10% ~ 20% 以减小电阻，增加耐磨性及提高机械强度。为了尽量减小电刷与换向器之间的接触电阻，并延长电刷使用寿命，电刷与换向器有较大的接触面积，并且电刷靠电刷弹簧压紧在换向器的外圆表面。一般起动机电刷个数等于磁极个数,也有的大功率起动机电刷个数等于磁极个数的两倍。有些小功率高速起动机的电刷弹簧采用螺旋弹簧;多数起动机采用蝶型弹簧。

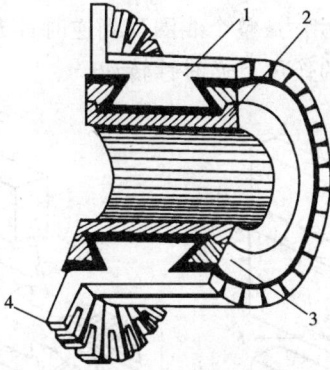

图 3-4 换向器

1-铜片;2-轴套;3-压环;4-接线突缘

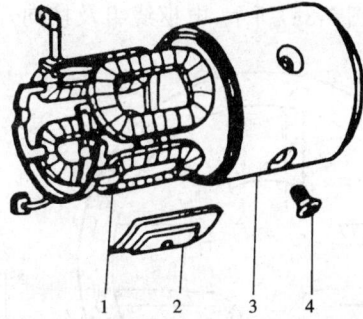

图 3-5 磁极

1-磁场绕组;2-磁极铁心;3-电动机外壳;
4-固定螺钉

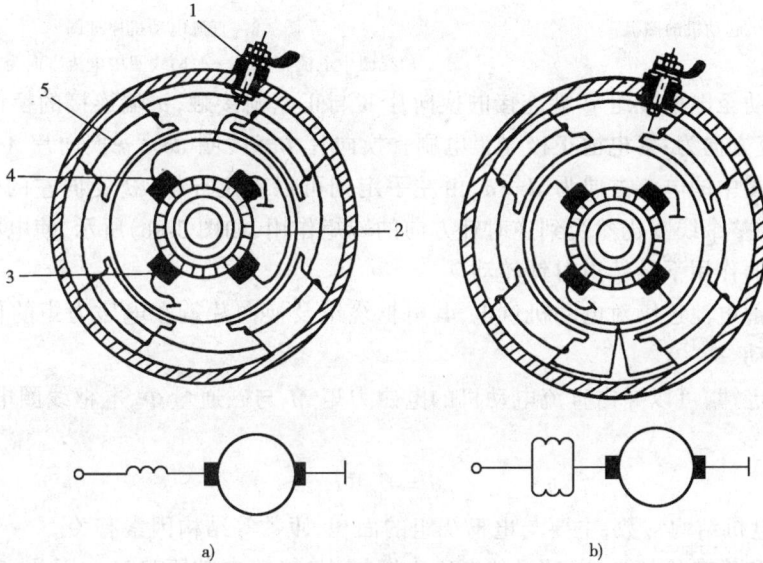

a)   b)

图 3-6 磁场绕组的接法

1-绝缘接线柱;2-换向器;3-搭铁电刷;4-绝缘电刷;5-磁场绕组

由于起动机连续工作时间很短,所以电枢轴轴承一般采用青铜石墨滑动轴承或铁基含油滑动轴承,但减速起动机的电枢转速较高,故多采用滚动球轴承或滚柱轴承支撑。

对于永磁电动机,由于磁极采用永久磁铁,没有磁场绕组,结构比较简单,电枢绕组经过绝缘电刷和搭铁电刷分别与起动机主接柱和起动机壳体连接。

二、工 作 原 理

直流电动机是将电能转变为机械能的装置,它是根据磁场对电流的作用原理制成的,基本原理如图 3-8 所示。在磁场中放置一个线圈(即电枢绕组),线圈的两端分别与两片换向片连接,两只电刷分别压在换向片上,并分别与蓄电池的正极和负极连接。

电动机工作时,蓄电池通过电刷和换向片为电枢绕组供电。当电枢绕组 a 端连接的换向片 A 与正电刷接触,d 端连接的换向片 B 与负电刷接触,电流方向为:蓄电池正极→正电刷→换向片 A→线圈 $abcd$→换向片 B→负电刷→蓄电池负极。线圈中的电流方向为 $a→d$,由左手定则可以确定导体 ab 受向左的作用力,cd 受向右的作用力,整个线圈受到逆时针方向的转矩作用,如图 3-8a)所示,电枢绕组及换向片在电磁力矩的作用下逆时针转动。

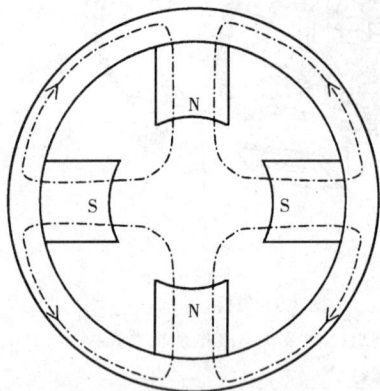

图 3-7 起动机的磁极

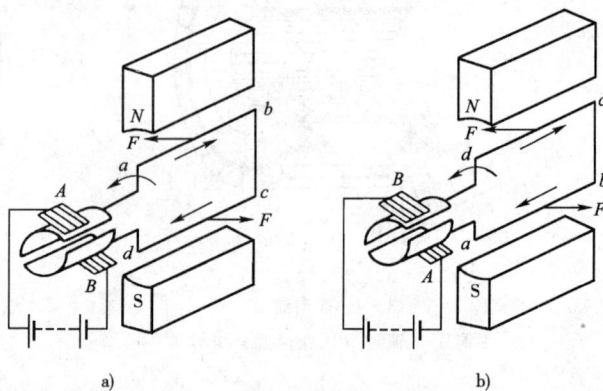

图 3-8 直流电动机原理图
a)线圈中电流方向为 $a→d$;b)线圈中电流方向为 $d→a$

当电枢转动至电枢绕组 d 端连接的换向片 B 与正电刷接触,a 端连接的换向片 A 与负电刷接触时,电流方向为:蓄电池正极→正电刷→换向片 B→线圈 $dcba$→换向片 A→负电刷→蓄电池负极。线圈中的电流方向为 $d→a$,由左手定则可以确定导体 cd 受向左的作用力,ab 受向右的作用力,整个线圈仍然受到逆时针方向的转矩作用,如图 3-8b)所示,使电枢绕组及换向片在电磁力矩的作用下继续逆时针转动。

这样只要蓄电池连续对电动机供电,其电枢绕组及换向片就在电磁力矩的作用下不停地按同一方向转动。

根据安培定律,可以导出直流电动机的电磁力矩 M 与磁通量 Φ、电枢线圈电流 I_s 之间的关系:

$$M = C_m \Phi I_s \qquad (3\text{-}1)$$

式中:C_m——电机结构常数,主要与电枢绕组的面积、匝数等结构因素有关。

电枢线圈和换向片越少,电动机的电磁力矩越小,转速也越不稳定。因此,实际电动机的电枢采用多个线圈串联,换向片的数量也随串联线圈的增多而增多,每个线圈又有许多匝。

当电枢受到电磁力矩的作用旋转时,电枢绕组中的磁通量不断发生变化而产生感应电动势,由楞次定律可以确定出,感应电动势的方向与电枢电流的方向相反,因此被称为反电动势,用 E_f 表示,其大小为:

$$E_f = \frac{\pi}{30} C_m \Phi n \qquad (3\text{-}2)$$

式中:n——电动机的转速,其他参数含义同式(3-1)。

这样,电源的电动势 E 一部分消耗在回路的电阻上,另一部分用来平衡电动机电枢绕组的反电动势,即:

$$E = I_s \sum R + E_f = I_s \sum R + \frac{\pi}{30} C_m \Phi n \qquad (3\text{-}3)$$

所以,电动机电枢绕组的电流为:

$$I_s = \frac{E - \frac{\pi}{30} C_m \Phi n}{\sum R} \tag{3-4}$$

由于电源的电动势、回路的电阻和电机的结构常数是基本不变的,如果磁通量一定,由式(3-4)可以发现,电动机电枢电流随着转速的减小而增大,即电动机转速越低,电枢电流越大;反之,电动机转速越高,电枢电流越小;电动机转速为零时,电枢电流达到最大值 $I_{max} = \frac{E}{\sum R}$。电动机电枢电流越大,电动机产生的热量也越多,这正是"电动机转速越低越发热、转速越低越容易烧坏"的原因。

三、工 作 特 性

直流串激电动机的输出转矩 M、转速 n 和功率 P 随电枢电流变化的规律,称为直流串激电动机的工作特性。图3-9为直流串激电动机的特性曲线。

1.转矩特性

在串激电动机中,由于磁场绕组和电枢绕组串联,磁场绕组的电流等于电枢绕组的电流。因此,磁场未饱和时,磁场磁通与电枢电流近似成正比,电动机的电磁力矩与电枢电流的平方成正比;当磁场达到饱和时,由于磁极磁通不再随电枢电流的增长而增大,电动机的电磁力矩与电枢电流成线性关系。电动机的输出扭矩等于电枢的电磁力矩与摩擦阻力矩之差,由于摩擦阻力矩基本与电枢电流无关,所以电动机输出扭矩变化规律与电磁力矩变化规律基本相同,如图3-9中的曲线 M 所示。

在起动机起动的瞬间,电枢转速为零,起动机处于完全制动状态,电枢电流和磁场磁通都达到最大值,转矩也相应地达到最大值,使发动机起动迅速,这是汽车起动机采用直流串激电动机的主要原因。在起动机空转时,输出扭矩为零,而电枢电流并不为零,由此产生的电磁力矩全部用来克服摩擦阻力矩。起动机空转时电枢电流越大,说明起动机摩擦阻力矩越大。因此起动机空转时电枢电流的大小是反映起动机摩擦阻力矩大小(即装配松紧程度)的重要参数。

2.转速特性

由式(3-4)可导出电动机的转速与电枢电流的关系:

$$n = \frac{E - I_s \sum R}{\frac{\pi}{30} C_m \Phi} \tag{3-5}$$

由于串激电动机磁场未饱和时,磁场磁通与电枢电流近似成正比,即电枢电流越大,磁场磁通越大,所以,串激电动机在电枢电流较小时,电动机的转速随着电枢电流的减小急剧升高;随着电枢电流的增大,迅速减小,如图3-9中的曲线 n 所示。

串激电动机这种轻载(即电枢电流小)转速高、重载转速低的特性,对保证汽车顺利起动非常有利,这是汽车起动机采用串激电动机的又一原因。串激电动机在轻载或空载运行时,电枢电流虽然很小,但是转速很高,容易使电动机损坏,特别是功率较大的串激电动机,更是如此。为此,有些功率较大的起动机采用复激电动机。所以,检验汽车起动机时,不宜使起动机在轻载或空载长时间运行。

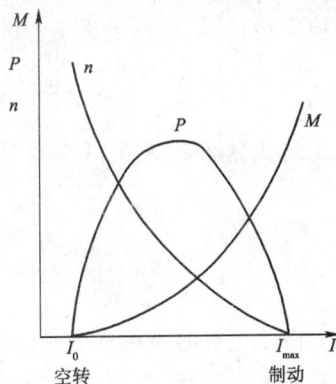

图3-9 直流串激电动机的特性

3.功率特性

电动机的输出功率 P 可以通过电枢轴的输出扭矩 M 和转速 n 来计算,即:

$$P = \frac{M \cdot n}{9550} \quad (\text{kW}) \tag{3-6}$$

如果不考虑摩擦阻力矩,则电动机的输出扭矩等于电磁力矩,将式(3-1)和式(3-5)带入式(3-6)并整理得:

$$P = EI_s - I_s^2 \sum R \tag{3-7}$$

根据式(3-7)可以发现,功率曲线呈抛物线形状,在电枢电流为制动电流的一半时,电动机输出功率达到最大值 $P_{max} = \dfrac{EI_{max}}{4}$;在完全制动时,输出扭矩 M 虽然最大,但是转速 $n = 0$;在空载时,转速 n 虽然很高,输出扭矩 $M = 0$,所以,电动机的输出功率为零。由于摩擦阻力矩的存在,功率特性与式(3-7)有差异,负载越小差异越大,所以空载时,电枢电流不为零,如图3-9中的曲线 P 所示。

四、提高发动机起动转速的途径

发动机起动时,起动转速越高,发动机越容易着火,起动越迅速。那么,发动机的起动转速与哪些因素有关呢?

发动机的起动过程是起动机的电磁力矩与起动阻力矩(包括起动机和发动机的阻力矩)的平衡过程。在起动初期,起动机的电磁力矩大于起动阻力矩,起动机带动发动机加速运转,起动机的电磁力矩随着转速的升高而减小;当起动机的电磁力矩等于起动阻力矩时,起动机的电磁力矩和起动阻力矩达到平衡,起动机带动发动机稳定运转,此时发动机的转速就称为起动转速。可见,起动转速由起动机的电磁力矩和起动阻力矩决定,起动机的最大电磁力矩与起动阻力矩之差越大,发动机起动过程加速越快,起动转速越高;反之,起动机的最大电磁力矩与起动阻力矩之差越小,发动机起动过程加速越慢,起动转速越低,当起动机的最大电磁力矩不大于起动阻力矩时,起动机就不能带动发动机运转。

由于起动机稳定运转时,起动机的电磁力矩等于起动阻力矩,根据式(3-1)可以导出起动机稳定运转时,电枢电流 I_s 与起动阻力矩 M_f 之间的关系:

$$I_s = \frac{M_f}{C_m \Phi} \tag{3-8}$$

将式(3-8)代入式(3-5)得到起动机稳定运转时的转速,即起动转速:

$$n = \frac{E - \dfrac{M_f}{C_m \Phi} \sum R}{\dfrac{\pi}{30} C_m \Phi} \tag{3-9}$$

由于电机的结构常数是定值,起动机稳定运转时磁场磁通也接近饱和,因此,影响起动转速的因素主要有:电源电动势、起动阻力矩和起动回路的总电阻。电源电动势越高,起动转速越高;起动阻力矩和起动回路的总电阻越小,起动转速越高。

可见,提高发动机起动转速的途径有:

(1)保持蓄电池充足电,提高蓄电池的电动势,减小蓄电池内阻;

(2)蓄电池的电缆线要采用足够粗的铜导线,并连接牢固、可靠,减小导线电阻和接触电阻;

(3)起动机的主接线柱和接触盘之间、电刷和换向器之间、起动机和发动机之间要接触要好，减小起动机内部电阻和接触电阻；

(4)发动机采用粘度较低的润滑油，起动前充分预热，尽量采用减压措施等减小发动机起动阻力矩。

第三节　起动机的传动机构

一般起动机的传动机构主要由单向离合器和电枢轴的螺旋部分等组成，对于减速起动机，传动机构还包括减速装置。起动时，通过传动机构，起动机将电枢轴的电磁力矩传给发动机飞轮，使发动机起动；起动后，发动机转速提高，传动机构自动退出与飞轮的啮合或打滑，保护起动机电枢不致飞散。有关减速装置的内容将在第十节中介绍，下面介绍常用的滚柱式、摩擦片式和弹簧式单向离合器的结构和原理。

一、滚柱式单向离合器

滚柱式单向离合器是利用滚柱在两个零件之间的楔形槽内的楔紧和放松作用，通过滚柱实现扭矩传递和打滑的。

图3-10是滚柱式单向离合器的一种结构型式，驱动齿轮1与外壳2连成一体，外壳内装有十字块3，十字块与花键套筒8固连，在外壳和十字块之间形成的四个楔形槽内分别装有一套滚柱4、压帽与弹簧5，压帽与弹簧的作用是保证滚柱在一般情况下处于楔形槽的小端。护盖7将滚柱和十字块等扣合在外壳内，使十字块和外壳只能相对转动而不能相对轴向移动。在花键套筒8的外面装有缓冲弹簧10及移动衬套11，缓冲弹簧不仅起缓冲作用，而且保证了在驱动齿轮与飞轮轮齿端面相抵时，传动拨叉仍然可以推动移动衬套继续移动，让起动机的控制装置有足够的移动量使起动机主电路可靠接通，起动过程继续进行。为了防止弹簧座脱出，在花键套筒的端部装有卡簧12。整个单向离合器总成利用花键套筒套在电枢轴的花键上，单向离合器总成在传动拨叉(插在移动衬套的环槽内，见图3-1)的作用下，可以在电枢轴上作轴向移动。

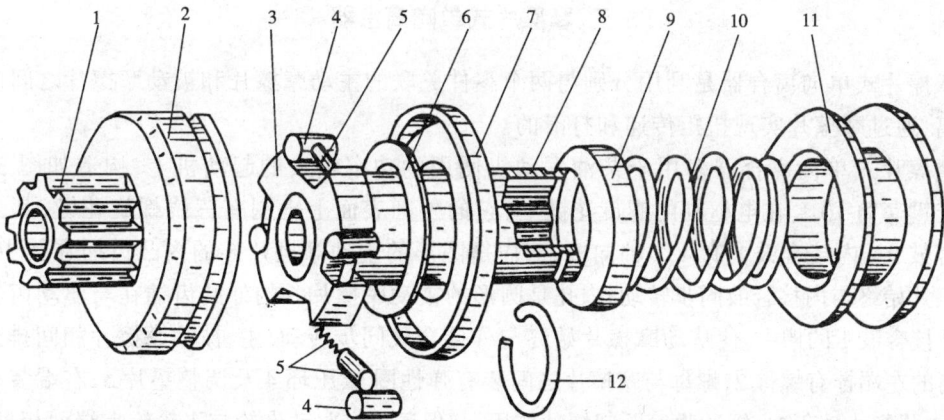

图3-10　滚柱式单向离合器

1-起动机驱动齿轮；2-外壳；3-十字块；4-滚柱；5-压帽与弹簧；6-垫圈；7-护盖；8-花键套筒；9-弹簧座；10-缓冲弹簧；11-移动衬套；12-卡簧

发动机起动时,单向离合器在传动拨叉的作用下沿电枢轴花键轴向移动,使驱动齿轮啮入飞轮齿圈,然后起动机通电,电枢轴通过花键套筒带动十字块一同旋转,这时十字块转速高,外壳转速低,滚柱在摩擦力作用下滚入楔形槽的窄端而越楔越紧,很快使外壳与十字块同步运转。于是电枢承受的电磁力矩由花键套筒和十字块经过滚柱传给外壳和驱动齿轮,带动飞轮转动,起动发动机,如图 3-11a)所示。

发动机起动后,曲轴转速升高,飞轮变成主动件,带动驱动齿轮和外壳旋转,使外壳转速较高,十字块转速较低,滚柱在摩擦力作用下滚入楔形槽的宽端而失去传递扭矩的作用,即打滑,如图 3-11b)所示,这样发动机的转矩就不能从驱动齿轮传给电枢,从而防止了电枢超速飞散的危险。滚柱式单向离合器结构简单,体积小,工作可靠,不需调整,但在传递大扭矩时滚柱易变形而卡死失效,使传递的扭矩受到限制。

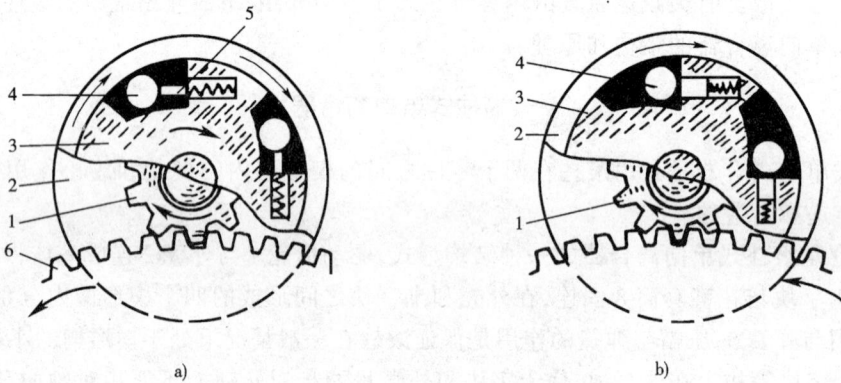

图 3-11 滚柱式单向离合器工作原理
a)发动机起动时;b)发动机起动后
1-驱动齿轮;2-外壳;3-十字块;4-滚柱;5-压帽与弹簧;6-飞轮齿圈

滚柱式单向离合器的还有一种结构型式,其花键套筒十字块圆周部分是光滑的,内部加工成沿圆周方向带楔形缺口的空腔,驱动齿轮一端制有轴径,驱动齿轮轴径插入十字块空腔形成楔形槽。其他部分结构与图 3-10 基本相同。

二、摩擦片式单向离合器

摩擦片式单向离合器是利用分别与两个零件关联的主动摩擦片和被动摩擦片之间的接触和分离,通过摩擦片实现扭矩传递和打滑的。

摩擦片式单向离合器多用于柴油发动机使用的功率较大的起动机上,构造如图 3-12 所示。花键套筒 10 套在电枢轴的螺旋花键上,它的外圆表面上也制有三线螺旋花键,其上套着内接合鼓 9。内接合鼓上有 4 个轴向槽,四周是圆形的主动摩擦片 8 的内凸齿插在其中,使主动摩擦片始终与内接合鼓同步转动;内孔是圆形的被动摩擦片 6 的外凸齿插在与驱动齿轮成一体的外接合鼓 1 的槽中,使从动摩擦片始终与外接合鼓同步转动;主、被动摩擦片相间排列。花键套筒的左端拧有螺母 2,螺母与摩擦片之间装有弹性圈 3、压环 4 及调整垫片 5;右端装有缓冲弹簧 13 及移动衬套 11,缓冲弹簧既起缓冲作用,又保证了在驱动齿轮与飞轮轮齿端面相抵时,传动拨叉仍然可以推动移动衬套继续移动,让起动机的控制装置有足够的移动量使起动机主电路可靠接通,起动过程继续进行。为了防止弹簧座脱出,在花键套筒的端部装有卡簧 12。整个单向离合器总成利用花键套筒套在电枢轴的花键上,单向离合器总成在传动拨叉(插在移动衬套的环槽内)的作用下,可以在电枢轴上作轴向移动。组装好的花键套筒及螺母、弹性圈、压环、调整垫片、摩擦片等由卡簧7定位在外接合鼓中。组装好的离合器,摩擦片间应无压力。

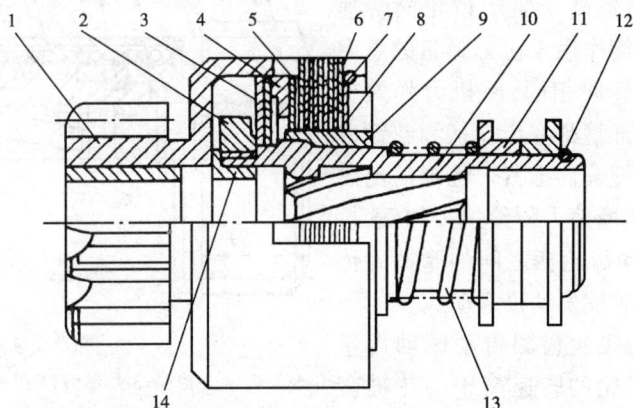

图 3-12　摩擦片式单向离合器

1-外接合鼓;2-螺母;3-弹性圈;4-压环;5-调整垫圈;6-被动摩擦片;7、12-卡环;8-主动摩擦片;9-内接合鼓;10-花键套筒;11-移动衬套;13-缓冲弹簧;14-挡圈

发动机起动时,电枢轴首先带动花键套筒旋转,由于内外接合鼓开始瞬间都是静止的,在惯性力作用下内接合鼓因花键套筒的旋转而左移,从而使主、被动摩擦片压紧在一起,当内接合鼓转速与电枢轴的转速相等时,内接合鼓因花键套筒停止左移,利用主动摩擦片和被动摩擦片之间的摩擦作用,电枢的电磁力矩经花键套筒、内接合鼓及主、被动摩擦片和外接合鼓传给驱动齿轮,使发动机起动。

发动机起动后,飞轮齿圈通过驱动齿轮带动外接合鼓和内接合鼓加速旋转,内接合鼓因转速高于花键套筒的转速而沿花键套筒的螺旋花键右移,使主、被动摩擦片放松,摩擦力消失而打滑,内接合鼓转速降低,当内接合鼓转速与电枢轴的转速相等时,内接合鼓因花键套筒停止右移,避免了电枢的超速飞散。

起动时若起动机过载,弹性圈3在压环4凸缘压力下的弯曲变形增大,当其弯曲到内接合鼓的左端面顶住弹性圈时,内接合鼓便停止左移,于是摩擦片间开始打滑,从而限制了起动机的最大输出转矩,防止了起动机过载。单向离合器所能传递的最大扭矩可通过增减调整垫圈的数量,即改变内接合鼓左端面与弹性圈之间的间隙大小来加以调整,间隙越大,单向离合器所能传递的最大扭矩越大。

摩擦片式单向离合器可以传递较大的转矩,并能在超载时自动打滑,以防止损坏起动机。但由于其摩擦片容易磨损而影响起动性能,因此要定期检查、调整。

三、弹簧式单向离合器

弹簧式单向离合器是利用与两个零件关联的扭力弹簧的粗细变化,通过扭力弹簧实现扭矩传递和打滑的。

弹簧式单向离合器的结构如图3-13所示。驱动齿轮1空套在电枢轴上,花键套筒6通过螺旋花键与电枢轴配合。两个月形键3将驱动齿轮与花键套筒连接起来,使驱动齿轮与花键套筒之间可以相对转动而不能相对轴向移动。在驱动齿轮柄和花键套筒的外面套有扭力弹簧4,它的两端各有1/4圈内径较小,分别箍紧在驱动齿轮柄和花键套筒上,扭力弹簧有圆形与方形截面两种形式,在它的外面有护套5封闭。缓冲弹簧8、移动衬套9和卡簧10的作用与在滚柱式和摩擦片式单向离合器中的作用相同,不再赘述。

起动机工作时,电枢轴带动花键套筒旋转,当花键套筒的转速高于驱动齿轮的转速时,齿轮柄和花键套筒作用于扭力弹簧的总摩擦力与扭力弹簧的旋向相同,使扭力弹簧变细,扭力弹簧各圈全部箍紧在齿轮柄和花键套筒上,将齿轮柄和花键套筒抱紧。电枢的电磁力矩经花键套筒依靠摩擦力传给扭力弹簧,再利用扭力弹簧和驱动齿轮柄之间的摩擦力传给驱动齿轮,通过飞轮使发动机起动。

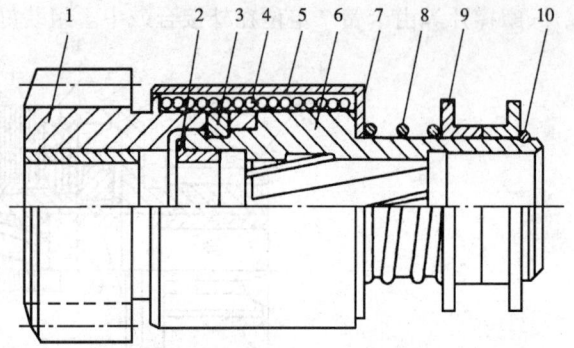

发动机起动后,飞轮齿圈带动驱动齿轮加速旋转,当驱动齿轮的转速高于的花键套筒转速时,齿轮柄和花键套筒作用于扭力弹

图 3-13　弹簧式单向离合器

1-驱动齿轮;2-挡圈;3-月形键;4-扭力弹簧;5-护套;6-花键套筒;7-垫圈;8-缓冲弹簧;9-移动衬套;10-卡簧

簧的总摩擦力与扭力弹簧的旋向相反,使扭力弹簧变粗,扭力弹簧各圈对齿轮柄和花键套筒的箍紧作用消失,即扭力弹簧松开而打滑,使驱动齿轮无法通过扭力弹簧将扭矩反向传递给花键套筒,防止了电枢飞散,保护了起动机。

弹簧式单向离合器具有结构简单、寿命长、成本低等优点,应用越来越广;但扭力弹簧所需的圈数较多,轴向尺寸较大,因此在小型起动机上的应用受到一定的限制。

第四节　起动机的控制装置

起动机的控制装置通常由主开关、拨叉、操纵元件和回位弹簧等组成。通过操纵元件和回位弹簧,利用主开关,控制起动机主回路的接通和断开;利用拨叉,控制单向离合器,使驱动齿轮进入和退出与飞轮的啮合。下面分别介绍起动机控制装置的控制原则和具体的结构原理。

一、控制原则

为了充分发挥起动机和蓄电池的性能,起动机控制装置应遵循如下基本原则:

(1)"先啮合后接通"的原则。即首先使驱动齿轮进入啮合,然后使主开关接通,以免驱动齿轮在高速旋转过程中进行啮合,引起打齿并且啮合困难;

(2)"高起动转速"原则。即起动机控制装置应尽量减少甚至不消耗蓄电池电能,以便使蓄电池的电能尽可能多的用于起动电机,提高起动转速;

(3)切断主电路后,驱动齿轮能迅速脱离啮合。

二、结构和原理

操纵元件及其工作方式的不同使起动机的控制装置分为机械式和电磁式两种型式。

1.机械式控制装置

机械式控制装置的结构如图3-14所示。作为操纵元件的拨叉 8 通过传动杆系与起动踏板或起动拉杆连接,由驾驶员直接控制。拨叉和回位弹簧通过销钉支撑在起动机上(图中未画出),其上装有顶压螺钉9,拨叉下端插入单向离合器的移动衬套中。主接线柱 1、2 分别接蓄电池的正极和电动机磁场绕组的一端,与主接触盘 3 组成主开关;辅助接线柱 4、10 分别接点火线圈附加电阻的两端。内部装有一可在外壳 6 上轴向滑动的推杆 7,其上绝缘地套有主、辅接触盘 3 和 5,两接触盘的两侧均装有弹簧。不工作时,在推杆上的弹簧的作用下,两接触盘和接线柱均处于打开状态。

起动发动机时,驾驶员踩下起动踏板(或拉紧起动拉杆),通过杆系推动拨叉,拨叉一方面推动单向离合器沿电枢轴移动,使驱动齿轮与飞轮啮合,同时拨叉上的顶压螺钉 9 顶着推杆向左移动,使两接触盘先后将辅助接线柱和主接线柱接通,辅助接线柱被接通时,点火线圈

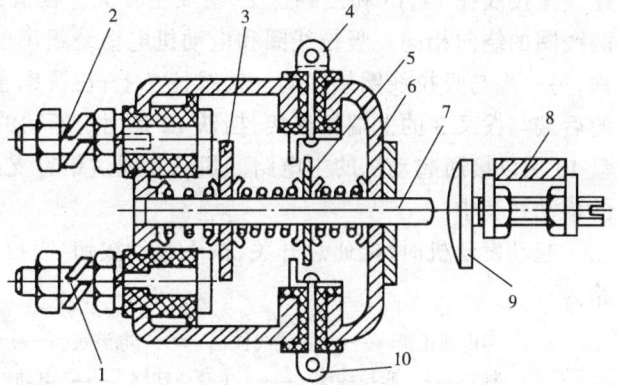

图 3-14　机械式控制装置

1、2-主接线柱;3-主接触盘;4、10-辅接线柱;5-辅助接触盘;6-外壳;
7-推杆;8-拨叉;9-顶压螺钉

的附加电阻被隔除,克服起动时由于蓄电池端电压急剧下降对点火装置工作的影响,改善发动机的起动性能;主接线柱(主开关)接通时,起动机通电带动发动机运转。

发动机起动后,放松起动踏板或拉杆,在复位弹簧的作用下,拨叉推动单向离合器回位,驱动齿轮退出啮合;同时,顶压螺钉离开推杆,两接触盘在回位弹簧的推动下与主辅接线柱脱开,主开关断开,起动机主电路被切断,起动机停止运转,同时,点火线圈的附加电阻也串在点火系的电路中。

机械式控制装置检修方便,并且机械操纵不消耗电能,有利于提高起动转速;但是驾驶员劳动强度大,不宜远距离操纵,故目前应用较少。

2.电磁式控制装置

电磁式控制装置,俗称电磁开关,结构如图 3-15 中的点划线框内部分所示。作为操纵元件的活动铁心 4 由驾驶员用开关通过电磁线圈进行控制。多数起动机的电磁线圈由保持线圈 5 和吸拉线圈 6 两部分组成,既使活动铁心移动有力,驱动齿轮啮合容易,又可以提高起动转

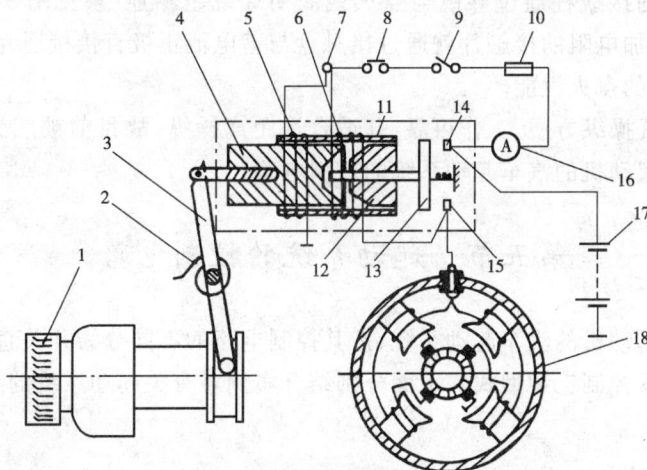

图 3-15　电磁控制的起动机电路

1-单向离合器;2-回位弹簧;3-拨叉;4-活动铁心;5-保持线圈;6-吸拉线圈;7-接线柱;8-起动按钮;9-总开关;10-熔断器;
11-黄铜套;12-挡铁;13-接触盘;14、15-主接线柱;16-电流表;17-蓄电池;18-电动机

85

速。主接线柱 14、15 和接触盘 13 组成主开关。在黄铜套 11 上绕有吸拉线圈 6 和保持线圈 5，两线圈的绕向相同。吸拉线圈和电动机电枢绕组串联(主电路未接通时)，保持线圈的一端搭铁，另一端与吸拉线圈接在同一接线柱 7 上；在黄铜套内装有活动铁心 4 和挡铁 12，活动铁心的后端与拨叉 3 的上端相连接，挡铁 12 是固定不动的，其中心孔内穿有推杆，推杆端部的接触盘 13 用以接通起动机的主电路。拨叉 3 通过销钉支撑在起动机上，拨叉下端插入单向离合器的移动衬套中。

起动发动机时，接通总开关，按下起动按钮，吸拉线圈和保持线圈的电路被接通，其电流通路为：

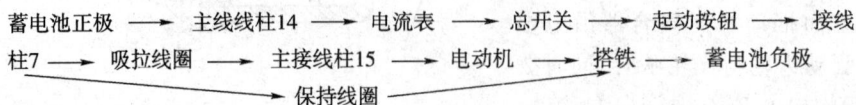

蓄电池正极 ⟶ 主线线柱14 ⟶ 电流表 ⟶ 总开关 ⟶ 起动按钮 ⟶ 接线
柱7 ⟶ 吸拉线圈 ⟶ 主接线柱15 ⟶ 电动机 ⟶ 搭铁 ⟶ 蓄电池负极
　　　　　　 ⟶ 保持线圈

这时吸拉线圈和保持线圈产生的电磁力方向相同、互相叠加，使活动铁心很容易地克服回位弹簧的弹力而右行，一方面带动拨叉将单向离合器推出，使驱动齿轮与飞轮齿圈可靠啮合；另一方面通过推杆推动接触盘与主接线柱 14、15 接触，接通主开关。

主开关接通后，吸拉线圈被短接，电磁开关的工作位置靠保持线圈的吸力来维持，同时蓄电池经过主开关给电动机的磁场绕组和电枢绕组提供大的起动电流，使电枢轴产生足够的电磁力矩，带动曲轴旋转而起动发动机。电流通路为：

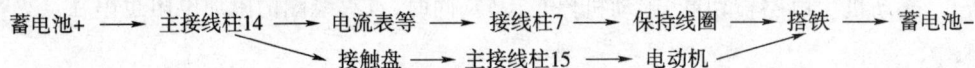

蓄电池+ ⟶ 主接线柱14 ⟶ 电流表等 ⟶ 接线柱7 ⟶ 保持线圈 ⟶ 搭铁 ⟶ 蓄电池-
　　　　　　 ⟶ 接触盘 ⟶ 主接线柱15 ⟶ 电动机

发动机起动后，在松开起动按钮的瞬间，吸拉线圈和保持线圈是串联关系，两线圈所产生的磁通方向相反，互相抵消，于是活动铁心在回位弹簧的作用下迅速回位，驱使驱动齿轮退出啮合，接触盘在其右端小弹簧的作用下脱离接触，主开关断开，切断了起动机的主电路，起动机停止运转。

许多汽油发动机采用的起动机，其控制装置中还装有短路点火线圈附加电阻的接触片，控制装置外壳上对应的接线柱通过导线与点火线圈初级绕组相连(参见图 3-17)。主开关接通时，短路点火线圈附加电阻的接触片就通过接触盘与蓄电池正极直接接通，将点火线圈附加电阻短接，改善起动时的点火性能。

电磁式控制装置操纵方便，工作可靠，并适合远距离操纵，故目前被广泛应用。下一节将介绍采用电磁操纵起动机的汽车起动系统的控制电路。

第五节　起动系统的控制电路

采用电磁操纵起动机的汽车起动系统，按其控制电路的不同分为开关直接控制、起动继电器控制和复合继电器控制三种型式。下面分别结合实例对有关起动系统的组成和工作过程进行介绍。

一、开关直接控制

开关直接控制是指起动机由钥匙开关或起动按钮直接控制，起动系统由蓄电池、起动机、起动开关、连接导线组成，主要特点是线路简单、检查方便。许多柴油车和部分起动机功率较小的汽油车都采用这种起动系统。

图 3-16 是桑塔纳轿车起动系统线路图,起动系统工作由钥匙开关(点火开关)直接控制,工作过程如下:

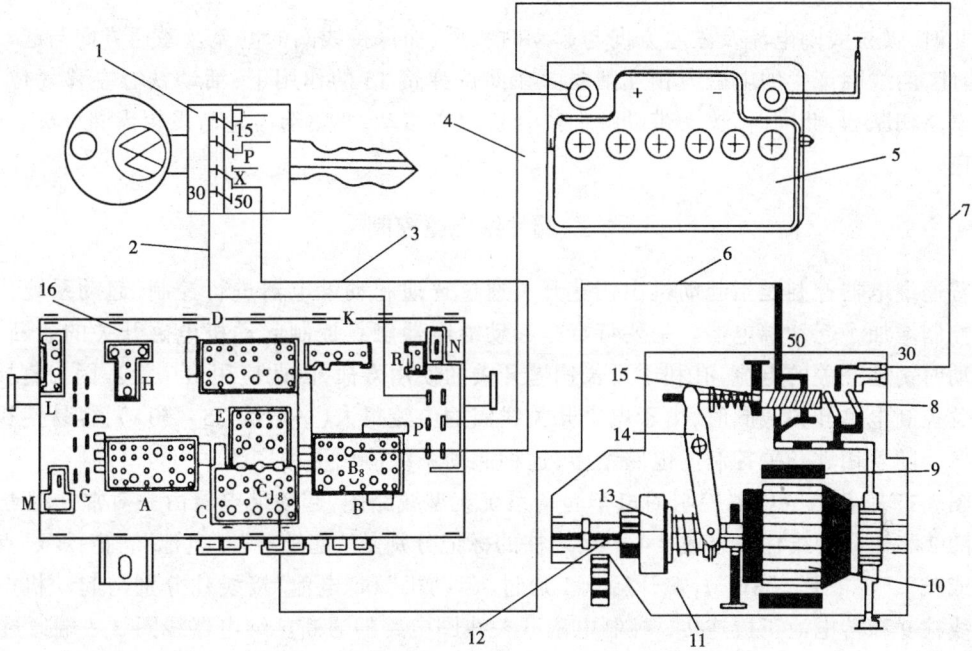

图 3-16　桑塔纳轿车起动系统线路图

1-点火开关;2-红色线;3-红/黑色线;4-红色线;5-蓄电池;6-红/黑色线;7-黑色线;8-电磁开关;9-磁极;10-电枢;11-起动机;12-驱动齿轮;13-单向离合器;14-拨叉;15-回位弹簧;16-中央线路板

起动发动机时,将点火开关置于起动档,电磁开关中的吸拉线圈和保持线圈即被接通,吸拉线圈的电流路径为:

蓄电池正极→红色导线 4→中央线路板单端子插座 P→中央线路板内部电路→中央线路板单端子插座 P→红色导线 2→点火开关"30"端子→点火开关"50"端子→红色导线 3→中央线路板 B_8 接点→中央线路板内部线路→中央线路板 C_{18} 接点→红色导线 6→起动机"50"端子→吸拉线圈→磁场绕组→绝缘电刷→电枢绕组→搭铁电刷→搭铁→蓄电池负极。

保持线圈的电流电路径为:

蓄电池正极→红色导线 4→中央线路板单端子插座 P→中央线路板内部电路→中央线路板单端子插座 P→红色导线 2→点火开关"30"端子→点火开关"50"端子→红色导线 3→中央线路板 B_8 接点→中央线路板内部线路→中央线路板 C_{18} 接点→红色导线 6→起动机"50"端子→保持线圈→搭铁→蓄电池负极。

吸拉线圈和保持线圈通电后,两线圈产生方向相同的磁通,使活动铁心在磁力的作用下向右移动,并带动拨叉 14 绕支点转动,拨叉下端拨动单向离合器向左移动,使驱动齿轮与飞轮齿圈啮合。当驱动齿轮与飞轮齿圈接近完全啮合时,起动机主电路接通,其电流路径为:

蓄电池正极→黑色电缆 7→起动机"30"端子(主接线柱)→起动机主开关→磁场绕组→绝缘电刷→电枢绕组→搭铁电刷→搭铁→蓄电池负极。

起动机主电路接通后,吸拉线圈被短接,电磁开关的工作位置靠保持线圈的电磁力来维持,同时电枢轴产生足够的电磁力矩,带动曲轴旋转而起动发动机。

87

发动机起动后,放松点火开关,点火开关将自动转回一个角度(至点火位置),切断起动系统的控制电路,吸拉线圈和保持线圈变为串联关系,吸拉线圈和保持线圈的电流路径改为:

蓄电池正极→黑色电缆7→起动机"30"端子(主接线柱)→接触盘→吸拉线圈→起动机"50"端子→保持线圈→搭铁→蓄电池负极。

此时,吸拉线圈电流及磁通方向与起动时相反,而保持线圈的电流及磁通方向与起动时相同,因此,两线圈产生的电磁力相互削弱。在回位弹簧15的作用下,活动铁心左移复位,起动机主电路切断;与此同时,拨叉带动单向离合器向右移动,使驱动齿轮与飞轮齿圈分离,起动过程结束。

二、起动继电器控制

普通继电器控制是指起动机由钥匙开关通过普通起动继电器进行控制,起动系统比开关直接控制增加了起动继电器。主要特点是起动继电器触点控制起动机电磁开关的通断,减小了起动时钥匙开关的电流,有利于延长钥匙开关的使用寿命,因此应用最广泛。因为直接用钥匙开关控制电磁开关线圈时,由于电磁开关线圈的电流很大(一般为35~50A),容易使钥匙开关损坏。随着钥匙开关控制的电路增多,这种起动系统应用更加广泛。

图3-17是普通继电器控制的汽车起动系统典型线路图,起动继电器由一对常开触点1、一个线圈2和4个接线柱等组成。4个接线柱的标记分别是"起动机"、"电池"、"搭铁"、"点火开关"(或"S"、"B"、"E"、"SW"),常开触点1通过"起动机"和"电池"接线柱分别与起动机电磁开关接线柱9和蓄电池正极连接,控制电磁开关线圈电路的通断。继电器线圈2一端通过"搭

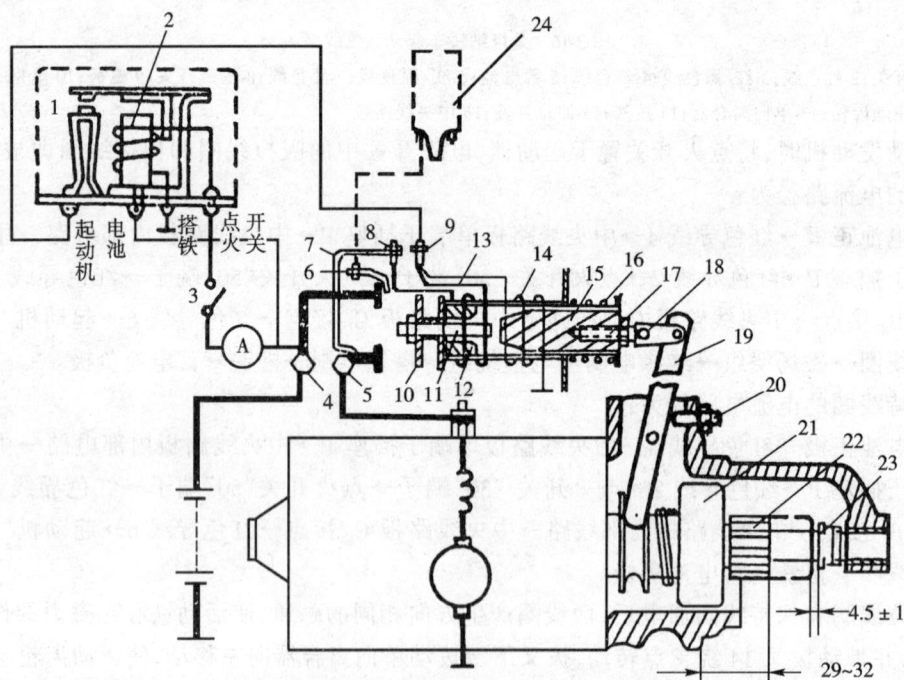

图3-17 起动继电器控制的起动系统线路图

1-起动继电器触点;2-起动继电器线圈;3-点火开关;4、5-起动机主接线柱;6-点火线圈附加电阻短路接线柱;7-导电片;8、9-接线柱;10-接触盘;11-推杆;12-固定铁心;13-吸拉线圈;14-保持线圈;15-活动铁心;16-回位弹簧;17-调节螺钉;18-连接片;19-拨叉;20-定位螺钉;21-单向离合器;22-驱动齿轮;23-限位环;24-点火线圈

铁"接线柱搭铁,另一端通过"点火开关"接线柱接点火开关,由点火开关控制线圈电路的通断。起动系统工作由点火开关通过起动继电器进行控制,工作过程如下:

起动时,将点火开关 3 置于起动位置,起动继电器的线圈通电,起动继电器线圈电流路径为:

蓄电池正极→主接线柱 4→电流表→点火开关→起动继电器"点火开关"接线柱→线圈→起动继电器"搭铁"接线柱→搭铁→蓄电池负极。

起动继电器的线圈通电后产生的电磁吸力使触点闭合,蓄电池经过起动继电器触点 1 为起动机电磁开关线圈供电。起动机电磁开关线圈的电路电流路径为:

蓄电池正极 → 起动机主接线柱4 → 起动继电器"电池"接线柱 → 触点1 → 起动继电器"起动机"接

线柱 → 接线柱9 → 吸拉线圈13 → 导电片7 → 主接线柱5 → 电动机 → 搭铁 → 蓄电池负极

　　　　　　　　　　　　→ 保持线圈14 →

吸拉线圈 13 和保持线圈 14 通电后,两线圈产生方向相同的磁通,使活动铁心 15 在磁力的作用下向左移动,一方面通过调节螺钉 17 和连接片 18 拉动拨叉 19 绕支点转动,拨叉下端拨动单向离合器 21 向右移动,使驱动齿轮 22 与飞轮齿圈啮合;另一方面通过推杆 11 推动接触盘 10 向左移动,当驱动齿轮与飞轮齿圈接近完全啮合时,接触盘 10 与主接线柱 4、5 接触,起动机主电路接通,电流路径为:

蓄电池正极→起动机主接线柱 4→接触盘 10→起动机主接线柱 5→磁场绕组→绝缘电刷→电枢绕组→搭铁电刷→搭铁→蓄电池负极。

起动机主电路接通后,吸拉线圈被短接,电磁开关的工作位置靠保持线圈的电磁力来维持,同时电枢轴产生足够的电磁力矩,带动曲轴旋转而起动发动机。

发动机起动后,放松点火开关,点火开关将自动转回一个角度(至点火位置),切断起动继电器线圈电流,起动继电器触点打开,吸拉线圈和保持线圈变为串联关系,产生的电磁力相互削弱。在回位弹簧 16 的作用下,活动铁心右移复位,起动机主电路切断;与此同时,拨叉带动单向离合器向左移动,使驱动齿轮与飞轮齿圈分离,起动过程结束。

三、复合继电器控制

复合继电器控制实质是一种具有起动保护功能的起动继电器控制型式。通过将普通的起动继电器改为复合继电器,使起动系统具有自动保护起动机的功能,一方面,发动机一旦起动成功,起动机能立即停止运转、驱动齿轮退出啮合,避免了起动机不必要的空转及由此引起的单向离合器磨损和电能的消耗;另一方面,在发动机正常运转时,即使误将钥匙开关旋至起动位置,起动机也不会工作,避免了齿轮撞击,延长了起动机驱动齿轮和飞轮齿圈的使用寿命。

复合继电器由起动继电器和保护继电器两部分组成,保护继电器有一对受交流发电机中性点电压控制的常闭触点,该触点串联在起动继电器线圈的电路中。当交流发电机中性点电压高于一定值时,保护继电器触点打开切断起动继电器线圈电路,保护起动机。

图 3-18 是采用复合继电器控制的起动系统线路图。复合继电器共有 6 个接线柱,标记分别是"S"、"B"、"E"、"SW"、"N"、"L"(或"起动机"、"蓄电池"、"搭铁"、"点火开关"、"中性点"、"指示灯"),其中"S"、"B"、"SW"、"N"、接线柱分别与起动机电磁开关、蓄电池正极、点火开关和发电机中性点接线柱连接;"L"接线柱可以与充电指示灯(图中未画出)连接,通过保护继电器触点控制充电指示灯;"E"接线柱搭铁。在复合继电器 6 中,起动继电器线圈的一端接

"SW"接线柱,由点火开关7控制与蓄电池正极连接,另一端经过保护继电器的常闭触点5、"E"接线柱搭铁;保护继电器的线圈由发电机中性点电压直接控制。工作过程如下:

起动时,将点火开关置于起动位置,复合继电器的起动继电器线圈电路接通,电流路径为:

蓄电池正极→起动机主接线柱4→熔断器10→电流表→点火开关7→组合继电器"SW"接线柱→起动继电器线圈→保护继电器触点→组合继电器"E"接线柱→搭铁→蓄电池负极。

在电磁力作用下起动继电器触点闭合,于是接通电磁开关中吸引线圈和保持线圈的电路,使电磁开关动作,起动机带动发动机运转。

发动机起动后,放松点火开关,点火

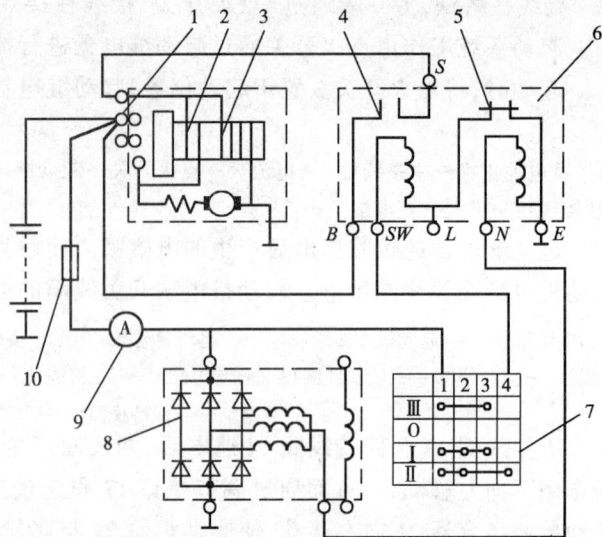

图 3-18 用复合继电器的起动系统线路图
1-起动机主接线柱;2-吸拉线圈;3-保持线圈;4-起动继电器触点;5-保护继电器触点;6-复合继电器;7-点火开关;8-交流发电机;9-电流表;10-熔断器

开关将自动退出起动位置,切断起动继电器线圈电流,起动机主电路切断,拨叉带动单向离合器向左移动,使驱动齿轮与飞轮齿圈分离,起动过程结束。

发动机起动后,若点火开关仍处于起动档,起动机将会自动停止运转。这是因为发动机正常运转后,交流发电机电压已经建立起来,发电机中性点电压加在保护继电器的线圈上,保护继电器线圈产生的电磁吸力使其常闭触点打开,切断了起动继电器线圈的电路,于是起动继电器的触点打开,电磁开关的线圈断电,起动机停止工作。

发动机正常工作过程中,由于保护继电器的触点已经打开,使起动继电器线圈无法搭铁。所以,即使由于误操作而将点火开关转至起动位置,起动机电磁开关也不会通电,起动机主电路就不能接通,从而防止了起动机齿轮和飞轮齿圈的撞击,对起动机起到保护作用。

第六节 起动机的检修

为了预防和及时发现起动系统的故障,在使用过程中,汽车每运行 750h(相当于 30000km)或起动机发生故障导致起动系统不能正常工作时,应及时对起动机进行拆检,检查零部件的技术状况。主要检修内容包括电刷和轴承的磨损情况、换向器表面质量、电枢绕组和磁场绕组有无短路、断路和搭铁故障等。检修完毕,还要对起动机进行性能测试。

一、起动机的解体

从车上拆卸起动机前,应首先读取和记录故障诊断系统的故障码(如果有故障自诊断系统),然后切断点火开关,拆下蓄电池搭铁电缆;拆下起动机后,将从起动机上拆下的导线作好标记。

由于各种起动机的具体结构不同,解体的先后顺序略有差异,下面以桑塔纳轿车起动机为

例,说明起动机的解体步骤。桑塔纳轿车起动机的结构如图 3-19 所示,解体步骤如下:

(1)将起动机外部擦拭干净;

(2)拆下电磁开关 1 与电动机的连线;

(3)从后端盖 10 上拆下电磁开关固定螺栓,取下电磁开关;

(4)拆下前盖 5 外侧轴承盖,取下锁止垫圈 3、调整垫片和密封圈 2;

(5)拆下两根穿心螺栓 4,取下起动机前盖 5;

(6)从电刷托板上取下电刷架 6、电刷;

(7)使电动机壳体 7(含磁极)、电刷托板与电枢 15 及后端盖 10 分离;

(8)从后端盖 10 上取出拨叉 11、电枢 15 和单向离合器 13;

(9)拆下电枢轴前端锁环和止推垫圈 12 后,取下单向离合器。

各总成是否需要进一步分解,应视具体情况而定。

对所有的绝缘零部件,只能用干净布沾少量汽油擦拭;其余机械零件应用汽油或柴油洗刷干净。

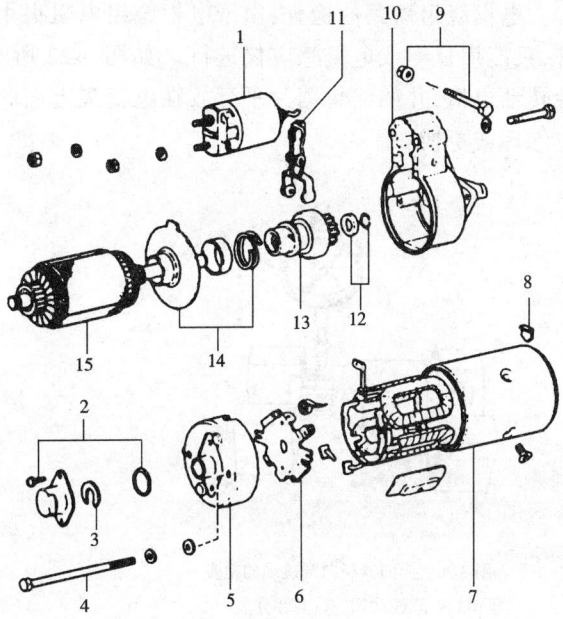

图 3-19 桑塔纳轿车用起动机的结构

1-电磁开关;2-轴承盖和密封圈;3-锁止垫圈;4-穿心螺栓;5-前盖;6-电刷架;7-电动机壳体;8-橡胶密封块;9-移动叉支点螺栓与螺母;10-后端盖;11-移动叉;12-止推垫圈与卡环;13-单向离合器;14-中间轴承、支承板与弹簧;15-电枢

二、起动机的检修

起动机解体后,应对各部分进行仔细检查,必要时进行修理或更换。

1.电枢

(1)换向器

目测外观,换向器表面不应烧蚀、脏污。脏污或轻微烧蚀用 00 号砂纸打磨,严重时应车削。

如图 3-20 所示,通过电枢轴两端轴颈把电枢架在两块 V 形铁上,使轴线水平,转动电枢轴,用百分表测量换向器径向圆跳动,应不超过 0.05mm,否则,应在车床上修整。

换向片间切槽深度应为 0.7 ~ 0.9mm,槽深小于规定值,可用锯条刮削。

换向片厚度应不小于 2mm,或换向器外径不小于出厂规定的极限值,否则,应更换换向器。

(2)电枢轴

如图 3-21 所示,用百分表检查电枢轴及电枢铁心外圆表面对电枢轴线的径向圆跳动,应不大于 0.15mm,否则应予校正。

(3)电枢绕组

电枢绕组断路的检查:可用目测或电枢感应仪进行。

如果用万用表检查,则只能检查电枢绕组多处断路的故障,将万用表置于欧姆档,测换向器换向片间电阻,电阻值为无限大说明绕组多处断路,应修理或更换。

电枢绕组短路的检查:由于电枢绕组电阻很小,无法用万用表测量电阻的方法进行短路检查,只能用目测或电枢感应仪进行。如图 3-22 所示,把电枢放在电枢感应仪上,接通电源,徐徐转动电枢,并始终将锯片平行放在电枢最上面的绕组槽上。若锯片振动表明电枢绕组短路,应修理或更换。

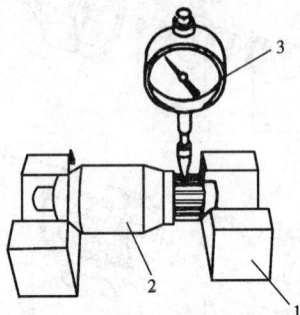

图 3-20 换向器径向圆跳动的检查
1-V 形铁;2-电枢;3-百分表

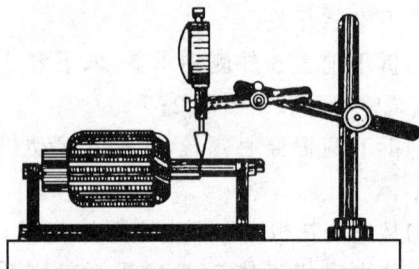

图 3-21 电枢轴径向圆跳动的检查

电枢绕组搭铁的检查:将万用表置于欧姆档,两表笔分别接换向器和铁心,电阻应为无限大,否则表明电枢绕组搭铁,应修理或更换。

电枢绕组的修理:如果电枢绕组的断路故障出现在与换向片的焊接处,将脱焊点重新焊牢即可;如果电枢绕组的搭铁故障,出现在铁心槽两端槽口锐棱处,可通过整形、补修绝缘层的办法来修复。如果电枢绕组的故障发生在铁心槽内,一般更换电枢。

2.磁场绕组

磁场绕组的断路和搭铁故障可以用万用表测量的欧姆档进行检查,分别如图 3-23 和 3-24 所示。若磁场绕组电阻无穷大,说明磁场绕组断路;若磁场绕组与壳体间的电阻不是,无穷大,说明磁场绕组搭铁。

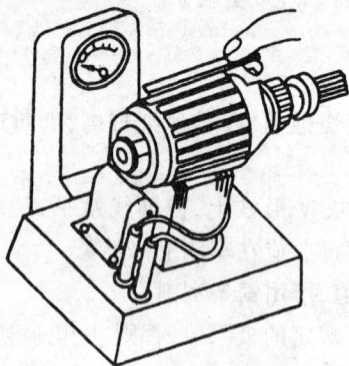

图 3-22 电枢绕组短路的检查

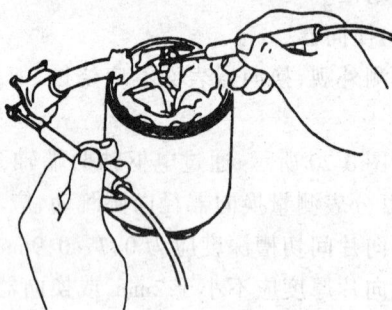

图 3-23 磁场绕组断路的检查

磁场绕组的短路故障很难用万用表测量,一般通过目测检查,检查绕组的绝缘层是否烧焦或损坏。磁场绕组的断路和搭铁故障也可以直接目测检查,检查绕组与引线之间及绕组之间有无开焊,绕组端部有无与壳体接触的痕迹(往往伴有烧蚀麻点)等。

磁场绕组的断路大多发生在线圈与引线的焊接处,只要重新将引线焊牢即可。磁场绕组的搭铁短路也只限于线圈的表面,只要拆下磁极线圈,找出破损点,包上绝缘带并涂漆,漆晾干后即可装复使用。磁场绕组的短路一般都是因线圈过热,将绝缘层烧焦所致。修理时先剥下包扎在外面的绝缘布,然后再检查夹在铜带之间的绝缘层,若某段绝缘层已烧焦,此处即为短路点。如果绝缘层仅在局部烧焦,可将其刮除,插入绝缘纸,如图3-25所示;如果烧焦面积大,可将线圈放在水中加热后,刮除烧焦的绝缘层,重新绕制。

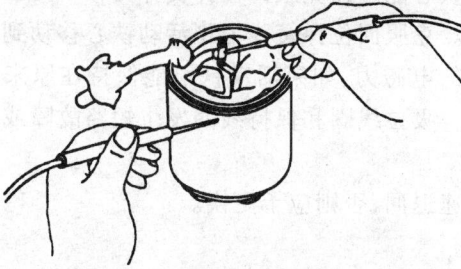

图3-24 磁场绕组搭铁的检查

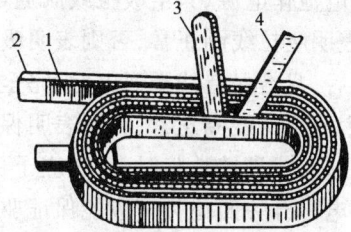

图3-25 磁场绕组短路的修理
1、4-绝缘纸;2-扁铜带;3-刀片

3．电刷、电刷弹簧及刷架

电刷在刷架中应活动自如,不应有卡滞现象,否则应调整或更换。

电刷与换向器的接触面积不应低于75%,否则应研配或更换。

电刷长度应不低于新电刷高度的2/3,最小一般不应小于6～10mm,否则应更换。

电刷弹簧张力可用弹簧秤测量,如图3-26所示,测量结果应符合标准值,张力过弱应更换。

电刷架无歪斜、松旷现象,否则应更换。

4．单向离合器的检查

如图3-27所示,用游标卡尺或齿轮量具测量驱动齿轮,齿厚度和齿长应符合规定值,如果不符或有缺损、裂痕,应更换。

图3-26 电刷弹簧张力的测量

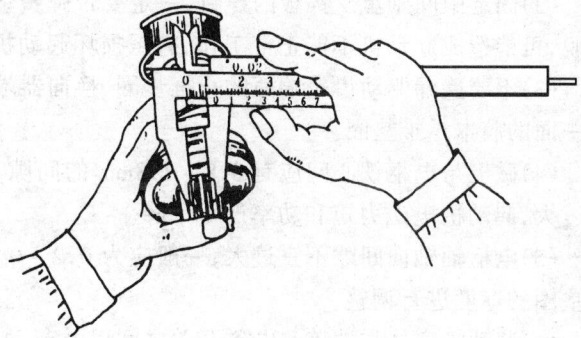

图3-27 测量起动机驱动齿轮

一手握住单向离合器花键套筒,另一只手转动驱动齿轮,齿轮应在一个方向可以自由转动,另一个方向不能转动,如果两个方向都能转动,表明单向离合器损坏,应更换。

5．电磁开关的检查

主接线柱和接触盘接触面应清洁,无烧损。若接触面脏污或轻微烧损可用细砂纸打磨,严重时接触盘可换面使用,主接线柱可锉修。修理后主接线柱端部厚度应相等,保证接触盘与主接线柱有足够大的接触面积。

吸拉线圈和保持线圈的常见故障是短路、断路及搭铁。断路故障可通过测量线圈电阻进行判断。搭铁故障可通过测量线圈与外壳之间的绝缘电阻进行判断。吸拉线圈和保持线圈也可以通过检查电磁力是否足够进行判断。吸力不够大,说明有短路或搭铁;无吸力则有断路。用蓄电池作电源,只给吸拉线圈通电时,如果活动铁心能迅速克服回位弹簧弹力移动到工作位置,表明吸拉线圈正常,否则表明吸拉线圈有故障。克服回位弹簧弹力将活动铁心移动到工作位置后,只给保持线圈通电时,完全依靠保持线圈的电磁力,如果活动铁心能保持在原来的位置,表明保持线圈正常,否则表明保持线圈有故障。吸拉线圈和保持线圈发生短路故障或内部发生断路或搭铁故障时,一般应予更换。

电磁开关回位弹簧应能保证驱动齿轮及时迅速退回,否则应予更换。

6.轴承

测量电枢轴轴颈外径与衬套内径之间的配合间隙标准为 0.04~0.08mm,允许最大间隙 0.15~0.20mm。如果衬套磨损严重,间隙超过规定值,应更换衬套,并重新铰配。

三、起动机的装配和调整

装配前,在电枢轴与支承衬套及花键等配合和摩擦部位涂少量润滑脂。

装复的一般步骤是:先将离合器和移动拨叉装入后端盖内,再装中间轴承支撑板,将电枢轴插入后端盖内,装上电动机外壳和前端盖,并用穿心螺栓将它们紧固好,然后装电刷、防尘罩、起动机开关等。

在装复过程中应注意以下几点:

(1)注意检查各轴承的同轴度,特别是电枢轴有三个轴承支撑时,往往不易同轴,若同轴度误差过大,就会增加电枢轴运转的阻力。检查的方法是:各轴颈与每个铜套配合时,既能转动自如,又感觉不出有明显的间隙(中间轴承间隙可稍大一点。前后端盖和壳体装配完毕(装电刷前),转动电枢应灵活,无明显阻力,否则,说明轴承不同轴,轻者可以修刮轴承进行调整,严重时应更换个别铜套。

(2)固定中间轴承支撑板的螺钉,一定要带弹簧垫圈。否则,工作中支撑板振动,螺钉容易松脱,可能造成起动机不能正常工作,甚至损坏起动机。

(3)不要遗漏驱动齿轮端面的止推垫圈、换向器端面的胶木垫圈及中间轴承支撑板靠离合器一面的胶木承推垫圈。

(4)磁极与电枢铁心间应有 0.8~1.8mm 的间隙,间隙过小起动机容易发生扫膛现象;间隙过大,起动机电磁力矩和功率严重下降。

(5)电枢轴轴向间隙不宜过大,一般应为 0.2~0.7mm,不合适时,可在轴的前端或后端改变垫圈的厚度进行调整。

(6)起动机壳体与端盖和电磁开关之间以及起动机主接线柱和连接导线之间的紧固件要按规定扭矩拧紧。

起动机装复完毕,应进行必要的调整,主要调整内容如下:

1.驱动齿轮与限位环之间的间隙

为了既保证起动机"先啮合、后接通",又保证起动机驱动齿轮与飞轮牙齿可靠啮合,要求接触盘将主电路接通时,驱动齿轮与限位环之间应有一定的间隙,参见图 3-17,例如 QD124 起动机该间隙为 4.5±1mm,间隙不当时,先脱开连接片 18 与调节螺钉 17 之间的连接,然后旋入或旋出调整螺钉 17 进行调整。

2.起动机驱动齿轮端面与端盖凸缘间的距离

一方面防止单向离合器回位时冲击电枢线圈(或中间支承板);另一方面使起动机在自由状态时,驱动齿轮与飞轮不会相碰。因此,驱动齿轮端面与端盖凸缘间规定有一定的距离,参见图 3-17,例如 QD124 起动机该间隙为 29～32mm,间隙不当时,旋入或旋出定位螺钉 20 进行调整。

四、起动机的性能试验

起动机装复后,应进行空载和制动性能试验,试验结果应符合相应的技术条件,以保证起动机处于良好的技术状态。为了使试验数据真实可靠地反映起动机的技术状况并便于比较,《汽车、拖拉机用起动机技术条件》(JB 2741—81)还规定:试验环境温度为 20 ± 5℃;测量仪表精度不低于 1.5 级;试验电源为足够容量的直流发电机组或额定容量与被测起动机相适应且充足电的蓄电池;试验线路如图 3-28 所示;蓄电池与被试起动机间连接导线压降在起动机最大功率时不大于 0.5V(12V 起动机)或 1.0V(24V 起动机)。由于起动机最大功率时电流约为制动电流的一半,因此制动时蓄电池与被试起动机间连接线路压降应不大于 1.0V(12V 起动机)或 2.0V(24V 起动机)。

由于试验数据不仅取决于起动机的技术状况,而且还与试验电源及线路连接等方面有关,但在实际试验时,试验电源及线路连接等方面可能与上述要求不尽相符。因此,即使起动机技术状况良好,由于试验电源及线路连接等方面不符合要求,试验数据可能也不能满足技术条件;换句话说,即使试验数据不满足(或不全部满足)技术条件,未必表明起动机的技术状况就一定不良。所以,不能简单地将试验数据直接与相应技术条件进行比较来判别起动机的技术状况,而应对试验数据和相应技术条件进行全面分析、比较(包括有关的比值),才能分辨出电源、线路等因素带来的影响,正确地判定起动机的性能、诊断起动机内部存在的机械故障和电气故障。

1.空载性能试验

按起动机实际安装方式将其固定在专用试验台上,按图 3-28 连接试验线路。接通电路,待起动机运转稳定后,测量起动机的空载电压、电流和转速并注意观察换向器表面火花。通电试验时间应不超过 1min。

空载试验技术条件为:空载转速 n 不低于规定值 n_0,空载电流 I 不大于规定值 I_0,空载电压 U 不低于规定值 U_0,换向器表面无明显火花。

通过将空载试验数据 n、I、U 与对应限值 n_0、I_0、U_0

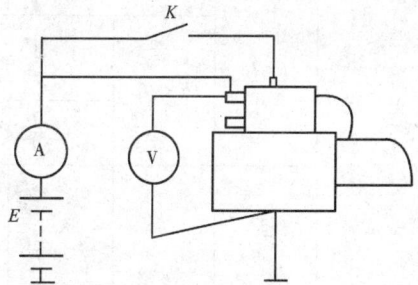

图 3-28 起动机性能试验接线图

进行对比分析,既可以定性反映起动机起动机装配的松紧程度和电气故障,也能反映出试验电源及线路连接情况。在大量试验和有关理论分析的基础上,表 3-2 给出了各种空载试验数据对应的结果及原因,供参考。

2.制动性能试验

按起动机实际安装方式将其固定在专用试验台上,用专业夹具将起动机驱动齿轮夹紧,按图 3-28 连接试验线路。接通电路,迅速读取起动机的制动电压、电流和扭矩。以便检查起动机单向离合器性能,发现起动机内部存在的机械或电气故障。通电试验时间应不超过 5s。

起动机空载性能试验结果分析　　　　　　　　　　　　　　　　表 3-2

试验数据与限值比较			分析结果及有关原因
$I \not> I_0$	$U \not< U_0$	$n \not< n_0$	空载性能良好,蓄电池及导线连接符合要求
		$n < n_0$	起动机装配松紧适宜,但是起动机内部接触不良,例如:电刷压力不足、换向器表面脏污、失圆或云母突出等
	$U < U_0$	$n \not< n_0$	空载性能良好,起动机以外的电阻过大,例如:蓄电池容量小内阻大、连接导线电阻过大或接触不良
		$n < n_0$	空载性能良好,蓄电池亏电;或起动机装配松紧适宜,但是起动机内部接触不良并且起动机以外的电阻过大
$I > I_0$	$U \not< U_0$	$n \not< n_0$	起动机装配偏紧,或者起动机磁场绕组或电枢绕组有短路或搭铁故障;并且起动机以外的电阻过小,例如:蓄电池容量大内阻小等
		$n < n_0$	起动机装配过紧,起动机内阻过大以及起动机以外的电阻过小
	$U < U_0$	$n \not< n_0$	起动机装配过紧
		$n < n_0$	起动机磁场绕组或电枢绕组有短路或搭铁故障,并且蓄电池容量不足、亏电以及连接导线电阻过大或接触不良

制动试验技术条件为:在单向离合器正常情况下,制动扭矩 M 不低于规定值 M_b,制动电流 I 不大于规定值 I_b,制动电压 U 不低于规定值 U_b。

通过将制动试验数据 M、I、U 及有关比值和对应限值 M_b、I_b、U_b 及有关比值进行对比分析,既可以发现起动机内部存在的机械或电气故障,也能反映出试验电源及线路连接情况。在大量试验和有关理论分析的基础上,表 3-3 给出了各种制动试验数据对应的结果及原因,供参考。

注意:连接试验线路时,电压表一定要接在起动机的两端,这样电压表读数与电流表读数之比才能比较准确地反映起动机内电阻的大小。

起动机制动性能试验结果分析　　　　　　　　　　　　　　　　表 3-3

试验数据与限值比较				分析结果及有关原因
$M \not< M_b$	$I \not> I_b$	$U \not< U_b$		起动机性能良好,蓄电池及导线连接符合要求
		$U < U_b$	$\dfrac{U}{I} \geq \dfrac{U_b}{I_b}$	起动机性能良好,起动机以外的电阻过大,例如:蓄电池容量小内阻大、连接导线电阻过大或接触不良
			$\dfrac{U}{I} < \dfrac{U_b}{I_b}$	起动机磁场绕组有轻微短路,并且起动机以外的电阻较大
	$I > I_b$	$\dfrac{M}{I} \geq \dfrac{M_b}{I_b}$	$\dfrac{U}{I} \geq \dfrac{U_b}{I_b}$	起动机性能良好,并且起动机以外的电阻过小,例如:蓄电池容量大内阻小等
			$\dfrac{U}{I} < \dfrac{U_b}{I_b}$	起动机磁场绕组有轻微短路,并且起动机以外的电阻过小
		$\dfrac{M}{I} < \dfrac{M_b}{I_b}$	$\dfrac{U}{I} \geq \dfrac{U_b}{I_b}$	起动机电枢与磁极间隙偏大或不均匀,并且起动机以外的电阻过小
			$\dfrac{U}{I} < \dfrac{U_b}{I_b}$	起动机电枢与磁极间隙偏大或不均匀,电枢绕组或磁场绕组有短路故障,并且起动机以外的电阻过小
		$U < U_b$	$\dfrac{M}{I} \geq \dfrac{M_b}{I_b}$	起动机磁场绕组有短路故障
			$\dfrac{M}{I} < \dfrac{M_b}{I_b}$	起动机电枢绕组有短路或搭铁故障;或起动机电枢与磁极间隙偏大或不均匀,并且磁场绕组有短路故障

试验数据与限值比较				分析结果及有关原因
$M < M_b$	$U \not< U_b$	$\dfrac{M}{I} \geqslant \dfrac{M_b}{I_b}$		起动机内部接触不良,例如:电刷与换向器接触不良,或主开关烧蚀等
		$\dfrac{M}{I} < \dfrac{M_b}{I_b}$		起动机电枢绕组或磁场绕组有断路故障
	$I \not> I_b$ $U < U_b$	$\dfrac{M}{I} \geqslant \dfrac{M_b}{I_b}$	$\dfrac{U}{I} \geqslant \dfrac{U_b}{I_b}$	起动机性能良好,但是蓄电池亏电、起动机以外的电阻过大
			$\dfrac{U}{I} < \dfrac{U_b}{I_b}$	起动机磁场绕组有短路故障,蓄电池亏电、起动机以外的电阻过大
		$\dfrac{M}{I} < \dfrac{M_b}{I_b}$	$\dfrac{U}{I} \geqslant \dfrac{U_b}{I_b}$	起动机电枢与磁极间隙偏大或不均匀,蓄电池亏电、起动机以外的电阻过大
			$\dfrac{U}{I} < \dfrac{U_b}{I_b}$	起动机电枢绕组有短路或搭铁故障,蓄电池亏电;或磁场绕组有搭铁故障
	$I > I_b$ $U \not< U_b$	$\dfrac{U}{I} \geqslant \dfrac{U_b}{I_b}$		起动机内部接触不良,同时电枢绕组有短路或搭铁故障;或电枢与磁极间隙偏大,起动机以外的电阻过小
		$\dfrac{U}{I} < \dfrac{U_b}{I_b}$		起动机电枢绕组或磁场绕组有短路或搭铁故障,起动机以外的电阻过小
	$U < U_b$			起动机磁场绕组或电枢绕组有严重短路或搭铁故障

五、起动机的安装

起动机经过性能试验,一切正常后,就可以重新安装到发动机上。安装时注意:

(1)起动机防尘罩、密封垫等密封元件要装好,防止尘土大量进入起动机内部,加速换向器和其他零件的脏污。

(2)正确分析有关导线和起动机各个接线柱的来龙去脉,将有关导线和起动机各个接线柱正确、可靠地连接起来。

(3)起动机和发动机的接触部位要清洁,无油漆、油污等导电不良物质。减小起动机与发动机之间的接触电阻。

(4)起动机与发动机之间的连接螺钉要按规定扭矩拧紧,保证起动机安装牢固、壳体可靠搭铁。

(5)蓄电池搭铁电缆连接要可靠。

第七节　起动系统的故障诊断

起动系统能否正常工作,直接影响到汽车的使用性能和蓄电池的使用寿命。因此,明确起动系统正常工作的特征、了解起动系统常见故障的现象及诊断排除方法,对及时发现起动系统的故障、准确诊断故障发生的部位和原因并采取有效措施迅速排除具有重要的意义。

起动系统的工作情况,可以通过起动时驱动齿轮的啮合情况和发动机的运转情况进行检查。起动系统工作正常时具有如下特征:

(1)起动开关接通后,驱动齿轮应迅速与飞轮啮合,驱动齿轮和飞轮之间无连续打齿或撞击现象;

(2)起动机能带动发动机以高于最低起动转速(指在一定条件下,发动机能够起动的最低曲轴转速,汽油机一般为 50~70r/min,柴油机一般为 100~150r/min)的转速持续运转一定时间,便于可燃混合气形成和点燃。

(3)起动开关断开或发动机起动后,起动系统能迅速停止工作。

如果起动系统工作情况与上述特征不完全相符,表明起动系统有故障。起动系统常见故障有起动机不转动、起动机转动无力、起动机空转、起动机驱动齿轮与飞轮有打齿(或撞击)现象等。

一、起动机不转动

1.现象

钥匙开关旋至起动档或起动按钮接通,起动机不转动。

2.常见原因

(1)蓄电池严重亏电或有故障;

(2)蓄电池极桩严重氧化或桩头、导线连接松动;

(3)控制线路故障,如线路断路,钥匙开关或起动按钮损坏,起动继电器或复合继电器故障等;

(4)电磁开关故障,如吸拉线圈或保持线圈短路、断路、搭铁,接触盘和主接线柱严重烧蚀等;

(5)直流电动机故障,如换向器严重脏污或烧蚀,电刷磨损严重或在电刷架内卡死,电枢绕组或磁场绕组断路、短路或搭铁等。

3.诊断方法

由于起动系统控制电路的不同,故障诊断的方法也有差异,下面以起动继电器控制的起动系统为例加以说明。电路参见图 3-17,由控制电路和主电路两部分组成,控制电路又包括起动继电器线圈电路和电磁开关电路两部分。起动继电器线圈电路为:

蓄电池正极→主接线柱 4→电流表→点火开关→起动继电器"点火开关"接线柱→线圈→起动继电器"搭铁"接线柱→搭铁→蓄电池负极。

电磁开关电路为:

蓄电池正极 —→ 起动机主接线柱4 —→ 起动继电器"电池"接线柱 —→ 触点1 —→ 起动继电器"起动机"接线柱 —→ 接线柱9 —→ 吸拉线圈13 —→ 导电片7 —→ 主接线柱5 —→ 电动机 —→ 搭铁 —→ 蓄电池负极
　　　　　　　　　　　　　—→ 保持线圈 —————————————————→

起动机主电路为:

蓄电池正极→起动机主接线柱4→接触盘 10→起动机主接线柱 5→磁场绕组→绝缘电刷→电枢绕组→搭铁电刷→搭铁→蓄电池负极。

发生起动机不转动故障时,可按如下方法诊断:

(1)检查蓄电池的技术状况:用电压表测量蓄电池带负载前后端电压的变化情况,端电压变化越大,说明蓄电池内阻越大、亏电越严重。正常情况下,开大灯或按喇叭前后蓄电池端电压变化不大于 0.1~0.2V;如果开大灯或按喇叭前后蓄电池端电压变化大于 0.2V,说明蓄电池亏电。

（2）检查蓄电池极桩和起动机主电路导线连接是否正常：如果蓄电池技术状况良好，但是灯光比平时暗淡或喇叭声音小，说明蓄电池极桩或导线连接不良；或者将起动开关接通数秒后，检查蓄电池极桩、起动机主接线柱等连接处是否明显发热，连接处温度越高，说明此处电阻越大，接触越差。

（3）蓄电池技术状况和主电路连接正常后，起动机仍不转动，可以通过短接与蓄电池连接的起动机主接线柱和电磁开关接线柱判断起动机是否正常。短接后，如果起动机运转正常，说明起动机无故障，故障发生在起动机控制电路；反之，如果起动机不转动，表明起动机有故障。

（4）如果故障发生在起动机控制电路，可以先用万用表或试灯检查导线连接情况，然后通过短接的方法判断起动开关或起动继电器是否正常。如果起动开关或起动继电器短接后，起动机运转正常，说明起动开关或起动继电器有故障，如起动继电器线圈短路或断路、触点接触不良、闭合电压偏高等。如果闭合电压偏高，可以通过减小弹簧的预紧力调整，调整后使起动继电器触点由断开转为闭合时起动继电器线圈两端的电压，即闭合电压应在表3-4规定的范围内。

起动继电器触点闭合和断开电压 表3-4

	6V 系统	12V 系统	24V 系统
触点闭合电压（V）	3.5～4.5	6～7.6	14～16
触点断开电压（V）	1.5～2.5	3～5.5	4.5～8

（5）如果起动机有故障，应进一步分析故障发生在电磁开关或电动机，以便维修。接通起动电路或短接与蓄电池连接的起动机主接线柱和电磁开关接线柱后，如果电磁开关的铁心不动作，说明吸拉线圈或保持线圈有故障；如果电磁开关的铁心动作而起动机不转动，说明电磁开关线圈正常，起动机主开关接触不良或电动机有故障。可以用足够粗的导线直接将起动机两主接线柱短接，如果起动机运转，说明电磁开关有故障；如果起动机不运转，说明电动机有故障，如果短接处火花特别强，说明电动机有短路或搭铁故障；如果短接处火花较弱或无火花，说明电动机内部接触不良或断路。

二、起动机转动无力

1.现象

钥匙开关旋至起动档或起动按钮接通，起动机转动缓慢或不连续，使发动机无法起动。

2.常见原因

（1）蓄电池亏电或有故障；

（2）蓄电池极桩氧化或桩头、导线连接松动；

（3）电磁开关故障，如接触盘和主接线柱烧蚀等造成接触不良；

（4）直流电动机故障，如换向器脏污或烧蚀，电刷磨损严重、电枢绕组或磁场绕组部分短路等。

3.诊断方法

（1）检查蓄电池的技术状况是否良好。

（2）检查蓄电池极桩和起动机主电路导线连接是否正常。

（3）如果蓄电池技术状况和主电路连接正常，起动机转动无力，表明起动机有故障。接通起动开关并用足够粗的导线直接将起动机两主接线柱短接，如果起动机运转正常，说明主接线柱和接触盘接触不良；如果起动机仍然转动无力，说明电动机有故障。

三、起动机空转

1.现象

钥匙开关旋至起动档或起动按钮接通,起动机高速转动,但发动机转动缓慢或不转动。

2.常见原因

(1)单向离合器打滑;

(2)驱动齿轮或飞轮齿圈损坏;

(3)驱动齿轮、飞轮齿圈、电枢轴衬套磨损严重;

(4)拨叉与电磁开关或单向离合器脱开、拨叉折断等。

3.诊断方法

将曲轴转动一定角度后重新接通起动开关,若起动正常,说明飞轮齿圈少数轮齿损坏,需更换齿圈。若起动机仍然空转,应拆检起动机。

四、起动机驱动齿轮与飞轮有打齿(或撞击)现象

1.现象

钥匙开关旋至起动档或起动按钮接通,起动机驱动齿轮与飞轮经常有打齿(或撞击)现象。

2.常见原因

(1)蓄电池亏电或有故障;

(2)蓄电池极桩氧化或桩头、导线连接松动;

(3)保持线圈有故障;

(4)起动继电器断开电压偏高;

(5)驱动齿轮与限位环之间的间隙过大;

(6)驱动齿轮、飞轮齿圈、电枢轴衬套磨损严重;

(7)单向离合器缓冲弹簧太软或折断、拨叉脱出等。

3.诊断方法

诊断此类故障时,应首先辨别起动机驱动齿轮与飞轮之间的打齿是由于啮合不牢造成还是由于啮合时间不对引起。如果是啮合不牢造成的,起动时发动机转速较低或不连续,发动机不能起动,并发出间断或连续的轮齿撞击声;如果是啮合时间不对引起的,由于驱动齿轮进入啮合前已经高速转动,啮合时,便与飞轮齿圈发生撞击,发出连续的轮齿撞击声,驱动齿轮与飞轮啮合后,轮齿撞击声消失,起动机运转正常。

根据轮齿撞击声音是否连续,对啮合不牢造成的打齿故障应采取不同的诊断方法。如果轮齿撞击声音是连续的,说明打齿故障可能是由驱动齿轮、飞轮齿圈、电枢轴衬套磨损严重,或单向离合器缓冲弹簧折断、拨叉脱出等引起的;如果轮齿撞击声音是间断的,说明打齿故障是由蓄电池、线路连接、起动继电器、起动机等引起的,可按如下方法诊断:

(1)检查蓄电池的技术状况是否良好。

(2)检查蓄电池极桩和起动机主电路导线连接是否正常。

(3)若蓄电池技术状况和主电路连接正常,将起动继电器的"蓄电池"接线柱和"起动机"接线柱短接后,如果起动机运转正常,说明起动继电器断开电压偏高,需要调整,调整方法是适当调整起动继电器固定触点的高度,使起动继电器触点由闭合转为断开时起动继电器线圈两端的电压,即断开电压符合表3-4规定(注意:调整断开电压前,必须首先检调闭合电压,因为调

整闭合电压时,断开电压也会发生改变);如果仍然有打齿现象,说明起动机保持线圈有故障。

由于啮合时间不对引起的打齿故障,主要是由于驱动齿轮与限位环之间间隙过大或驱动齿轮、飞轮齿圈齿端磨损严重或单向离合器缓冲弹簧太软造成的,可按如下方法诊断:

首先将驱动齿轮与限位环之间间隙调到最小(图3-17中调节螺钉17旋到底),如果打齿现象消失,说明打齿故障是驱动齿轮与限位环之间间隙过大或驱动齿轮、飞轮齿圈齿端磨损严重引起的,以后再出现同样的打齿故障时,需更换驱动齿轮或飞轮齿圈;反之,说明打齿故障是单向离合器缓冲弹簧太软引起的,应更换单向离合器缓冲弹簧。

第八节　起动系统的使用

为了提高起动转速、延长起动机和蓄电池的使用寿命,在使用中应注意作好如下工作:

(1)尽量保持蓄电池处于充足电状态,并注意做好蓄电池的保温工作,提高蓄电池电动势,减小内电阻;

(2)起动线路连接要牢固、可靠,避免松动和氧化锈蚀等,减小接触电阻;

(3)起动线路导线长度、面积和材料要符合要求,减小导线电阻;

(4)起动机要定期维护,减小起动机内部电阻和摩擦阻力矩;

(5)起动前,尽量对发动机进行充分预热,降低润滑油粘度,加强润滑,对一些柴油机,还要利用其减压装置,尽可能地减小发动机的阻力矩。

(6)起动过程中,应关掉所有与起动无关的用电设备,并踩下离合器,以减小蓄电池的内部压降和发动机的阻力矩;

(7)发动机起动后,尽快断开起动开关,停止起动系统的工作,减少起动机不必要运转造成的磨损和电能消耗;

(8)起动机每次连续工作时间一般不超过5s,若起动转速较高时可以不超过10s,若重复起动,两次起动之间的间隔时间要在10s以上。

第九节　减速起动机

为了降低对蓄电池和起动系统主电路的要求、增大起动机的输出扭矩、改善起动性能,许多汽车采用了减速起动机。

一、减速起动机的主要特点

与传统起动机相比,减速起动机结构主要特点有:

(1)在传动系统中增加了减速装置,增大了起动机电枢轴和飞轮之间的传动比;

(2)采用小型高速低转矩的电动机,减小了起动机的体积和质量;

(3)电枢轴的长度缩短,不易弯曲;

(4)部分减速起动机没有拨叉。

因此,采用减速起动机具有如下优点:

(1)起动机单位质量的输出功率(比功率)增加,在同样输出功率条件下减速起动机的质量比传统起动机减小20%~35%,既减轻了重量、节省了材料,又减小了体积,便于安装和维护;

(2)提高了起动机的输出扭矩,有利于发动机起动;

(3)降低了起动机主电路电流,从而使蓄电池的容量可以适当减小,蓄电池和起动机、车身之间的连接电缆的电阻可以适当增大,电缆截面积减小,有利于节省材料、降低成本和减轻重量;同时,起动机性能对主电路接触电阻的敏感程度有所降低,有利于提高起动系统工作的可靠性;

(4)减轻了蓄电池的负荷,有利于提高蓄电池的使用寿命。

二、减速起动机的种类

根据减速机构结构不同,减速起动机可分为外啮合式、内啮合式和行星齿轮啮合式三种类型,如图 3-29 所示。

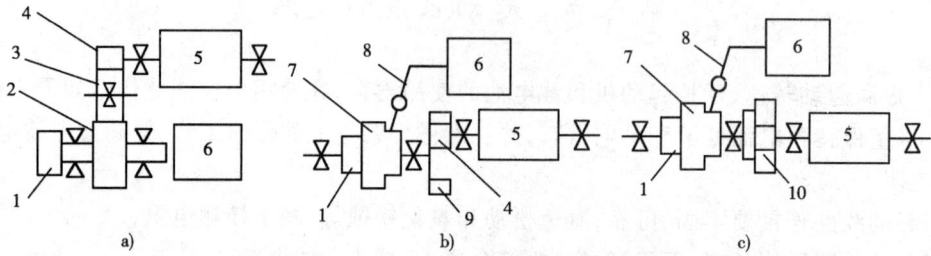

图 3-29 减速起动机的类型
a)外啮合式;b)内啮合式;c)行星齿轮啮合式
1-驱动齿轮;2-减速机构从动齿轮及单向离合器;3-惰轮;4-减速机构主动齿轮;5-电枢;6-电磁开关;7-单向离合器;8-拨叉;9-减速机构从动齿轮;10-行星齿轮减速机构

外啮合式减速起动机,其减速机构在电枢轴和起动机驱动齿轮之间利用惰轮作中间传动,且电磁开关铁心与驱动齿轮同轴心,直接推动驱动齿轮进入啮合,无需拨叉。因此,起动机的外形与普通的起动机有较大的差别。图 3-30 是丰田系列汽车用外啮合式减速起动机的分解图。但有些外啮合式减速机构中间不加惰轮,驱动齿轮必须通过拨叉拨动才能进行啮合,如图 3-31 所示。

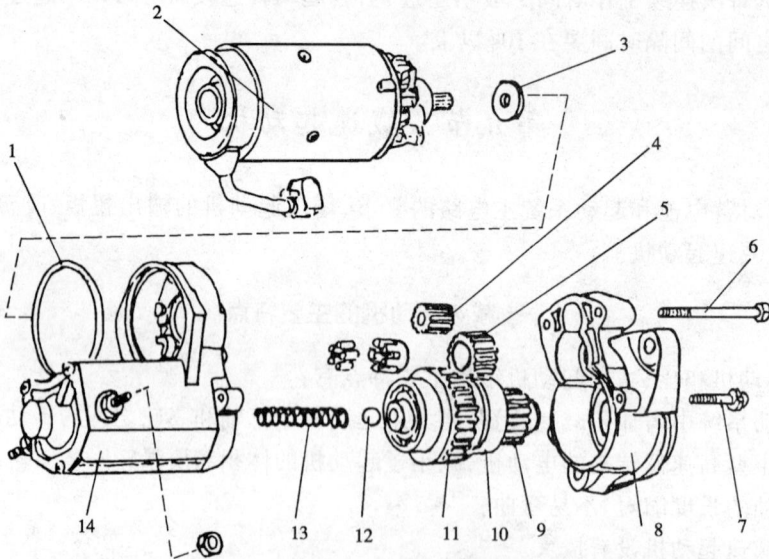

图 3-30 有惰轮外啮合式减速起动机
1-O 形橡胶圈;2-电动机;3-毡垫圈;4-主动齿轮;5-惰轮;6-拉紧螺栓;7-螺栓;8-后端盖;9-驱动齿轮;10-单向离合器;11-从动齿轮;12-钢球;13-回位弹簧;14-电磁开关

102

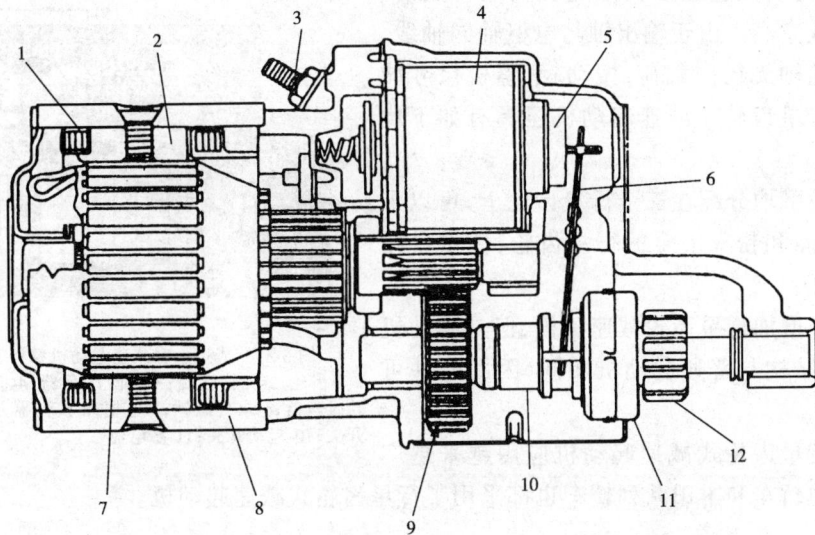

图 3-31 无惰轮外啮合式减速起动机

1-磁场绕组;2-磁极;3-主接线柱;4-电磁线圈;5-活动铁心;6-拨叉;7-电枢;8-外壳;9-减速齿轮;10-花键轴;11-单向离合器;12-驱动齿轮

外啮合式减速机构的传动中心距较大,因此受起动机结构的限制,其减速比不能太大,一般不大于5,多用在小功率的起动机上。

内啮合式减速起动机,其减速机构传动中心距小,可有较大的减速比,故适用于较大功率的起动机。但内啮合式减速机构噪声较大,驱动齿轮仍须拨叉拨动进行啮合,因此,起动机的外形与普通起动机相似。图 3-32 所示的是国产 QD254 型减速起动机原理图。

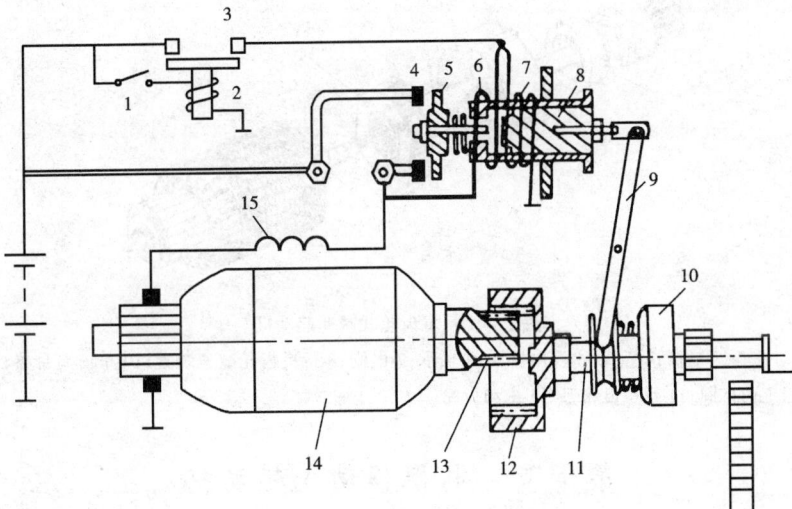

图 3-32 内啮合式减速起动机

1-起动开关;2、3-起动继电器线圈和触点;4-主接线柱;5-接触盘;6-吸拉线圈;7-保持线圈;8-活动铁心;9-拨叉;10-单向离合器;11-螺旋花键轴;12-内啮合减速齿轮;13-主动齿轮;14-电枢;15-磁场绕组

图 3-33 所示的是捷达轿车使用的行星齿轮式永磁减速起动机的内部结构和电气连接原理图。

图 3-34 所示的是行星齿轮式减速起动机的另一种结构。

行星齿轮式减速起动机减速机构结构紧凑、传动比大、效率高。由于输出轴与电枢轴同轴线、同旋向,电枢轴无径向载荷,振动轻,整机尺寸减小。另外,行星齿轮式减速起动机还具有如下优点:

(1)负载平均分配在三个行星齿轮上,可以采用塑料内齿圈和粉末冶金的行星齿轮,使重量减轻、噪声降低;

(2)尽管增加行星齿轮减速机构,但是起动机的轴向其他结构与普通起动机相同,因此配件可以通用。

图 3-33 捷达永磁减速起动机结构及原理图
1-小齿轮;2-飞轮齿圈;3-单向离合器;4-拨叉;5-行星齿轮减速器;6-永久磁铁;7-电枢;8-换向器及电刷;9-电磁开关;10-起动开关;11-蓄电池

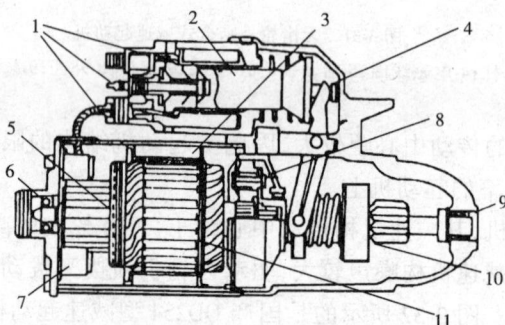

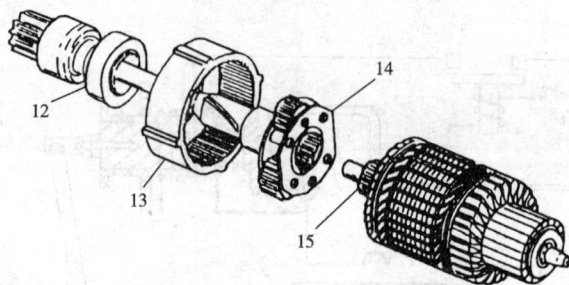

因此,行星齿轮式减速起动机应用越来越广泛,许多奥迪轿车和丰田系列轿车也都采用了行星齿轮式减速起动机。

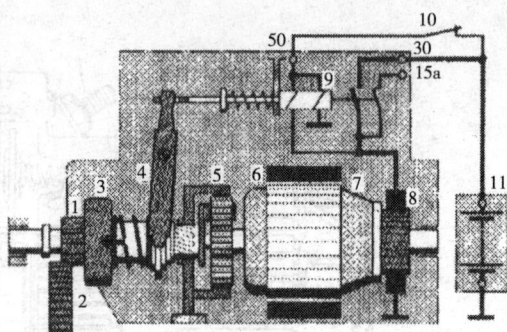

图 3-34 行星齿轮式减速起动机
1-接线柱;2-活动铁心;3-磁极;4-拨叉;5-换向器;6、9-轴承;7-电刷;8-行星齿轮减速装置;10-单向离合器;11-电枢;12-单向离合器;13-固定内齿圈;14-行星齿轮架;15-主动齿轮

第十节　电枢移动式起动机

电枢移动式起动机因通过移动整个电枢而使起动机驱动齿轮与飞轮齿圈啮合和分离而得名。

电枢移动式起动机结构如图3-35所示。电枢4在复位弹簧14的作用下与磁极错开一定距离,且换向器较长。起动机有三个磁场绕组,主磁场绕组由扁铜条绕制,串联辅助磁场绕组和并联辅助磁场绕组则用细导线绕制。单向离合器一般为摩擦片式。起动机壳体上装有电磁开关 7,其磁化线圈由起动开关控制,活动触点为一接触桥,其上端较长、下端较短,以使起动机电路分两个阶段接通。

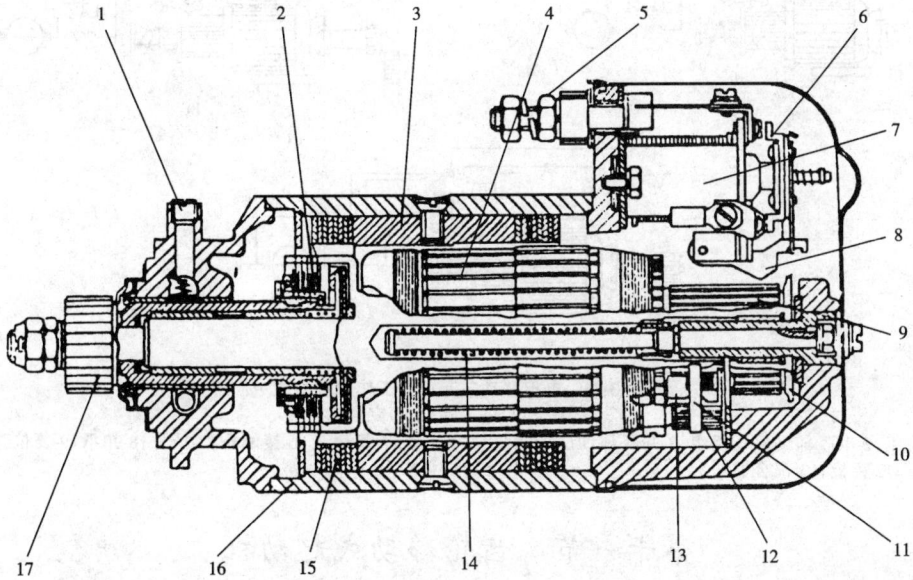

图 3-35　电枢移动式起动机

1-油塞;2-单向离合器;3-磁极;4-电枢;5-接线柱;6-接触桥;7-电磁开关;8-扣爪;9-换向器;10-圆盘;11-电刷弹簧;12-电刷;13-电刷架;14-复位弹簧;15-磁场绕组;16-机壳;17-驱动齿轮

电枢移动式起动机工作原理如图 3-36 所示。

起动机不工作时,电枢 11 在复位弹簧 9 的作用下与磁极错开,电磁铁开关的接触桥 6 处于打开位置(图 3-36a)。当接通起动开关 K 时,电磁铁产生吸力,吸引接触桥 6,但由于扣爪 8 顶住了挡片 7,接触桥仅能上端闭合(图 3-36b),接通了串联辅助磁场绕组 2 和并联辅助绕组 3 的电路。电路为:蓄电池正极、静触点 5、接触桥 6 的上端、并联辅助磁场绕组 3 和串联辅助磁场绕组 2 及电枢、搭铁、蓄电池负极。并联辅助磁场绕组和串联辅助磁场绕组产生的电磁力克服复位弹簧的弹力使电枢向左移动,直到电枢铁心与磁极对齐,起动机驱动齿轮啮入飞轮齿环。由于串联辅助磁场绕组的电阻大,此时流过电枢绕组的电流很小,起动机仅以较小的速度旋转,这样电枢低速旋转并向左移动,因此齿轮啮入柔和,这是第一阶段。电枢移动使小齿轮完全啮入后,固定在换向器端面的圆盘 10 顶起扣爪 8,使挡片 7 脱扣,于是接触桥 6 的下端闭合,接通主磁场绕组 1,起动机便以正常的工作转矩和转速驱动曲轴旋转,这是第二阶段。

在起动过程中,离合器 13 接合并传递扭矩,发动机起动后,离合器打滑,防止曲轴反拖起动机。这时起动机处于空载状态,转速增高,电枢中反电动势增大,因而串联辅助磁场绕组 2 中的电流减小。当电流小到磁极磁力不能克服复位弹簧的弹力时,在复位弹簧的作用下,电枢回到图 3-36b)所示位置,扣爪也回到锁止位置,为下次起动做好准备。直到断开起动开关后,电枢才移回到图 3-36a)所示位置,起动机才停止旋转。

可见,串联辅助磁场绕组主要在第一阶段工作,使齿轮啮合平顺、柔和。并联辅助磁场绕组则在两个阶段中均工作,既增大吸引电枢的磁力,又起着限制空载转速的作用。

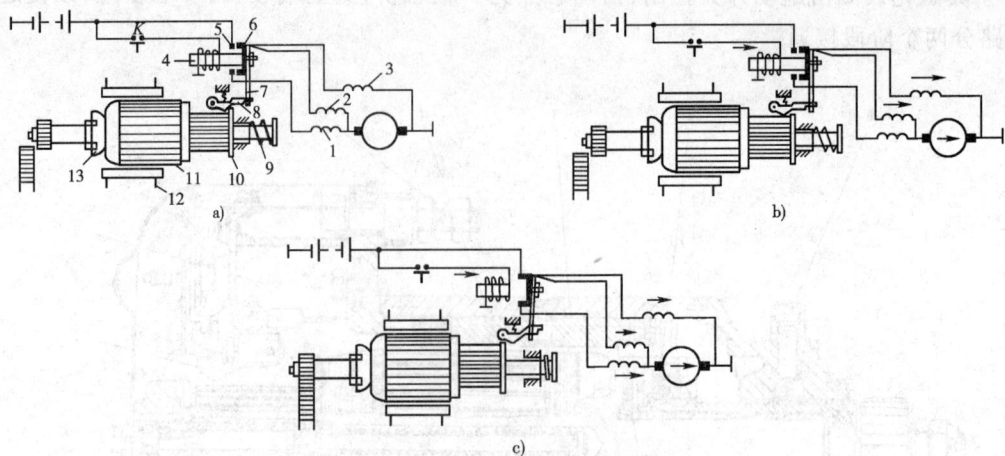

图 3-36 电枢移动式起动机工作原理简图
a)未啮合;b)进入啮合;c)完全啮合

1-主磁场绕组;2-串联辅助磁场绕组;3-并联辅助磁场绕组;4-电磁铁;5-静触点;6-接触桥;7-挡片;8-扣爪;9-复位弹簧;10-圆盘;11-电枢;12-磁极;13-离合器

第十一节 齿轮移动式起动机

它是在电枢移动式的基础上发展起来的。这种起动机因利用电磁开关推动安装在电枢轴孔内的啮合杆使驱动齿轮移动,实现与飞轮齿环啮合而得名。

图 3-37 是德国波许公司生产的 TB 型齿轮移动式起动机的结构图。

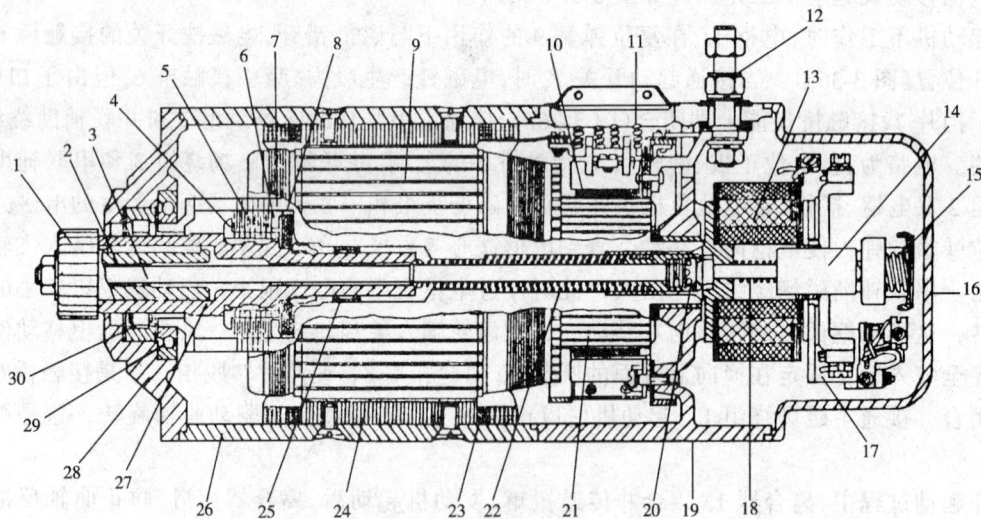

图 3-37 波许 TB 型齿轮移动式起动机

1-驱动齿轮;2-齿轮柄;3-啮合杆;4-内接合鼓;5-摩擦片;6-压环;7-外接合鼓;8-弹性圈;9-电枢;10-电刷;11-电刷架;12-接线柱;13-电磁开关;14-活动铁心;15-开关闭合弹簧;16-前端盖;17-控制继电器;18-开关切断弹簧;19-换向端盖;20-滚针轴承;21-换向器;22-复位弹簧;23-磁场绕组;24-磁极;25-滚针轴承;26-机壳;27-螺旋花键套筒;28-后端盖;29-球轴承;30-滚子轴承

空心的电枢轴内装有一个啮合杆 3。在啮合杆 3 上套有螺旋花键套筒 27,螺旋花键套筒的螺纹上套有摩擦片式单向离合器的内接合鼓 4。被动摩擦片的内凸齿嵌入内接合鼓的切槽中,主动摩擦片的外凸齿则嵌入外接合鼓 7 的切槽中,外接合鼓 7 与电枢轴固连在一起。起动机驱动齿轮柄 2 套在啮合杆上,还通过键与螺旋花键套筒 27 连接,并用螺母锁着以免从啮合杆上脱出。螺旋花键套筒 27 的一端支承在电枢轴内孔的滚针轴承 25 内,另一端支承在后端盖内滚子轴承 30 中,使其既能转动又能作轴向移动。电枢轴一端支承在换向端盖 19 内的滑动轴承中,另一端则通过摩擦片式单向离合器外接合鼓 7 上的盖板支承在后端盖 28 的球轴承 29 内。电磁开关 13 装在换向端盖 19 的右侧,其内绕有吸引线圈、保持线圈和阻尼线圈。电磁开关的活动铁心 14 与啮合杆 3 在同一轴线上。电磁开关的外侧又装有控制继电器和锁止装置。锁止装置由扣爪、挡片和释放杆组成。控制继电器的铁心上绕有磁化线圈,用来控制两对触点(常闭触点和常开触点)的开闭。

工作原理:为使驱动齿轮啮入柔和,起动机的接入也分两个阶段,其工作原理如图 3-38 所示。

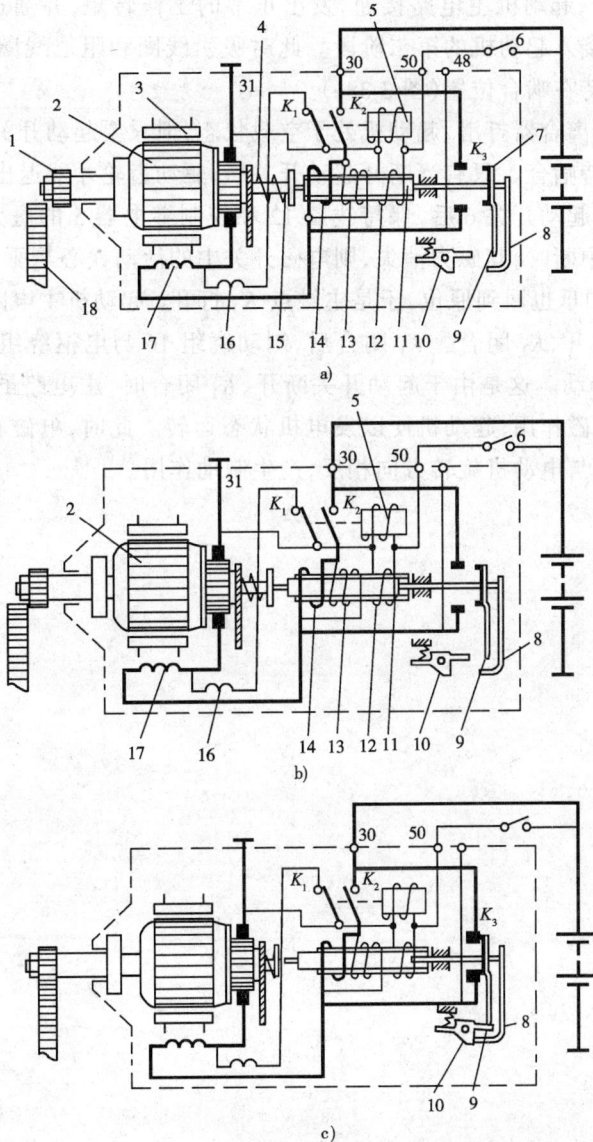

图 3-38 波许 TB 型齿轮移动式起动机工作原理
a)未啮合;b)进入啮合;c)完全啮合

1-驱动齿轮;2-电枢;3-磁极;4-复位弹簧;5-控制继电器;6-起动开关;7-接触盘;8-释放杆;9-挡片;10-扣爪;11-活动铁心;12-保持线圈;13-阻尼线圈;14-吸引线圈;15-啮合杆;16-制动绕组;17-磁场绕组;18-飞轮;K_1-常闭触点;K_2-常开触点;K_3-电磁开关主触点

接通起动开关6,蓄电池电流经接线柱"50"流经控制继电器5的磁力线圈和电磁开关的保持线圈12,于是K_1打开,切断了制动绕组16的电路;K_2闭合,接通了电磁开关中吸引线圈14和阻尼线圈13的电路。此时电路如下:蓄电池正极、接线柱"30"、K_2、吸引线圈14和阻尼线圈13、磁场绕组17、电枢2、接线柱"31"、搭铁、蓄电池负极。在保持线圈12、吸引线圈14和阻尼线圈13磁力的共同作用下,电磁开关中的活动铁心11向左移动,推动啮合杆15使起动机驱动齿轮向飞轮齿环移动。与此同时,由于吸引线圈14和阻尼线圈13与电枢串联,使流过电枢的电流很小,电枢缓慢转动,驱动齿轮低速旋转并向左移动,因此啮入柔和。这是接入起动机的第一阶段(图3-38b)。

当驱动齿轮与飞轮齿环完全啮合时,释放杆8立即将扣爪10顶开,使挡片9脱扣,于是电磁开关的主触点K_3闭合,起动机主电路接通,发出正常的工作转矩,并通过摩擦片式单向离合器起动发动机。这是接入起动机的第二阶段。此时吸引线圈和阻尼线圈被短路,驱动齿轮仅靠保持线圈的吸力保持在啮合位置(图3-38c)。

发动机起动后,单向离合器打滑,起动机处于空载状态,但只要起动开关6保持接通,则驱动齿轮与飞轮齿环仍保持啮合。只有当断开起动开关后,驱动齿轮才能退出,起动机才能停止转动。其过程如下:断开起动开关6后,保持线圈12和控制继电器5的磁力线圈的电路被切断。当保持线圈内电流中断时,其磁力消失,则电磁开关中的活动铁心与驱动齿轮均靠复位弹簧使其回到原始位置,扣爪也回到原位,于是主触点K_3打开,起动机主电路被切断。控制继电器电流中断时使K_2打开、K_1闭合。K_1闭合后,制动绕组16与电枢绕组并联,产生制动作用,使起动机迅速停止转动。这是由于起动开关断开、K_1闭合时,主电路虽已断开,但电枢依靠惯性继续转动,由于剩磁作用,起动机便以发电机状态运转。此时,电磁转矩方向因电枢内电流方向改变而改变,即与电动机旋转方向相反,产生制动作用。

第四章 点 火 系

第一节 概　　述

由于汽油自燃温度高,汽油发动机气缸内的可燃混合气难以靠压燃点燃,因此,汽油发动机广泛采用电火花点燃。为了在气缸内产生电火花,汽油发动机设置了专门的电气系统——点火系统,简称点火系。

一、点火系的作用

点火系的作用是在发动机各种工况和使用条件下,适时、可靠地产生足够强的电火花,以点燃气缸内的可燃混合气。

二、对点火系的基本要求

为了使发动机在各种工况和使用条件下可靠而准确地点火,点火系应满足以下三个基本要求:

1.能产生足以击穿火花塞电极间隙的电压

使火花塞电极之间的气体电离形成火花所必须的最低电压,称为火花塞的击穿电压。只有当加在火花塞两电极间的电压高于火花塞击穿电压时,火花塞才能击穿点火。在火花塞的火花能量和自净能力等满足要求的前提下,降低火花塞击穿电压对保证点火系可靠工作、降低成本具有重要意义。火花塞击穿电压影响因素很多,主要因素有:火花塞电极间隙大小、电极的形状、温度和特性,可燃混合气的压力、温度,以及发动机的工作情况等。

火花塞击穿电压随着火花塞间隙近似线性变化,火花塞间隙越大,气体电离所需的电场就越强,击穿电压越高。

实践证明,电极的形状越细、越尖,越容易击穿跳火,即击穿电压越低;电极的温度越高,击穿电压越低,当火花塞的电极温度高于可燃混合气的温度时,击穿电压约降低 30% ~ 50%,这是由于电极的温度越高,包围在电极周围的气体密度越小,容易发生碰撞电离的缘故;当火花塞中心电极是负极时,击穿电压可降低 20%。

火花塞击穿电压随着可燃混合气压力也近似线性变化,可燃混合气压力越高,密度越大,气体分子自由运动的距离就越短,越不易发生碰撞电离,击穿电压越高;可燃混合气的温度越高,气体分子动能越大,击穿电压越低。

发动机工况不同时,火花塞的击穿电压也不相同,随着发动机的转速、负荷、温度等变化而变化。起动时,由于气缸壁、活塞以及火花塞的电极处于冷态,吸入的混合气温度低,雾化不良,压缩终了时,气缸内温度升高不大,加之火花塞电极间可能积有机油或汽油,击穿电压最高;加速时,由于大量的冷空气突然进入气缸,使火花塞中心电极温度降低,因此击穿电压也较高,与起动时的击穿电压接近;在稳定工况下,中心电极温度较高,击穿电压较低。实验表明,当火花塞间隙为 0.5~1.0mm,压缩终了气体压力为 0.6~0.9MPa 时,发动机冷起动的火花塞击穿电压达到 7000~8000V。

为了保证可靠点火,点火系必须有一定的电压储备,使实际作用于火花塞两电极上的电压提高到 10000~15000V,保证在各种工况和使用条件下产生的次级电压最大值总是大于该工况下火花塞的击穿电压。随着对经济性和环保方面要求的提高,火花塞间隙已增大到 1.0~1.2 mm,最大次级电压也相应提高到 20000~25000V。但过高的次级电压又会给线路绝缘带来困难,使成本提高,所以,次级电压通常被限制在 30000V 以内。

2.电火花应具有足够的能量

要使可燃混合气可靠点燃,火花塞产生的电火花应具有足够的能量。发动机正常工作时,由于混合气压缩终了的温度已接近其自燃温度,因此所需火花能量很小,一般 5mJ 就可以;但在发动机起动、急加速及怠速时,则需要较高的点火能量。例如,起动时,由于混合气雾化不良,废气稀释严重,电极温度低,故所需的点火能量最高,一般不小于 100mJ。另外,为了提高发动机的经济性,当采用过量空气系数为 1.15~1.20 的稀混合气时,由于稀混合气难于点燃,也需增加火花的能量。

因此,为了保证可燃混合气可靠而顺利地点火,一般电火花能量应不低于 50mJ,且火花具有一定的持续时间(约 500μs),起动时电火花能量应大于 100mJ。

3.点火时间应适应发动机的工作情况

首先,点火系应按发动机的工作顺序进行点火。一般直列六缸发动机的点火顺序为 1-5-3-6-2-4 或 1-4-2-6-3-5;四缸发动机的点火顺序一般为 1-2-4-3 或 1-3-4-2;V 型八缸发动机的点火顺序为 1-8-4-3-6-5-7-2。

其次,必须是在最有利的时间点火。在发动机的气缸内,可燃混合气从开始点火到完全燃烧需要一定的时间(一般几毫秒),所以要使发动机产生最大功率,就不应在压缩行程上止点处点火,而应适当地提前一些。实验证明:如果点火时间适当,燃烧最大压力出现在压缩上止点后 10°~15°CA(曲轴转角),则发动机发出功率最大。因此,发动机应在最有利的时刻点火,点火时刻一般用点火提前角(即从火花塞跳火开始到活塞到达上止点为止的这段时间内曲轴转过的角度)来表示,能够使发动机产生最大功率且油耗较低时的点火提前角称为最佳点火提前角。

若点火提前角过小,即点火过迟,则混合气燃烧时,活塞已经下行,燃烧过程在容积较大的情况下进行,使气体最高压力降低,热损失增大,导致发动机发热,功率下降。同时,由于混合气燃烧不完全,致使排气管放炮,冒黑烟。若点火提前角过大,即点火过早,由于混合气在压缩行程中燃烧,使压缩终了气缸内压力急剧升高,使活塞上行受阻,功率降低,甚至有可能引起爆燃和运转不平稳,加速了运动件及轴承损坏。

不同发动机的最佳点火提前角各不相同,并且同一发动机在不同的工况和使用条件下,最佳点火提前角也不相同。最佳点火提前角主要影响因素有发动机的结构、使用条件、运行工况等。

发动机结构因素包括:压缩比和每个气缸火花塞数量。压缩比增大时,气缸压缩终了的压力和温度增高,混合气的燃烧速度加快。因此,随着压缩比的增高,最佳点火提前角可相应减小。在气缸内同时装有两个火花塞时,由于火焰传播距离较短,燃烧过程完成较快,因此所对应的点火提前角比用一个火花塞时减小。如两个火花塞对称布置在气门两侧,若工作温度相同时,则应同时发出火花;若位于燃烧室中温度不同的地点,由于火焰传播速度不同,则不能在同一时刻发出火花,位于排气门处的火花塞,由于残余废气相对较多,所以点火提前角比位于进气门处的火花塞稍大。

发动机的使用条件包括:汽油的辛烷值和大气温度、压力等。汽油的辛烷值是表示汽油抗爆性能的重要指标,汽油的辛烷值越大,其抗爆性能越好,即不发生爆震燃烧的最大点火提前角越大。由于发动机工作在轻微爆震状态时,其动力性、经济性及排放均好,但爆震较为强烈时,会导致发动机的功率下降、油耗增加、发动机过热等,对发动机极为有害,因此,随着汽油辛烷值的增大,最佳点火提前角可适当增加。大气温度越低,压缩终了可燃混合气温度越低,混合气雾化质量不好,导致燃烧速度变慢;大气压力越低,进气压力越小,导致混合气雾化和扰流变差使燃烧速度变慢,最佳点火提前角增大。因此,在高原地区和严寒地区应适当加大点火提前角。

发动机的运行工况主要包括:转速、负荷、可燃混合气成分等。发动机转速越高,在相同时间内,曲轴转过的角度越大,如果可燃混合气的燃烧速率不变,最佳点火提前角应线性增加;但转速升高时,由于混合气的压力与温度的提高以及扰流作用的增强,使燃烧速度随之加快,故最佳点火提前角虽然随发动机的转速升高而相应增大,但不是简单的线性关系。汽油发动机的负荷用节气门开度来表示,节气门开度越大,发动机负荷越大。在转速相等的情况下,发动机的最佳点火提前角应随负荷增加而减小。这是因为发动机的负荷越大,说明节气门开度越大,节流损失越小,吸入气缸内的混合气量越多,压缩终了时可燃混合气的压力及温度越高,同时雾化质量越好,所以,燃烧越快,最佳点火提前角减小。可燃混合气的成分(即可燃混合气的浓度)直接影响燃烧速率,过量空气系数在 0.8 ~ 0.9 范围内时,燃烧速率最快,最佳点火提前角最小。过稀或过浓的混合气,由于燃烧速率变慢,故必须相应增加点火提前角。另外,在发动机起动和怠速时,虽然混合气的燃烧速度较慢,但混合气的全部燃烧时间,只占较小的曲轴转角,如果点火时间过早,可能使曲轴反转。因此,要求点火提前角较小(一般为 5° ~ 6°)或点火不提前。

可见,为了使发动机在各种工况和使用条件下都具有良好的动力性、经济性等使用性能,点火系应能根据发动机的工况和使用条件自动调整点火提前角,使点火提前角尽量与最佳点火提前角接近。

三、点火系的分类

点火系统按电能的来源不同,可分为蓄电池点火、磁电机点火和压电晶体点火三大类。

蓄电池点火系:电能由蓄电池或发电机供给,利用点火线圈将蓄电池或发电机的低压电转变为高压电实现点火;磁电机点火系:与蓄电池点火系的区别在于,电能由磁电机提供,磁电机给点火线圈提供的电压比蓄电池或发电机电压高得多,并且点火线圈与断电器、配电器组合为一个整体;压电晶体点火系:高压电直接由压电晶体产生,没有点火线圈。由于蓄电池点火系综合性能好、工作可靠,因此在汽车上得到广泛应用。

目前,应用于汽车上的蓄电池点火系种类较多,按点火能量的存储方式不同,蓄电池点火系可分为电感放电式和电容放电式两类。电感放电式点火系将点火能量存储在点火线圈形成的磁场中,而电容放电式点火系则将点火能量存储在储能电容器的电场中;电感放电式点火系在点火线圈的初级线圈电路切断时产生高压电点火,而电容放电式点火系则是在储能电容器与点火线圈的初级线圈电路接通时产生高压电点火。

按照点火线圈初级线圈电路的控制方法不同,电感放电式蓄电池点火系分为:传统点火系和电子点火系两类。

（1）传统点火系，俗称蓄电池点火系，点火线圈初级电路的通断由触点（俗称"白金"）控制，而触点的开闭则由曲轴通过凸轮控制。由于传统点火系存在着"触点故障多、寿命短"、"点火能量低"、"对火花塞积炭和污损敏感"、"点火正时调节特性差"等固有的缺陷，难以适应现代汽车发动机的要求，所以应用越来越少。

（2）电子点火系，点火线圈初级电路的通断由大功率晶体管（俗称"无触点开关"或"电子开关"）控制，而大功率晶体管的导通和截止则由信号发生器等控制。目前在用和生产的绝大多数汽油车都采用电子点火系。

按照点火提前角和闭和角的调节和控制方法不同，电子点火系又分为普通电子点火系和微机控制点火系。

（1）普通电子点火系，点火提前角主要由专门的机械装置根据发动机转速和负荷进行调节，调节装置的原理、结构与传统点火系基本相同，调节性能不是很理想；闭和角则由专门电路根据发动机转速进行控制。

（2）微机控制点火系，没有机械的点火提前角调节装置，点火提前角由微机根据发动机转速、负荷、冷却水温度以及可燃混合气的燃烧情况等进行调节，调节性能比较理想；闭和角也由微机根据发动机转速、发电机电压高低等因素进行控制。

按照有无分电器来分，微机控制点火系又分为有分电器微机控制点火系和无分电器点火系。

（1）有分电器微机控制点火系，点火信号发生器安装在分电器内部，高压电的分配仍然由分电器来完成。

（2）无分电器点火系在保留了微机控制点火提前角和闭和角基础上，取消了分火头、配电器盖等高压机械配电装置，采用电子配电方式，实现了点火系控制的全电子化。

点火系的分类和层次关系如图4-1所示。

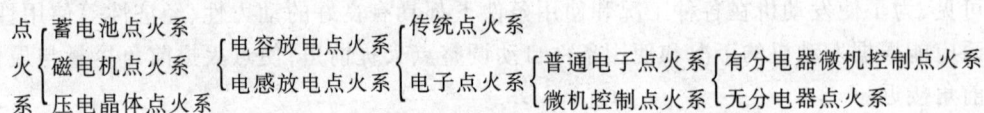

图4-1　点火系分类图

由于绝大多数汽车采用电感放电式蓄电池点火系，因此，本章将重点介绍各种电感放电式蓄电池点火系的组成、工作原理、元件结构、常见故障及使用检修等内容。

第二节　传统点火系

传统点火系自1910年首先在美国的卡迪拉克轿车上应用以来，已有近百年历史，目前许多汽油机仍然使用传统点火系。

一、组　成

传统点火系组成如图4-2所示。

（1）电源：包括蓄电池和发电机，标称电压多为12V，为点火系统提供电能。

（2）点火线圈：将电源的低压电转变为15~20kV的高压电，为火花塞提供工作电压。点火线圈是根据互感原理设计的，其结构与自耦变压器相似，在薄钢片叠成的铁心上绕有两个线圈,构成了初级线圈和次级线圈,又称初级绕组和次级绕组。

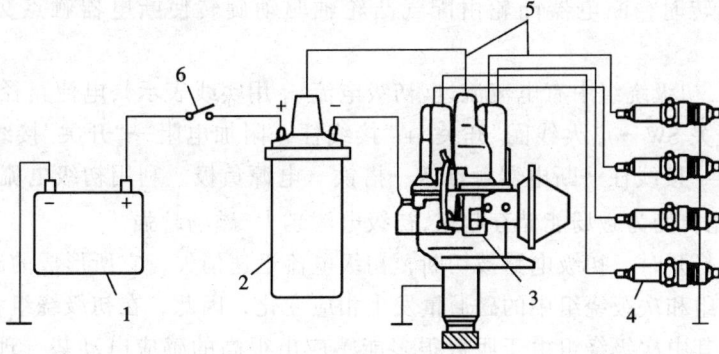

图 4-2　传统点火系的组成

1-电源;2-点火线圈;3-分电器;4-火花塞;5-高压线;6-点火开关

(3)分电器:包括断电器、配电器、电容器和点火提前机构。断电器由触点副和凸轮组成,用来接通和切断初级电路。当触点闭合时,初级电路接通,而当凸轮旋转顶开触点时,初级电路切断。配电器由分电器盖和分火头组成,分电器盖中央有中心高压线插孔,周边有与气缸数目相等的分缸高压线插孔和旁电极。分火头旋转时,其上的导电片轮流和各旁电极相对,将点火线圈产生的高压电按气缸的点火顺序依次送往各缸火花塞。断电器凸轮和分火头装在同一轴上,由发动机配气凸轮轴上的斜齿轮驱动,转速为曲轴转速的 1/2。电容器与断电器触点并联,用来减小触点分开时的火花,延长触点的使用寿命,提高次级电压。

(4)火花塞:产生电火花,以便点燃气缸内的可燃混合气。

(5)高压线:将点火线圈的次级线圈、分电器、火花塞连接起来,构成高压回路。

(6)点火开关:用来控制点火线圈初级电路,使发动机工作或熄火。

二、工 作 原 理

1.火花塞电火花的产生

传统点火系的工作原理如图 4-3 所示。

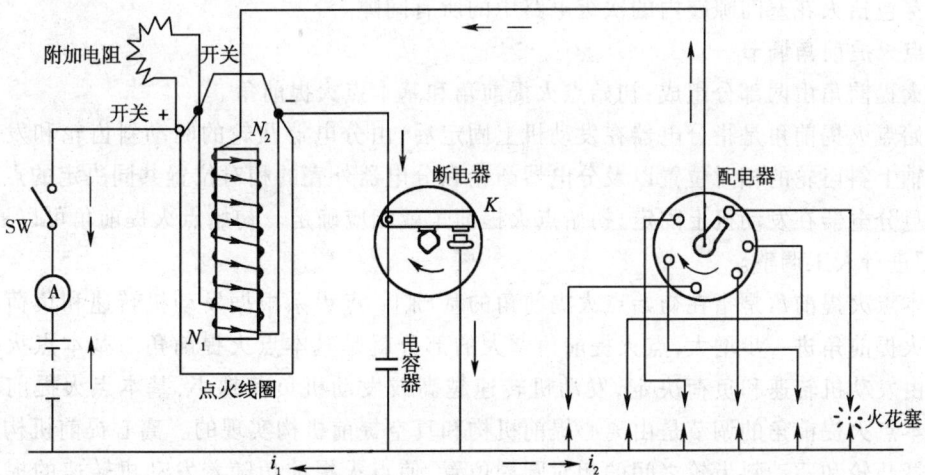

图 4-3　传统点火系的工作原理

接通点火开关 SW 后，初级绕组 N_1 的电路通断完全由断电器触点 K 控制。发动机曲轴在外力作用下旋转时，断电器凸轮由配气凸轮轴驱动旋转使断电器触点交替地闭合和打开。

触点闭合时，初级绕组中有电流流过（初级电流 i_1 用实线表示），电流路径为：电源正极→电流表→点火开关 SW→点火线圈"开关 +"接线柱→附加电阻→"开关"接线柱→初级绕组 N_1→点火线圈"–"接线柱→断电器触点 K→搭铁→电源负极。利用初级电流，在点火线圈中形成磁场，将电能转变为磁场能储存起来，初级电流越大，磁场越强。

凸轮将触点打开时，初级电路被切断，初级电流迅速消失，它所形成的磁场也随之迅速消失，使初级绕组和次级绕组中的磁通量发生相应变化，因此，在初级绕组和次级绕组中都感应出电动势。其中次级绕组由于匝数很多能感应出很高的感应电动势（理论上可达 15～20kV），此时，分电器中的分火头正好与某一侧电极对准，使高压电动势经高压线、分火头、火花塞等构成回路。当次级线圈的感应电动势足够高，使火花塞的电极间隙击穿，形成电火花，点燃气缸内的可燃混合气而使发动机正常工作。次级电流 i_2（用虚线表示）的回路为：次级绕组 N_2→"开关"接线柱→附加电阻→"开关 +"接线柱→点火开关 SW→电流表→蓄电池→搭铁→火花塞侧电极→中心电极→分缸高压线→配电器（旁电极、分火头）→中央高压线→次级绕组 N_2。

分电器轴每转一圈，各缸火花塞按点火顺序轮流跳火一次。由此可知，在点火系统中有两个电路：初级电流流经的电路称为低压电路，次级电流流经的电路称为高压电路。点火线圈为高压电路的电源。发动机工作时，上述过程周而复始的重复着，若要停止发动机的工作，只要断开点火开关，切断初级电路即可。

可见，电感放电式点火系火花塞形成电火花，必须具备以下三个条件：

(1)初级线圈通电并且有足够的通电时间，使初级电流达到一定值，在点火线圈中形成能量足够的磁场；

(2)初级线圈断电，使点火线圈中的磁场有较高的变化率，在次级线圈中感应出足够高的电动势；

(3)火花塞、高压线、分火头、分电器盖和次级电路连接等正常，使次级线圈的感应电动势足以击穿包括火花塞间隙在内的次级电路中的所有间隙。

2.点火提前角调节

点火提前角由两部分组成：初始点火提前角和基本点火提前角。

初始点火提前角是指分电器在发动机上固定后，由分电器凸轮的驱动斜齿轮和发动机配气凸轮轴上斜齿轮的相对位置以及分电器凸轮和分电器外壳的相对位置共同决定的点火提前角。一旦分电器在发动机上固定，初始点火提前角就相应确定。初始点火提前角可以通过"点火正时"进行人工调整。

基本点火提前角是指在初始点火提前角的基础上，点火系根据发动机转速和负荷大小自动使点火提前角进一步增大，点火提前角增大的部分就是基本点火提前角。基本点火提前角的大小由发动机转速和负荷决定，发动机转速越高或发动机负荷越小，基本点火提前角就越大。基本点火提前角的调节是由离心提前机构和真空提前机构实现的。离心提前机构通过改变分电器凸轮和驱动斜齿轮之间的相对圆周位置，使点火提前角随着发动机转速的提高而增大；真空提前机构通过改变分电器凸轮和触点之间的相对圆周位置，使点火提前角随着发动机负荷的增大而减小。

三、主要元件结构

1.点火线圈

按照磁路是否封闭,点火线圈分为开磁路点火线圈和闭磁路点火线圈两类。

(1)开磁路点火线圈

开磁路点火线圈的结构如图 4-4 示。点火线圈上端装有胶木盖,盖中央突出的部分是高压线插座,其他的接线柱为低压接线柱。根据低压接线柱的数目不同,点火线圈有两接线柱式和三接线柱式之分,其内部结构分别如图 4-4b)所示。

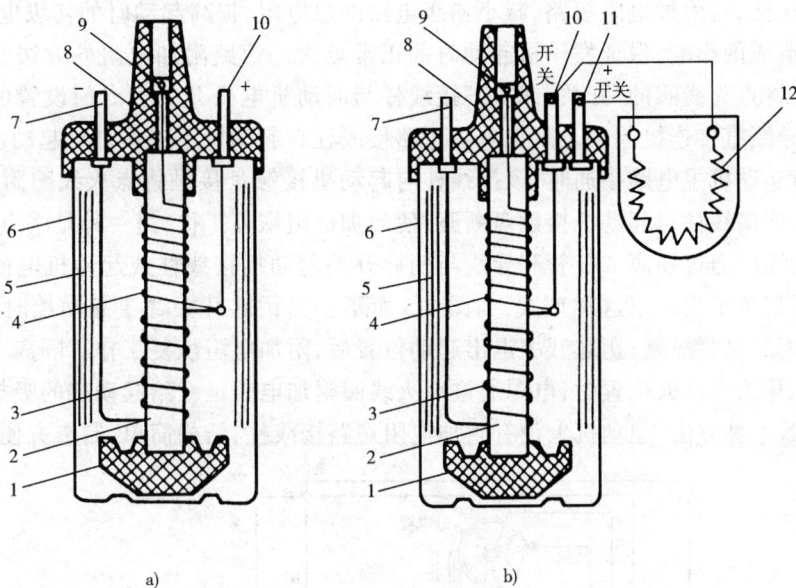

图 4-4　开磁路点火线圈

a)两接线柱式;b)三接线柱式

1-瓷杯;2-铁心;3-初级绕组;4-次级绕组;5-钢片;6-外壳;7-"－"接线柱;8-胶木盖;9-高压线插座;10-"＋"或"开关"

接线柱;11-"开关＋"接线柱;12-附加电阻

为了减小涡流和磁滞损失,铁心 2 由硅钢片叠成,包在硬纸板套内。套外绕有次级绕组 4,它用直径为 0.06～0.10mm 的漆包线绕 11000～26000 匝,次级绕组的层与层之间均用绝缘纸隔开,最外层包有数层绝缘纸,次级绕组电阻一般为 6～8kΩ。初级绕组 3 绕在次级绕组的外面,有利于散热。初级绕组用直径为 0.55～1.0mm 的漆包线绕 230～380 匝,电阻一般为 1～2Ω(有附加电阻时)或 3～4Ω(无附加电阻时)。绕组绕制好后,应在真空中浸绝缘漆或浸以百蜡和松香的混合物,以增加绝缘和减小振动。绕组绕制的方向应满足在初级电路断开时,次级绕组产生的高压电,正电位加在火花塞的侧电极上,负电位加在火花塞的中心电极上,以便降低火花塞击穿电压。初级绕组与金属外壳 6 之间装有导磁用的钢片 5,用来加强磁通。外壳内的底部有瓷杯1,以防高压电击穿次级绕组的绝缘层向铁心和外壳放电。为加强绝缘和防止潮气进入,在外壳内填满沥青或矿物绝缘油(如变压器油),其中油浸式点火线圈的散热效果较好。

两接线柱式点火线圈的低压接线柱上分别标有"＋"、"－"标记。三接线柱式的点火线圈与两接线柱式的主要区别是外壳上装有一个附加电阻,为了便于附加电阻的固定和连接,又增加了一个低压接线柱11。附加电阻就接在标有"开关"和"开关 +"的两个接线柱10和11上。

附加电阻可由低碳钢丝等制成，具有受热时电阻迅速增大、冷却时电阻迅速减小的特性。它与初级线圈串联，用来改善点火系的工作性能，维持发动机低速时点火线圈不过热，高速时火花塞不断火。当发动机低速工作时，断电器触点闭合时间长，初级电流较大，附加电阻温度较高，使电阻值增大，因而限制了初级电流，不使点火线圈过热。当发动机高速工作时，触点闭合时间短，初级电流减小，附加电阻温度降低，电阻值减小，使初级电流降低较少，保证发动机在高速时点火系统仍能产生足够高的次级电压，使火花塞跳火。

另外，附加电阻还改善了起动点火特性。在起动时，点火线圈上标有"开关"的接线柱直接与电源正极连接，将附加电阻短路，减小初级电路的总电阻，提高起动时的初级电流，弥补蓄电池电压降低造成的影响，保证发动机起动时的正常点火。短路附加电阻的方法常见的有两种方法：一种是将点火线圈的"开关"或" +"接线柱与起动机电磁开关上专门设置的附加电阻短路接线柱用导线直接连接起来。附加电阻短路接线柱在起动机不工作时与起动机的电路没有连接关系，当起动机主电路接通时，该接线柱与起动机接触盘接触将点火线圈附加电阻短路，起动结束后，该接线柱与起动机接触盘断开，使附加电阻恢复工作；另一种是将点火线圈的"开关"或" +"接线柱通过隔离二极管和导线与钥匙开关起动档接线柱或起动机电磁开关接线柱连接起来，夏利轿车就采用这种型式，如图4-5所示。当钥匙开关置于起动档时，点火线圈附加电阻被隔离二极管短路；钥匙开关退出起动位置后，附加电阻恢复工作。隔离二极管的作用是：防止钥匙开关在点火位置时，电源通过点火线圈附加电阻继续给起动机的吸拉线圈和保持线圈供电。后一种方法，起动机上没有附加电阻短路接线柱，结构简单，制造方便。

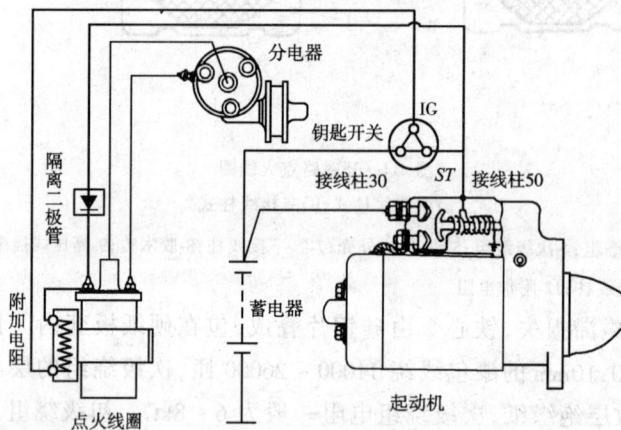

图 4-5　夏利轿车起动和点火系统

两接线柱式的点火线圈本身不带附加电阻，其"－"接线柱接至分电器触点，而"＋"接线柱上有两根导线。其中一根导线接至起动机电磁开关的附加电阻短路接线柱(或起动开关)；另一根接至点火开关，并具有一定的电阻和与附加电阻相同的温度特性，相当于三接线柱式点火线圈的附加电阻。

开磁路点火线圈，当铁心被磁化时，磁路的上、下部分是从空气中通过的，漏磁较多，能量损失较大，能量变换效率仅为60%左右。

(2)闭磁路点火线圈

近年来，在越来越多的汽车特别是采用电子点火系的汽车，广泛采用了闭磁路点火线圈，图4-6所示为一种常见结构，在"日"字形铁心内绕有初级绕组，在初级绕组外面绕有次级绕组,磁路如图 4-7 所示。由图可见,"日"字形的铁心使磁力线构成闭合磁路(为了减小磁滞现象,"日"字形铁心常设一很微小的间隙),因而漏磁少,能量损失小,能量转变效率较高,约为75%。

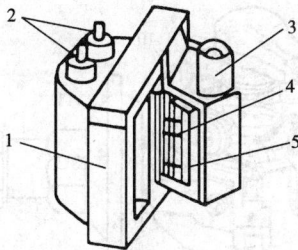

图 4-6　闭磁路点火线圈　　　　　　图 4-7　闭磁路式点火线目的磁路
1-铁心;2-低压接线柱;3-高压线插座;4-初级绕组;5-次级绕组　　1-铁心;2-磁力线;3-次级绕组;4-初级绕组;5-空气隙

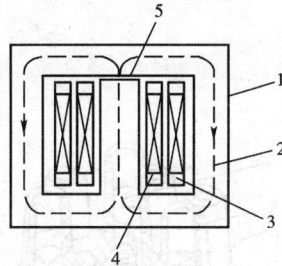

　　另外,闭磁路点火线圈采用热固性树脂作为绝缘填充物,外壳以热熔性塑料注塑成型,其绝缘性、密封性均优于开磁路点火线圈,并且体积小,可以直接装在分电器壳上,有利于减小对无线电的干扰、提高点火能量。

2.分电器

　　分电器由断电器、配电器、电容器和点火提前机构和壳体等组成,结构如图 4-8 所示。分电器的壳体 10 由铸铁制成,下部压有石墨青铜衬套。分电器通过联结轴 1 由发动机配气凸轮轴上的斜齿轮驱动,轴在衬套内旋转,用油杯 12 储存的润滑油润滑。

　　(1)断电器

　　断电器是指分电器中用来控制初级电路通断的那部分结构,主要包括凸轮、触点副及底板等。

　　固定板 19 固定在外壳 10 上,固定板上装有活动底板 17,活动底板上装有由钨制成的触点副,包括活动触点和固定触点。固定触点及支架 15 固定在活动底板上搭铁,可借助转动偏心调整螺钉 16 调整触点间隙。活动触点固定在活动触点臂 14 的一端,活动触点臂的另一端有孔,套在活动底板上带有绝缘套的销钉上,并用卡簧固定,活动触点臂中部连有绝缘的夹布胶木顶块,凸轮 4 通过该顶块将活动触点顶开,当凸轮离开顶块时,触点在弹簧片 21 的作用下闭合,活动触点臂经弹簧片和导线与壳体外面的绝缘接线柱 13 连接。凸轮的凸角数与发动机的气缸数相等,凸轮经离心提前机构的重块由分电器轴驱动旋转。凸轮每转动一圈,将触点顶开与凸角数相等的次数,使各缸点火一次。

　　(2)配电器

　　配电器是指分电器中用来将点火线圈产生的高压电依次分配到各个气缸的那部分结构,主要包括分火头、分电器盖等。

　　配电器安装在断电器上方,分火头 5 插装在凸轮的顶端,通过一个定位平面,凸轮带动分火头一起旋转,实现高压电的分配。分火头上平面镶有铜质导电片,导电片尾部适当做的宽一些,以保证点火提前角改变时,能顺利地传递高压电。分电器盖的中间是中央高压线插座 9,用来插点火线圈来的中央高压线;四周是与发动机数目相等的接火花塞的分缸高压线插座 8,座内金属导体用黄铜制成。中央高压线插座下端装有带弹簧的炭柱 7,装配后压在分火头的导电片上,中央高压线通过炭柱 7 将高压电传给分火头。分缸高压线插座内的金属导体通至分电器盖内形成旁电极,分火头旋转时,导电片在距离旁电极 0.5～0.7mm 处越过。当断电器触点打开时,分火头导电片正对准分电器盖上的一个旁电极,高压电自导电片跳至其相对的旁电极,再经分缸高压线送至火花塞。分火头导电片与旁电极之间0.5～0.7mm的间隙,在电路中仅增大不到10%的电阻,对点火效果影响不大,而且对消除火花塞积炭有一定的作用。

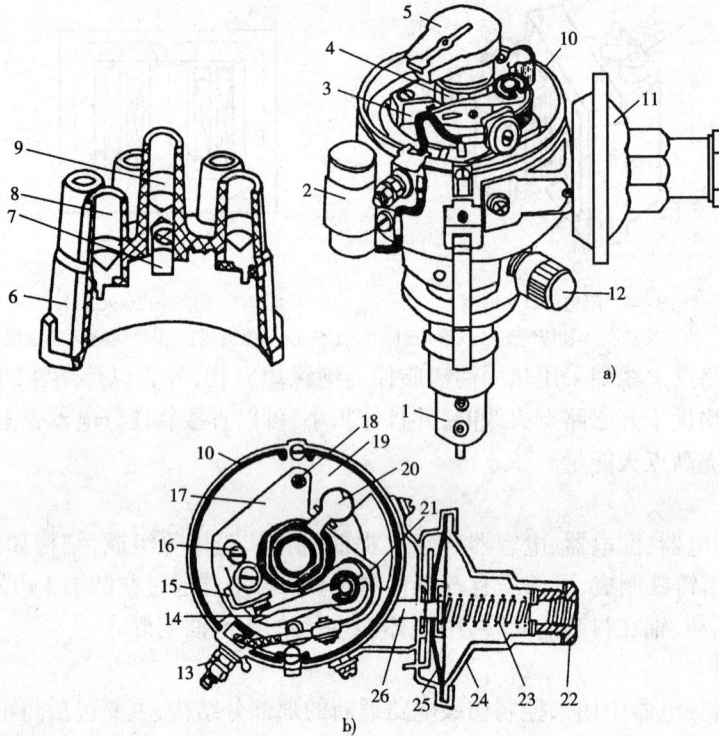

图4-8　传统点火系分电器
a)整体结构;b)内部结构

1-联接轴;2-电容器;3-触点及底板总成;4-凸轮;5-分火头;6-分电器盖;7-炭柱;8-分缸高压线插座;9-中央高压线插座;10-壳体;11-真空提前机构;12-油杯;13-低压接线柱;14-活动触点臂;15-固定触点及支架;16-偏心调整螺钉;17-活动底板;18-活动底板销轴;19-固定板;20-油毡及夹圈;21-弹簧片;22-螺母;23-弹簧;24-真空提前机构外壳;25-膜片;26-拉杆

(3)电容器

电容器装在分电器的壳体上(或分电器内部),与断电器触点并联,其结构如图4-9所示。它由两条铝箔或锡箔组成,在两条箔带之间夹以绝缘蜡纸;或将金属直接喷镀在绝缘纸上,然后卷成筒状在真空中抽去层间的空气,再经浸蜡处理后装在金属外壳中。其中一条箔带与外壳接触,另一条通过与外壳绝缘的导电片由导线引出。

电容器容量一般为0.15～0.35μF,容量过大,将使次级电压最大值降低;容量过小,使触点火花严重,触点容易烧蚀,次级电压也降低。工作时,电容器要承受触点打开时初级绕组产生的200～300V的自感电动势,因此要求其耐压为500V。

(4)点火提前角调节机构

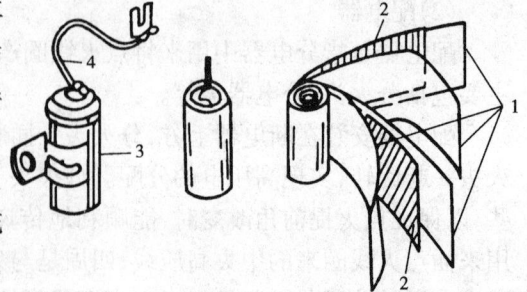

图4-9　电容器
1-蜡纸;2-铝箔;3-外壳;4-引出线

118

点火提前角调节机构包括自动调节机构和辛烷选择器,自动调节机构是指分电器中用来根据发动机转速高低和负荷大小自动调节点火提前角的那部分结构,包括离心提前机构和真空提前机构。

①离心提前机构

离心提前机构通常装在断电器下面,其结构如图4-10所示。在分电器轴4上固定有托板7,两个重块5分别套在托板的柱销9上,重块另一端由弹簧6拉住。凸轮2和拨板3为一体,空套在分电器轴的上端,和分电器轴之间可以有相对转动。拨板3通过两个矩形孔套在两个离心重块5的销钉8上。当分电器轴旋转时,带着重块转动,通过重块上的销钉便带动拨板和凸轮一同旋转,使断电器触点不断闭合和被凸轮顶开。

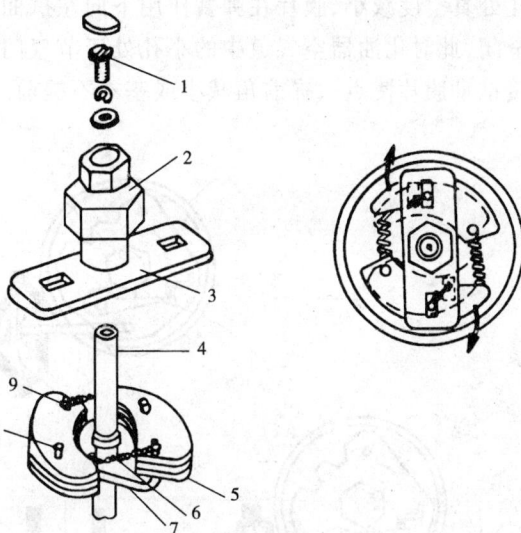

图4-10 离心提前机构

1-固定螺钉及垫圈;2-凸轮;3-拨板;4-分电器轴;5-重块;6-弹簧;7-托板;8-销钉;9-柱销

发动机转速增高时,分电器轴旋转速度相应提高,在离心力的作用下重块克服弹簧拉力向外甩开,重块和销钉的运动轨迹如图4-13中粗实线箭头所示,这样就推动拨板3及凸轮2沿分电器轴的旋转方向相对于分电器轴向前转过一个角度,使凸轮提前顶开触点,点火提前角增大。转速降低时,弹簧将重块拉回,使提前角自动减小。

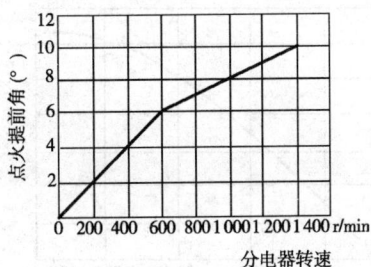

图4-11 离心提前机构的工作特性

为了使离心提前机构的工作特性既能较好的符合发动机工作需要,结构又不太复杂,两个重块的弹簧由不同粗细的钢丝绕成,它们的刚度不同。安装后,细弹簧有一定的预紧力,而粗弹簧有一定的松动量。所以低速范围内只有细弹簧起作用,点火提前角随转速提高增大较快。而在中、高速范围内,由于两根弹簧同时工作,因而点火提前角的增大比较平缓,使之更符合发动机的实际工作要求。当转速升高至使销钉8移到拨板孔的最外边缘时,点火提前角不再随转速的增高而增大。离心提前机构的工作特性如图4-11所示。

②真空提前机构

真空提前机构装在分电器壳体的外侧,其内部结构如图4-8b)所示。壳内固定有膜片25,把壳内空腔分成两部分,左面气室通大气,右面气室密封,内装一弹簧23顶住膜片,该气室通过真空连接管与化油器空气道中靠近节气门的小孔相通。拉杆26一端伸入气室与膜片相连,另一端可拉动断电器活动底板17,使其绕活动板轴销18转动,转动的最大角度由固定板上对应孔的长度确定。真空提前机构的工作原理如图4-12所示。

当发动机负荷很小时,节气门开度小(图4-12a),小孔处的真空度较大,吸动膜片向右拱曲,压缩弹簧,拉杆10拉动活动底板带着断电器的触点副逆分电器轴旋转的方向转动一定角度,使触点提前开启,点火提前角增大;当发动机负荷加大,节气门开度增大时,(图4-12b),小

119

孔处真空度减小,膜片在弹簧作用下向左拱曲,使点火提前角自动减小。怠速时,节气门接近全闭,此时化油器空气道中的小孔处于节气门上方(图 4-12c),该处的真空度几乎为零,于是弹簧推动膜片使点火提前角减小或基本不提前。

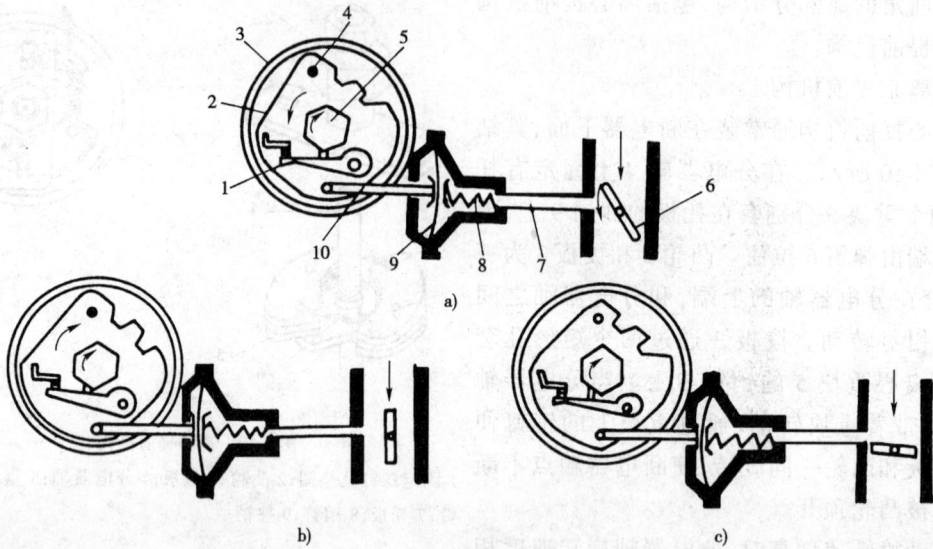

图 4-12 真空提前机构的工作原理图

a)节气门开度小;b)节气门开度大;c)节气门在怠速位置

1-断电器触点副;2-活动底板;3-分电器壳体;4-活动底板轴销;5-凸轮;6-节气门;7-真空连接管;8-弹簧;9-膜片;10-拉杆

有些分电器的真空调节机构不是拉动断电器活动底板,而是拉动分电器外壳,结构稍有不同,但效果是一样的。

真空提前机构的工作特性如图 4-13 所示。真空提前机构其作用的时刻和特性可以通过改变膜片弹簧的预紧力和刚度进行调整。

③辛烷选择器

辛烷值选择器是根据燃油的品质不同,即辛烷值不同,而由人工改变点火提前角的装置,也称人工调节器。辛烷值选择器的构造随分电器的型式不同而

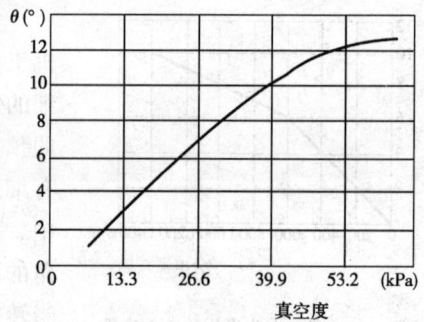

图 4-13 真空提前机构的工作特性

异,但基本原理是一样的,都是装在分电器下部的壳体上,用来转动分电器的壳体带动触点转动,使触点与凸轮作相对圆周移动,进而改变点火提前角。当换用不同品质的汽油,需要改变点火提前角时,通常是先将分电器总成的固定螺钉松开,根据汽油辛烷值的高低,把分电器壳体逆着或顺着凸轮转动方向转过适当角度。逆着凸轮旋转方向转动壳体时,凸轮提早顶开触点,点火提前角增大;反之,则点火提前角减小。在转动壳体时,为了做到心中有数,有的辛烷值选择器上标有刻度,从刻度板上可看出壳体转过的度数,调好后,再将固定螺钉紧固。

3.火花塞

(1)火花塞的构造

120

火花塞的结构如图 4-14 所示。在钢质壳体 5 的内部固定有高氧化铝陶瓷绝缘体 2,在绝缘体中心孔的上部有金属杆 3,金属杆的上端旋有接线螺母 1 用来接高压导线;绝缘体中心孔的下部装有中心电极 10。金属杆 3 与中心电极 10 之间用导电玻璃 6 密封,铜制内垫圈 4、8 起密封和导热作用。壳体 5 的上部制成便于拆装的六方形,下部是螺纹以便旋装在发动机气缸盖内,壳体下端固定有弯曲的侧电极 9。火花塞安装时,与气缸盖的接触处有铜包石棉垫圈 7 以保证密封。

中心电极一般采用含少量铬、锰、硅的镍基合金制成,其中以镍锰合金应用最多。中心电极的材料具有良好的耐高温、耐腐蚀性能。为了提高耐热性能,也有采用镍包铜电极材料的。

火花塞电极间隙要调整合适,若间隙过大,击穿电压增高,容易造成发动机高速断火或起动困难,并且会加重点火线圈的负担,使之老化,寿命缩短;若间隙过小,击穿电压降低,火花减弱,不能可靠点火。传统点火系一般要求电极间隙为 $0.6 \sim 0.8$mm,采用电子点火时,间隙可增大至 $1.0 \sim 1.2$mm。电极间隙的调整可扳动侧电极来实现。

(2)火花塞的热特性

要使火花塞在发动机内工作良好,必须使火花塞裙部保持一定温度。实践证明,火花塞绝缘体裙部温度保持在 $500 \sim 600$℃时,既能保证落在绝缘体上的油滴能立即烧去,不会形成积炭,同时火花塞又不会引起炽热点火,这个温度称为火花塞的自净温度。火花塞绝缘体裙部温度低于自净温度时,火花塞容易产生积炭而漏电,导致点火不良;高于自净温度时,则容易引起炽热点火,导致早燃、甚至引起爆燃,使发动机的性能下降。

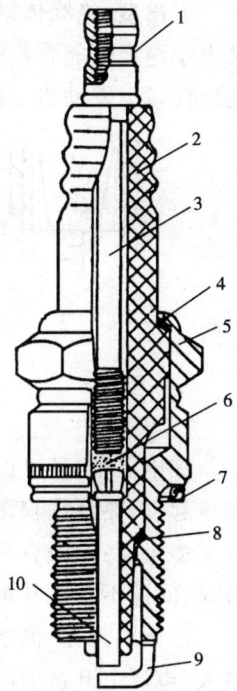

图 4-14 火花塞的构造
1-接线螺母;2-绝缘体;3-金属杆;4、8-内垫圈;5-壳体;6-导电玻璃;7-多层密封垫圈;9-侧电极;10-中心电极

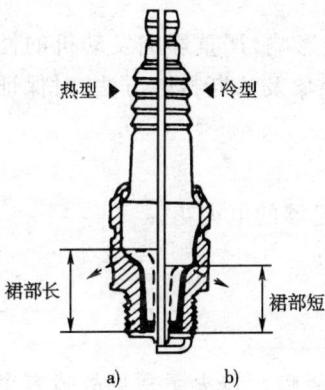

图 4-15 热特性不同的火花塞对比
a)热型;b)冷型

火花塞的热特性主要决定于绝缘体裙部的长度。气缸内,火花塞周围温度分布情况相同的条件下,绝缘体裙部长的火花塞,其受热面积大,而传热距离长,散热困难,裙部的温度高,称为"热型"火花塞;裙部短的火花塞,吸热面积小,传热距离短,散热容易,裙部温度低,称为"冷型"火花塞。冷、热型火花塞的结构差异见图 4-15。热型火花塞用于低压缩比、低转速、小功率的发动机;冷型火花塞用于高压缩比、高转速大功率的发动机。

火花塞热特性的标定方法有多种,我国是以火花塞绝缘体裙部的长度来标定的,并分别用热值(1~11 的自然数)来表示,1、2、3 为低热值火花塞;4、5、6 为中热值火花塞;7 及以上者为高热值火花塞。热值小的为热型火花塞,热值大的为冷型火花塞。不同型式的发动机可选用不同热值的火花塞。火花塞的热值选得是否合适,其判断方法是:如火花塞经常由于积炭而导致断火,表示它太冷,应改用热值较小的火花塞;如发生炽热点火,则表示太热,应改用热值较大的火花塞。

(3)常用类型的火花塞介绍

常用火花塞的结构如图 4-16 所示。

标准型:绝缘体裙部略缩入壳体端面,侧电极全遮盖中心电极,是使用最广泛的一种。

突出型:绝缘体裙部较长,突出于壳体端面之外,它具有吸收热量大,抗污能力好的优点。又由于绝缘体能直接受到进气的冷却而降低温度,因而不易引起炽热点火,热适应范围较宽,在现代轿车发动机上广泛采用。

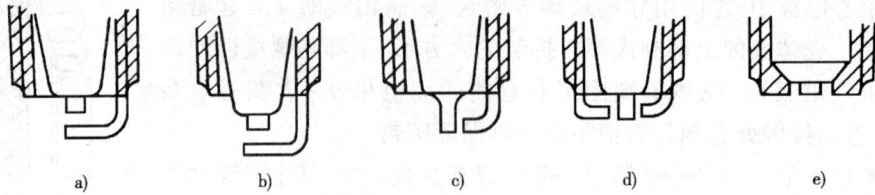

图 4-16　常用火花塞电极结构
a)标准型;b)突出型;c)细电极型;d)多极型;e)沿面跳火型

细电极型:其电极很细,特点是火花强烈,点火性能好,在严寒季节也能保证发动机迅速可靠地起动,热范围较宽,能满足多种用途。

多极型:一般有两个以上的侧电极,增加了电极间相对面积,可减少电极烧蚀。并且点火可靠,间隙不需经常调整,适用于电极容易烧蚀和火花塞间隙不能经常调节的发动机上。

沿面跳火型:侧电极为环状,中心电极位于侧电极中心,是一种冷型火花塞,必须与点火能量大、电压上升快的电容放电式电子点火系配合使用。在有污染积炭的情况下也能正常点火。它的缺点是可燃气体不易接近电极,并由于点火能量增大,中心电极容易烧蚀。

另外,为了抑制点火系统对无线电的干扰,生产了屏蔽型和电阻型火花塞。屏蔽型火花塞是利用金属壳体把整个火花塞密封起来,其屏蔽壳体与高压导线的屏蔽套连接在一起。这种火花塞不仅可以抑制无线电干扰,还可用于防水、防爆的场合。电阻型火花塞是在火花塞的内部装一个 $5 \sim 10k\Omega$ 的电阻,对点火系统产生的高频信号起阻尼作用,以抑制对无线电的干扰。

四、常见故障诊断

点火系工作的好坏,对发动机各个工况的运转情况都有直接影响,严重影响发动机的性能。因此,明确点火系正常工作的特征、了解点火系常见故障的现象及诊断排除方法,对保证发动机正常工作非常重要。

点火系工作正常时,具有如下 4 个特征:

在发动机各种工况和使用条件下,各缸火花塞都能形成能量足够的电火花;

点火次序与发动机各缸配气顺序一致;

在发动机各种工况和使用条件下,点火提前角都比较适当;

点火开关关断后,发动机迅速熄火。

如果点火系工作情况与上述特征不完全相符,表明点火系有故障。点火系常见故障有个别或所有火花塞不跳火或火花能量不足、点火次序与发动机各缸配气顺序不一致、点火不正时和火花塞炽热点火等,将会导致发动机在起动系、燃料供给系等其他系统正常情况下发动不着或起动后工作不正常等。

1.发动机发动不着

(1)现象

起动时不着火,或起动过程中着火,但点火开关自动返回点火档则立即熄火。

(2)常见原因

①低压电路故障,如:点火线圈初级绕组断路、附加电阻断路、导线断路、分电器触点不能闭合等造成初级电路断路;导线搭铁、分电器触点搭铁、电容器击穿等造成低压电路搭铁;分电器触点间隙太小或接触不良、电容器漏电等造成初级电流变化率低等。

②高压电路故障,如:点火线圈次级绕组断路、高压线断路或脱落、火花塞间隙过大等造成次级电压不能击穿火花塞间隙;点火线圈老化、火花塞积炭、污损或间隙太小等造成火花塞火花太弱;

③点火次序与发动机配气顺序不一致或点火正时不当等。

(3)诊断方法

①如果起动过程中着火,但点火开关自动返回点火档则立即熄火,表明点火开关与点火线圈初级绕组之间出现断路故障,如点火线圈附加电阻断路、点火开关和附加电阻之间的导线断路或点火开关点火档故障等,可用万用表或直流试灯进一步检查。

②如果起动时不着火。应先根据中央高压线的跳火情况判断故障在高压电路还是低压电路或点火线圈。方法是打开发动机罩,拔出分电器中央高压线,使其距离气缸体 4~6mm,接通点火开关,转动曲轴,察看中央高压线和缸体之间的跳火情况:

火花很强(火花呈蓝白色,并且同时伴随清脆的"啪"、"啪"地跳火声音),表示低压电路和点火线圈良好,故障在配电器、高压线和火花塞高压电路中,需要进一步检查。

无火花,表明低压电路有搭铁、断路故障或点火线圈、中央高压线有故障,需要进一步检查。

火花不强,表明点火线圈老化或分电器有故障,如触点间隙太小或接触不良或电容器漏电等。可将分电器上低压接线柱的导线与电容器引线均拆下后并在一起,通过接触壳体搭铁,然后迅速拉开,观察拉开瞬间中央高压线对机体跳火情况和拉开部位有无火花。若中央高压线能对机体跳火且较强,说明断电器触点烧蚀;若中央高压线跳火微弱且拉开部位火花强,说明电容器断路;若中央高压线跳火微弱且拉开部位并无火花,说明点火线圈故障或电容器漏电。也可先检调触点间隙,再根据需要检查电容器或点火线圈。

③高压电路的检查

确认高压电路有故障后,可从火花塞上端拔下高压线,使其距离气缸体 4~6mm,进行分缸高压线跳火试验(注意:因为曲轴每转动两圈各缸火花塞才分别跳火一次,所以进行分缸高压线跳火试验时,曲轴应至少转动两圈以上)。

若有火花并且火花较强,说明分电器盖、分火头、该缸高压线正常,需检查火花塞的工作情况或检调点火正时。

若无火花或火花很弱(火花呈淡黄色、很细,并且跳火声音非常微弱)应检查分火头及分电器盖是否漏电或高压线断路等。

④低压电路和点火线圈的检查

确认低压电路有搭铁、断路或点火线圈、中央高压线有故障后,如果电路中有电流表,可根据断电器触点反复开、闭时电流表的示值进一步判断。

若电流表指示放电约 5~10A(不同车辆的指示略有差异)并间歇摆动,则低压电路和点火线圈初级绕组良好,故障发生在点火线圈次级绕组或中央高压线。

若电流表指示 5A 以下并不摆动,表明低压电路有断路故障。可用万用表或直流试灯进行检查。也可利用蓄电池的电能,沿低压电路逐点接铁试火,找出断路部位。例如,将点火线圈"开关 +"接线柱接铁试火,有火说明断路部位在该点之后,无火说明断路部位在该点之前,注意检查时应将断电器触点打开。

若电流表指示放电 5A 以上不摆动,表明低压电路中有搭铁故障。如果电流表指示放电不超过 10A,说明点火线圈"–"接线柱至分电器的一段线路中有搭铁故障或电容器击穿,首先检查导线连接和触点,然后根据需要检查电容器;如果电流表指示放电 10A 以上,说明点火开关至点火线圈"开关 +"接线柱或起动机短路附加电阻的接线柱和点火线圈"开关"接线柱之间有搭铁现象。搭铁部位可沿低压电路逐点拆除连接线进行检查。例如,将点火线圈"–"接线柱上的连接线拆下,电流表指示放电减小,说明搭铁部位在该点之后;若电流表指示没有变化,说明搭铁部位在该点之前。

2.发动机工作不正常

(1)现象

发动机起动困难、怠速不稳或低速运转不平稳或加速无力或排气管中排出黑烟并放炮等。

(2)常见原因

①分缸高压线漏电、断路或脱落、分电器盖漏电、凸轮磨损不均匀、火花塞工作不良或不工作等造成个别缸或几个缸火花塞缺火或火花弱,使个别缸或几个缸不能工作或工作不良;

②分缸高压线次序插错造成点火次序和发动机配气顺序不一致使发动机多个气缸不能工作;

③初始点火提前角不当导致点火不正时,发动机不能正常工作。

(3)诊断方法

诊断发动机工作不正常故障时,关键是根据发动机不同工况下的运行情况,确定发动机工作不正常是个别缸或几个缸不能正常工作引起的还是多个气缸不能工作或点火不正时引起的。

①如果发动机怠速稳定、低速运转平稳,但是行驶无力、发动机过热、加速发闷、急加速或大负荷时往往伴随排气管放炮等,表明发动机点火时间太晚,应将分电器壳体逆着分电器旋转方向转过一定角度,适当增大点火提前角。

②如果发动机起动(特别是摇转曲轴起动)时,经常出现曲轴反转、起动后怠速不稳定、加速有力但是伴有清脆的金属敲击声(爆震燃烧引起的)、加速后敲击声不消失并且大负荷时更加明显,表明发动机点火时间太早,如果是触点间隙过大造成的,应首先调整触点间隙;如果间隙正常,应将分电器壳体顺着分电器旋转方向转过一定角度,适当减小点火提前角。

③如果发动机怠速不稳或低速运转不平稳并且功率降低、排气管中排出黑烟并放炮等,表明发动机至少有一个缸不工作。

首先顺着分电器的旋转方向检查分缸高压线的次序是否和发动机各缸的配气顺序一致。

如果分缸高压线次序正常,可以采用单缸断火法进一步找出不工作的气缸。单缸断火法是在发动机运转过程中,将某一气缸的分缸高压线人为断路或搭铁,使该缸火花塞断火,进而根据火花塞断火前后发动机的转速下降多少,判断该缸工作是否正常的一种方法,发动机的转速下降越多,说明被测缸工作越好。实际应用中,可用起子将火花塞接柱逐个搭铁(或逐个拆除分缸高压线),听察发动机转速变化加以判断。若将某火花塞接柱搭铁(或拆除高压线)后,发动机运转无变化,即转速几乎没有下降,表明该气缸不工作;反之如果发动机转速明显下降或运转不稳定,则表明该气缸工作良好。对于气缸数较多的发动机,采用单缸断火法效果不明显时,可以采用多个气缸同时人工断火的方法进行检查。采用单缸断火法时,发动机转速越低、正常工作的气缸数越少,检查的准确性越高。当发动机温度不高时,根据火花塞的温度也可以判断哪个气缸缺火,不工作的气缸的火花塞温度低。

不工作的气缸确定后,应进一步确定故障原因。取下缺火缸火花塞上的分缸高压线,使线端距离气缸体 3～5mm,进行跳火检查:无火,说明分缸高压线、分电器盖有故障或凸轮磨损不均匀;有火,再将线端距火花塞接线柱 3～4mm,在发动机工作时,该间隙中如有连续火花且发动机运转随之好转,表明火花塞积炭严重;如发动机运转无变化,可将该缸的火花塞与工作良好的气缸的火花塞对调,对调后,如果该缸工作恢复正常,表明该缸原来的火花塞有故障,应更换;否则,说明该缸密封不良或配气机构和供油系统有故障。

④如果发动机怠速不稳或低速运转不平稳并且功率降低,但是排气管无放炮现象,表明发动机部分气缸工作不良。采用单缸断火法确定出工作不良的气缸后,再参照上述诊断方法进一步确定故障原因即可。

⑤如果发动机低、中速时工作良好,而高速时工作不平稳,排气管放炮并有断火现象,应检查触点间隙是否过大,触点臂弹簧弹力是否过弱,火花塞间隙是否过大等。

3.发动机不能熄火

(1)现象

点火开关旋至断开位置后,发动机不熄火或不能立即熄火。

(2)常见原因

①点火开关损坏等导致点火开关无法切断点火线圈初级电路;

②火花塞热值偏小或点火提前角偏大,使火花塞中心电极温度偏高等引起部分气缸炽热点火。

(3)诊断方法

如果点火开关旋至断开位置后,发动机虽然不熄火,但是运转状况变化了,例如,运转不稳定,则说明故障是由于发动机部分气缸炽热点火引起的,应检查点火正时和火花塞是否符合要求,必要时换较大热值的火花塞;否则,如果运转状况没有变化,说明点火开关损坏等导致点火开关无法切断点火线圈初级电路,点火开关可用万用表或换件对比的方法检查。

五、主要零部件检修

1.分电器检修

(1)分电器的常见故障

①断电器触点氧化、烧蚀。当电容器失效或电容量太小时,由于触点之间产生火花,会使触点氧化、烧蚀,导致接触不良、电阻增大而使初级电流减小,次级电压降低。

②断电器触点间隙过大或过小。若间隙过大,则触点闭合时间缩短,断开时的初级电流减小,次级电压降低,容易导致发动机高速断火;若间隙过小,触点闭合时间增加,初级电流增大,但由于触点分离不彻底,触点间易产生火花,也会使次级电压降低,在发动机低速运转时更明显。

③断电器触点臂弹簧弹力不足,使触点臂在发动机高速时被"甩开",触点不能及时闭合,因而初级电流减小,次级电压降低,容易导致发动机高速断火。

④断电器凸轮磨损不均匀或分电器轴松旷,使各个气缸点火时刻不准,甚至导致部分气缸火花塞不跳火。

⑤分电器盖或分火头裂损、受潮或绝缘击穿,引起发动机"断火"、"错火"或根本不能发动。

⑥离心提前机构弹簧张力不足,使发动机在低、中速时点火提前角过大;真空提前机构膜

片破损,使发动机在中小负荷时不能增大点火提前角。

⑦电容器绝缘击穿(导致短路或漏电)、容量减小和内部引出线断路等。电容器击穿,将使初级电流切断速度下降甚至无法切断,导致点火性能变坏甚至不能点火。

(2)分电器的检修

①检查断电器触点接触情况:将触点分开察看接触面是否有油污、烧蚀、凸凹不平及触点间能否全面接触。如有油污,可用抹布稍沾些汽油将其擦净;如有轻微烧蚀,可用细砂纸或专用砂条磨净;如烧蚀严重,表面凸凹不平时,应拆下触点在细油石上加少许机油磨平擦净。修磨后的触点(钨)单片厚度不得小于0.5mm,否则应更换触点总成。修复好的触点中心线应重合,偏差不得超过0.2mm,触点之间要全面接触,否则应用尖嘴钳校正。

②检查触点间隙:将凸轮转至使触点张开到最大位置后,用厚薄规检查,方法如图4-17所示。若不符合规定,可旋松固定螺钉1,拧转偏心螺钉2进行调整。

③检查触点臂弹簧的张力:在触点闭合状态时,用弹簧秤钩住活动触点臂的活动端进行检查,方法如图4-18所示。当触点刚刚分开时,弹簧秤上的读数应符合规定值,一般为4.9~6.9N,若弹簧张力不符合要求,应更换。

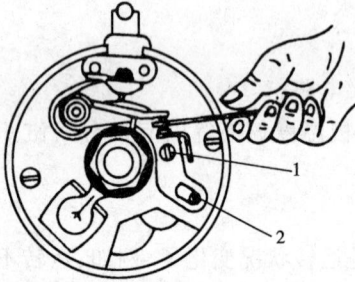

图4-17　检查触点间隙
1-固定螺钉;2-偏心螺钉

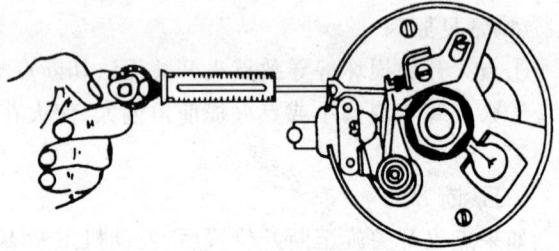

图4-18　检查触点臂弹簧张力

④检查分电器轴与衬套之间的间隙。分电器轴与衬套的正常配合间隙为0.02~0.04mm,最大不得超过0.07mm。否则需更换衬套。

⑤检查分火头和分电器盖是否漏电:可在原车上利用点火线圈的高压电进行跳火试验,将分电器盖拆下,使中央高压线距离分火头上的导电片4~6mm,摇转曲轴,若有明显的火花跳过,说明分火头已击穿;若分电器盖有裂损应更换。

⑥检查电容器的绝缘性能和容量:可以将电容器拆下,进行单独检查;也可以在发动机上与标准电容器进行对比检查。

单独检查时,首先检查电容器的绝缘性能,有氖灯法和试灯法两种。氖灯法:按图4-19接线,用200~300V的直流电和氖灯进行检查。首先将闸刀开关掷到左面,向电容器充电;然后将闸刀开关掷到右面,使电容器放电。若电容器充电和放电的瞬间,氖灯都发生短时间的闪光,则表明电容器良好。若闸刀开关掷到左面充电时,氖灯不亮,表明电容器断路;若氖灯每隔1~2s闪亮一次,表示电容器漏电;若氖灯一直是亮的,表明电容器短路。试灯法:检查时用15W的灯泡作试灯,接至220V的交流电源上,按图4-20a)所示的方法测试,若试灯亮,表示电容器短路;若试灯不亮,切断电源,按图4-20b)所示的方法使电容

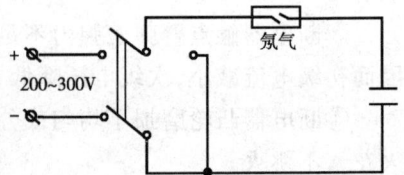

图4-19　氖灯法检查电容器

126

器引线移近外壳约 0.5 ~ 1mm,若不跳火,说明电容器断路,若有强烈的火花跳过,证明电容器良好。

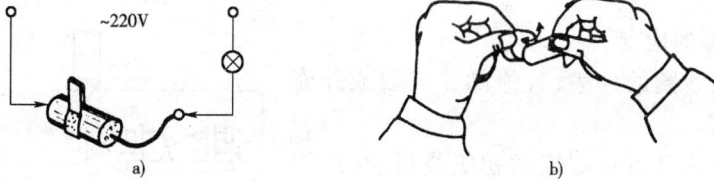

图 4-20　试灯法检查电容器

如果电容器的绝缘性能良好,可以进一步测量电容器的容量,测量电路如图 4-21 所示。由于电容器的容量 C 和电流 I、交流电源的频率 f 和电压 U 有如下关系:

$$C = \frac{I \cdot 10^6}{2\pi f U} \qquad (\mu F) \qquad (4-1)$$

式中:I——电流值(A);

　　　f——交流电源频率(Hz);

　　　U——交流电源电压(V)。

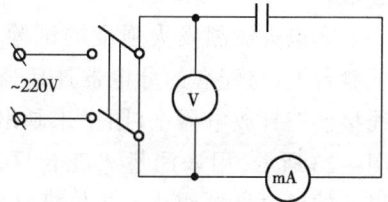

图 4-21　测量电容器容量的线路图

因此,在交流电源频率和电压一定的情况下,电流表(毫安表)的读数与电容器的电容量成正比,电容器的电容量就可以通过电流表(毫安表)显示出来。

注意:绝缘性能不良的电容器,不能进行电容量检测,以免损坏容量表(电流表)。

⑦检查离心提前机构的弹簧拉长规定长度(一般为 4mm)时的拉力是否符合要求。真空提前机构的膜片要密封良好,不得破损、泄漏。

分电器装配时,在分电器油杯内填满黄油,并将油杯盖上拧紧数圈,在凸轮油毡上滴入数滴机油,注意不要过多,以免甩到触点间,造成触点接触不良。

(3)分电器的检验

分电器检验的目的,是检查凸轮间隔角度即分火角度以及点火提前机构的工作特性。试验可在汽车、拖拉机电气设备万能试验台上进行,也可在专用的分电器试验台上进行,见图 4-22。

①分火角度检验:将点火线圈的高压电接到旋转放电指针 1 上,分电器的转速调到 50 ~ 100r/min,观察旋转放电指针与刻度盘之间出现的火花在刻度盘上的间隔角度是否均匀。以任意一缸为准,其余各缸在刻度盘上火花间隔角度误差一般应不大于 ±1.5°,火花晃动量应不大于 1°,否则说明分电器轴松旷弯曲或凸轮磨损不均匀,需要进行修理。

②离心提前机构试验:先将转速调节到最低转速(50 ~ 100r/min),再转动刻度盘使刻度盘上的零点对准一个火花。然后提高转速,随着转速的提高,火花逐渐偏离刻度盘的零点,偏离的角度就是对应转速下的提前角。观察不同规定转速下提前角是否符合要求。若不符合,可以扳动弹簧支架,校正弹簧拉力或更换弹簧进行调整。

③真空提前机构试验:首先将分电器转速稳定在规定转速,使离心提前机构提前角度保持不变,并转动刻度盘使刻度盘上的零点对准一个火花。然后通过真空泵产生和调整作用于真空提前机构的真空度,观察在规定的真空度下点火提前角是否符合要求。若不符合,可增减真空提前机构接头处的垫片,以改变膜片弹簧的张力更换弹簧进行调整。

2.点火线圈的故障与检查

(1)点火线圈的主要故障有:初级绕组或次级绕组断路、短路或搭铁,绝缘盖破裂漏电,附加电阻烧断。

(2)点火线圈的检查

①观察点火线圈的外表,若绝缘盖破裂或外壳碰裂,应予更换。

②用万用表测量点火线圈的初级绕组、次级绕组以及附加电阻的电阻值,应符合要求,否则说明有故障。

③点火线圈发火强度的试验:在图4-22所示的试验台上,与配套的分电器连接,将点火线圈的高压线接到三针放电器上(图中未画出)。三针放电器如图4-23所示,用来测量火花长度,它由主电极 A、C 以及辅助电极 B 组成。主电极 A 搭铁,C 接高压线,辅助电极 B 则不与其他线路相接,它和主电极 C 之间有 0.05~0.1mm 的间隙。增加辅助电极的目的,是促使电极间隙中的气体电离,使击穿电压稳定。移动主电极 A 可调整主电极 A、C 间的距离,即火花间隙。我国过去采用的三针放电器为垂直形,即辅助电极与主电极 C 垂直(图4-23a),在这种三针放电器中,击穿 1mm 的间隙所需电压为 1.5kV。在国际标准中,规定使用的三针放电器为65°形,即辅助电极与主电极 C 之间成 65°(图4-23b)角,击穿 5.5mm 的间隙,相当于 12kV 的电压。

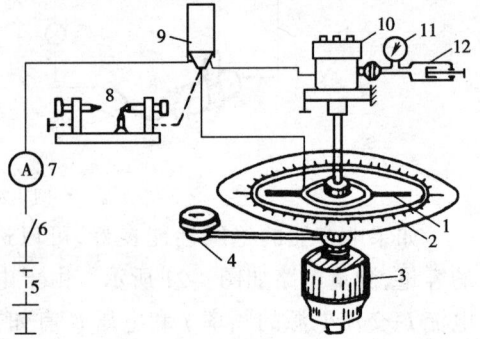

图4-22 分电器试验台

1-旋转放电指针;2-刻度盘;3-调速电动机;4-转速表;5-蓄电池;6-初级电路开关;7-电流表;8-三针放电器;9-点火线圈;10-分电器;11-真空表;12-真空泵

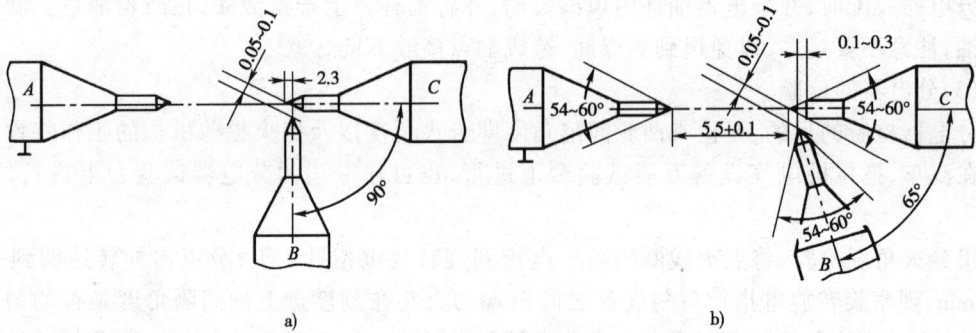

图4-23 三针放电器

a)垂直形;b)65°形

A、C-主电极;B-辅助电极

3.火花塞的故障及检修

(1)火花塞的故障有:积炭、积油、间隙不当、绝缘体裂纹、漏气和过热等。

(2)火花塞的检修

火花塞工作正常时,其绝缘体裙部应洁净,呈灰白、灰黄直至淡褐色。

火花塞积炭是由于火花塞热值偏大或混合气太浓、润滑油过多所致。积炭将导致火花塞漏电,使点火线圈产生的高压电降低,致使火花塞间歇甚至连续断火。

火花塞积油往往是由于气温低、起动时间过长或可燃混合气过浓等造成燃油雾化不良引起的,积留在电极间的油滴使火花塞的击穿电压增高,造成发动机起动困难或高速断火等。

火花塞有积炭和积油故障时,可以在专用的火花塞试验器上进行清洗。

电极间隙过大常因电极烧蚀所致。间隙过大,火花塞击穿电压增高,高速时易断火;间隙过小则火花弱小,火花塞抗污损能力差,不能可靠点燃较浓或较稀的可燃混合气。火花塞电极间隙应用圆形量规测量,间隙不当时应用特制的工具弯曲旁电极进行调整。

绝缘体的裂纹或破碎,常因温度剧变或机械冲击而引起,炭渣嵌入裂纹中会使火花塞短路。火花塞的绝缘性能试验最好在专用的火花塞试验器上进行,发现此类故障,应更换火花塞。

火花塞热值偏小,容易使气缸产生炽热点火,使发动机的性能下降,及点火开关断开后发动机不能立即熄火,应注意发现,及时更换热值稍大的火花塞。

六、使用与维护

(1)点火正时要适当:

在安装分电器总成或更换燃油品种后,要靠人工调整初始点火提前角,这项工作被称为"点火正时"。点火正时的调整方法,随发动机的不同而略有差别。一般步骤如下:

①检修断电器触点,并调整触点间隙至规定范围 0.35 ~ 0.45mm。

②找出第一缸活塞压缩冲程上止点位置。方法是拆下第一缸的火花塞,用拇指堵住火花塞孔,摇转曲轴,当感到有较大的气体压力(表明是压缩冲程)从手指下冲上来时,再慢慢转动曲轴,使一缸的上止点标记对准(有的发动机在飞轮壳和飞轮上;还有的发动机在正时齿轮盖和曲轴前端皮带轮上)。然后装回火花塞。

③逆着分电器轴的旋转方向转动分电器,使断电器触点处于刚打开的位置。方法是旋松分电器壳体夹板固定螺钉,拔出中央高压线,使其端头离开缸体 3 ~ 4mm。接通点火开关,然后将分电器壳体顺凸轮正常旋转的方向转动,使触点闭合。再反转壳体至中央高压线端头与缸体之间跳火为止,此位置即是触点刚刚打开时的位置。

④固定分电器壳体,装好中央高压线,按点火顺序插好各分缸高压线。第一缸的高压线插在正对分火头的旁电极的插座内,然后顺着分火头工作时的旋转方向,按点火次序插好通往其他各缸火花塞的高压线。

⑤起动发动机,检查点火正时。发动机应该起动容易,无曲轴反转现象,发动机起动后,怠速运转稳定。发动机水温上升到 70 ~ 80℃后,从怠速时突然加速,应加速敏捷、有力;从大负荷突然减小节气门开度至怠速,发动机应不熄火。如果突然加速时,转速不能随节气门的打开而立即增高,而是"发闷",或排气管中有突突声等,表明点火过迟;如大负荷时发动机内出现金属敲击声,则为点火过早。点火时间不合适时,可在发动机转动过程中及时调节辛烷选择器。点火过早时,应顺着分电器轴旋转的方向转动分电器壳体;点火过迟时,则反向转动分电器壳体。直到发动机起动容易,怠速稳定,加速敏感、不出现"发闷"及敲缸等异常现象为止。

⑥必要时,进行路试检查。将发动机冷却液温度升至 70 ~ 80℃后,在平坦的道路上以直接档行驶,车速控制在最低稳定车速(约 25 ~ 30km/h,不同的发动机,车速要求不同),突然将加速踏板踏到底,如车速急增时能听到轻微的敲缸声,且很快消失,表明点火正时正确;如果敲缸声在加速后不能消失,说明点火过早;如果加速时感到发闷,说明点火过迟。点火时间不当时应调节辛烷选择器,直至合适为止。

(2)发动机不运转时,点火开关不能长时间处于点火位置,以免造成蓄电池不必要的放电和点火线圈温度过高损坏。

(3)更换点火线圈时,最好使用原车规定的型号。否则应注意新的点火线圈是否带附加电阻,原车电路中是否接有附加电阻(电阻线)及短路附加电阻的导线,以免漏装或多装附加电阻,使点火系不能正常工作。如果新的点火线圈不带附加电阻,而人为接入了附加电阻,将使初级电路电阻增大,初级电流减小,发动机中高速运转时断火、功率明显下降。如果新的点火线圈必须带附加电阻(电阻线),而没有接入,将使初级电路电阻减小,初级电流增大,点火线圈温度过高,很快烧坏。

(4)一般火花塞寿命约 15000km ,长效火花塞寿命达到 30000km,有的进口车的火花塞寿命达到 60000km。应严格按照车辆使用说明书要求,及时定期检查、清洗和更换火花塞,一般行驶 5000km 应检查清洗一次,确保火花塞性能良好,工作正常。更换火花塞时,最好使用原车规定的型号,以免因火花塞热值和结构不同影响点火系的工作。

(5)安装火花塞时,平座型火花塞应配用一只密封垫圈,不得多用或不用,以免影响火花塞和气缸盖之间的密封性以及火花塞的吸热和散热效果,而使发动机性能变差。安装锥型火花塞不得使用密封垫圈。拆装火花塞时,最好使用专用扳手,安装时,火花塞的安装扭矩要符合有关说明书的规定。

第三节　普通电子点火系

普通电子点火系统的研制开始于 20 世纪 60 年代初,并在 60 年代末、70 年代初在发达国家迅速普及、应用。该系统去掉了原有的断电器凸轮和触点,代之以点火信号发生器(传感器)和电子点火控制器(点火控制器),从而彻底解决了机械触点所带来的一切问题。系统中因没有机械触点,故称为无触点点火系统。普通电子点火系统的主要优点是:

(1)没有机械触点,彻底避免了触点烧蚀问题,也不存在触点臂在高速时被"甩开"的问题,减少了发动机高速断火现象。

(2)没有顶块和凸轮磨损等问题,大大减少甚至免去了换件、调整闭合角(触点间隙)和校正点火时刻等繁琐的维护工作,使保养和维修周期大大延长,除了火花塞外,点火系其他部分一般 50000km 无需保养。

(3)由于点火线圈初级电流较大,初级线圈储能较多,次级电压较高,电火花能量较大,可以加大火花塞电极间隙,点燃较稀的混合气,从而有利于改善发动机的经济性和排气净化性能。

(4)完善的电路设计,可以增设闭合角 (导通角)控制、恒电流控制、停车断电保护等多项功能,使点火系统工作性能进一步提高。

一、组　成

普通电子点火系组成如图 4-24 所示,主要包括点火信号发生器、电子点火控制器、点火线圈、分电器、高压线及火花塞等组成。

点火信号发生器取代了原来的断电器中的凸轮,用来判定活塞在气缸中所处的位置,并将非电量的活塞位置信号转变为脉冲电信号输送给点火控制器,从而保证火花塞在恰当的时刻点火。因分电器轴随配气机构凸轮轴同步旋转,且与曲轴之间有确定的相对位置,分电器轴转角位置可以准确地反映出活塞在气缸中的位置,所以,大多数点火信号发生器一般仍装在分电器内(分火头下方),成为分电器的一部分,也有个别发动机直接装于配气机构凸轮轴前端或后端。

电子点火控制器取代了原来的断电器中的触点,用来根据点火信号发生器送来的脉冲电信号,控制点火线圈初级电路的通断。比较完善的点火控制器还具有恒电流控制、闭合角控制、停车断电保护等多项功能。

分电器主要包括配电器和离心提前机构、真空提前机构,它们的作用、结构和工作原理与传统点火系分电器的对应部分完全相同;点火线圈、火花塞、高压线、点火开关和电源等部分的作用与传统点火系相同,不再赘述。

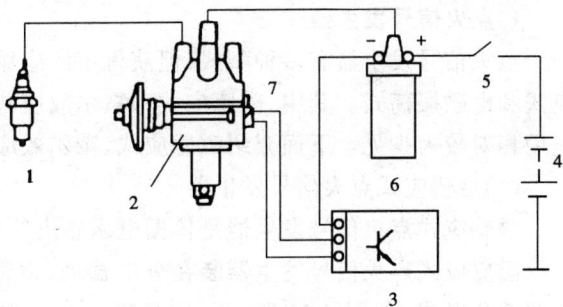

图 4-24 普通电子点火系的组成
1-火花塞;2-分电器;3-点火控制器;4-电源;5-点火开关;6-点火线圈;7-点火信号发生器

二、基本工作原理

由于点火信号发生器和点火控制器的结构不同,各种普通电子点火系的具体工作原理有一些差异,但它们的基本工作原理却是相同的。下面以一汽捷达轿车采用的普通电子点火系为例说明其基本工作原理。

捷达轿车点火系原理如图 4-25 所示。

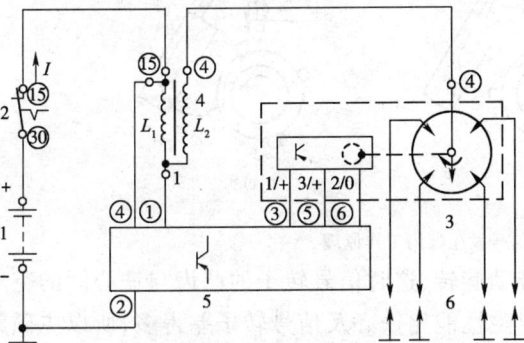

图 4-25 捷达点火系统原理图
1-电源;2-点火开关;3-带霍尔传感器的分电器;4-点火线圈;5-点火控制器;6-火花塞

接通点火开关后,蓄电池或发电机"+"极经点火开关与点火线圈初级线圈相连,当点火信号发生器产生的信号(霍尔传感器发出正脉冲)使点火控制器触发功率三级管导通时,点火线圈初级绕组经过功率三级管搭铁,从而初级回路接通。

初级电路为:电源 1 正极→点火开关 2→点火线圈"+"接线柱→初级绕组 L_1→点火线圈"−"接线柱→点火控制器 5→搭铁→电源负极。利用初级电流,在点火线圈中形成磁场,将电能转变为磁场能储存起来。

当发动机继续转动,点火信号发生器产生的信号(霍尔传感器信号由正变负)使点火控制器触发功率三级管截止时,初级线圈无法搭铁而断开。初级回路被切断后,初级电流迅速降为零,磁通也随之迅速减少。使初级绕组和次级绕组中的磁通量发生相应变化,因此,在初级绕组和次级绕组中都感应出电动势。次级绕组的感应电动势通过中央高压线,传给分电器分火头,按点火顺序,分火头又将此高压通过分缸高压线传到相应气缸的火花塞上,火花塞在此高压作用下击穿电极间的混合气,放电产生电火花,点燃缸内可燃混合气,使发动机连续运转起来。

分电器轴每转一圈,各缸火花塞按点火顺序轮流跳火一次。发动机工作时,上述过程周而复始,若要停止发动机的工作,只要断开点火开关即可。

三、主要元件结构和原理

1.点火信号发生器

点火信号发生器有多种型式,但获得广泛应用的仅有四种:磁感应式、霍尔效应式、光电效应式和电磁振荡式。其中,磁感应式和霍尔效应式应用最广,光电效应式次之,电磁振荡式的应用相对较为少见。下面介绍磁感应式、霍尔效应式和光电效应式的点火信号发生器。

(1)磁感应式点火信号发生器

磁感应式点火信号发生器是依据电磁感应原理制成的。

磁感应式点火信号发生器装在分电器内,由信号转子和感应器两部分组成,如图4-26所示。信号转子6由分电器轴驱动旋转,信号转子上有与发动机气缸数目相等的凸齿;感应器固定在分电器活动底板上,由永久磁铁5、铁心4和绕在铁心上的传感线圈3组成。

其工作原理如图4-27所示。传感线圈中的磁通磁路为:永久磁铁5的N极→空气隙→信号转子6→空气隙→铁心4→S极。

当发动机未转动时,信号转子不转动,通过传感线圈的磁通量固定不变,不会产生感应电动势,传感线圈两引线输出的电压信号为零。

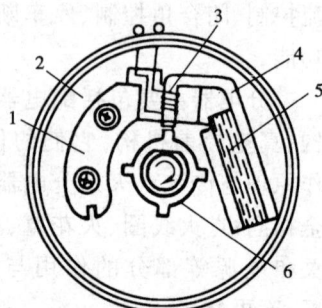

图4-26 磁感应式信号发生器
1-底板;2-活动底板;3-传感线圈;4-铁心;5-永久磁铁;6-信号转子

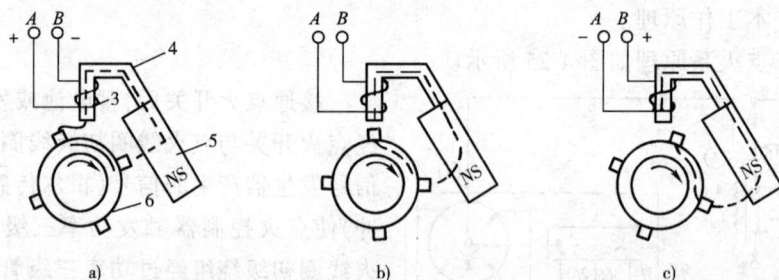

图4-27 磁脉冲式点火信号发生器的工作原理

当发动机运转时,信号转子便由分电器轴带动旋转,这时信号转子的凸齿与铁心间的空气隙随着信号转子的转动发生变化,由于空气的导磁性能比铁心及信号转子差得多,所以主磁路中的总磁阻也随之发生变化,使通过传感线圈的磁通量发生变化,因而在传感线圈内便产生交变电动势,传感线圈的磁通量和感应电动势随着信号转子和铁心相对位置变化的规律如图4-28所示。

当信号转子处于图4-27a)所示的位置时,由于信号转子的凸齿逐渐向铁心靠近,凸齿与铁心间的空气隙越来越小,通过传感线圈的磁通逐渐增多,于是在线圈内便产生一感应电动势(其方向是阻碍磁通增加的,大小与磁通的变化速率成正比)。当信号转子转到铁心位于信号转子两个凸齿之间的某一位置时,磁通变化速率最大,其感应电动势最高,如图4-28中位置Ⅰ(对应 a 点)。过该点后,磁通量变化速率降低,感应电动势下降。根据楞次定律可知,这时感应电动势的方向, A 端为"+", B 端为"−"。

当信号转子转到凸齿对称线和铁心中心线正好在一条直线上(图4-27b所示位置)时,凸齿与铁心间的空气隙最小,通过线圈的磁通量最大,但磁通的变化速率为零,因而传感线圈中的感应电动势为零（图 4-28 中的 b 点）。

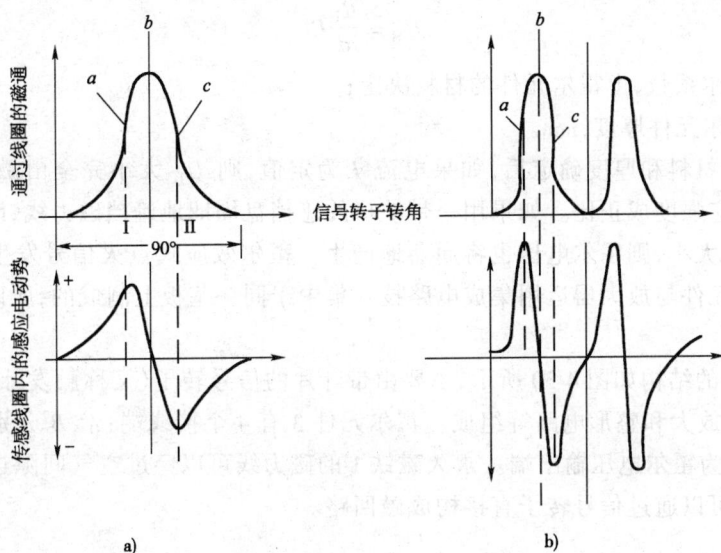

图 4-28　不同转速时传感线圈内磁通及感应电动势的变化情况
a)低速；b)高速

当转子从图 4-27b)的位置转向 c 的位置时,信号转子凸齿逐渐离开铁心,凸齿与铁心间的空气隙越来越大,磁通量越来越少。当转到铁心位于信号转子两个凸齿之间的某一位置时,磁通减少的速率最大,如图 4-28a)中 II 的位置(对应 c 点),此时传感线圈的感应电动势达到反向最大值。此后磁通减少的速度变慢,感应电动势减小。根据楞次定律,这时感应电动势的方向 A 端为"–", B 端为"+"。

可见,信号转子转动时,传感线圈中的感应电动势的方向会发生交替变化,因而传感线圈两端输出的是交变信号,且信号转子每转一圈,所产生的交变信号的个数等于凸齿数,即等于发动机气缸数。点火控制器根据该交变信号的高低,控制点火线圈初级电路的通断,使火花塞跳火。曲轴每转两圈(一个工作循环),信号转子转一圈,传感线圈产生的交变信号使每缸点一次火,即每一个交变信号,使点火线圈初级电路通断一次,完成一次点火。

转速升高时,传感线圈中磁通量的变化速率增大,因而感应电动势成正比例增大,如图 4-28b)所示。可见,磁感应式点火信号发生器输出的交变信号受发动机转速的影响很大。转速越高,信号越强,对点火控制器电路的触发越可靠,但可能造成电路中有关元件的损坏。为此,电路中需增设稳压管等元件来限压。但是,转速过低时,磁感应式点火信号发生器输出的交变信号过弱,造成对点火控制器电路的触发不可靠,容易引起发动机起动困难、怠速转速不能调低等问题。所以设计上,应保证发动机以最低转速运转时,点火信号发生器输出的信号足够强。一般情况下,转速变化时,磁感应式点火信号发生器输出的信号电压的变化范围可达 0.5 ~ 100V。这一信号除用于点火控制外,还可用作转速等其他传感信号。

磁感应式点火信号发生器结构简单,成本较低,因而应用最为广泛。

(2)霍尔效应式点火信号发生器

霍尔效应式点火信号发生器是依据霍尔效应原理制成的。

霍尔效应原理如图 4-29 所示。当电流 I 通过放在磁感应强度为 B 的磁场中的半导体基片(即霍尔元件),并且电流方向与磁感应强度的方向垂直时,在垂直于电流与磁感应强度的半导体基片的横向侧面上即产生一个与电流和磁感应强度成正比的电压,称为霍尔电压 U_H。

$$U_H = \frac{R_H}{d}IB \qquad (4\text{-}2)$$

式中:R_H——霍尔系数,由霍尔元件的材料决定;

      d——霍尔元件厚度,mm。

霍尔元件的材料和厚度确定后,如果电流 I 为定值,则 U_H 大小完全由磁感应强度 B 决定,并且与磁感应强度成正比。如果用一带缺口的遮挡盘周期地遮挡磁力线,改变通过霍尔元件的磁感应强度大小,则霍尔电压也将周期地产生。霍尔效应式点火信号发生器便是根据这个原理,将霍尔元件与放大器运用集成电路技术集中于同一基板上制成的,所以又称之为霍尔发生器。

霍尔发生器的结构如图 4-30 所示,主要由带叶片的信号转子(又称触发叶轮)1、霍尔元件2、永久磁铁 3 及放大和整形电路等组成。霍尔元件 3 有 4 个接线端:A、B 分别为电流的输入和输出端,C、D 为霍尔电压输出端。永久磁铁 1 的磁力线可以穿过空气间隙进入霍尔元件后构成磁回路,也可以通过信号转子直接构成磁回路。

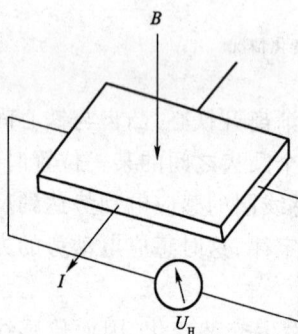

图 4-29　霍尔效应原理
I-电流;B-磁场;U_H-霍尔电压

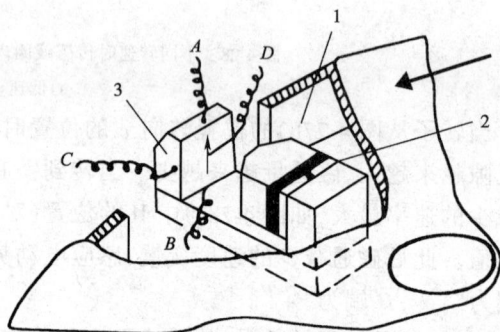

图 4-30　霍尔效应式点火信号发生器结构
1-信号转子;2-霍尔元件;3-永久磁铁

霍尔发生器的工作原理如图 4-31 所示。

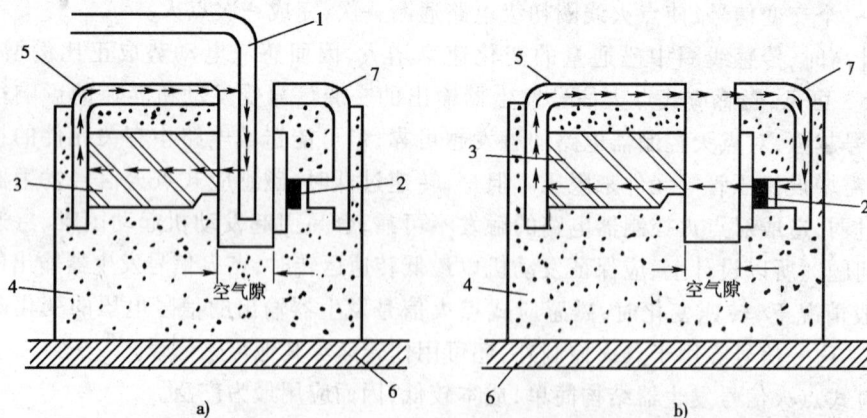

图 4-31　霍尔发生器的工作原理
1-信号转子;2-霍尔元件;3-永久磁铁;4-非导磁基体;5、7-导磁板;6-活动底板

带叶片的信号转子 1 由分电器轴带动旋转。当信号转子叶片转到永久磁铁与霍尔元件之

134

间的空气隙中时,原来垂直进入霍尔元件的磁力线被叶片遮挡、短路,磁路为:永久磁铁 3→导磁板 5→信号转子叶片→永久磁铁 3,磁力线直接经叶片构成磁回路而不能进入霍尔元件,如图 4-41a)所示,通过霍尔元件的磁感应强度近似为零,在霍尔元件的输出端不能得到霍尔电压信号,即 $U_H = 0$。

随着信号转子转动,当叶片之间的缺口对正永久磁铁与霍尔元件之间的空气隙时,永久磁铁中的磁力线垂直进入霍尔元件,磁路为:永久磁铁 3→导磁板 5→空气隙→导磁板 7→霍尔元件 2→空气隙→永久磁铁 3,如图 4-41b)所示,通过霍尔元件的磁感应强度较高,于是霍尔元件输出端便有霍尔电压 U_H 输出。

在图 4-30 中,由于为霍尔元件提供电流的 A、B 端和输出霍尔信号的 C、D 端可以共用一个搭铁端,因此,实际应用中,为了简化线路结构,多数霍尔效应式点火信号发生器只有三根引线:一根为电源输入线(提供电流),一根为霍尔信号输出线,一根为共用搭铁线。信号转子上的叶片数(或缺口数)等于发动机的气缸数,这样,分电器轴每转一周,霍尔发生器产生的霍尔信号方波的个数正好与气缸数相等,分别供每个气缸点一次火。

实际上,直接由霍尔元件产生的霍尔电压非常微弱(mV 级),并且由于信号转子的叶片是逐渐进入和退出霍尔元件和永久磁铁之间的空气隙的,所以穿过霍尔元件的磁感应强度 B 也并非随信号转子的转动完全呈矩形方波变化,而是如图 4-32a)所示,霍尔信号也并非是规则的矩形方波,而是如图 4-32b)所示,因此,必须对霍尔元件输出的霍尔电压信号进行放大和脉冲整形,使其变成幅值足够高的规则的矩形脉冲,如图 4-32c)所示。

为此,在霍尔发生器中设有霍尔电压信号放大和整形集成电路,该集成电路与霍尔元件制为一体,形成霍尔集成块(只有几平方毫米大小)。霍尔集成块由塑料与陶瓷基片密封成型,从外面看不到内部的结构。它有三个或四个接线端经导线引出。

结合图 4-32 具体说明霍尔点火信号发生器工作过程。随着信号转子的叶片逐渐退出霍尔元件和永久磁铁之间的空气隙,通过霍尔元件的磁感应强度逐渐加强,升高到 B_1 时,霍尔电压足够高,使霍尔集成块的信号输出三极管导通,点火信号发生器输出低电平($U_G = 0.5V$ 左右);直到信号转子的叶片逐渐进入霍尔元件和永久磁铁之间的空气隙,通过霍尔元件的磁感应强度逐渐减弱,减弱到 B_2 时,霍尔电压足够低,使霍尔集成块的信号输出三极管截止,点火信号发生器才输出高电平(U_G 约为 2V、5V、8V、12V 不等,具体值视厂家或车型不同而不同)。可见,信号转子缺口处于空气隙中时,点火信号发生器输出低电平;信号转子叶片处于空气隙中时,点火信号发生器输出高电平。在一个点火周期内,点火信号发生器输出高低电平的时间比由信号转子的叶片宽度和信号转子缺口宽度所决定,如上海桑塔纳轿车的分电器中,二者的比例为 7:3。

在点火信号发生器输出由低电平转变为高电平时,点火控制器开始切断点火线圈初级电路,使火花

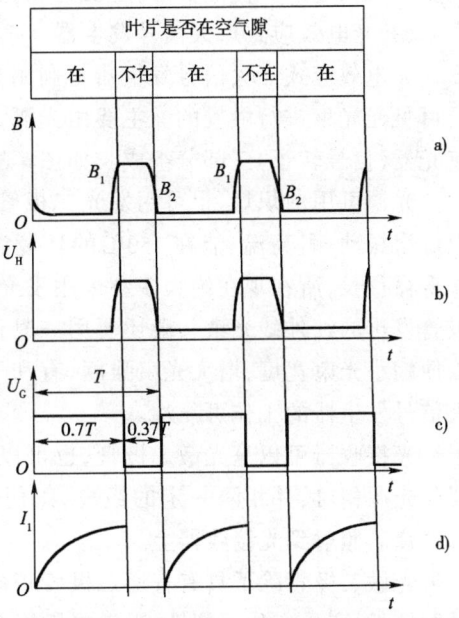

图 4-32　霍尔效应式电子点火信号波形
a)通过霍尔元件磁通密度 B；b)霍尔电压 U_H；c)霍尔信号发生器输出信号 U_G；d)点火线圈初级电流 I_1

塞跳火;到点火信号发生器输出由高电平转变为低电平时,点火控制器开始接通点火线圈初级电路,初级电流增长,储存点火能量。点火线圈初级电流随着信号转子转动的变化规律如图4-32d)所示。

由于永久磁铁的磁感应强度和其他元件的导磁性能及导电性能与温度有关,通过霍尔元件的电流的大小与电源电压成正比。因此,为了保证在温度和电源电压变化时,霍尔发生器性能稳定、可靠,在霍尔集成块内部还设有温度补偿电路和稳压电路(稳压器)。图4-33为霍尔集成块内部线路框图。

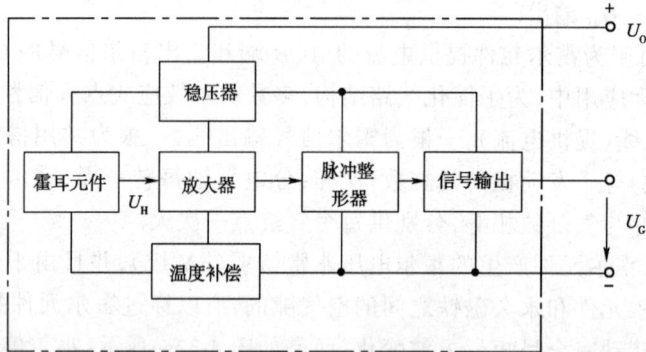

图4-33　霍尔集成块电路方框图

U_H-霍尔元件产生的霍尔电压;U_G-点火信号发生器输出的信号电压;U_0-霍尔集成块的电源电压

霍尔效应式点火信号发生器比磁感应式点火信号发生器的性能稳定,耐久性好、寿命长,点火精度高,且不受温度、灰尘、油污等影响,特别是输出的信号电压不受发动机转速的影响,使发动机低速点火性能良好,容易起动,因而其应用日益广泛。

(3)光电效应式点火信号发生器

光电效应式点火信号发生器是利用光电效应原理,以红外线或可见光光束进行触发的。主要由光源、光接收器(光敏元件)和遮光器(信号转子)三部分组成。如图4-34所示。

光源可用白炽灯,也可用发光二极管。由于发光二极管比白炽灯耐振动、耐高温,能在150℃的环境温度下持续工作,而且工作寿命很长,所在现在绝大多数采用发光二极管作光源。发光二极管发出的红外线光束一般还要用一只近似半球形的透镜聚焦,以便缩小光束宽度,增大光束强度,有利于光接收器接收、提高点火信号发生器的工作可靠性。

光接收器可以是光敏二极管,也可以是光敏三极管。光接收器与光源相对,并相隔一定的距离,以便使光源发出的红外线光束聚焦后照射到光接收器上。

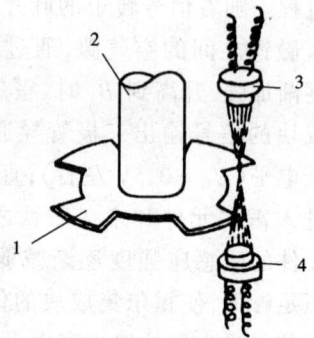

图4-34　光电效应式点火信号发生器

1-遮光盘;2-遮光盘轴;3-光源;4-光接收器

光敏二极管除了具有普通二极管正向导通、反向截止的单向导电性外,还具有如下特性:光敏二极管上加有反向电压时,反向电阻和反向电流随光照强度的改变而改变,光照强度越大,反向电阻越小、反向电流越大;光敏二级管上不加电压时,如受光照,还会产生正向电压,即还可作光电池使用。在点火信号发生器中,正是利用光敏二极管反向电阻和反向电流随光照强度的改变而改变的特性,通过控制照射到光敏二极管上的光线,使光敏二极管交替处于导通和截止状态,从而输出脉冲信号。

光敏三极管的工作状态和普通三极管一样,具有截止、放大和饱合三种状态,其中截止和饱合状态又称为开关状态。但是,光敏三极管的结构和工作原理与普通三极管不同,光敏三极管只有集电极和发射极两条引线,没有基极引线;光敏三极管的工作状态由照射在基极上的光线(包括红外线等不可见光)强度决定,因为基极电流由照射在基极上的光线产生,光线越强,基极电流越大,有光线时光敏三极管导通,无光线时光敏三极管截止。在点火信号发生器中,正是利用光敏三极管的工作状态由照射在基极上的光线强度决定的特性,通过控制照射到光敏三极管基极上的光线,使光敏三极管交替处于导通和截止状态,从而输出脉冲信号。

遮光盘一般用金属或塑料材料制成,安装在分电器轴上,位于分火头下面。遮光盘的外缘介于光源与光接收器之间,遮光盘的外缘上开有缺口,缺口数等于发动机气缸数。缺口处允许红外线光束通过,其余实体部分(遮光片)则能挡住光束。

工作原理如下:

当遮光盘随分电器轴转动时,光源发出的射向光接收器的光束被遮光盘交替挡住,因而光接收器(光敏二极管或光敏三极管)交替导通与截止,形成电脉冲信号。该电信号引入点火控制器即可控制初级电流的通断,从而控制点火系统的工作。遮光盘每转一圈,光接收器输出的电信号的个数等于发动机气缸数,正好供每缸各点一次火。

光电效应式点火信号发生器具有许多优点。它产生的点火方波信号完全由遮光盘的位置(即曲轴的位置)决定,而与发动机转速无关,在转速很低和很高时均能产生正常的方波信号,有利于改善发动机低速和高速时的点火性能,有利于发动机顺利起动,不存在磁感式点火信号发生器那样的点火提前角特性畸变。这是因为各缸点火时刻的精度取决于遮光盘缺口在遮光盘上分布位置的精度,由于遮光盘的尺寸较大,缺口的形状简单,故缺口的位置精度可以很高,即各缸点火提前角精度可以得到很好保证,且不受温度等因素的影响;点火信号发生器的输出信号呈规则的方波,具有清晰、明快的特点,有利于点火控制器电路的设计,也有利于检测其输出信号,便于点火系统的故障诊断,此外,发光二极管和光敏三极管工作寿命均较长,一般不需要更换,即工作可靠性较高;因红外线光束穿过能力较强,既使发光二极管光源的表面受到灰尘等污染,一般也不会影响其正常工作;既使光敏三极管只接收到10%的光束,它都能处于饱合导通状态而输出低电平,实现转换,使点火信号发生器仍能正常工作。它还能在分电器内积水结冰或100℃以上的环境温度下持续工作。

当然,如果光源和光接收器表面被油污等严重污染,也会导致光接收器灵敏度下降,导通时刻滞后,截止时刻提前,从而影响初级电流导通与切断时刻,进而影响点火时刻,严重时还会造成点火不可靠,发生间断性断火现象,使发动机油耗及排污剧增。因此,仍需要经常清洁光源和光接收器表面,给使用带来不便。正因为如此,光电效应式点火信号发生器没有磁感应式和霍耳效应式应用广泛。

2.点火控制器

由于绝大多数点火控制器都采用集成电路结构(或即使是分离元件,也用环氧树脂胶等固化在一起),内部电路发生故障后,修复比较困难。因此,点火控制器一旦内部发生故障,往往是采用换件的方法进行修理。所以下面重点结合点火控制器的作用,介绍点火控制器的原理,以便及时发现和快速诊断点火控制器的故障,维持点火系良好的技术状况。

(1)基本作用和原理

不同厂家、不同车型、不同年代所用的点火控制器电路原理及电路参数各不相同,电路的完善程度也存在较大差别,但一点是共同的,即点火控制器的基本功用为:根据点火信号发生器所产生的点火脉冲信号,控制点火线圈初级绕组中电流的通、断,以便点火线圈次级绕组产生高压电,供火花塞点火。

点火控制器的基本电路包括:整形电路、开关信号放大电路、功率输出电路等。

整形电路的作用是:将点火信号发生器送来的非方波信号(如磁感应式、电磁振荡式、磁敏电阻式点火信号发生器的输出信号)或不规则的方波信号转化成能够控制初级电流通断的规则的方波信号。

开关信号放大电路的作用是:将整形电路的输出信号进行幅度放大,以保证大功率输出级在输出功率足够大的情况下可靠工作。

功率输出电路的作用是:利用大功率三极管(或达林顿管)及时接通和断开点火线圈初级电路,控制初级电流的通、断。

这里以磁感应式点火信号发生器输出的交变信号为例,说明点火控制器基本电路的工作原理。点火控制器基本电路如图 4-35 中虚线框部分所示,整形电路和开关信号放大电路由电阻 R_1、R_2、R_3 和三极管 V_1、V_2 组成,功率输出电路由电阻 R_4、R_5 和三极管 V_3、V_4 组成。

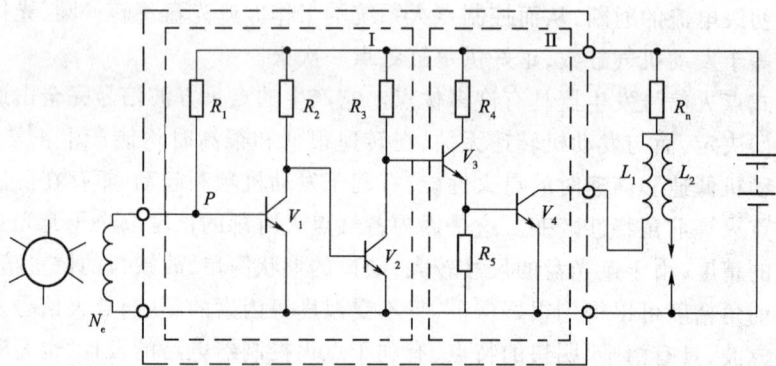

图 4-35　磁感应式电子点火系基本电路

发动机转动时,点火信号发生器产生交变信号并输入给点火控制器,加在三极管 V_1 基极上,当加在 P 点的信号电压高于 V_1 的"门坎电压"(即死区电压) U_{be1} 时,V_1 饱合导通,由于 V_1 的"钳位"作用,使 V_2 基极电压过低而截止,同时由于 R_3 的偏置作用,使 V_3、V_4 饱合导通,接通点火线圈初级电路。

当加在 P 点的信号电压低于 V_1 的"门坎电压"时,V_1 截止,在偏置电阻 R_2 的作用下,使 V_2 正向导通饱合,V_2 的"钳位"作用,使 V_3、V_4 截止,切断点火线圈初级电路,引起初级电流急剧下降,在点火线圈的次级线圈产生高压使火花塞跳火。

图 4-36 给出了磁感应式电子点火系工作时,点火信号发生器、点火控制器和点火线圈次级线圈等部分的电压波形。

(2)其他功能与原理

随着人们要求的不断提高,点火控制器逐步增加了其

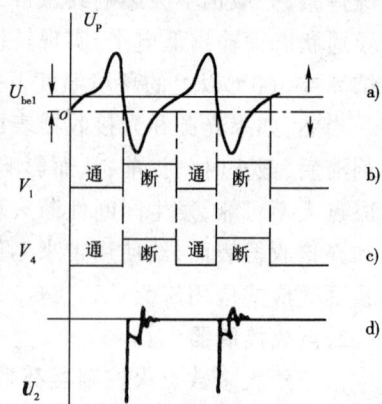

图 4-36　磁感应式电子点火系波形图
a)点火信号发生器输出信号 U_P;b) V_1 管的输出信号;c) V_4 管的输出信号;d)点火线圈次级电压 U_2

他一些功能,使电路越来越复杂,性能也更加完善。这些功能主要包括:自动断电保护、导通角(闭合角)控制、恒电流控制、点火时间校正等。

①自动断电保护

自动断电保护又称为"停车断电保护",是指:在发动机停止运转而点火开关仍然接通和点火开关接通而发动机没有起动时,点火控制器自动切断点火线圈初级电路,从而防止点火线圈过热烧坏和蓄电池的过度放电。

自动断电保护功能的实现方法,常见的有两种:对于磁感应式点火信号发生器,可以利用发动机不运转时,点火信号发生器输出信号电压为零的特点,并使偏置电阻 R_1 比点火信号发生器线圈电阻大得多,就可以使点火控制器整形电路三极管的基极电压低于"门坎电压"(即图4-35中 P 点的电压小于 V_1 的"门坎电压" U_{be1})而处于截止状态,同时功率输出电路的大功率三极管也处于截止状态,而切断点火线圈初级电路,达到自动断电保护的目的。发动机曲轴转动时,点火信号发生器输出交变的信号电压,当信号电压升高,使 P 点的电压高于点火控制器整形电路三极管的"门坎电压"(即图4-35中 P 点的电压高于 V_1 的"门坎电压" U_{be1})时,点火控制器功率输出电路的大功率三极管才处于饱和导通状态,接通点火线圈初级电路。理论上,只要偏置电阻 R_1 比点火信号发生器线圈电阻大得多,图4-35所示电路就具有自动断电保护功能。实际上,为了提高点火信号发生器的输出电压,传感线圈匝数较多、电阻较大,通过偏置电阻 R_1 比点火信号发生器线圈电阻大得多的方法实现自动断电功能比较困难。但是如果将点火控制器整形电路改为图4-37所示形式,即可保证具有自动断电保护功能。

图4-37所示电路中,电阻 R_2 阻值较小,使 A 点的静态电位低于三极管 V_1 的"门坎电压" U_{be1}(约0.6V),从而保证了发动机不运转(N_e 中无信号)时,点火控制器的 V_1 可靠截止,输出电路的大功率三极管(图中未画出)也截止,切断初级电流,实现自动断电功能。只有当发动机运转,且点火信号发生器传感线圈中产生下正上负的电动势,使 V_1 的基极电位升高,并超过 U_{be1} 时, V_1 才由截止转为导通;传感线圈 N_e 中电动势变化,使 V_1 基极电位低于 U_{be1} 时, V_1 又由导通转为截止。因此,传感线圈 N_e 中的交变信号经三极管 V_1 后在 V_1 集电极输出方波信号,再经后续的信号放大电路放大,即可驱动大功率三极管导通与截止,从而控制初级电流的通断。

另一种常见的方法是:利用电容器的充放电特性,设计专门的 RC 延时电路,根据点火信号发生器输出信号变化的快慢(即周期长短)控制点火控制器功率输出电路的大功率三极管的工作状态。当发动机不转动时,电容器充足电,使输出电路的大功率三极管逐渐截止,来实现自动断电保护。例如桑塔纳轿车和捷达轿车采用的霍尔效应式电子点火系,点火开关接通后,点火控制器不停地检测点火信号发生器输出信号,当点火信号发生器输出高电平时,电路以恒定的电流给电容器充电;当点火信号发生器输出低电平时,电容器迅速彻底放电。发动机转速越高,点火信号发生器输出信号变化越快,点火信号发生器输出高电平的时间越短,电容器的充电时间也越短,电容器两端电压越低;反之,发动机转速越低,点火信号发生器输出信号变化的越慢,点火信号发生器输出高电平的时间越长,电容器的充电时间也越长,电容器两端电压越高。当发动机不转

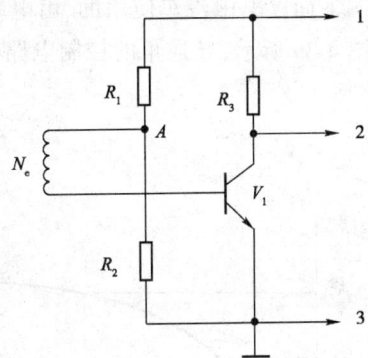

图4-37 具有停车断电保护功能的整形电路

N_e-点火信号发生器传感线圈; V_1-整形电路三极管;1-接点火开关电源;2-接放大电路;3-公共搭铁端

139

动、而点火信号发生器又正好输出高电平时,电路就以恒定的电流给电容器充电,电容器基本充足电后(一般需要 1 ~ 1.5s),电容器两端电压超过设定值,保护电路工作,使输出电路的大功率三极管逐渐截止,实现自动断电保护;点火信号发生器又正好输出低电平时,点火控制器输出电路的大功率三极管始终处于截止状态,点火线圈初级电路不通。

②导通角(闭合角)控制

点火线圈初级电路接通期间,分电器轴转过的角度就称为导通角(点火控制器大功率三极管"导通"对应的角度)或闭合角(断电器触点"闭合"对应的角度)。初级电路接通时,由于点火线圈初级绕组自感电动势的存在,初级电流呈指数规律增长如图 4-38 所示。电路接通初期,初级电流增长较快;然后,初级电流增长越来越缓慢,最后趋于稳定值,叫做初级饱合电流。

如果导通角固定不变,则发动机转速较低时,初级电路导通时间较长,初级电路切断时初级电流较大(对应图 4-38 中 t_2、I_{P2}),虽然此时初级绕组储能较多,点火能量较大,但点火线圈容易过热而烧坏。另外,为了兼顾高速时的性能,此时的初级电流往往已超过所需值。因此,希望此时的导通角适当减小。当发动机转速较高时,初级电路导通时间缩短,造成初级电路切断时初级电流较小(对应图 4-38 中 t_1、I_{P1}),因而初级绕组储能较少,次级电压及点火能量较小,容易造成发动机高速断火现象。因此,希望此时的导通角适当增大。

所以,导通角控制的作用是根据发动机转速的高低,自动调整导通角的大小,降低初级电路断开电流随着发动机转速升高减小的速度,既保证发动机低速运转时点火线圈不过热,又保证高速时,次级电压和能量足够高。

下面以丰田汽车使用的、由电装公司制造的电子点火控制器为例,说明导通角控制原理。如图 4-39 所示,导通角的控制电路由 D_2、R_3、C 组成,介于点火信号发生器和整形电路之间。

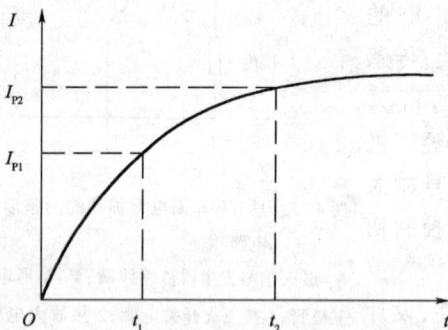

图 4-38　初级电路导通时初级电流的增长规律

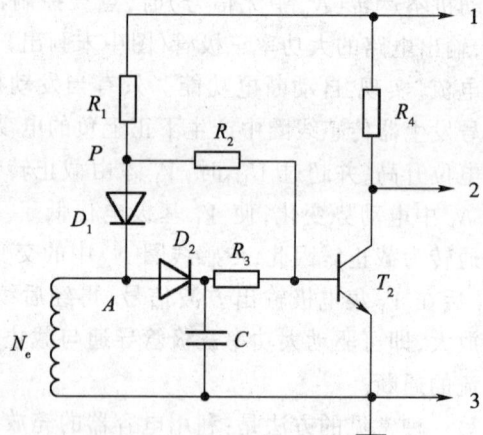

图 4-39　导通角控制电路
1-接点火开关电源;2-接点火信号放大电路;3-公共搭铁端;N_e-点火信号发生器传感线圈

当点火信号发生器传感线圈 N_e 中产生上正下负的正向电动势时,A 点电位升高,二极管 $D1$ 逐渐截止,P 点电位随之升高。同时,点火开关电源 1 通过电阻 R_1、R_2 向三极管 T_2 提供基极电流使其导通。同时,传感线圈 N_e 中的电动势经二极管 D_2 整流后向电容器 C 充电。随着 C 的充电电压的升高,又逐渐开始通过电阻 R_3 向三极管 T_2 提供基极电流,使 T_2 导通程度进一步加深。发动机转速越高,N_e 中电动势幅值越大,电容器 C 的充电越快,且充电电压也越高,T_2 的导通越快、越早。

140

当点火信号发生器传感线圈 N_e 中产生下正上负的反向电动势时，A 点电位下降，二极管 D_1 导通，P 点电位随之下降，电阻 R_1 中的电流经二极管 D_1、传感线圈 N_e 搭铁，而不再给三极管 T_2 提供基极电流，T_2 有截止的趋势。但是，由于电容器 C 中充电电压的存在，T_2 并不能立即截止，因为电容器 C 通过 R_3 的放电维持 T_2 的基极电流。只有当 N_e 中反向电动势增大一些时，电容器 C 经电阻 R_3、R_2、二极管 D_1、传感线圈 N_e 放电后，T_2 才转为截止，即延迟了 T_2 的截止时刻。发动机转速越高，电容器 C 中的充电电压越高，电容器 C 放电维持 T_2 导通的角度越大，T_2 的截止时刻相对越晚。

所以，导通角控制电路的存在，使 T_2"早导通、晚截止"，使初级电路导通角随转速升高而增大，有效地降低了初级电路断开电流随着转速升高减小的速度，改善了点火系高速工作性能。

但是要认识到，初级电路导通角增大，并不一定意味着初级电路接通时间延长。一般情况下，由于导通角的增长速率低于转速的升高速率，因此，初级电路导通时间仍随转速升高而减少，造成次级电压仍随转速升高而下降。但因具有导通角控制功能，所以明显改善了高速时的点火性能，发生高速断火的极限转速明显提高，适应了发动机向高转速方向发展的需要。

③恒电流控制

由于电感的存在，初级电路接通时，初级绕组产生阻止初级电流增长的感应电动势，使初级电流呈指数规律增长。并且初级绕组电感越大，感应电动势越大，初级电流增长速度就越缓慢，高转速时初级断电电流下降就越显著，发动机高速断火的倾向就越大。因此，希望减小初级绕组电感，同时适当增大初级断电电流，保证足够的初级储能。

采用导通角控制功能，及带附加电阻的点火线圈，虽然减小了高速断火的倾向，但并没有彻底解决高速断火问题。为此在点火控制器中增设恒电流控制电路，不论发动机转速高低，始终保持初级断电电流基本恒定，即保持点火能量及次级电压恒定，彻底解决高速断火问题。

普通点火系统初级电感较大，同样初级储能所需的初级电流较小，其饱和电流 I_{01} 可设计得较小，如图 4-40 中曲线 1 所示。虽然此时耗电量较少，但因高速时通电时间短，对应最高转速的导通时间 t_0 的初级电流过小，容易发生断火现象。如果能够大幅度降低初级电路的电阻和电感，则可以使初级电流很快升高，但是对应饱和电流太大，如图 4-40 中 I_{02}，导致点火线圈低速时很快过热烧坏。采用恒电流控制后，通过降低初级电路的电阻和电感，提高初级电流的升高速度，而当初级电流

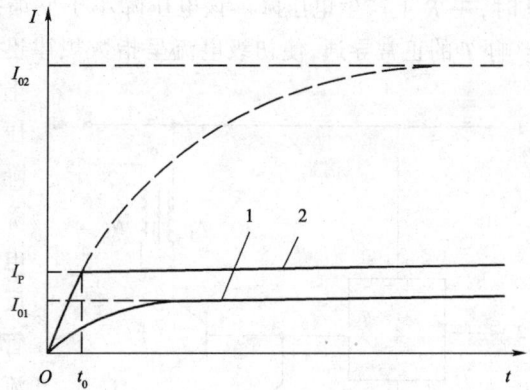

图 4-40 恒电流控制点火系统初级电流特性

普通点火系初级电流特性；2-恒电流控制点火系初级电流特性

达到设定值 I_P（保证发动机在各种工况下火花塞可靠点火所必须的初级电流，如 $6\sim7A$）时，设法限制初级电流的继续增长，使其恒定地维持在 I_P，如图 4-40 中曲线 2 所示。这样，即使发动机达到最高转速，初级电路导通时间达到最短导通时间 t_0，初级电流仍可达到 I_P，而且保证在发动机全部转速范围内，初级断电电流恒等于 I_P，从而使点火能量及次级电压恒定，既彻底解决了高速断火问题，又防止了低速时初级电流过大而烧坏点火线圈。

在这种情况下，由于初级电感较小，要达到同样的初级储能，所需的初级断电电流 I_P 较

大,甚至大于普通点火系统的饱和电流 I_{01}。具有恒电流控制的点火系中,初级饱和电流 I_{02} 很大,甚至可达 30A,只要恒电流控制电路正常工作,初级电流不会超过设定值 I_P。

作为降低初级电路电阻和初级电感的措施之一,采用闭磁路点火线圈具有显著效果。由于传统的开磁路点火线圈的磁通要穿过空气才能形成回路,磁阻相当大,不得不提高初级绕组的安匝数(即初级线圈的电流和匝数的乘积)才能形成较强的磁场。但是由于增大初级电流受限制,提高初级绕组的安匝数就只有通过增加初级线圈匝数实现,结果点火线圈体积大,初级线圈的电感电阻也大。闭磁路点火线圈中,磁通主要通过铁心形成回路,磁阻非常小,用较小的初级绕组安匝数就可以得到较大的磁通量、形成较强的磁场,因此可用较少的匝数绕制初级绕组,使点火线圈体积小,电感电阻也小,提高初级绕组的安匝数可以通过适当增加初级线圈断开电流实现。这也是闭磁路点火线圈应用越来越广的原因之一。

恒电流控制点火系与普通点火系的次级电压比较,如图 4-41 所示。恒电流控制点火系的次级电压(曲线1)不仅比普通点火系的次级电压(曲线2)高,而且随转速变化很小,不像普通点火系统那样随转速增高而急剧减小。因此,点火系高速时性能明显改善,工作稳定、可靠。

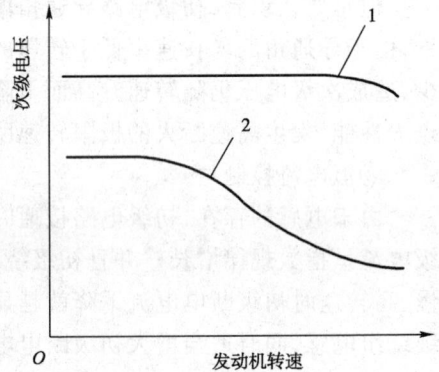

图 4-41　次级电压特性对比
1-恒电流控制点火系;2-普通点火系

图 4-42 所示为一种恒电流控制电路原理图。在大功率三极管 T 的发射极串接一个阻值很小的初级电流检测电阻 R(约 0.09Ω),反馈控制三极管 T_f 利用 R 上的电压降控制功率三极管 T 的基极电位,从而控制了通过初级绕组 N_1 的电流。当功率三极管 T 导通,有电流通过初级绕组 N_1、三极管 T 的集电极和发射极以及电阻 R 时,在 R 上产生电压降。该电压降小于反馈控制三极管 T_f 的开启电压时,T_f 保持截止,不影响 T 的正常导通,使初级电流呈指数规律迅速增长。当初级电流略高于限流值时,电阻 R 上的电压降达到反馈控制三极管 T_f 的"门坎电压",T_f 开始导通,功率三极管 T 的基极电位下降,基极电流减小,集电极电流(即初级电流)下降。从而限制了初级电流的进一步增长。当初级电流略低于限流值时,电阻 R 上的电压降减小,反馈控制三极管 T 又开始趋于截止,使功率三极管 T 的基极电位上升,基极电流增大,集电极电流即初级电流迅速增大,初级电流超过规定值时又开始下降,如此周而复始,调节的结果使初级电流恒定在限流值附近。

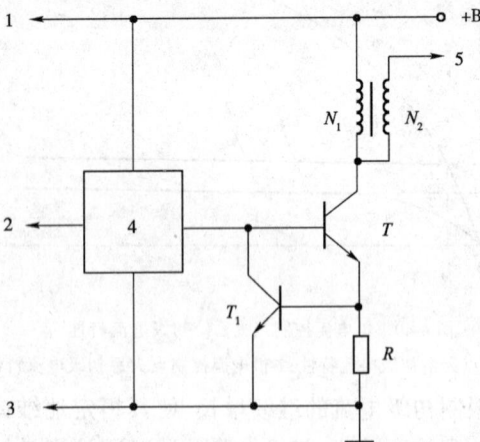

图 4-42　恒电流控制电路原理
1、2、3-至整形电路;4-放大电路;5-接高压线;＋B-至点火开关;R-初级电流检测电阻;T-大功率三极管;T_f-反馈控制三极管

在图 4-42 中,大功率三极管 T 的工作状态已经不同于一般电子点火系中大功率三极管的工作状态。在初级电路刚接通时,它工作在饱合区;初级电流升高到限流值后,它又工作在放大区。而一般电子点火系中大功率三极管在初级电路接通后一直工作在饱和区。三极管在放大区工作时,

相当于给点火线圈初级绕组串联了一个分压电阻,通过分压作用使点火线圈初级电流基本恒定。由于三极管在放大区工作时集射极电压降较大,大电流通过必然引起大的功率消耗,造成严重发热。这也是这种恒电流控制方案的致命弱点。因此,较为理想的电路应当让大功率三极管尽量工作于饱和区。

3. 分电器

普通电子点火系的分电器与传统点火系的分电器相比,主要变化在于:去掉了断电器(触点和凸轮)和电容器,增加了点火信号发生器(信号转子和传感部分);有的点火控制器能够随着发动机转速变化自动调整点火提前角(称为"电正时"),所以配用的分电器可以去掉离心提前机构,只保留真空提前机构。配电器部分的结构则没有变化。

4. 点火线圈

用点火控制器控制初级电路的通断,使点火线圈的初级电流可以增大,所以普通电子点火系采用的点火线圈的电感和电阻一般较小,采用闭磁路点火线圈较多。所以,一般情况下点火线圈不能和传统点火系点火线圈互换。

5. 火花塞

由于普通电子点火系的点火能量提高,火花塞电极间隙一般为 0.8～1.0mm,为了适应稀薄混合气燃烧,有的甚至达到 1.0～1.2mm,比传统点火系的火花塞电极间隙增大,并且各种车型差异也较大,检调、维修时,应严格根据原车说明书进行。

6. 高压线等

为了减轻无线电干扰,电子点火系采用的高压线为有一定电阻的高压阻尼线,阻值一般在几千欧至几十千欧不等;火花塞插头和分火头也都有一定的电阻一般为几千欧。

四、常见故障诊断

普通电子点火系的可靠性虽然比传统点火系有明显提高,但是随着使用时间的延长或者使用维护不当,仍然会出现:个别或所有火花塞不跳火或火花能量不足、点火次序与发动机各缸配气顺序不一致、点火不正时和火花塞炽热点火等故障,导致发动机在起动系、燃料供给系等其他系统正常情况下发动不着或起动后工作不正常等。常见故障现象和传统点火系一样,但是故障原因及诊断方法却与传统点火系有些差异,下面仅以发动机发动不着故障和点火正时不当为例,分析普通电子点火系故障原因及诊断方法。

1. 发动机发动不着

(1)常见原因

①低压电路故障,如:点火线圈初级绕组断路、附加电阻断路、导线断路、信号发生器、点火控制器故障等造成初级电路断路;导线搭铁、点火控制器故障等造成低压电路搭铁。

②高压电路故障,如:点火线圈次级绕组断路、高压线断路或脱落、火花塞间隙过大等造成次级电压不能击穿火花塞间隙;点火线圈老化、火花塞积炭、污损或间隙太小等造成火花塞火花太弱。

③点火次序与发动机配气顺序不一致或点火正时不当等。

(2)诊断方法

①如果起动过程中着火,但点火开关退回点火档则立即熄火,表明点火开关与点火线圈初级绕组之间出现断路故障,如点火线圈附加电阻断路、点火开关和附加电阻之间的导线断路或点火开关点火档故障等,可用万用表或直流试灯进一步检查。

②如果起动时不着火。应先通过中央高压线的跳火情况判断故障在高压电路还是在低压电路或点火线圈。方法是打开发动机罩,拔出分电器中央高压线,使其距离气缸体5~7mm,接通点火开关,转动曲轴,察看中央高压线和缸体之间的跳火情况:

火花很强,表示低压电路和点火线圈良好,故障在配电器、高压线和火花塞高压电路中,需要进一步检查。

无火花,表明低压电路有搭铁、断路故障或点火线圈、中央高压线有故障,需要进一步检查。

火花不强,表明点火线圈老化或点火控制器有故障等。可用换件比较法进一步诊断分析。

③高压电路的检查:

确认高压电路有故障后,可从火花塞上端拔下高压线,使其距离气缸体5~7mm,进行分缸高压线跳火试验。

若有火花并且火花较强,说明分电器盖、分火头、该缸高压线正常,需检查火花塞的工作情况或检调点火正时。

若无火花或火花很弱(火花呈淡黄色、很细,并且跳火声音非常微弱)应检查分火头及分电器盖是否漏电、分电器屏蔽罩是否破损、有无漏电或高压线断路或端部烧蚀等。

④低压电路和点火线圈的检查

确认低压电路有搭铁、断路或点火线圈、中央高压线有故障后,应用万用表等进一步检查诊断。

首先断开点火开关,用万用表的电阻档检查中央高压线是否断路,其阻值应符合要求,点火控制器和点火线圈"－"接线柱及点火信号发生器之间的连接导线(及接插件)有无断路或接触不良。接通点火开关,用万用表的直流电压档测量点火线圈"＋"接线柱和发动机机体之间的电压,线路正常时,电压约为电源电压(无附加电阻)或电源电压的一半左右(有附加电阻);否则,如果电压为零,表示点火开关与点火线圈"＋"接线柱之间的导线或附加电阻发生断路故障。

如果线路连接正常,再用跳火试验确定点火线圈是否正常。拆下点火线圈"－"接线柱上的引线,用图4-43所示专用跨接线的3端接点火线圈"－"接线柱,1端搭铁;并将中央高压线从分电器中心插孔拔出使其距离气缸体5~7mm。然后接通点火开关,并用专用跨接线的4端间断地碰触点火线圈的"－"接线柱。如果每当专用跨接线的4端从点火线圈的"－"接线柱拿开时,中央高压线的端部和气缸体之间都产生强烈的电火花,表明点火线圈正常;如果不跳火或火花较弱,说明点火线圈或已经老化有故障。

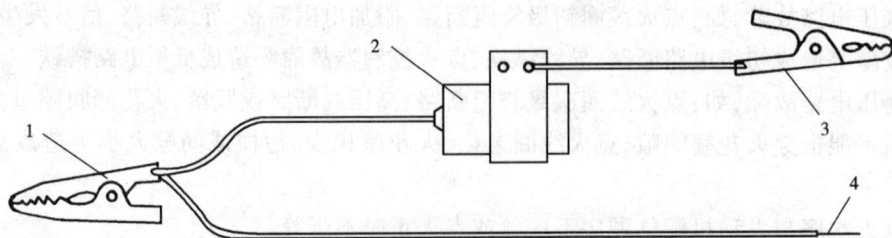

图4-43 检查点火线圈跳火能力的专用跨接线
1-搭铁夹;2-电容器;3-点火线圈"－"接线柱夹;4-间断碰触端子

上述方法实际上是利用人工控制点火线圈初级电流的通断,观察次级电压的产生情况。

专用跨接线可自己制作,其中的电容器可用从传统点火系断电器上拆下的电容器。该电容器的作用与传统点火系统中电容器的作用基本相同,即吸收初级线圈产生的自感电动势,提高次级电压。如果没有电容器,而直接将点火线圈的"−"接线柱通过导线间断地搭铁,则造成导线断开时在断开处产生电火花,引起次级电压下降,中央高压线端部与气缸体之间的火花减弱甚至不跳火,无法真实地反映点火线圈的性能。注意:采用这种方法检查点火线圈时,由于没有点火控制器对初级电流的限制作用,因此,点火线圈"−"接线柱的搭铁时间应尽可能短,每次不应超过 1s,以免损坏点火线圈。

如果点火线圈也正常,则故障发生在信号发生器或点火控制器。既可以直接用交流电压表或示波器测量点火信号发生器信号进行诊断,也可以用人工的方法给点火控制器输入脉冲信号通过观察高压线跳火情况进行分析。

借助电压表或示波器测量信号发生器的输出电压和输入电压(对霍尔效应式和光电效应式),可以检查信号发生器是否正常。

对于霍尔效应式或光电效应式电子点火系使用的点火控制器,可以给点火控制器输入脉冲信号通过观察中央高压线跳火情况进行检查。对于磁感应式电子点火系使用的点火控制器,可以用干电池代替信号发生器给点火控制器提供输入信号,通过测量点火线圈"−"接线柱和发动机机体之间的电压进行检查,加干电池测试的时间应尽可能短,每次不得超过 5s,以免损坏点火控制器。

采用光电效应式电子点火系的汽车行驶一段时间后,如果出现起动困难、行驶无力等现象,多半是由于信号发生器光源和光接收器表面被灰尘沾污所致,只要用酒精将它们表面擦净即可使点火系统正常工作。清洁后,如果点火系统仍不工作(中央高压线试火无火花),可按照上述方法首先检查各导线及插接件的连接情况,然后分别检查点火线圈和点火控制器。如果确信导线及插接件的连接和点火线圈、点火控制器正常,基本上可以断定点火信号发生器有故障。

2.点火正时不当

(1)常见原因

①燃料品质变化后,点火正时没有及时调整;

②分电器固定装置松动,导致分电器位置不固定;

③分电器往发动机上安装时,分电器轴和发动机曲轴或凸轮轴的相对位置不准确。

(2)诊断方法

首先检查并紧固分电器固定装置,然后进行点火正时检查。

点火正时的检查可分为静态检测、动态检测和路试检测三种方法。

①静态检测

拆下第一缸火花塞,用手指或其他物品堵住火花塞孔,摇转曲轴,手指感到有明显压力或堵塞物弹出、证明第一缸活塞确实处于压缩行程时,慢慢转动曲轴,至第一缸活塞上止点记号与固定在发动机壳体或飞轮壳等上面的固定标记对齐为止,检查分火头是否指向规定位置。

各种车型的一缸活塞上止点记号位置和标记方法不尽相同,有的车上止点记号在曲轴前端皮带轮或减振器上,固定标记在正时齿轮室盖上;有的车上止点记号在飞轮上,固定标记在飞轮壳或变速器壳上。一缸活塞处于压缩上止点位置时,分火头的规定位置也因车而异,差异很大。有的车用分火头与气缸体的相对位置来保证;还有的车用分火头与分电器壳体的相对位置来保证。

②动态检测

使用正时灯检测：接好正时灯，再将感应器接在第一缸高压分线上。使发动机怠速运转，打开正时灯检查点火提前角是否符合规定。

③路试检测

选择宽阔平坦的路面，发动机温度为 60℃ 以上，车辆直接档最低稳定车速（约 25～30km/h）行驶时，迅速踏下加速踏板，细听发动机有无爆震声。若有轻微的爆震声，待车速升高后，爆震声自动消失，说明点火时间合适；若无爆震声，说明点火时间过迟；若爆震声严重，车速上升后仍不消失，说明点火时间过早。

点火提前角过大或过小时，应熄火，松开分电器固定螺钉转动分电器壳进行调整，顺时针转动分电器壳点火推迟；逆时针转动分电器壳点火提前。

五、主要零部件检修

1.分电器的检修

（1）分电器盖

检查分电器盖的绝缘性，将中央高压线分别插在分电器的各个分缸插孔中，相邻分缸插孔内的高压线直接搭铁试火，如有火花跳过，说明分电器盖绝缘损坏漏电，应更换。分电器盖内中央插孔的炭精棒在孔内不允许有卡滞现象，如果磨损严重或弹簧弹力过软，各铜接触头烧蚀严重，应更换新件。

（2）分火头

检查分火头的绝缘，将分火头倒放在机体上，用高压电源进行跳火试验，若有明显跳火，说明分火头漏电，应更换新件。其电阻检查如图 4-44 所示，电阻值应符合要求。

（3）信号转子

信号转子不应变形，与传感部分的间隙应符合要求，不应有运动干涉，如不符合要求或有运动干涉，并且无法调整或修复，应更换信号发生器总成。

图 4-44　分火头电阻的检查

（4）信号发生器传感部分

信号发生器传感部分应随底板转动灵活且无间隙，表面清洁。磁感应式信号发生器的传感线圈电阻要符合厂家或车型要求。

（5）分电器轴

分电器轴不应弯曲，如弯曲超过 0.05mm 时，需要进行校正。轴颈磨损小于容许尺寸，或圆度及圆柱度误差大于 0.02mm 时，应予修复或更换。检查分电器的轴向间隙是否已超过极限，如不符合要求，可增减垫片加以调整。

（6）真空提前机构和离心提前机构

真空提前机构密封良好；离心提前机构的离心块应转动自如，销子与销孔若磨损不均匀或配合间隙大于 0.3mm，应更换。离心提前机构装配后，将分电器轴的下端固定好，把分火头装在信号转子轴上并旋至极限位置后松手，若分火头和信号转子能自动回到原位，表示离心提前机构基本正常。

真空提前机构和离心提前机构的检验和分电器分火角度检验可参照本章第二节"传统点火系"的有关方法进行。

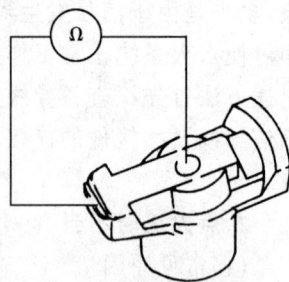

2.火花塞的检修

拆卸火花塞时,要防止垫圈、螺钉、铁屑等杂物落入火花塞孔中,以免造成气门、活塞等零件损坏。火花塞的检修主要包括4个方面。

(1)外观检测

火花塞电极不应有严重烧蚀,绝缘体不应有损伤,裙部不应有积炭。电极烧蚀严重或绝缘体破裂应更换;裙部积炭严重应进行清洁。

(2)电极间隙的检测

火花塞电极的间隙应使用间隙量规进行测量,如图 4-45 所示。其值应符合车型要求,不符合要求时,可弯曲侧电极进行调整。

(3)跳火性能检验

将火花塞安装到火花塞清洁试验仪上,接好高压线,打开针阀,使压缩空气稳定在 1MPa。按下高压电开关,从反射镜中观察火花塞跳火情况。火花连续、稳定,说明火花塞性能良好;火花断续或漂移不定,甚至不跳火,或裙部绝缘体有漏电现象,说明火花塞存在故障,应予更换。

3.高压线电阻的检测

按图 4-46 所示检测火花塞插头的电阻,其值应符合要求。

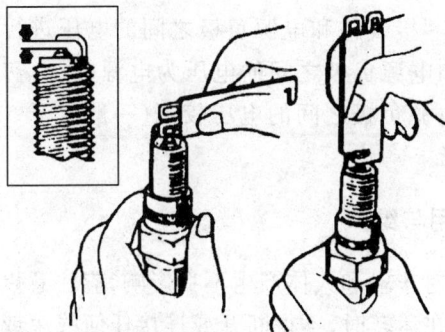

图 4-45　火花塞电极间隙检测

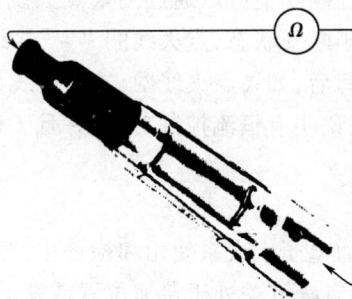

图 4-46　火花塞插头电阻的检测

按图 4-47 所示检测防干扰接头的电阻,其值应符合要求。

按图 4-48 所示检测中央高压线和分缸高压线的电阻,其值应符合要求。

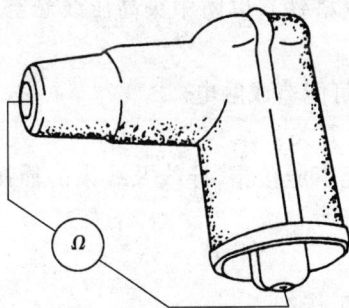

图 4-47　防干扰接头电阻的检查

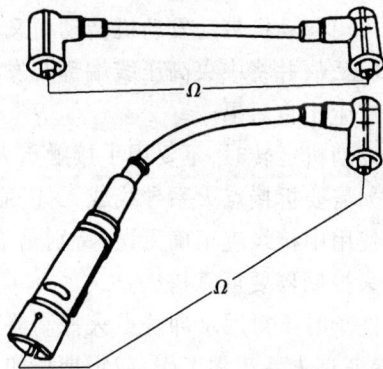

图 4-48　高压线电阻检测

阻值不符合要求的部分,予以更换。

4.点火线圈的检验

点火线圈的检验可参照本章第二节"传统点火系"的有关方法进行。检查发火性能时,除了需要与之配套的分电器外,还要配用相应的点火控制器和高压线。

5.点火控制器的检查

点火控制器的检查主要包括外观检查、端子间的电阻检查和性能检测。

点火控制器表面清洁,不应有损伤;插头排列整齐,不应松动,各端子之间的正反向电阻应符合要求。

点火控制器应进行各项性能检测,检测时配用规定的分电器和点火线圈。

自动断电保护功能可以通过在初级电路中串联电流表或在点火线圈"＋"、"－"接线柱之间并联电压表进行检查,初级电路接通时,电流表指示一般为 6～8A,电压表指示一般在 4V 以上。初级电路接通后不超过 2s 自动断电保护电路就和会自动切断初级电路,即初级电路一次接通的时间一般不超过 2s。如果初级电路接通 1～2s 后,电流表或电压表的指示不减小,说明点火控制器的自动断电保护功能损坏或无自动断电保护功能。

导通角控制功能可以利用发动机综合测试仪,通过观察不同分电器转速时的点火系初级重叠波或并列波进行检查。如果不同分电器转速时,初级电路导通角不同,转速越高,导通角越大,就表明点火控制器具有导通角控制功能,并且工作正常。

恒流控制功能可以通过测量点火线圈"－"接线柱和电源负极之间的电压进行检查。初级电路处于断开状态,点火线圈"－"接线柱和电源负极之间的电压为电源电压;初级电路接通一定时间后,如果点火线圈"－"接线柱和电源负极之间的电压较高(一般大于 5V)但低于电源电压,说明有恒流控制功能,并且工作正常。

六、使用与维护

在普通电子点火系使用和检修中,为避免对车辆和人体产生不良影响,应注意以下几点:

(1)当点火开关处于接通位置或发动机正在运转时,不得断开或连接任何线束或点火控制器的插接器。

(2)中央高压线必须可靠地插在点火线圈和分电器的插孔中,如果高压线在孔中插不到底或脱开,点火线圈次级绕组将产生过高的电压,容易造成点火线圈击穿,并且初级绕组中的自感电动势也会增大,对点火控制器的工作寿命将产生不利影响。

(3)当用起动机带动发动机转动而又不希望发动机起动时,应从分电器盖的中心插孔中拔出中央高压线,并将中央高压线端部与发动机机体接触(搭铁),以防中央高压线悬空、次级电压过高,产生不良后果。

(4)发动机运转时,不要用手接触点火控制器,否则可能造成触电。

(5)如需要拆接点火系导线或元件,应首先关闭点火开关。

(6)使用中接线应正确无误,特别是蓄电池搭铁极性不能接错,导线及线束的插接器不应松脱,点火控制器要可靠搭铁。

(7)洗车时不得用水冲洗点火控制器和分电器。

为保证点火系正常工作,应定期作如下检查与维护工作:

(1)检查分电器盖是否有裂缝,盖内各电极是否有严重烧蚀情况。如发现上述任一情况,应及时更换。

(2)检查分火头端部是否严重烧蚀。如端部烧蚀严重,应及时更换。

(3)点火线圈和各高压线是否有积垢或油污。如有,应用酒精清洗。

(4)检查所有的高压线是否连接适当。

(5)电子点火控制器与传感线圈的插接器应保持清洁。

(6)定期往分电器轴与分电器轴套间加少许机油润滑。

(7)定期检查火花塞。

由于许多轿车的分电器外壳在发动机上的位置是固定的,不能通过转动分电器外壳对点火正时进行调整(或调整量很小),因此,重新调整点火正时,或重新安装分电器时,应按下列步骤进行点火正时:

(1)找出第一缸活塞压缩冲程上止点位置。先拆下第一缸的火花塞,用拇指堵住火花塞孔,顺着发动机旋转方向摇转曲轴,当气缸内有较大的气体压力(表明是压缩冲程)时,再慢慢转动曲轴,使一缸的上止点标记(又称为点火正时标记)对正,然后装回火花塞。

(2)将机油泵的驱动轴旋至规定位置。如桑塔纳轿车要求机油泵驱动轴上的扁平部与曲轴方向平齐;切诺基轿车 2.5L 发动机要求机油泵驱动轴上的扁槽定位在 11 点稍前的位置。

(3)安装分火头,并转动分电器轴使分火头指向分电器壳体上的标记或规定方向,或者使信号转子与传感部分的相对位置符合要求。如桑塔纳轿车要求分火头指向分电器壳体上的第一缸标记;切诺基轿车 2.5L 发动机要求分火头的位置位于 2 点钟的位置。

(4)慢慢装入分电器,分电器完全装入正确位置后,分火头应指向规定位置。如桑塔纳轿车分火头指向分电器壳体上的第一缸标记;切诺基轿车 2.5L 发动机要求分火头的位置位于刚过 3 点钟的位置。将分电器固定螺钉按规定扭矩紧固。

(5)装好中央高压线,按点火顺序插好各分缸高压线。第一缸的高压线插在正对分火头的旁电极的插座内,然后顺着分火头工作时的旋转方向,按点火次序插好通往其他各缸火花塞的高压线。

(6)起动发动机进行点火正时检查,必要时进行路试检查。如果点火时间不当,应进行微调或重新调整,直至合适为止。

第四节　有分电器微机控制点火系

普通电子点火系虽然解决了触点烧蚀等问题,有些普通电子点火系的控制电路也比较完善,具有导通角控制、恒电流控制、停车断电保护、过电压保护等多项功能,使点火系的使用性能和寿命较传统点火系有了较大的改进和提高,但点火正时调节装置仍然是机械式的离心提前机构和真空提前机构,只能根据发动机的转速和负荷两个运行参数来对点火提前角进行调节,而且调节特性为线性(或不同线性的组合)规律。而发动机的最佳点火提前角除了随转速和负荷变化外,还受诸多因素的影响,如环境状况、车辆的技术状况、使用状况等,而且最佳点火提前角随发动机转速和负荷变化的规律也不是线性的。因此,各种普通电子点火系统都存在着考虑的控制因素不全面、点火提前角控制不精确的缺陷,影响了发动机性能的充分发挥。此外,离心提前机构和真空提前机构中,机械运动部件的磨损、老化和脏污等,都会引起点火提前角调节特性的改变,使发动机性能下降。

在 20 世纪 70 年代后期,随着计算机技术的飞速发展和发达国家对汽车排放限制及对其他性能要求的提高,微机开始在汽车上获得应用——用微机控制点火正时,形成微机控制点火系。由于微机具有响应速度快、运算和控制精度高、抗干扰能力强等优点,通过微机控制点火提前角要比机械式的离心提前机构和真空提前机构的精度高得多,如图4-49所示;并且微机控制点火系可以考虑多种因素对点火提前角的影响,使发动机在各种工况和使用条件下的点火提前角都与相应的最佳点火提前角比较接近,还不存在机械磨损等问题,克服了离心提前机构和真空提前机构的缺陷,使点火系统的发展更趋完善,发动机的性能得到进一步改善和更加充分的发挥。因此,微机控制点火系是继无触点的普通电子点火系之后,点火系发展的又一次飞跃。

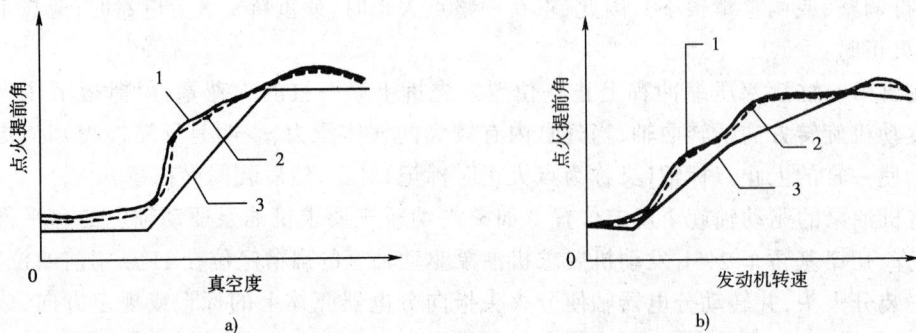

图4-49　点火提前角随转速和真空度的变化规律和调节特性

a)点火提前角随进气歧管真空度的变化规律;b)点火提前角随发动机转速的变化规律

1-理想点火正时曲线;2-微机控制点火正时曲线;3-机械调节装置点火正时曲线

现代汽车用计算机已不仅仅局限于控制点火正时,而且已经延伸到燃油供给系统控制、怠速稳定控制、废气再循环EGR控制、自动变速器控制、制动与驱动防滑控制(ABS与ASR)、汽车巡航控制、主动与半主动悬架系统控制、安全气囊(SRS)控制、防盗系统、汽车定位导航、通信、智能仪表等诸多方面,大多数车用计算机还具有故障自诊断功能、安全保护功能、保险回家功能等多项附加功能。这样往往由一台计算机(或几台计算机)同时完成包括点火正时控制在内的多项控制内容,形成所谓的"集中控制系统"。集中控制系统中,多种控制功能所需的传感器信号可以共用,使线路简化、结构紧凑,也有利于控制精度的进一步提高。不同公司、不同车型的集中控制系统的控制内容各不相同,各种控制内容的完善程度也不相同,各种传感器及执行器的工作原理和工作特性也存在一定的差别。

按照有无分电器来分,微机控制点火系分为有分电器微机控制点火系和无分电器点火系两种。本节介绍有分电器的微机控制点火系的组成、工作原理等内容。

一、有分电器的微机控制点火系组成

有分电器的微机控制点火系由低压电源、点火开关、微机控制单元ECU、点火控制器、点火线圈、分电器、火花塞、高压线和各种传感器等组成,如图4-50所示。

微机控制单元,又称电子控制单元,俗称电脑,简称ECU。根据各传感器输入的信号,计算确定最佳点火提前角和初级电路导通角,并将点火控制信号输送给点火控制器,通过点火控制器快速、准确地控制点火线圈的工作。

传感器是将电信号或非电信号整理或转变为电信号的装置,为微机控制单元提供转速、节气门开度、负荷、冷却水温度、进气温度和流量、起动开关状态、蓄电池电压、废气中氧的含量等有关发动机运行工况和使用条件的各种信息。

点火控制器,又称点火模块,主要根据微机控制单元输出的点火控制信号控制点火线圈初级电路的通断。

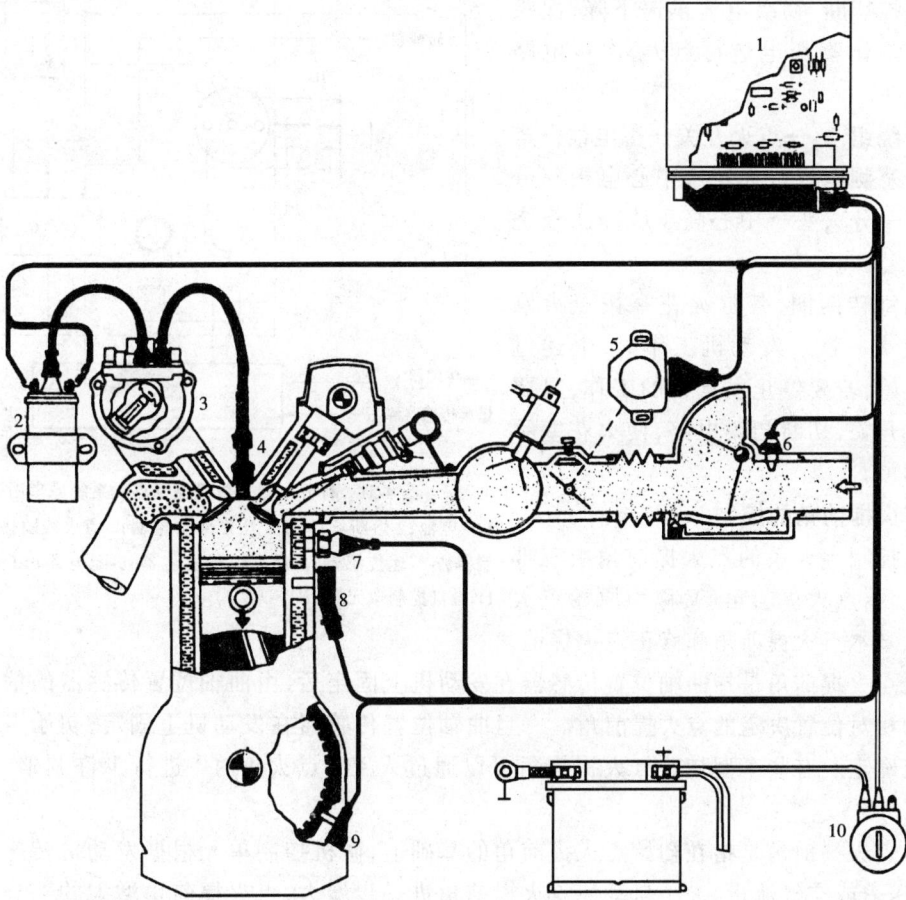

图 4-50　有分电器的微机控制点火系
1-微机控制单元 ECU；2-点火线圈；3-分电器；4-火花塞；5-节气门位置传感器；6-空气流量计及进气温度传感器；
7-冷却水温度传感器；8-爆震传感器；9-转速及曲轴位置传感器；10-点火开关

分电器主要起分配高压电的功能，多数分电器还装有曲轴位置和转速传感器及判缸信号传感器。

二、工 作 原 理

1.火花塞电火花的产生

图 4-51 为丰田公司的一种有分电器式微机控制点火系统的原理图。点火信号发生器和转速传感器装于配电器壳内，与点火线圈、点火控制器组合为一体。

工作原理如下：接通点火开关，电源电压加到点火控制器上。起动发动机，各传感器开始将发动机的各种工况信息转换为电信号并传递给微机控制单元，微机控制单元将接收到的信号与只读存储器中贮存的数据进行比较、计算后，输出点火信号至点火控制器，由点火控制器中的功率管接通和切断点火线圈的初级电路。当点火控制器中的大功率三极管管导通时，初级电路接通，初级电路为：

蓄电池"＋"→点火开关→初级绕组 N_1 →点火控制器大功率三极管集电极→发射极→搭铁→蓄电池"－"极。

当点火控制器大功率三极管截止时，初级电路被切断，初级电流迅速下降，次级绕组中感应出高压电进行点火，次级电路为：

次级绕组 N_2 →点火开关→蓄电池→搭铁→火花塞侧电极→火花塞中心电极→分缸高压线→分火头→中心高压线→次级绕组 N_2。

曲轴每转两圈，各缸火花塞按点火顺序轮流跳火一次。发动机工作时，上述过程周而复始，若要停止发动机的工作，只要断开点火开关，切断初级电路，使火花塞不能跳火即可。

2.点火提前角的控制

微机控制点火系的点火提前角由三部分组成：初始点火提前角（又称为原始点火提前角）、基本点火提前角和修正点火提前角。

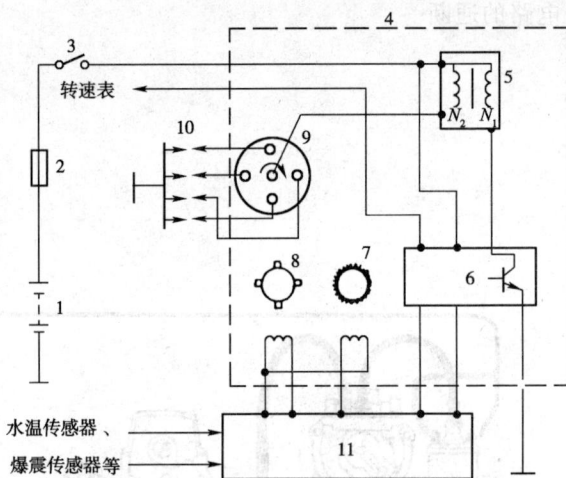

图 4-51 有分电器式微机控制点火系统原理图
1-蓄电池；2-熔断丝；3-点火开关；4-分电器；5-点火线圈；6-点火控制器；7-转速传感器；8-点火信号发生器；9-配电器；10-火花塞；11-微机控制单元（ECU）

初始点火提前角是指曲轴位置传感器在发动机上固定后，由曲轴位置传感器的信号转子和曲轴的相对位置决定的点火提前角。一旦曲轴位置传感器在发动机上固定，初始点火提前角就相应确定。有些车型初始点火提前角可以通过人工"点火正时"进行少许调整，有的则不可调。

基本点火提前角是指在初始点火提前角的基础上，微机控制单元根据发动机转速和负荷（进气管压力或空气流量）大小自动使点火提前角进一步增大，点火提前角增大的部分就是基本点火提前角。

修正点火提前角是指微机控制单元根据发动机冷却水温度、节气门开度、爆震传感器信号、氧传感器信号等参数确定出的点火提前角修正量。

由于初始点火提前角是固定的，因此，微机控制点火正时的实质是根据发动机的运行工况和使用条件计算基本点火提前角、确定修正点火提前角，使实际点火提前角尽可能与最佳点火提前角接近。

（1）点火提前角的控制方式

不论什么系统，其控制方式不外乎三种：开环控制方式、闭环控制方式和开环与闭环控制结合的方式。开环控制方式是指系统完全根据系统运行的状况和条件，按预先设定的数据或方法对控制对象进行控制，而对控制结果不作分析，控制结果不直接改变系统的控制方法和控制量的大小。闭环控制方式是指系统不但根据系统运行的状况和条件，按预先设定的数据或方法对控制对象进行控制，而且及时对控制结果进行分析，根据控制结果决定是否改变系统的控制方法和控制量的大小。开环与闭环控制结合的方式是指系统根据系统运行的状况和条件，有时采用开环控制，有时采用闭环控制的控制方法。

微机控制单元对点火提前角的控制方式有些早期的车型采用开环控制方式，现在绝大多数车型采用开环与闭环控制结合的方式。

①开环控制

152

点火提前角开环控制的基本点火提前角是靠预先在台架上用实验方法测得的。通过大量、反复的实验，测得发动机在各种转速和负荷下的最佳点火提前角，然后将最佳点火提前角随着转速和负荷变化规律编制成三维控制图，称为点火提前角的脉谱图，如图4-52所示。有关点火提前角脉谱图的数据（转速、负荷和对应的最佳点火提前角）存入微机控制单元的只读存储器ROM中，工作时，计算机根据发动机的工况（转速、负荷）来选择对应的最佳点火提前角。

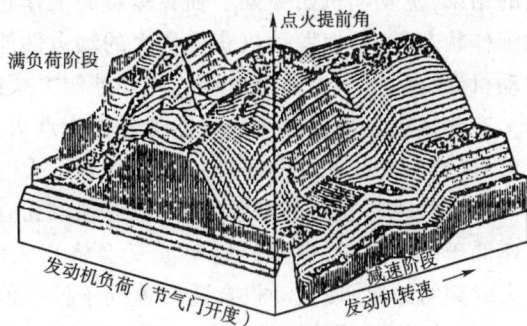

图4-52　点火提前角的脉谱图

由于发动机的转速和负荷变化范围很大，因此，要实现对各种转速和负荷下的点火提前角进行精确控制，需要存储的数据量将非常巨大，存储器必须具有足够大的空间。为了节省存储器空间，有些公司则将这些数据以若干经验公式的形式存储起来。发动机工作时，发动机转速、负荷通过相应的传感器检测出来，并输入微机控制单元，由CPU根据只读存储器ROM中存储的信息，直接查出或由相应的经验公式计算出对应的基本点火提前角。

点火正时开环控制的修正提前角一般是采用实验方法和理论计算结合的方法获得的。通过大量、反复的实验和理论计算，测得发动机冷却水温度、节气门开度等参数对最佳点火提前角的影响，然后得到这些参数不同时，对应的点火提前角修正值及对应的修正公式。将冷却水温度、节气门开度等参数及对应的点火提前角修正值和修正公式存入微机控制单元的只读存储器ROM中，工作时，微机控制单元就根据冷却液温度、节气门开度等参数，查找（或计算出）点火提前角修正值。

在得到基本点火提前角和修正点火提前角后，微机控制单元将初始点火提前角、基本点火提前角和修正点火提前角求和得到适应当前工况的最佳点火提前角。将最佳点火提前角存入随机存储器RAM中，然后根据发动机转速（或转角）信号和曲轴位置信号，确定最佳点火提前角对应的点火时刻，即初级电流的切断时刻。

②闭环控制

由于开环控制的精度因传感器工作状态的改变而改变，并且微机控制单元的ROM中所存数据无法适应最佳点火提前角随着发动机制造精度、磨损状况、使用条件的不同而变化的要求，使ROM中所存数据不能很好地适应发动机对最佳点火提前角的要求，造成发动机性能下降，以至微机控制点火正时的优势得不到很好体现。为此对点火提前角还需要进行闭环控制方式，可在一定条件下和一定程度上解决上述问题。

点火提前角的闭环控制方式是根据发动机实际运行结果的反馈信息来控制点火提前角的，所以闭环控制又称为反馈控制。闭环控制所用的反馈信息可以是发动机的爆震信号、氧传感器输出信号、转速信号或气缸的压力信号等。其中，利用发动机爆震信号作为反馈信息应用最多。

利用发动机爆震信号作为反馈信息的闭环控制方式中，爆震传感器将发动机的爆震状况反馈给微机控制单元。一旦爆震程度超过规定的标准，微机控制单元立即指挥点火控制器推迟点火；当爆震现象消失时，微机控制单元在一定时间内维持当前的提前角，在此期间若有爆震产生，将继续减小点火提前角，若无爆震产生，又会将点火时刻逐渐提前。循环调节点火时刻的结果,使发动机始终处于临界爆震的工作状态,此工作状态与发动机的技术状况无关。在此工作状态下,可使发动机获得最大的动力性能,经济性能也可以得到一定程度的改善。利用发动机爆震信号作为反馈信息的闭环控制方式的控制过程如图4-53所示。

有些汽车上采用转速传感器信号作为点火提前角闭环控制的反馈信号(例如奥迪5缸发动机),通过调节点火时刻,维持怠速转速稳定。一旦怠速转速高于设定值,微机控制单元立即推迟点火;当怠速转速低于设定值时,微机控制单元又会将点火时刻提前。循环调节点火时刻的结果,使发动机怠速转速处于设定值附近。

点火提前角采用以爆震信号作为反馈信息的闭环控制方式,在使用不同牌号的汽油时省去了对点火提前角的重新调整。同时可以以适当提高发动机的压缩比,进一步改善其动力性和经济性。此外,对点火提前角的精确控制,闭环比开环更容易实现,所用传感器少,对传感器精度要求不高,且基本上不受环境因素和使用条件的影响。

但是,采用以爆震信号作为反馈信息的闭环控制方式在改善发动机动力性和经济性的同时,使发动机的排污性能有一定程度的下降,特别是氮氧化合物排放明显增多。同时,实验表明,当发动机负荷低于一定值时,一般不出现爆震。此时,无法用爆震传感器信号对点火提前角进行闭环反馈控制。

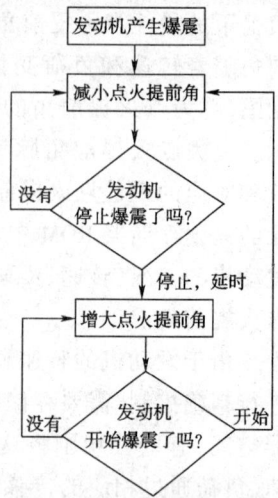

图4-53 爆震反馈闭环控制点火提前角

因此,最常见的是利用发动机的爆震信号作为反馈信息,用来控制大负荷等工况下的点火正时,既有好的动力性,又避免爆震。在怠速工况,则可以用发动机的转速信号作为反馈信息,维护怠速时稳定运转。但是一般情况下,应首先使有害气体的排放量最低,然后才考虑怠速稳定性和油耗。中等负荷等工况,则一般采用开环控制方式,保证发动机有较好的综合性能,特别是保证经济性和排放水平最佳,但在此工况下一旦发生爆震,又会自动转入利用爆震信号作为反馈信息的闭环控制方式。

(2)点火提前角的控制过程

微机控制点火系对点火提前角的控制,随着制造厂家和车型的不同而存在差异。下面介绍点火提前角控制的一般方式和考虑的主要因素。

①起动期间点火提前角控制

在起动期间,发动机转速较低(通常在500r/min以下),进气流量信号或进气歧管绝对压力信号不稳定,故点火时刻一般都固定在某一个初始点火提前角,其值因发动机而异。

另外,有的发动机起动期间的点火提前角还考虑冷却水温度的影响。例如,日产汽车ECCS系统,当水温在0℃以上起动时,其点火提前角固定在上止点前16°;而当水温低于0℃时,根据水温适当增大起动时的点火提前角,水温越低,点火提前角越大,最大可达24°,如图4-54所示。

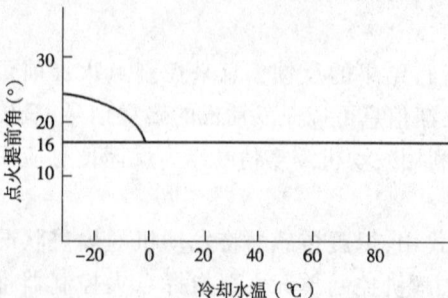

图4-54 起动时点火提前角的控制

起动期间,发动机主要根据起动开关、冷却水温度等确定点火提前角,然后根据曲轴位置和转速信号确定出与点火提前角对应的点火时刻。

②起动后点火提前角控制

起动后,当发动机转速超过一定值时,ECU开始根据发动机转速和负荷(进气流量或进气歧管绝对压力和怠速时的空调开关通断)信号,从存储器的标定数据中找到或计算出相应的基本点火提前角,再根据冷却水温度传感器、氧传感器、爆震传感器等输出的信号从存储器的标定数据中找到或计算出相应的修正点火提前角,最后得出实际点火提前角:

实际点火提前角 = 初始点火提前角 + 基本点火提前角 + 修正点火提前角。

微机控制单元确定基本点火提前角的方法因节气门位置传感器中怠速触点(简称 IDL)的状态不同而不同。

当微机控制单元检测到节气门位置传感器中的怠速触点处于闭合状态时,即发动机处于怠速或减速工况运行时,ECU 根据发动机转速和空调开关是否接通来确定基本点火提前角。转速越低,基本点火提前角越小;转速越高,基本点火提前角越大,并且规定了怠速或减速工况下基本点火提前角最大值和最小值。如果空调开关接通,则怠速或减速工况下基本点火提前角的最小值增大,如图 4-55 所示。

当微机控制单元检测到节气门位置传感器中的怠速触点处于断开状态时,即发动机处于正常工况运行时,ECU 根据发动机转速和负荷(进气流量或进气歧管绝对压力或节气门开度)信号,确定出这一工况对应的基本点火提前角。

有的发动机按照燃油牌号(辛烷值和是否含铅)不同,在存储器中存放着两张基本点火提前角的脉谱图。驾驶员可以根据使用燃油,通过燃油选择开关,让微机控制单元按其中的一张脉谱图工作。

微机控制单元确定修正点火提前角时主要包括 5 个方面:暖机修正、怠速稳定性修正、过热修正、空燃比(氧传感器信号)反馈修正和爆震反馈修正。

暖机修正:发动机冷车起动后,当冷却水温度较低时,应增大点火提前角,冷却水温度高于一定值(如 20 ℃)时,不再进行修正,即点火提前角修正值为零。暖机过程中,点火提前角修正值随冷却水温度变化的趋势如图 4-56 所示。修正曲线的形状与提前角的大小随车型不同而异。

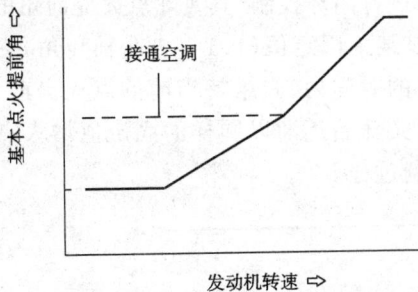

图 4-55　怠速或减速时的基本点火提前角控制　　　　图 4-56　暖机时的点火提前角修正

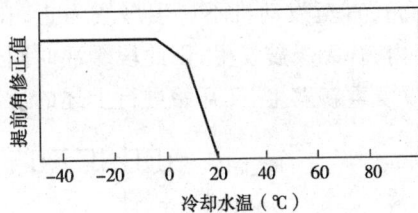

怠速稳定性修正:发动机在怠速运行期间,由于发动机负荷变化(如空调、动力转向等)而使转速改变,ECU 随时调整点火提前角,使发动机在规定的怠速转速下稳定运转。ECU 不断地计算发动机的平均转速,当平均转速低于规定的怠速目标转速时,ECU 根据两者的差值大小相应地增大点火提前角;当平均转速高于规定的怠速目标转速时,相应地推迟点火提前角。提前角修正值的绝对值随着平均转速与目标转速差值的增大而增大,但是有一个限定值,即提前角修正值的绝对值不大于该限定值,当空调打开时,该限定值减小,如图 4-57 所示。点火提前角的怠速稳定性修正一般是与怠速旁通空气量(相当于喷油量)的调节同时进行的,这样有助

于提高怠速转速的控制精度,提高怠速稳定性。

发动机过热修正:怠速触点(IDL)断开(即发动机处于正常运行工况)时,如果冷却水温度过高,为了避免爆震发生,应将点火提前角减小;怠速触点(IDL)闭和(即发动机处于怠速或减速工况)时,如果冷却水温度过高,为了避免发动机长时间过热,应将点火提前角增大。发动机过热修正也有一个限定值,即提前角修正值的绝对值不大于该限定值,过热修正曲线的变化趋势如图 4-58 所示。

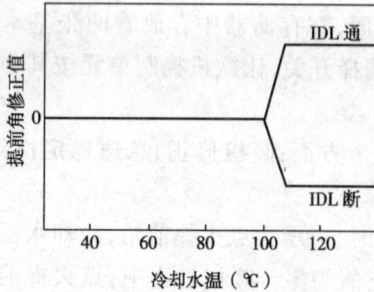

图 4-57 点火提前角的怠速稳定性修正

空燃比反馈修正:装有氧传感器(又称为 λ 传感器)的电控燃油喷射系统开始闭环控制时,ECU 根据氧传感器的反馈信号对空燃比进行修正。随着修正喷油量的增加和减少,发动机的转速在一定范围内波动。为了提高发动机转速的稳定性,在反馈修正供油量减少使混合气较稀时,适当地增大点火提前角;而在反馈修正供油量增加、混合气变浓时,再逐渐减小点火提前角修正值,当混合气浓度超过一定值时,点火提前角修正值变为零,如图 4-59 所示。

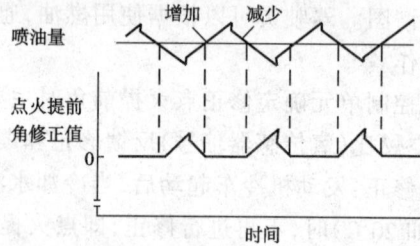

图 4-58 点火提前角的过热修正

图 4-59 点火提前角的空燃比反馈修正

爆震反馈修正:当节气门开度增大到一定值使节气门位置传感器的大负荷触点闭合,或发动机出现爆震时,ECU 开始根据爆震传感器的信号进行闭环控制,其实际点火提前角的控制如图 4-60 所示。当任何一缸产生爆震时,ECU 立即以某一固定值(1.5°~2°曲轴转角)逐渐减少点火提前角,直至发动机不产生爆震为止,在一定的时间内,先维持当前的点火提前角不变。在此期间内,若无爆震发生,则此段缓冲时间过后,又开始逐渐以同样的固定值增大点火提前角,直至爆震重新发生,又开始进行上述的反馈控制过程。

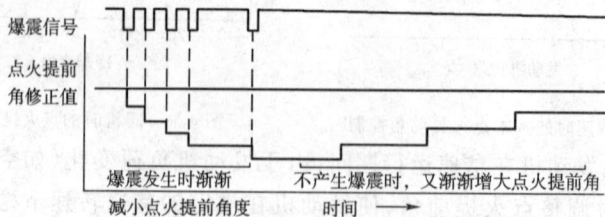

图 4-60 点火提前角的爆震反馈修正

为了防止电缆断裂、传感器失灵、检测电路发生故障等意外情况时,发动机发生爆震无法控制,系统中装有安全电路。一旦出现这种情况,安全电路将点火提前角推迟到某一定值,足以抑制爆震发生,以保护发动机,同时接通警告灯,警告驾驶员爆震控制系统发生故障。

发动机正常运行期间,发动机曲轴每运转一周,ECU就计算并输出一次基本点火提前角和修正点火提前角,使实际点火提前角随着发动机工况的变化做出相应的改变。但是,当ECU计算出的实际点火提前角超过允许的最大或最小点火提前角时,发动机将难以正常稳定运转。为此,有些微机控制点火系具有点火提前角限制功能,给定了基本点火提前角与修正点火提前角之和的最大值和最小值,当超出该范围时,ECU就以最大或最小点火提前角进行调整。如丰田TCCS系统就具有点火提前角限制功能,其基本点火提前角与修正点火提前角之和的最大值和最小值分别为37°和－10°。

3.初级电路导通角的控制

从前面两节的内容我们已经知道,对于电感储能式点火系,当点火线圈的初级电路接通后,其初级电流是按指数规律增长的;初级电路被断开瞬间,初级电流所能达到的值即断开电流与初级电路接通的时间长短有关,只有通电时间达到一定值时,初级电流才可能达到饱和;

而次级电压最大值是与断开电流成正比的,所以必须保证足够的通电时间才能使初级电流达到规定值;但是,如果通电时间过长,点火线圈又会发热,并使电能消耗增大。因此,要控制一个最佳的通电时间,兼顾上述两方面的要求。

另外,当蓄电池(电源)的电压变化时,也将影响初级电流。如蓄电池电压下降时,在相同的通电时间内,初级电流所能达到的值将会减小,因此必须对初级电路通电时间根据蓄电池电压进行修正。图4-61即为通电时间随蓄电池电压变化的修正曲线。

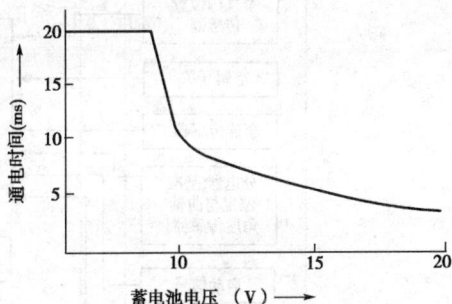

图4-61 通电时间随蓄电池电压变化的修正曲线

一定的导通时间对应的曲轴转角或凸轮轴转角即导通角与发动机转速成正比,发动机转速越高,导通角越大。

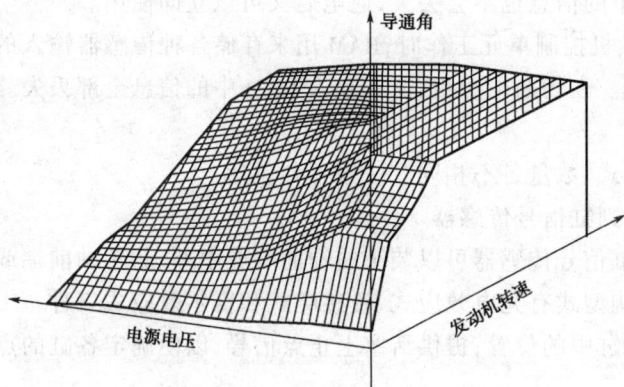

图4-62 初级电流导通角三维脉谱图

为了保证在发动机转速和蓄电池电压变化时,初级电路的断开电流基本恒定,通过计算和实验将初级电路导通角与发动机转速和电源电压的关系制成初级电路导通角脉谱图,如图4-62所示。初级电路导通角脉谱图与发动机基本点火提前角脉谱图及其修正曲线一起贮存在ECU的只读存储器中,在发动机工作期间,ECU根据蓄电池电压信号从存储器中查得所需的通电时间(以ms计),再根据发动机转速换算成曲轴转角,以决定初级电路导通角的大小,由点火正时信号来控制初级电路的导通时刻,以保证在初级电路断开时达到必需的断开电流。

三、主要元件结构

1.微机控制单元

微机控制单元主要包括:对曲轴位置和转速传感器、空调开关、起动开关等传感器输入的数字量信号进行调理的输入接口电路;将空气流量计、水温传感器等输入的模拟量信号转变为数字量的 A/D 转换器;完成信息采集控制、运算和处理的计算控制单元(中央处理器)CPU;用来存储标准数据和程序、备用程序及有关数据的只读存储器(ROM);用来存储传感器采集的数据及运算结果的随机存储器(RAM);将 CPU 指令输出给点火控制器等执行机构的输出接口电路;另外还有电源电路、备用电路等,如图 4-63 所示。

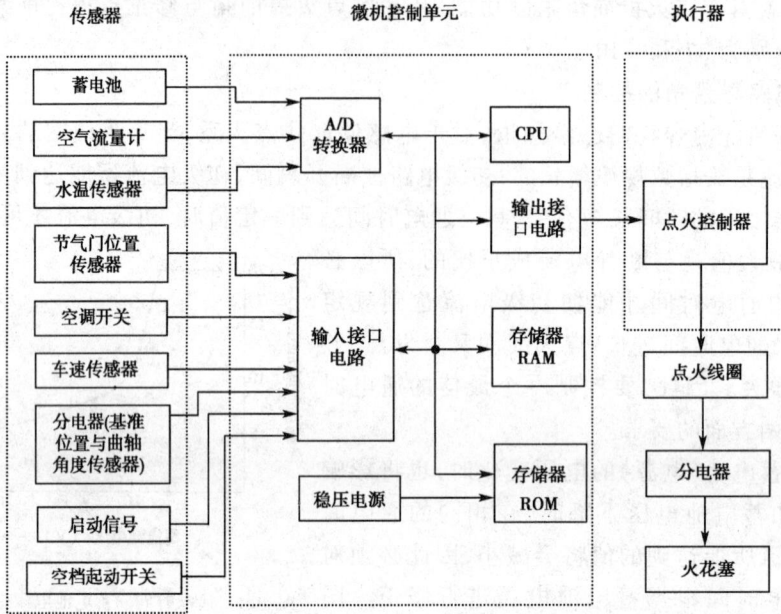

图 4-63　有分电器微机控制点火系组成框图

ROM 中的数据是在制造时输入的,是永久性数据和程序,如点火提前角脉谱、控制和运算程序软件等,即使切断电源,存入 ROM 中的信息也不会丢失,通电后又可以立即使用。

RAM 起暂时存储信息的作用。在微机控制单元工作时,RAM 用来存储各种传感器输入的信息、执行机构的工作状态、故障代码等。在切断电源后,所有存入 RAM 中的信息全部丢失。

2.传感器

各种车型点火系所用的传感器的型式、数量各不相同。一般主要包括:

(1)发动机曲轴位置、转速传感器和判缸信号传感器

发动机曲轴位置、转速传感器和判缸信号传感器可以装于曲轴前端或中部、凸轮轴前端或后端、飞轮上方或分电器内。常见的结构型式有光电效应式、磁感应式和霍尔效应式三种。

曲轴位置传感器用来反映活塞在气缸中的位置,提供活塞上止点信号,以便确定各缸的点火时刻。

转速传感器向微机控制单元提供发动机转速(曲轴转角)信号,作为微机控制点火提前角、初级电路导通角与燃油喷射系统计算喷油量的主要依据。

判缸信号传感器用来区别到底是哪一个气缸的活塞到达压缩行程上止点。

由于微机采样速度和运算速度非常快,所以可以使曲轴位置和转速传感器的采样间隔大大缩短,提高了转速的测量精度和对发动机控制的实时性。

多数车型的曲轴位置传感器、转速传感器和判缸信号传感器装在一起,采用一个或两个同轴的信号转子触发。也有的车辆曲轴位置传感器、转速传感器和判缸信号传感器分装在不同

的位置,如 1993 年后生产的切诺基轿车,曲轴位置和转速传感器(霍尔效应式)装在飞轮壳体上,而判缸信号传感器则装在分电器内,又称为同步信号传感器或同步信号发生器。

（2）发动机负荷传感器

发动机负荷传感器主要包括节气门位置传感器、空气流量传感器或进气歧管绝对压力传感器,另外还包括空调开关和动力转向开关等。

节气门位置传感器,又称为节气门开度传感器,位于节气门处,用来检测发动机节气门的开度和状态,以电信号的形式输入微机控制单元,该信号是控制发动机怠速和大负荷点火提前角和计算喷油量的主要依据之一。

空气流量计位于进气管中的空气滤清器与节气门之间,主要有阀门式、热线式和卡门涡流式三种型式,用来检测进入气缸的空气量;进气歧管绝对压力传感器装在进气歧管上,用来检测进气压力的高低;空气流量计或进气歧管绝对压力传感器将空气流量转变为电信号输入微机控制单元,是控制点火提前角和计算喷油量的主要依据之一。

空调开关和动力转向开关等,向微机控制单元输入发动机负荷变化的信号,以便调整提前角。

（3）其他传感器

为改善发动机的工作性能,还增加了其他一些传感器,以修正点火正时。

水温传感器,安装在发动机水套上,多为负温度系数热敏电阻式,用来检测发动机冷却水的温度,水温信号是电脑修正点火正时的依据之一。

爆震传感器,用来将气缸体的振动信号转变为电信号给微机控制单元,以便发生爆震时推迟点火时间;无爆震现象时,微机控制单元维持点火提前角在接近爆震的数值,既可防止爆震,又可最大限度地发挥发动机的功率。爆震传感器有三类:一类为利用装于每个气缸内的压力传感器检测爆震引起的压力波动,称为压力传感器型;一类为把一个或两个加速度传感器装在发动机缸体或进气管上,检测爆震引起的振动,称为壁振动型;再一类为燃烧噪声频谱分析型。压力传感器型对爆震的鉴别能力较强,检测精度较高,但制造成本也较高,可靠性较差,安装较困难,应用较少;燃烧噪声频谱分析型为非接触式,其耐久性也较好,但检测精度和灵敏度偏低,目前应用也较少;壁振动型虽然对爆震的鉴别能力低一些,但因其制造成本低、可靠性好、维修容易等优点而更受人们重视,现代汽车上所采用的爆震传感器多属此种类型。

氧传感器,装在发动机排气管上,主要用于空燃比反馈控制,在为反馈控制空燃比提供依据的同时,还用于对点火提前角进行间接的反馈控制。

进气温度传感器,用来将空气的温度转变为电信号,以便微机控制单元准确计算空气质量,修正点火提前角(特别是大负荷时)和喷油量。

起动开关,向微机控制单元输入发动机起动信号,以便调整提前角。

另外,微机控制单元还不断检测蓄电池电压信号,作为控制初级电路导通角的主要依据之一。

3.点火控制器

各种发动机的点火控制器的结构和功能不尽相同,简单的只有大功率三极管,单纯其开关作用;还有的除了大功率三极管外,还有其他控制电路,不但起开关作用,还有恒流控制、气缸判别、闭合角控制和点火反馈监视等功能,向微机控制单元反馈点火信号,以便进一步控制燃油喷射。

点火控制器有的单独安装,有的与点火线圈固定在一起,还有的装在分电器内,如图 4-64

所示。

注意:有的发动机取消了点火控制器,大功率三极管直接设在微机控制单元内。

4.点火线圈

点火线圈多采用闭磁路型式,实现小型化。有的与分电器合为一体,进一步减少了高压损失和无线电干扰。

5.分电器

分电器取消了机械式的离心提前机构和真空提前机构,主要起分配高压电的功能。

有的分电器结构非常简单,如切诺基轿车的分电器,内部除了分火头外只有由脉冲环和定子组成的判缸信号传感器,结构如图4-65所示。

多数分电器还装有曲轴位置和转速传感器及判缸信号传感器,有的车型甚至将点火线圈和点火控制器都装在分电器上,参见图4-64。

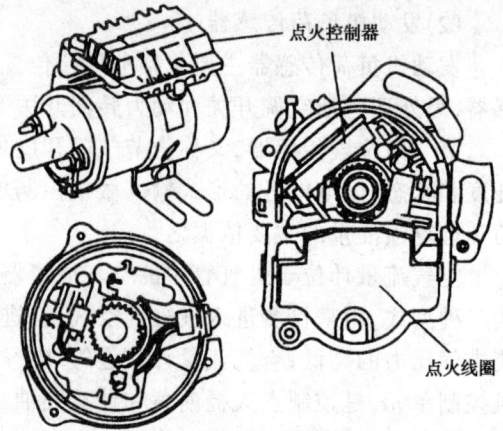

图 4-64 点火控制器、分电器的典型结构

四、有分电器微机控制点火系实例

虽然不同公司、不同车型的微机控制点火系的控制内容和完善程度不尽相同,但是它们的基本组成和工作过程却大同小异。下面重点以丰田皇冠牌JZS133轿车的2JZ-GE发动机点火系为例,介绍丰田车系广泛采用的TCCS(丰田计算机控制系统)中的微机控制点火系的结构特点和工作过程。

TCCS系统是一种集中控制系统,其控制内容主要包括:发动机控制、电子锁止自动变速器(ECT)、电子防抱死装置(ABS)、电控悬架(TEMS)、牵引控制(TRC)、空调(A/C)控制、巡行控制(CCS)、安全气囊等。而发动机控制内容又包括:电子控制燃油喷射(EFI)、电子控制点火正时(ESA)、急速控制(ISC)、废气再循环(EGR)、蒸发污染控制(ECS)、谐波进气增压系统控制(ACIS)、故障自诊断(DIAGN)、失效保护与后备功能、急速混合气浓度调节(VAF,主要用于CO排放控制)等。

2JZ-GE型发动机为双顶置凸轮轴、直列6缸、排量为3.0L的汽油机,发动机的控制内容包括:D型燃油喷射系统、电子点火正时控制系统、急速控制系统、谐波进气增压控制系统、故障自诊断系统、失效保护与后备功能、急速混合气浓度调节等。发动机(含自动变速器)控制系统的组成和原理分别如图4-66和图4-67所示。

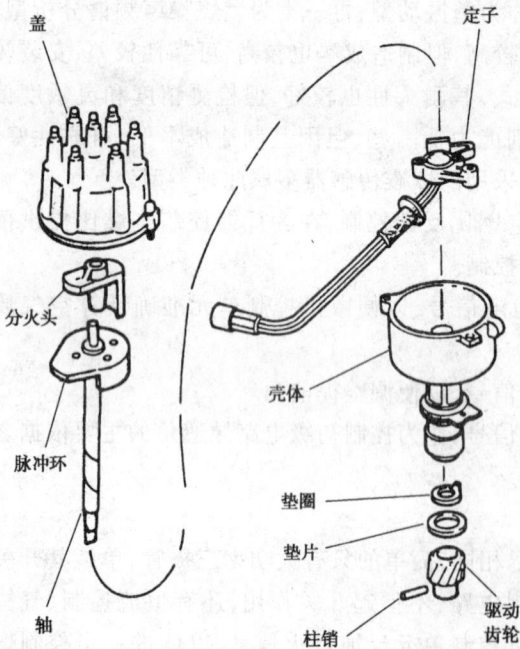

图 4-65 切诺基轿车分电器

1.主要结构特点

2JZ-GE 型发动机的点火系又称为 ESA 点火控制系统，由低压电源、点火开关、微机控制单元、点火控制器、点火线圈、分电器、火花塞、高压线和各种传感器等组成，主要有如下特点：

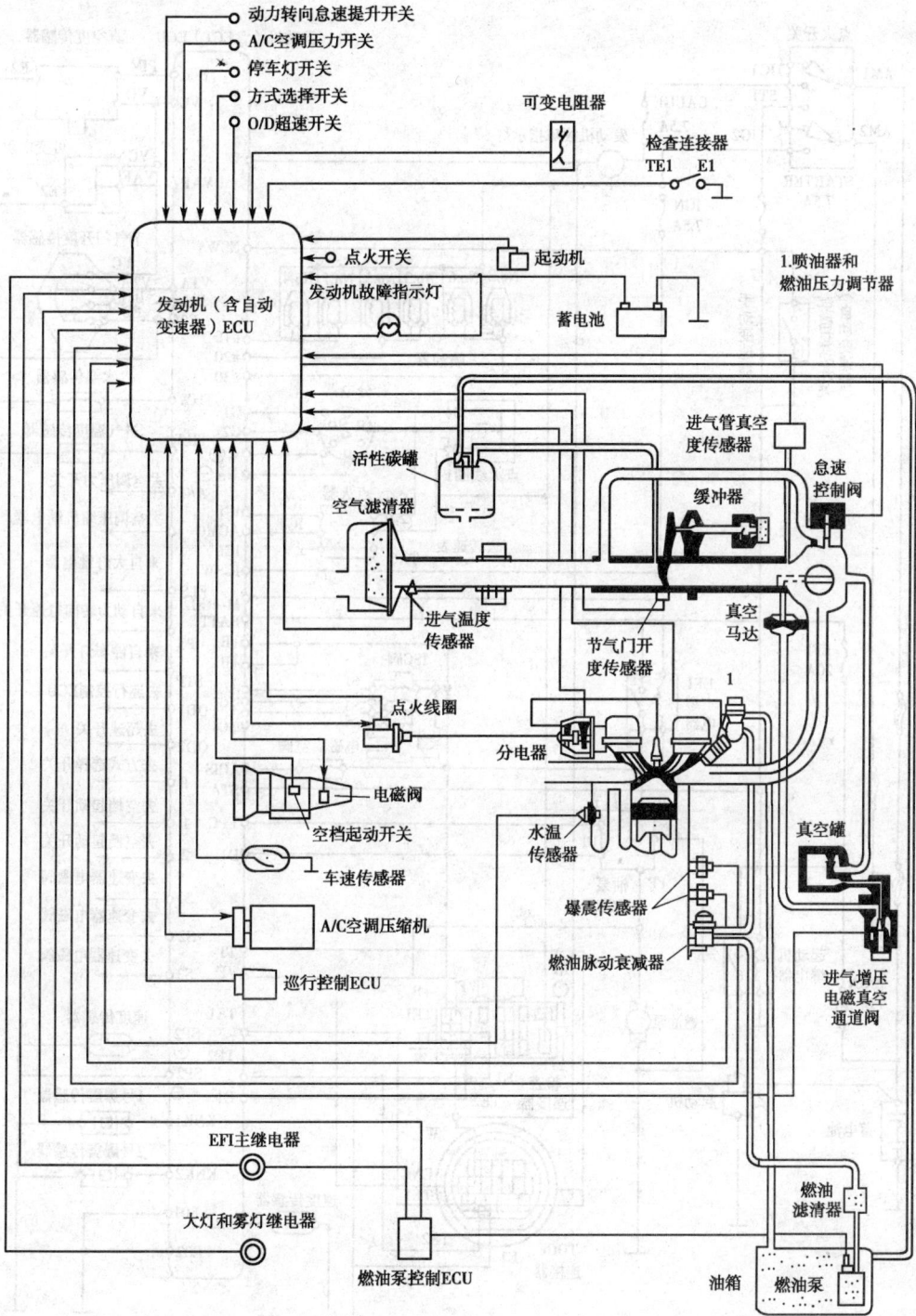

图 4-66　2JZ-GE 型发动机控制系统的组成(含自动变速器)

ESA 的微机控制单元和燃油喷射系统等部分的控制单元一起，集中在发动机控制电脑(简称发动机电脑或发动机 ECU)中。只进行点火信号控制，即点火提前角控制，初级电路导通角的控制则由点火控制器完成。

采用闭磁路点火线圈，并且由于点火控制器具有初级电路导通角控制和恒流控制功能，所

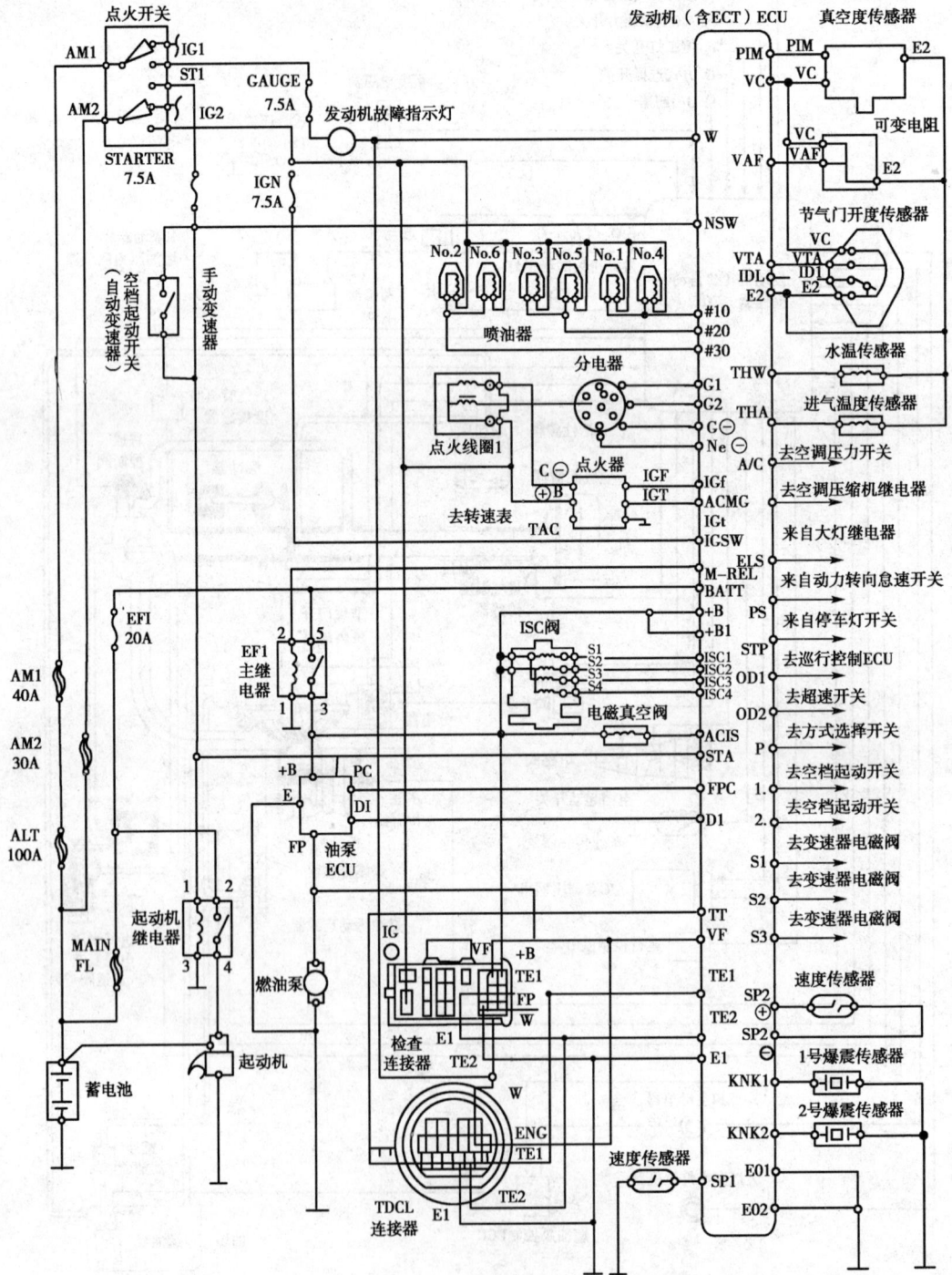

图 4-67　2JZ-GE 型发动机控制系统线路原理图(含自动变速器)

以初级绕组电阻很小,冷态时只有 $0.36 \sim 0.55\Omega$,热态为 $0.45 \sim 0.65\Omega$;次级绕组电阻为 $9 \sim 18k\Omega$。

高压线为阻尼线,每根最大电阻不大于 $25k\Omega$。

ESA 的点火控制器除了根据微机控制单元提供的点火信号(IG_t 信号)适时切断初级电路外,还具有初级电路导通角控制和恒流控制、自动断电保护、过压保护、点火监视和加速检出等功能,如图 4-68 所示。其中,初级电路导通角控制和恒流控制、自动断电保护、过压保护功能的作用和工作原理与普通电子点火系中的相同。

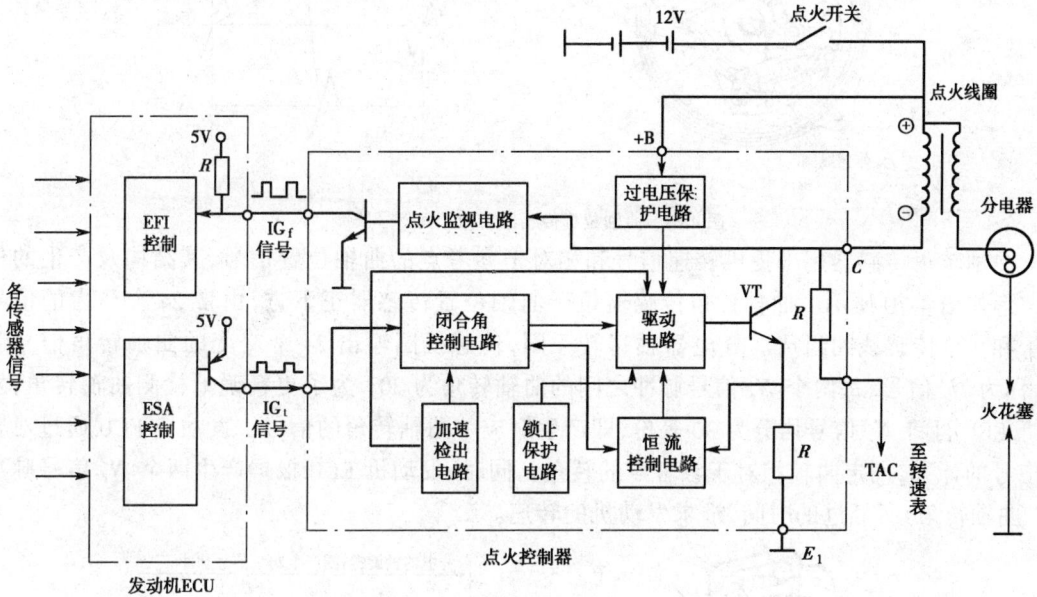

图 4-68　2JZ-GE 型发动机点火系电路框图

点火监视功能是指:点火控制器利用点火监视电路,向发动机 ECU 提供反映初级电路工作情况的点火监视信号(又称为点火确认信号,一般用 IG_f 表示),使发动机 ECU 能监视点火系初级电路的工作情况,达到保护火花塞和三元催化转化器的目的。发动机正常工作时,点火控制器中的大功率三极管每导通、截止一次,点火控制器中的点火监视电路就向发动机 ECU 提供一个正常的脉冲信号;如果点火控制器或初级电路发生故障使点火控制器中的大功率三极管不能正常导通和截止,点火监视信号就不再是脉冲信号。当发动机 ECU 收到的点火监视信号 IG_f 连续 6 次都不正常时,发动机 ECU 便"认为"发动机熄火,而向汽油喷射控制(EFI)电路发出停止喷油的信号,强制喷油器停止喷油,从而避免了在发动机工作过程中、点火系发生故障时,喷油器正常喷油而火花塞不跳火造成的对火花塞的污染和对三元催化转化器的危害。

加速检出功能是指:点火控制器中的加速检出电路根据微机控制单元提供的点火信号之间的间隔变化,识别发动机的转速变化,在发动机转速急剧上升时,向闭合角控制电路发出信号,通过导通角控制电路使大功率三极管提前导通,进一步增大初级电路导通角,提高点火能量,减少急加速时火花塞断火现象。

与 ESA 点火系有关的传感器主要包括:曲轴位置和转角传感器、节气门开度传感器、冷却水温度传感器、进气温度传感器、爆震传感器、起动开关、空调开关等。

曲轴位置和转角传感器均装在分电器内部。曲轴位置传感器实际是判缸信号传感器,由带一个凸齿的信号转子和两个传感线圈组成,两个传感线圈相差 180°。分电器轴每转一圈(曲轴每转两圈），这两个传感线圈分别输出一个信号脉冲 G_1 和 G_2，称为 G 信号，分别用来表明第 6 缸和第 1 缸的活塞位置。只要分电器在发动机上的安装位置正确，G_1 和 G_2 信号脉冲过零点时，应分别对应第 6 缸和第 1 缸活塞处于压缩上止点前 10° 位置，该位置就是微机（ECU）控制点火正时的参考点。曲轴位置传感器的结构及产生的 G_1 和 G_2，信号波形，如图 4-69 所示。

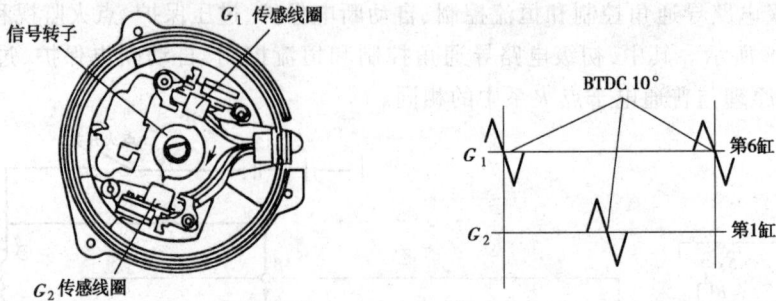

图 4-69　曲轴位置传感器结构及其信号波形

曲轴转角传感器用来提供转速信号和相对于参考点的曲轴位置信号，其结构及产生的信号波形如图 4-70 所示。曲轴转角传感器位于曲轴位置传感器正下方，由带 24 个凸齿的信号转子和一个传感线圈组成。分电器轴每转一圈，传感线圈输出 24 个交变的曲轴转角信号脉冲，称为 N_e 信号，每两个 N_e 信号脉冲之间的曲轴转角为 30°，为了更精确地检测曲轴转角，发动机 ECU 再将 N_e 信号均分为 30 等份，即产生对应 1° 曲轴转角的信号。发动机 ECU 通过对转角信号的计数，确定曲轴相对于参考点的转角。同时，发动机 ECU 根据产生两个 N_e 信号脉冲（30° 曲轴转角）所经过的时间，推求发动机的转速。

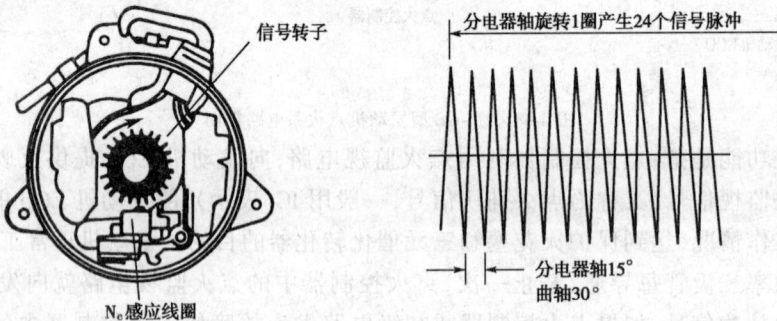

图 4-70　曲轴转角传感器结构及产生的信号波形

发动机 ECU 根据 G 信号所确定的参考点（压缩上止点前 10°），开始对 N_e 信号进行计数，确定 1、6 缸的点火时刻。按照相邻两缸之间的点火间隔（120° 曲轴转角）所对应的 N_e 信号脉冲个数，可以确定其他气缸的点火时刻，即 1、6 缸以外的其他缸的点火时刻与 1、6 缸的点火时刻相差 4 个或 8 个 N_e 信号脉冲（120° 或 240° 曲轴转角）。

2. 工作过程

点火系工作原理如图 4-71 所示，曲轴位置信号 G_1 和 G_2 及曲轴转角信号 N_e 通过相应导线输入发动机 ECU，点火控制器通过 IG_t 接受发动机 ECU 的控制，并通过 IG_f 反馈初级电路的工作情况。冷却水温度、进气温度、节气门开度、爆震传感器等信号和起动开关、空调开关信号通过导线反馈给发动机 ECU。

在发动机起动时，发动机 ECU 根据起动开关信号和转速信号确知发动机正处于起动状态，将点火提前角固定为初始点火提前角（BTDC10°），而不进行修正控制，即相当于基本点火提前角和修正点火提前角为零。

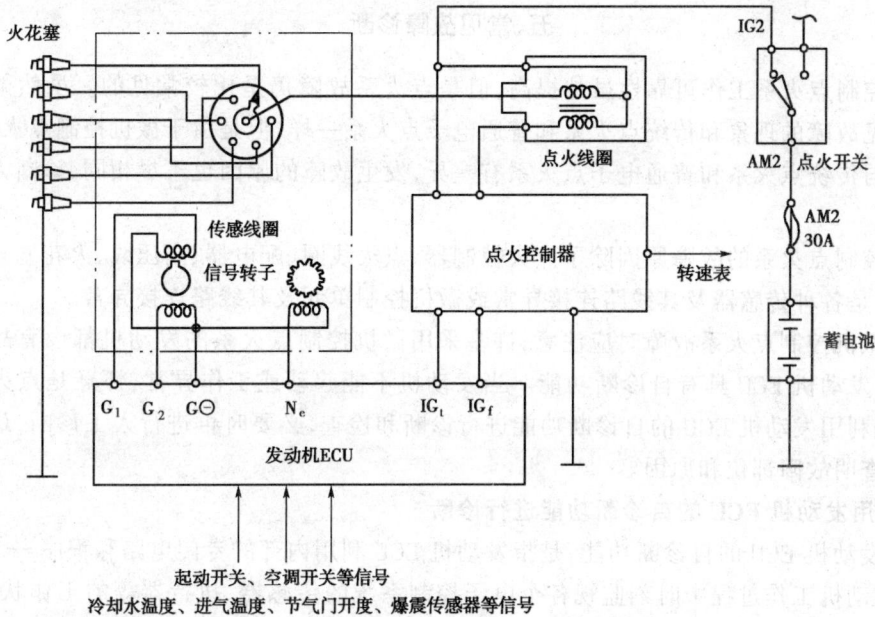

图 4-71　2JZ-GE 型发动机点火系工作原理图

发动机怠速或减速运转时,发动机 ECU 根据节气门怠速触点(IDL)闭合的信号确知发动机正处于怠速或减速运转状态。发动机 ECU 首先根据发动机转速和由进气歧管绝对压力传感器测定的压力(即负荷),确定基本点火提前角;再根据空调开关信号的状态和冷却水温度高低确定修正点火提前角大小,最后计算出最佳点火提前角。

发动机中小负荷运转时,发动机 ECU 首先根据发动机转速和由进气歧管绝对压力传感器测定的压力,确定基本点火提前角;再根据节气门开度确定修正点火提前角大小,最后计算出最佳点火提前角。

发动机大负荷运转时,发动机 ECU 根据节气门开度信号确知发动机正处于大负荷运转运转状态。发动机 ECU 首先根据发动机转速和由进气歧管绝对压力传感器测定的压力(即负荷),确定基本点火提前角;再根据爆震传感器和进气温度高低确定修正点火提前角大小,最后计算出最佳点火提前角。

点火提前角确定后,发动机 ECU 根据曲轴位置信号 G_1、G_2 和曲轴转角信号 N_e,监视发动机曲轴和活塞的位置,当曲轴转到与计算得到的最佳点火提前角对应的位置时,输出方波形式的点火信号 IG_t 至点火控制器,在点火信号 IG_t 变为低电平时,点火控制器中的大功率三极管截止,切断初级电路,点火线圈次级绕组产生高压电(可达 20～35kV),通过高压线和配电器使火花塞跳火。

点火系统工作正常时,点火控制器根据点火线圈初级绕组自感电动势,通过 IG_f 端子向发动机 ECU 反馈点火确认脉冲信号。如果发动机 ECU 连续 6 次收不到该信号或该信号异常,则立即使喷油器停止喷油,发动机立即熄火;只有当发动机 ECU 连续收到 4～7 次正常的 IG_f 信号后,才恢复燃油喷射系统的工作。

当发动机急剧加速时,点火控制器加速检测电路便向导通角控制电路发出信号,使初级电路导通时刻提前,即导通角增大。

165

初级电路导通角控制、恒流控制和自动断电保护等功能都由点火控制器自动完成。

五、常见故障诊断

微机控制点火系工作可靠性虽然提高,但是点火系故障仍是比较常见的。虽然微机控制点火系常见故障的现象和传统点火系和普通电子点火系一样,但是由于微机控制点火系组成、工作原理与传统点火系和普通电子点火系有差异,发生故障的原因也不尽相同,诊断方法差异更大。

微机控制点火系的故障原因除了点火控制器、点火线圈、配电器、高压线、火花塞发生故障外,还可能是各种传感器及其线路连接异常或微机控制单元及其线路连接异常。

诊断微机控制点火系故障时应注意,许多采用微机控制点火系的发动机都设有故障自诊断系统,即发动机 ECU 具有自诊断功能。当发动机不能起动或工作异常,怀疑是点火系故障时,应首先利用发动机 ECU 的自诊断功能进行诊断和检查,必要时再进行人工诊断,最后通过人工检查查明故障部位和原因。

1. 利用发动机 ECU 的自诊断功能进行诊断

所谓发动机 ECU 的自诊断功能,是指发动机 ECU 利用内部的专门电路和程序——自诊断系统,在发动机工作过程中时刻监视各个电子控制系统的传感器、执行器等的工作状态,一旦发现某些信号失常,自诊断系统会点亮仪表板上的"发动机故障指示灯(CHECK 或 CHECK ENGINE)"(又称为"检查发动机报警灯"),通知驾驶员出现故障;同时发动机 ECU 将故障信息,以代码的形式存储起来,维修时技术人员可以通过发动机故障指示灯或专用仪器调取。

当点火开关旋至接通位置且不起动发动机,检查发动机报警灯便会亮起。若报警灯未亮,说明报警灯或其电路有故障,可根据图 4-72 及时进行检查并排除。起动发动机后,检查发动机报警灯应熄灭。若检查发动机报警灯不熄灭,则说明诊断系统已检测出发动机系统有故障或不正常。可以利用发动机 ECU 的自诊断功能诊断和检查故障,主要步骤如图 4-73 所示。下面以凌志 LS400 轿车为例详细说明。

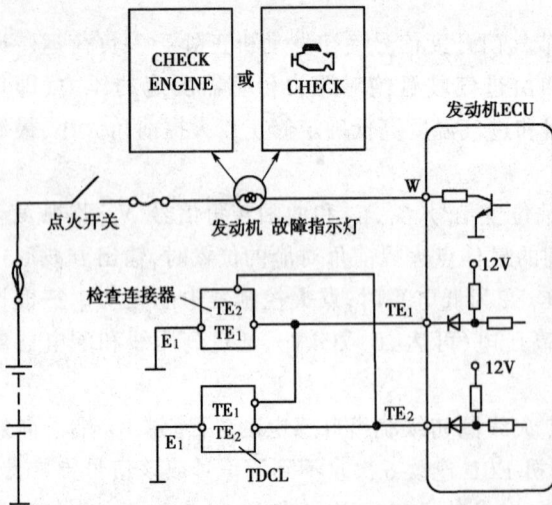

图 4-72 发动机故障指示灯电路

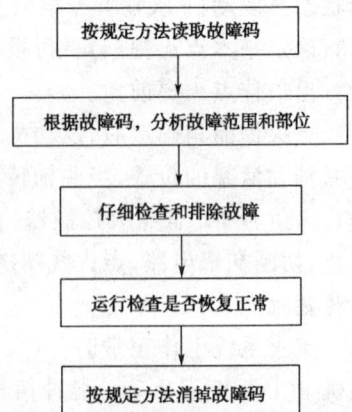

图 4-73 利用自诊断功能诊断和检查
故障的步骤

(1)故障码的读取

166

凌志 LS400 轿车故障代码的读取有两种模式,即"普通"方式和"测试"方式;两种方式的检测内容有差异,读取方法也不同。"测试"方式实际上是为了检测在"普通"方式难以检测到的起动机信号电路、节气门位置传感器的 IDL 接触信号、空调信号以及空档起动开关信号等电路的故障,在原来只有"普通"方式的自诊断系统基础上,增加的一个功能,是对"普通"方式的补充,它使自诊断系统更加完善。

为便于故障码的读取,该车设有两个专用故障诊断插座。一个是检查连接器,安装在发动机舱内,平时用盖子盖上,该插座适于对发动机进行检测时使用;另一个叫 TDCL 故障诊断连接器,简称 TDCL 接头,安装在仪表板下左侧(左侧驾驶车辆)或右侧(右侧驾驶车辆)的小盒内,它比检查连接器多了一个 TE$_2$ 检测孔,以便进行"测试"方式检测,检查连接器和 TDCL 检测插孔位置,如图 4-74 所示。通过检查连接器只能进行"普通"方式检测,而用 TDCL 故障诊断连接器既能进行"普通"方式检测,也能进行"测试"方式检测。

"普通"方式调取故障代码的方法是:接通点火开关但不起动发动机,用维修专用工具——跨接线或导线连接检查连接器或 TDCL 接头内的 TE$_1$ 和 E$_1$ 端子,如图 4-75 所示,即可以从发动机故障指示灯闪烁特征来识读故障代码。

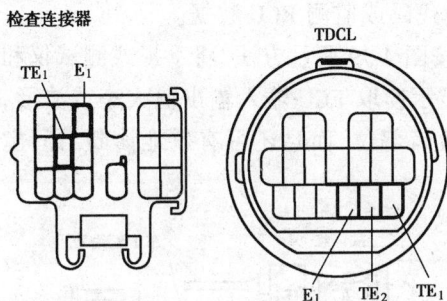

图 4-74　检查连接器和 TDCL 接头　　　　　图 4-75　通过 TDCL 接头的连接读取故障码

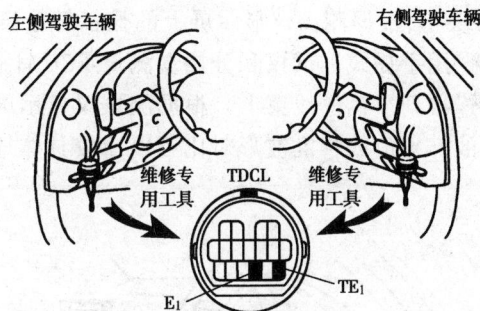

为了便于说明,发动机故障指示灯明灭用电位表示,指示灯点亮时用高电位(ON)表示,熄灭时用低电位(OFF)表示。如果指示灯点亮、熄灭及间隔的时间都相等,即指示灯闪烁的代码为正常代码,表示未发现电子控制系统故障,如图 4-76 所示。当自诊断系统发现电子控制系统有故障时,发动机故障指示灯点亮、熄灭及间隔的时间就不再相同,以显示出故障代码。一个故障代码一般用两位数表示,即分两组显示,第一组显示十位上的数字,第二组显示个位上的数字,每个数字都用连续点亮的次数表示,每个数字中一次点亮和熄灭的时间相等并且较短(大约都是 0.5s),两组显示中间指示灯熄灭时间较长(约 1.5s)。当存储有 2 个或更多个故障代码时,故障代码按由小到大的顺序轮流显示,两个故障代码之间指示灯熄灭时间更长(约 2.5s)。为了便于记录识别,故障代码开始显示或循环显示时,指示灯首先熄灭一段时间(约 4.5s),然后才开始显示故障代码的十位数。如故障代码为 12 和 31 时,指示灯的显示如图 4-77 所示,指示灯 4.5s 后亮,持续时间 0.5s 后熄灭(表示故障代码十位数是 1),隔 1.5s 后又闪烁 2 次,亮、熄时间都是 0.5s 表示故障代码个位数是 2);然后间隔 2.5s,指示灯再做类似闪烁,输出下一个故障代码 31。故障代码都输出后,指示灯熄灭,4.5s 后再循环这一过程。

通过"测试"方式不但可以调取故障代码,而且可以检测有关 ECU 的信息及其输入和输出值。使用"测试"方式时,要求蓄电池的电压不低于 11V、节气门完全关闭(以便节气门位置传感器中的急速触点 IDL 闭合)、变速器处在驻车档或空档位置以及空调开关位于断开位置。使用方法如下：

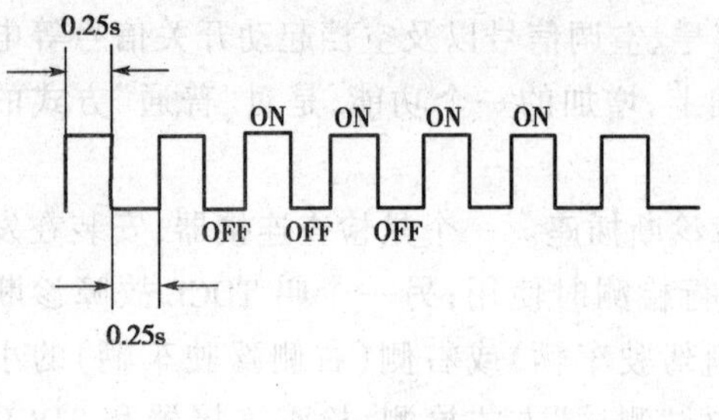

图 4-76　正常代码显示

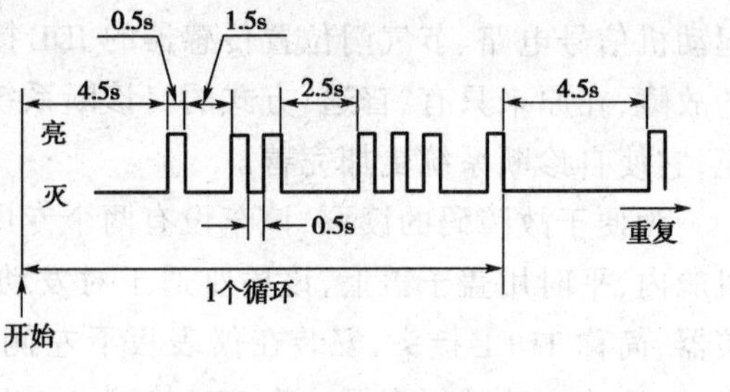

图 4-77　故障代码 12、31 的显示

①采用一般方法检查。将点火开关旋至 OFF 位置，用维修专用工具或导线连接 TDCL 接头内的 TE_2 和 E_1 端子，然后将点火开关旋至 ON 位置。这时检查发动机报警灯应闪烁，从闪烁特征识读故障代码。故障代码的表示方法和识读方法与"普通"方式基本相同，只是闪烁频率约是"普通"方式的两倍。必要时，起动发动机并对用户所述故障进行模拟和路试后再检查。

②用手提式测试仪检查故障码和监测 ECU 数据。按图 4-78 所示方法，将测试仪接到 TD-CL 接头上，根据测试仪显示屏上的显示符号读取故障代码或监测 ECU 数据。

③用手提式测试仪和分接盒测量 ECU 针脚值。按图 4-79 所示方法，将手提式测试仪和分接盒连接到车辆的线束上。根据测试仪显示屏上的显示读取 ECU 输入输出值大小或波形，与相应的标准值或标准波形对比可以比较具体地诊断故障部位，而且还可有效地诊断出间歇性故障。

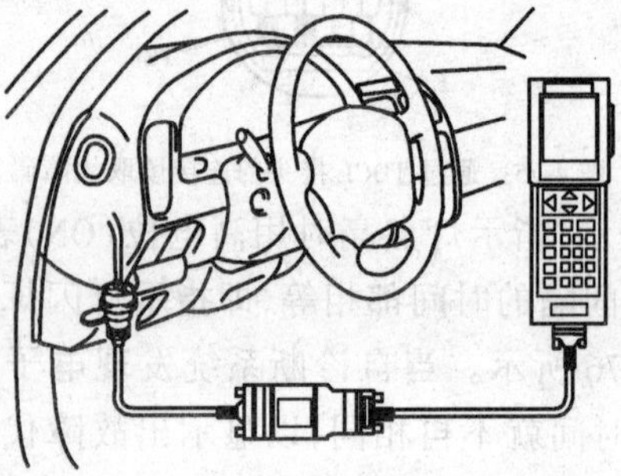

图 4-78　用测试仪读取故障代码

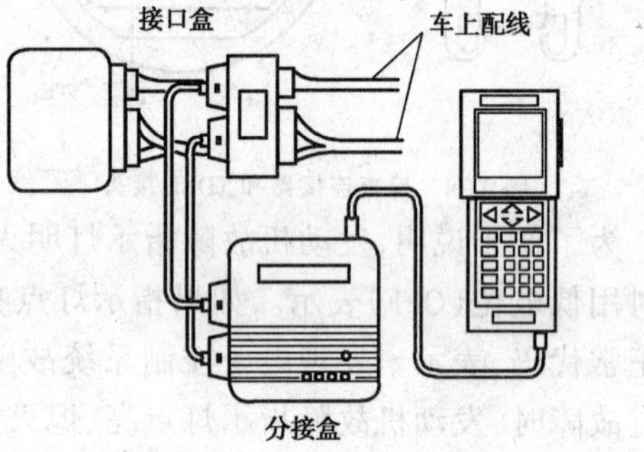

图 4-79　用测试仪和分接盒检测 ECU 信号

（2）根据故障代码，确定故障具体部位、原因，并予以排除。

维修人员读出故障代码后，可根据故障代码表，查出故障的含义、类别以及故障范围等。一般情况下，故障代码只代表了故障类型及大致的范围，不能具体指明故障的全部原因，因此，必须以此为依据进行具体、全面的检查，发现故障，予以排除。

（3）进行路试检查，确定故障彻底排除

故障全部修理完以后，进行路试检查。路试中，检查发动机报警灯应指示正常：即当点火开关旋至接通位置且不起动发动机，检查发动机报警灯点亮；起动发动机后，检查发动机报警灯熄灭，说明故障已经彻底排除。若起动发动机后，检查发动机报警灯不熄灭，说明电子控制系统还存在故障。若出现原来的故障码，则说明故障部位未能彻底修理好；若出现新的故障码，则说明发生新的故障，需要继续修理。

（4）清除（消除）故障代码

故障彻底排除后,电子控制系统虽然恢复正常工作,检查发动机报警灯也指示正常,但是故障代码仍然储存在存储器中,不会自行消掉,再读取故障代码时,这些故障代码会和新的代码一起显示出来,给诊断维修增加了困难。因此,故障彻底排除、检查发动机报警灯指示正常后,应及时消除故障代码。方法如下:

将点火开关旋至断开位置。然后,从发动机接线盒中拆下 EFI 熔断丝,10s 之后便可清除储存在 ECU 中的故障代码。EFI 熔断丝的位置如图 4-80 所示。

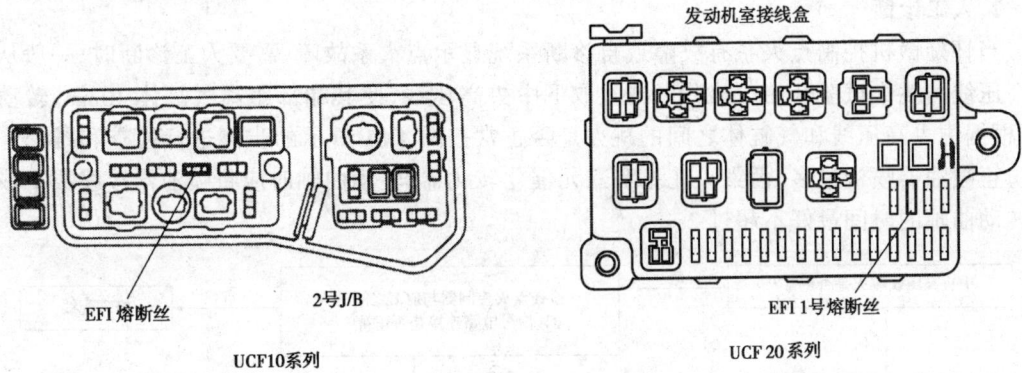

图 4-80　凌志 LS400 轿车 EFI 熔断丝的位置

注意:拆下蓄电池负极电缆 10s 以上,也可清除故障代码,但同时也会把时钟、音响等其他数据清除掉。如果在进行发动机检修而必须要拆开蓄电池负极电缆时,一定要先读取存储器中存储的故障代码。

清除了故障码以后,要对车辆进行路试。在路试中,检查发动机报警灯应指示正常。

自诊断系统对点火系统的监视主要依靠的是点火控制器反馈给发动机 ECU 的点火确认信号 IG_f。如果发动机 ECU 连续输出 8～11 个 IG_t 信号后接收不到 IG_f 信号,即判断为点火系统出现故障。驾驶室仪表板上的发动机故障指示灯会被点亮,并向存储器内存入相应的故障代码。微机的安全保护电路也会同时指令燃油喷射系统停止喷油。当发动机 ECU 连续 8～11 次接收不到 1 号点火控制器的 IG_f 信号时,将点亮发动机故障指示灯,并向存储器内存入故障代码 14;当发动机 ECU 连续 8～11 次接收不到 2 号点火控制器的 IG_f 信号时,将点亮发动机故障指示灯,并向存储器内存入故障代码 15。另外与点火系有关的故障代码及其产生条件如下:

12 号代码:起动开关闭合 2s 后,仍无 G_1、G_2 和 N_e 信号输入 ECU。

13 号代码:发动机转速超过 1000r/min 时,在不少于 0.1s 时间内无 N_e 信号输入 ECU;或 G_1、G_2 脉冲之间,无足够多的 N_e 信号输入 ECU;或暖机后,怠速期间(节气门完全关闭),G_1、G_2 和 N_e 信号偏移持续至少 1s。

17 号代码:G_1 信号(左列气缸凸轮轴位置传感器信号)未送到 ECU。

18 号代码:G_2 信号(右列气缸凸轮轴位置传感器信号)未送到 ECU。

22 号代码:冷却水温度传感器电路开路或短路至少 0.5s。

31 号代码:发动机转速低于 3000r/min 时,空气流量计电路开路或短路至少 3s。

41 号代码:节气门位置传感器电路开路或短路至少 5s;或主节气门位置传感器的怠速触点 IDL_1 闭合,但其电压降超过 0.1V 的时间至少 5s。

43 号代码:起动信号没有送到 ECU。

52 号代码:发动机转速为 1700～5600r/min 时,曲轴转动 3 圈,仍无 1 号爆震传感器信号送到 ECU。

53 号代码:发动机转速在 650～6000 r/min 范围内时,爆震控制失控,即 ECU 失去对爆震信号的处理能力。

55 号代码:发动机转速为 1700～5600r/min 时,曲轴转动 3 圈,仍无 2 号爆震传感器信号送到 ECU。

2.人工诊断

当怀疑微机控制点火系有故障或自诊断系统显示点火系故障,需要人工诊断时,一般从中央高压线的跳火试验开始。从分电器上取下中央高压线,使其端部距离气缸体 10mm,转动曲轴,根据中央高压线和气缸体之间的跳火是否正常按图 4-81 所示的步骤进行检查和维修。为了防止喷油器喷油过多,污染火花塞和三元催化转化器,转动曲轴时应将喷油器接线拔下或每次转动曲轴的时间最好不超过 2s。

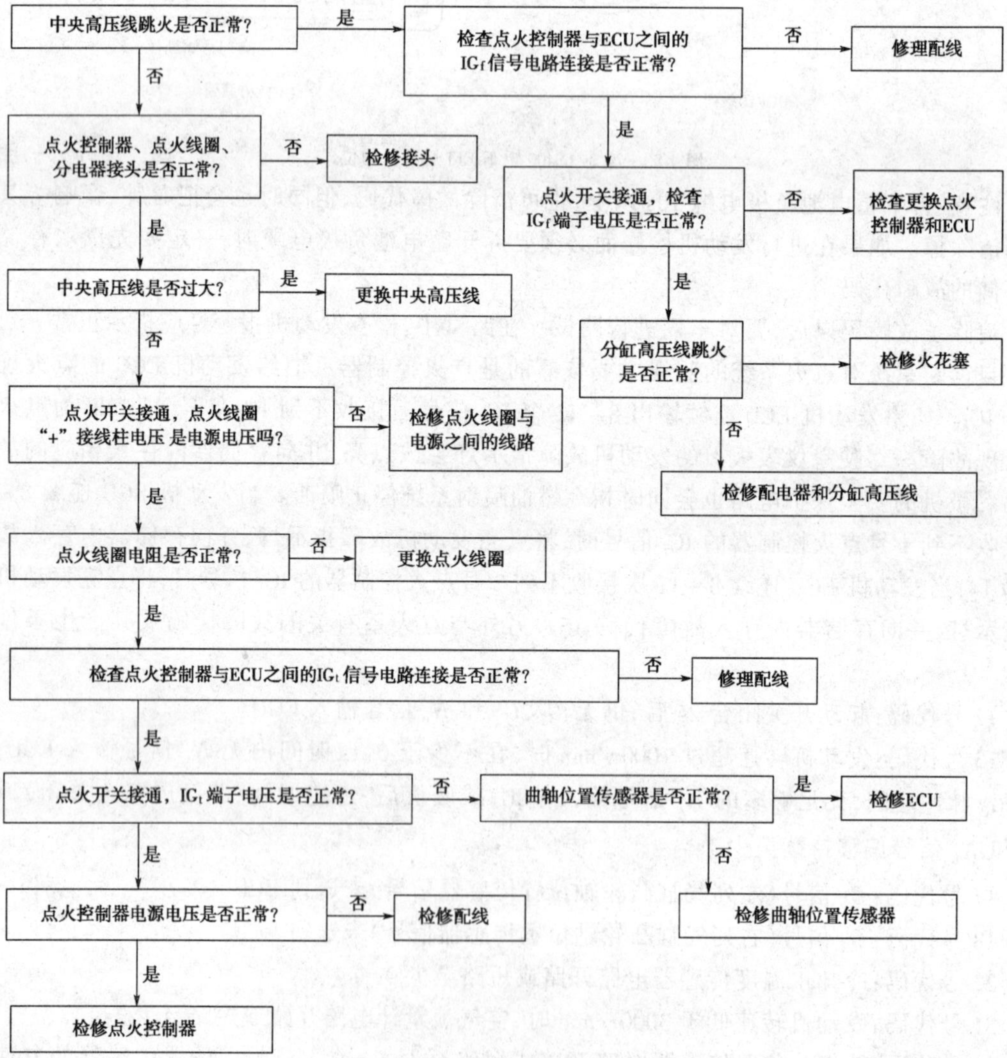

图 4-81 微机控制点火系故障诊断、检查

六、主要零部件检修

微机控制点火系点火线圈、高压线等零部件可以直接用万用表进行检查,但有些零部件(如 ECU 和点火控制器)则难以单独检查,必须在车上或专用检测仪上与有关电路元件配合,在通电或运行状态下进行检查。下面以凌志 LS400 轿车为例详细说明。

1.微机控制单元点火控制信号 IG$_t$ 和监视信号处理电路的检查

发动机由起动机带动运转或怠速运行,用示波器或直流电压表检查微机控制单元(ECU)的 IG$_t$ 端子与 E$_1$ 端子(微机搭铁)之间的电压,其波形如图 4-82 所示,标准脉冲电压平均值约为 0.5~1.0V。如果 IG$_t$ 信号波形或电压异常,说明微机控制单元或曲轴位置传感器和转角传感器及其电路有故障。

拔开点火控制器与微机控制单元之间的接插件,将点火开关接通,用直流电压表检查微机控制单元(ECU)的 IG$_f$ 端子与 E$_1$ 端子(微机搭铁)之间的电压,正常值约为 4.5~5.0V,否则说明微机控制单元的点火监视信号处理电路有故障。

注意:进行检查时,必须确保微机控制单元的搭铁端子 E$_1$ 与发动机机体之间搭铁良好。

2.点火控制器的检查

检查点火控制器时,必须了解点火控制器的功能,一般功能的检查方法和普通电子点火系的方法相同,点火监视功能的检查方法如下:

将点火开关接通,用直流电压表检查微机控制单元(ECU)的 IG$_f$ 端子与 E$_1$ 端子(微机搭铁)之间的电压,正常值约为 1.0V。

由起动机带动发动机运转或怠速运行,用示波器或直流电压表检查微机控制单元(ECU)的 IG$_f$ 端子与 E$_1$ 端子(微机搭铁)之间的电压,其波形如图 4-124 所示,标准脉冲电压平均值约为 0.5V。如果 IG$_f$ 信号波形或电压异常,说明点火控制器及其电路有故障。

3.曲轴位置传感器(G 信号)与转速传感器(N_e)的检查

由起动机带动发动机运转或怠速运行,用示波器检查曲轴位置传感器和转速传感器的输出电压,正常波形如图 4-83 所示,如果无信号波形或波形异常,说明曲轴位置传感器或转速传感器有故障。

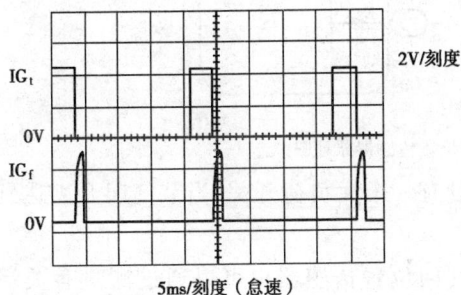

图 4-82 1UZ-FE 发动机的点火控制(IG$_t$)和监视信号(IG$_f$)波形

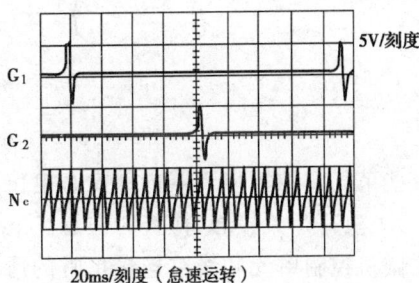

图 4-83 1UZ-FE 发动机曲轴位置传感器(G)和曲轴转速传感器(N_e)输出波形

曲轴转速传感器的输出信号(N_e)由于其频率较高,可以用交流电压表进行测量;而曲轴位置传感器的输出信号(G 信号),由于其频率较低,用交流电压表进行测量误差较大。

拔开曲轴位置传感器与转速传感器的接插件,检查其传感线圈电阻,应符合规定值,各线圈的电阻皆为 850 ~ 1650Ω。

4．爆震传感器的检查

拔开爆震传感器的导线插头,用万用表检查爆震传感器接线柱与外壳间的电阻。若导通或电阻阻值较小,则需更换爆震传感器。

当发动机以 4000r/min 转速空转时,用示波器检查爆震传感器接线柱与搭铁间的脉冲波形频率,正常时波形振荡频率应为 6.6kHz。或者,拔开爆震传感器的导线插头,当发动机急速运转时,用示波器检查其接线柱与搭铁间有无脉冲波形输出。若没有,则说明爆震传感器已经损坏,需更换。

5．节气门位置传感器的检查

拔开节气门位置的导线插头,用万用表检查节气门位置接线柱之间的电阻。各接线端子之间的电阻(或通断状态)应符合要求。如图 4-84 所示,节气门在急速位置(完全关闭)时,端子 1、2 之间应导通;节气门不在急速位置(打开)时,端子 1、2 之间应断开。端子 1、4 之间电阻为定值,与节气门开度无关。端子 3、4 和 3、1 之间电阻随着节气门开度变化而变化。

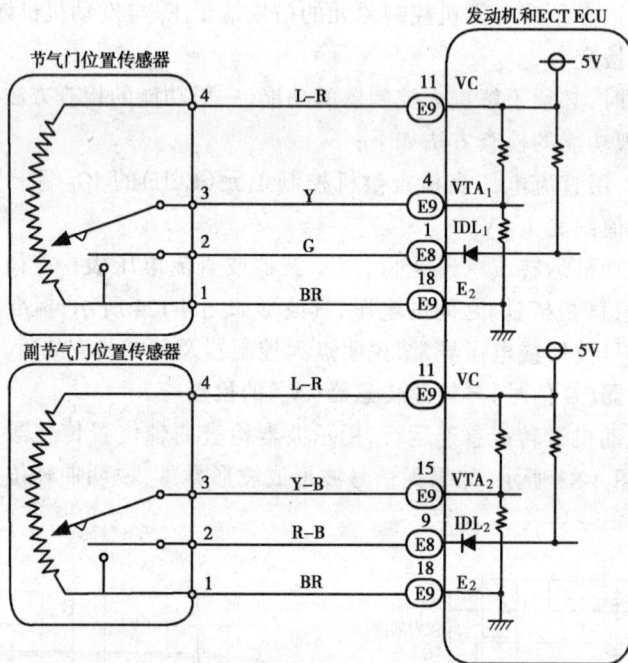

图 4-84　1UZ-FE 发动机节气门位置传感器原理图

有些节气门位置传感器内部没有电位器,而是设有一个大负荷开关,当节气门开度达到一定值时,大负荷开关接通,检查时注意。

在微机控制单元和线路连接正常的情况下,节气门位置传感器也可以通过测量有关端子之间的电压进行检查,节气门在不同位置时,各端子之间的电压应符合要求。

七、使用与维护

在微机控制点火系使用和检修中,为避免对车辆和人体产生不良影响,除了遵从普通电子点火系的使用与维护的一般规定外,还应注意以下几点:

(1)不能随意拆卸蓄电池的搭铁线;拆卸前注意读取故障代码。

172

（2）由于线路复杂，接插件很多，在检查接插件时，不要造成接插件端子变形，在检查过程中，不要造成端子之间的短接。

（3）诊断故障时，应充分利用故障自诊断系统，以求事半功倍。

（4）微机控制单元可靠性较高，发生故障的概率较小，一般不许拆卸，避免振动和受潮。在诊断故障时，一般应首先检查传感器、导线和执行机构。

（5）点火正时检查与普通电子点火系差异较大，注意按照有关车型说明书进行。

（6）有关线路电缆的拔下和插上必须在关闭点火开关后进行。

例如：凌志 LS400 轿车 UCF20 系列发动机点火正时检查步骤如下：

（1）拆下蓄电池夹箍盖板、空气滤清器进气口以及 V 形排列的气门室盖。

（2）起动发动机并使之运转到正常的工作温度。

（3）将转速表的探针按图 4-85 所示接到检查连接器的针脚 IG 上。注意，在连接时，不能使转速表的端子接地（也可以用其他类型转速表测量转速）。使发动机以 2500r/min 的转速空转 0s，然后检查急速转速，其规定值为 650 ± 50r/min。

（4）按图 4-86 所示，用维修专用工具或导线连接检查连接器的针脚 TE_1 和 E_1。将正时灯的探针与 6 号高压线相接并检查点火正时，急速并且变速器位于空档时，点火提前角规定值为上止点前 8° ~ 12°。

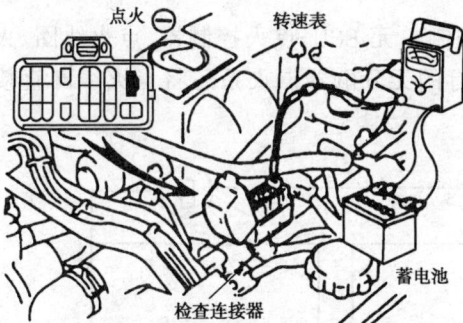

图 4-85 1UZ-FE 发动机转速测量

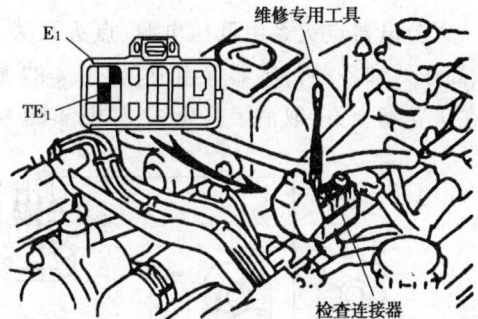

图 4-86 1UZ-FE 发动机点火正时检查

（5）拆下维修专用工具或导线。再按拆卸的相反顺序安装上被拆卸下来的零部件。

第五节 无分电器点火系

无分电器点火系，又称为直接点火系，它除了具有有分电器微机控制点火系的优点外，取消了分电器总成，其配电方式由原来的机械式配电改为电子式配电，使其还具有如下优点：

在不增加电能消耗的情况下，进一步增大了点火能量。有分电器点火系中，机械分火头与侧电极之间存在一定的间隙，分火头上的高压电需跳过该间隙才能经高压线传至需点火气缸的火花塞，因而必然在该间隙处产生附加电火花。研究资料表明，此附加电火花所造成的能量损失占点火线圈初级总储能的 15% 左右。如果将点火线圈的能量转换率按 75% 计算，此附加电火花所造成的能量损失将占到高压电总能量的 20% 左右。采用无分电器点火系统，则可以完全避免这部分能量损失，使有效点火能量进一步提高，从而利于采用稀混合气燃烧来降低排放污染物含量和油耗量。

避免了与分火头有关的一些机械故障，提高了工作可靠性。由于机械分火头等零部件被取消,与其相关的一些机械故障(如:分电器盖裂损、碳棒磨损、分火头和分电器盖因受潮等而漏电、分电器轴及衬套磨损等造成的点火失常、分火头及侧电极烧蚀等等)将不复存在,使点火系统的故障率进一步降低。

对无线电的干扰大幅度降低。机械分火头与侧电极之间的附加电火花会向周围辐射频带较宽的电磁波,形成危害较大的无线电污染。无分电器点火系,则消除了这种干扰波,减轻了无线电干扰。采用无分电器直接点火系统时,还可以消除高压线辐射的无线电干扰波,几乎将无线电干扰降至零水平。

单个零件尺寸小,重量轻,几乎不占空间,为发动机更加紧凑化提供了方便,利于汽车外形的流线型设计。

无需进行点火正时方面的调整,使用维护非常方便。

由于无分电器点火系具有上述突出优点,所以自 20 世纪 80 年代问世以来,在美、日以及欧洲发达国家得到迅速发展和广泛应用,带来了点火系统发展的又一次飞跃。进入 90 年代后,无分电器点火系在发达国家的应用已经比较普遍,我国一汽生产的部分奥迪轿车和捷达轿车、上海大众汽车公司生产的部分桑塔纳轿车等也相继采用了无分电器点火系。无分电器点火系正逐步成为点火系的主流。

一、组 成

无分电器点火系由低压电源、点火开关、微机控制单元 ECU、点火控制器、点火线圈、火花塞、高压线和各种传感器等组成,如图 4-87 所示。有的无分电器点火系还将点火线圈直接安装在火花塞上方,取消了高压线,如图 4-88 所示。

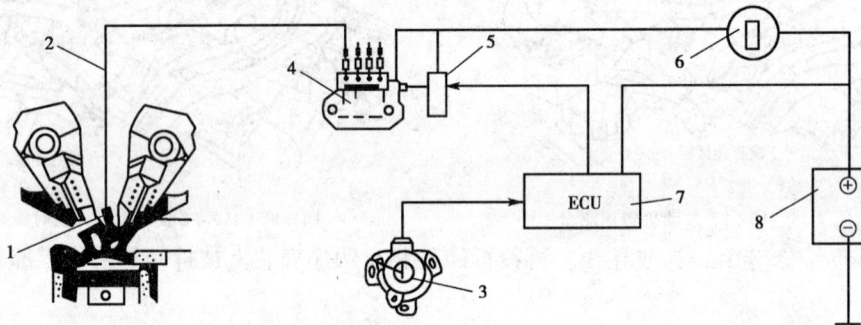

图 4-87 无分电器点火系统组成(一)

1-火花塞;2-高压线;3-传感器;4-点火线圈;5-点火控制器;6-点火开关;7-微机控制单元(ECU);8-蓄电池

二、工 作 原 理

无分电器点火系次级电压的产生过程和点火提前角的控制与有分电器微机控制点火系基本相同。下面重点介绍无分电器点火系的高压配电类型和工作过程。

无分电器点火系的高压配电方式有单独点火和同时点火之分。

单独点火方式是一个缸的火花塞配用一个点火线圈,单独向各缸直接点火,如图 4-89 所示。各个单独的点火线圈直接安装在火花塞上,其外形就像火花塞高压线帽。这种结构特点是去掉了高压线,同时也就消除了高压线带来的不利因素。各点火线圈的初级绕组分别由点火控制器中的一个大功率三极管控制,整个点火系统的工作也是由微机控制单元控制。发动机工作时,微机控制单元不断检测传感器输入信号,根据贮存器(ROM)存贮的数据,计算并输出点火信号给点火控制器,点火控制器判断点火气缸后由大功率三极管控制初级电路的通断而点火。单独点火的点火控制器,需要判别点火气缸的数目比同时点火方式多一倍,所以判缸电路较复杂。

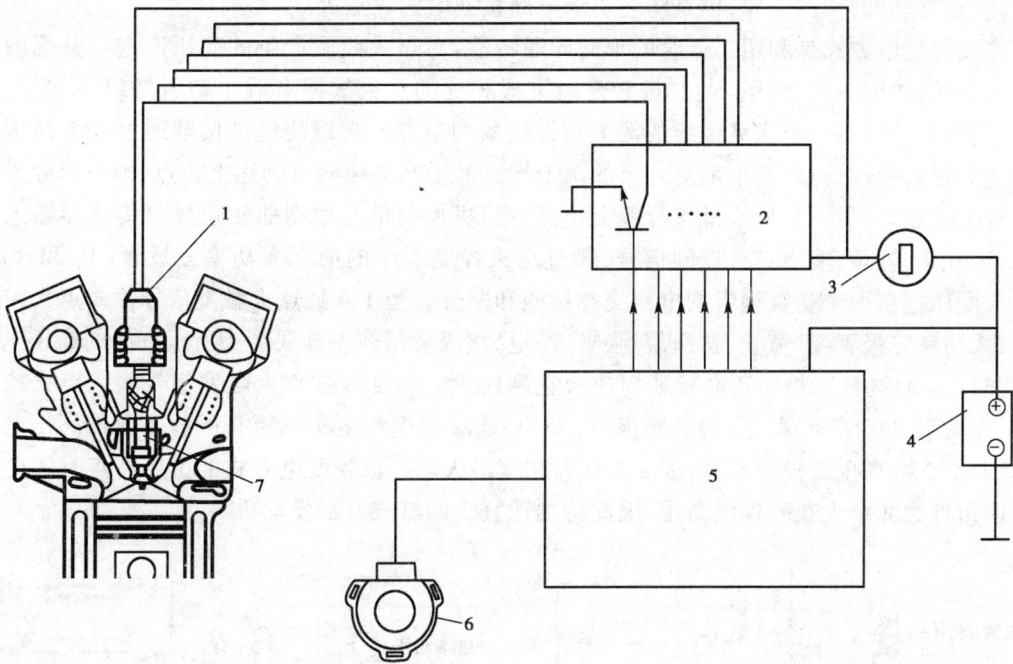

图 4-88　无分电器点火系统组成(二)

1-点火线圈;2-点火控制器;3-点火开关;4-蓄电池;5-微机控制单元(ECU);6-传感器;7-火花塞

同时点火方式是利用一个点火线圈对活塞接近压缩上止点和排气上止点的两个气缸同时进行点火的高压配电方法。其中,活塞接近压缩上止点的气缸点火后,混合气燃烧作功,该气缸火花塞产生的电火花是有效火花;活塞接近排气上止点的气缸,火花塞产生的电火花是无效火花。由于排气气缸内的压力远低于压缩气缸内的压力,排气气缸中火花塞的击穿电压也远低于压缩气缸中火花塞的击穿电压,因而绝大部分点火能量主要释放在压缩气缸的火花塞上。同时点火方式中,由于点火线圈仍然远离火花塞,所以点火线圈与火花塞之间仍然需要高压线连接。同时点火方式又分为点火线圈配电方式和二极管配电方式两种。

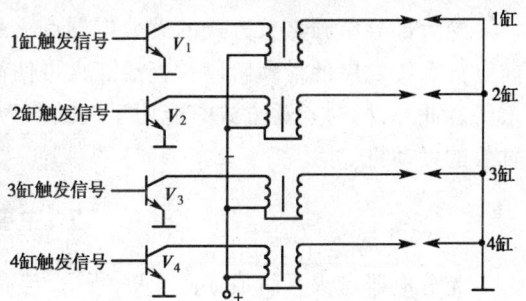

图 4-89　单独点火方式

点火线圈配电方式是一种直接用点火线圈分配高压电的同时点火方式。几个相互屏蔽的、结构独立的点火线圈组合成一体,称为点火线圈组件。4 缸机的点火线圈组件有两个独立的点火线圈,6 缸机的点火线圈组件有三个独立的点火线圈。每个点火线圈供给配对的两个缸的火花塞以高压电。点火控制器中有与点火线圈数量相等的功率三极管,各控制一个点火线圈的工作。点火控制器根据电脑提供的点火信号,由气缸判别电路按点火顺序轮流触发功率

175

三极管,使其导通或截止,以此控制点火线圈初级绕组的通断,产生次级电压而点火。有些点火线圈分配式同时点火系统,在点火线圈的次级绕组中串联一个高压二极管,其作用是防止高速时初级绕组导通而产生的次级电压形成误点火,如图4-90所示。还有的无分电器点火系点火线圈的次级绕组与火花塞之间的高压电路中留有3～4mm的间隙,其作用与次级绕组中串联的高压二极管的作用一样,也是防止初级电路接通时的误点火。

二极管配电方式是利用二极管的单向导通特性,对点火线圈产生的高压电进行分配的同时点火方式,如图4-91所示。与二极管配电方式相配的点火线圈有两个初级绕组,一个次级绕组,相当于是共用一个次级绕组的两个点火线圈的组件。次级绕组的两端通过4个高压二极管与火花塞构成回路,其中配对点火的两个气缸的活塞必须同时到达上止点,即一个处于压缩冲程上止点时,另一个处于排气行程上止点。微机控制单元根据曲轴位置等传感器输入的信息,经计算、处理,输出点火控制信号,通过点火控制器中的两个大功率三极管(V_1和V_2),按点火顺序控制两个初级绕组的电路交替接通和断开。当1、4缸点火触发信号输入点火控制器时,大功率三极管V_1截止,初级绕组N'_1断电,次级绕组产生虚线箭头所示方向的高压电动势,此时1、4缸高压二极管正向导通而使火花塞跳火。当2、3缸点火触发信号输入点火控制器时,大功率三极管V_2截止,初级绕组N_1断电,次级绕组产生实线箭头所示方向的高压电动势,此时2、3缸高压二极管导通,故2、3缸火花塞跳火。二极管配电方式的主要特点是一个点火线圈组件为4个火花塞提供高压,因此特别适宜于四缸或八缸发动机。

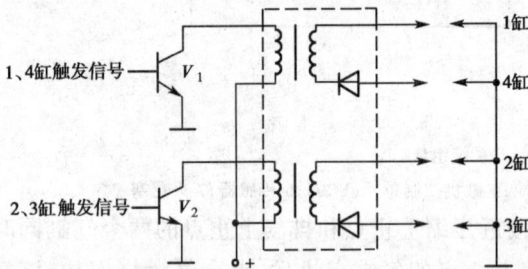

图4-90　点火线圈配电方式　　　　　　　　图4-91　二极管配电方式

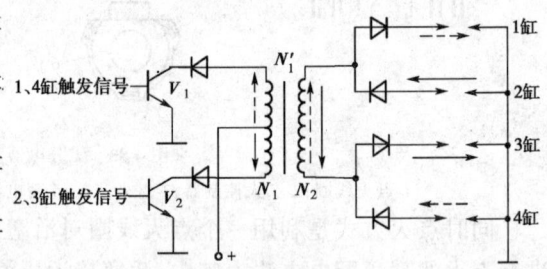

绝大部分单独点火方式的无分电器点火系统均采用无高压线的直接点火方式,这也是目前点火系统发展的最高阶段。直接点火可使高压电能的传递损失和对无线电的干扰降到最低水平。此外,同时点火方式只能用于气缸数为偶数的发动机,而单独点火方式则可用于任意气缸数的发动机。

三、主要元件结构

无分电器点火系组成如图4-92所示,与有分电器微机控制点火系相比,火花塞、高压线和主要传感器的结构和原理基本相同,但是微机控制单元、点火控制器和点火线圈在结构和原理方面存在一些差异。

1.微机控制单元

由于无分电器点火系取消了机械式高压配电而改为电子式高压配电,因此,微机控制单元不再只控制一个点火线圈初级绕组,而是要根据曲轴的不同位置、按一定顺序控制两个或多个点火线圈初级绕组,以实现电子式高压配电。

所以,微机控制单元除了包括:输入接口电路、A/D转换器、计算控制单元CPU、只读存储器(ROM)、随机存储器(RAM)等组成部分外,还增加了判缸电路(又称为分电电路),以根据曲轴位置传感器或判缸信号传感器确定需要控制的点火线圈初级绕组。同理,输出接口电路也不只输出一路点火控制信号,而是依次输出多路点火控制信号,分别控制点火控制器中与各点火线圈初级绕组对应的大功率三极管的通断;或者输出接口电路在输出一路点火控制信号的同时输出一路判缸信号,由点火控制器根据点火控制信号和判缸信号控制与各点火线圈初级绕组对应的大功率三极管的通断,使需要点火气缸的火花塞适时跳火。

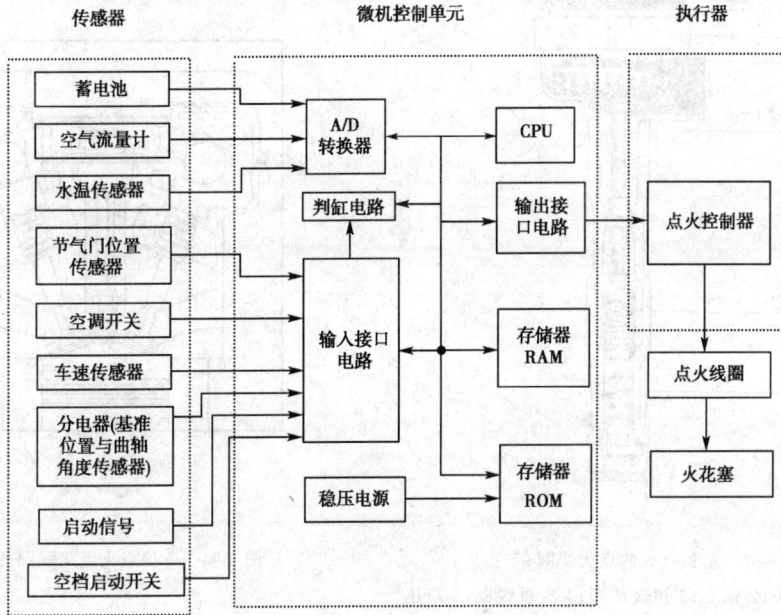

图 4-92　无分电器点火系组成框图

2.点火控制器

由于无分电器点火系有两个或多个点火线圈或点火线圈初级绕组,所以点火控制器一般除了具有自动断电功能、导通角控制、恒流控制等电路外,还有判缸电路和多个大功率三极管及相应的控制电路等。

如果微机控制单元输出的是点火控制信号和判缸信号,点火控制器就必须设置判缸电路,电路就比较复杂。

如果微机控制单元直接输出的是与确定气缸对应的点火控制信号,点火控制器不需要进行点火气缸的判别,电路就比较简单。

由于大功率三极管工作电流大、温度高,故障率相对较高,为了便于散热、检修,许多无分电器点火系将点火控制器分为两部分:控制电路和大功率三极管输出电路,控制电路直接合入微机控制单元,大功率三极管输出电路则自成一体、成为结构单一的点火控制器或与点火线圈集成在一起。

3.点火线圈

由于无分电器点火系有两个或多个点火线圈初级绕组,一个发动机的工作循环,每个点火线圈初级绕组只通断一次(单独点火)或两次(同时点火),所以点火线圈初级绕组能够有较长的通电时间,点火线圈可以采用完全的闭磁路结构,提高能量利用率。点火线圈具体结构因高压配电方式的不同而不同。

177

(1)单独点火方式配用的点火线圈

采用单独点火方式时,发动机有几个气缸就有几个点火线圈。每个气缸都有自己的点火线圈,每个点火线圈的结构完全相同,如图 4-93 所示。

单独点火方式特别适合在双凸轮轴发动机上配用,点火线圈安装在两根凸轮轴中间,每一点火线圈压装在各缸火花塞上,在布置上很容易实现,如图 4-94 所示。

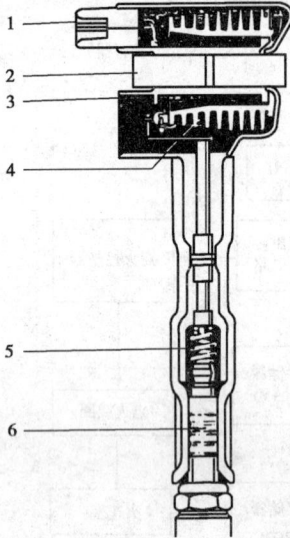

图 4-93　单独点火的点火线圈

1-低压线插头;2-铁心;3-初级线圈;4-次级线圈;5-高压
线插头;6-火花塞

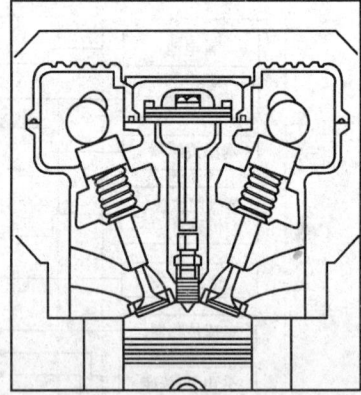

图 4-94　单独点火点火线圈的安装

(2)点火线圈配电方式配用的点火线圈

发动机采用点火线圈配电方式时,配用的点火线圈实际是由若干个相互屏蔽的、单独的点火线圈组装起来,形成的一个点火线圈组件。每个单独的点火线圈初级绕组的一端通过点火开关与电源正极相连,另一端由点火控制器的大功率三极管控制搭铁;次级绕组两端分别接到两个气缸的火花塞上,使两个气缸的火花塞同时跳火。例如,6 缸发动机无分电器点火系采用的点火线圈组件的外形和电路如图 4-95 所示,各高压接线柱旁边的数字表示与其相接的火花塞所在的气缸号。点火线圈组件的结构如图 4-96 所示。

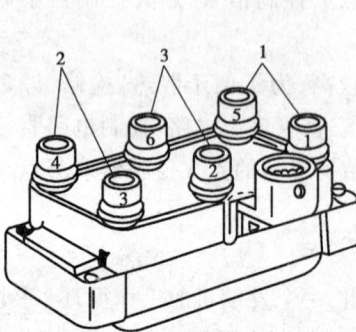

图 4-95　点火线圈组件外形及电路图

1、2、3-点火线圈

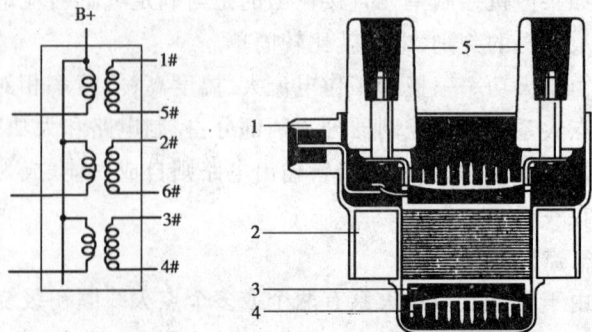

图 4-96　点火线圈组件结构

1-低压线插头;2-铁心;3-初级线圈;4-次级线圈;5-高压线插头

（3）二极管配电方式配用的点火线圈

二极管配电方式配用的点火线圈有两个初级绕组（或一个初级绕组被中心抽头分成两个部分，构成两个初级绕组），一个次级绕组。次级绕组有两个输出端，每个输出端又分别接两个方向相反的高压二极管，这样次级线圈通过四个高压二极管与火花塞构成回路；两个初级绕组的电路由点火控制器中的两个大功率三极管控制轮流接通和断开。点火线圈有两种形式：一种是点火线圈既包含初级绕组和次级绕组，又包含4个高压二极管，点火线圈有四个高压插座，原理和外形如图4-97A)所示，这种结构有利于简化线路结构，高压线连接简便，但是一旦有一个高压二极管损坏，点火线圈就需要更换；另一种是点火线圈只包含初级绕组和次级绕组，不包含高压二极管，高压二极管装在火花塞上方，便于高压二极管检修，点火线圈有两个高压插座，如图4-97B)所示。

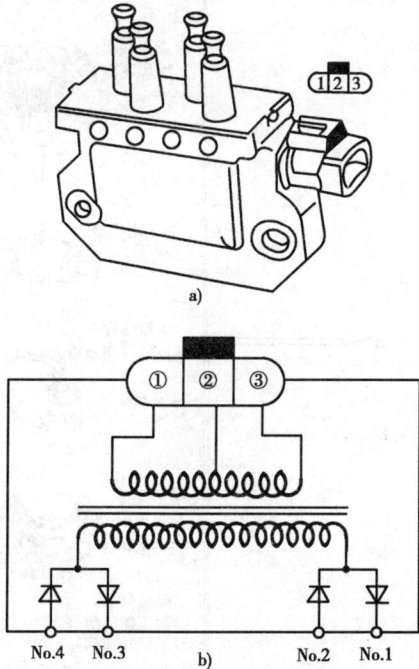

图 4-97A)　二极管配电方式点火线圈（一）
a)点火线圈外观；b)点火线圈内部电路

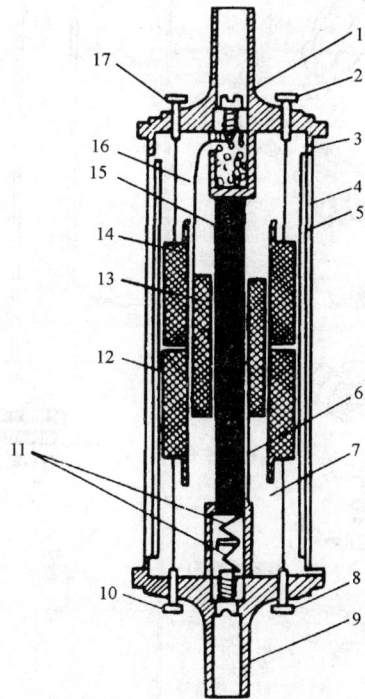

图 4-97B)　二极管配电方式点火线圈（二）

1、9-高压插座；2、10-组件接柱；3-外壳；4-导磁板；5-衬纸；6、16-高压导线；7-变压器油；8、17-电源接柱；11-弹簧；12、14-初级绕组；13-次级绕组；15-铁心

四、无分电器微机控制点火系实例

在各种无分电器点火系中，采用点火线圈配电方式的应用最广。下面以捷达王轿车 EA113 5V1.6L 发动机无分电器点火系为例介绍组成、结构特点和工作过程。

1.系统组成和结构特点

1.6L、5气门 EA113 发动机采用波许公司开发的 Motrionic M3.8.2 发动机电控管理系统（桑塔纳2000"时代超人"轿车也采用这种电控系统），实现对发动机喷油量和点火提前角的最佳控制。Motrionic M3.8.2 发动机电控管理系统的组成及安装位置分别如图4-98和图4-99所示。

Motrionic M3.8.2 发动机电控管理系统中，与点火系有关的元件如图4-100所示，包括：中央控制器(J220)、点火线圈和末级输出（N 和 N128、N122）、空气流量计（G70）、相位传感器（G40）、冷却液温度传感器（G62）、进气温度传感器（G72）、节气门电位计（G69）、怠速开关（F60）、爆震传感器（G61、G66）和转速传感器（G28）等。

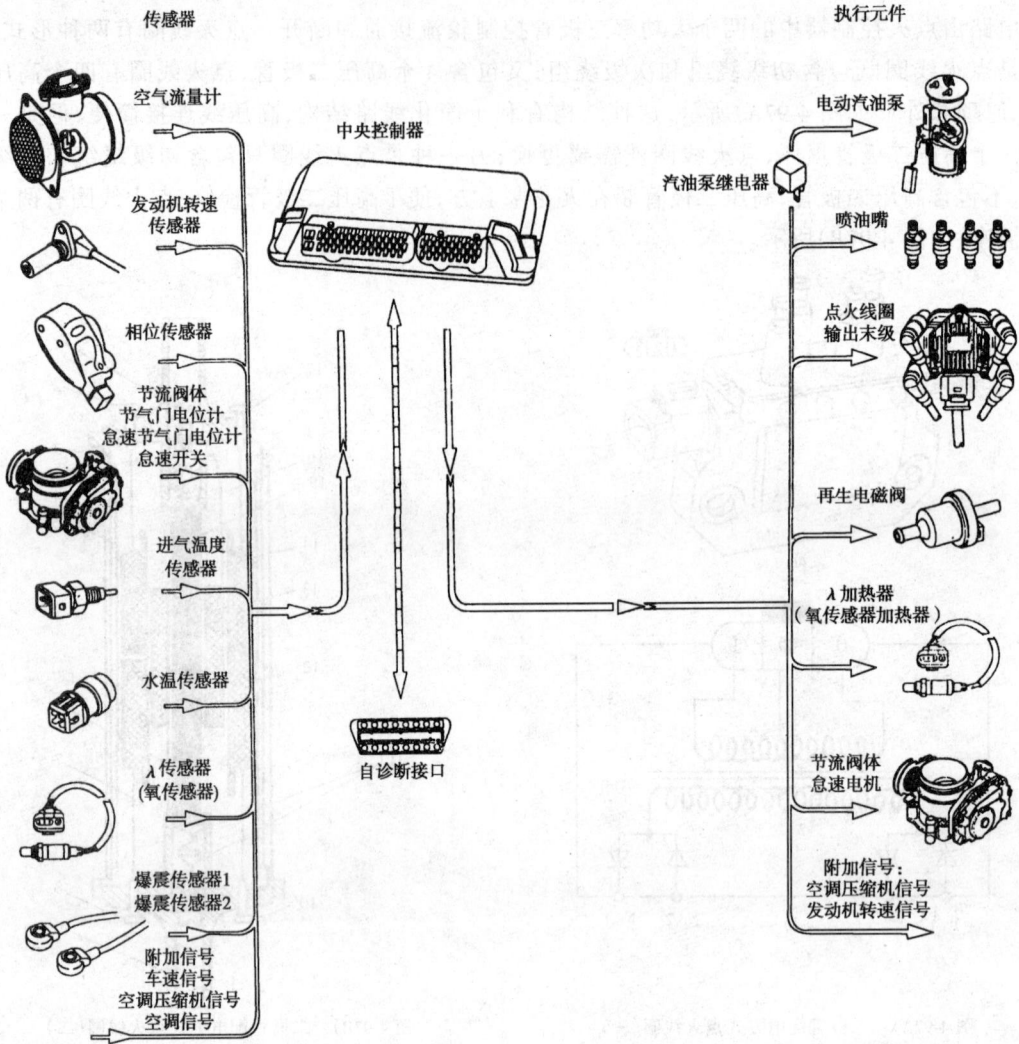

传感器
空气流量计
发动机转速传感器
相位传感器
节流阀体节气门电位计怠速节气门电位计怠速开关
进气温度传感器
水温传感器
λ传感器（氧传感器）
爆震传感器1爆震传感器2
附加信号车速信号空调压缩机信号空调信号

中央控制器

自诊断接口

执行元件
电动汽油泵
汽油泵继电器
喷油嘴
点火线圈输出末级
再生电磁阀
λ加热器（氧传感器加热器）
节流阀体怠速电机
附加信号：空调压缩机信号发动机转速信号

图 4-98　捷达王轿车发动机电控管理系统组成

（1）中央控制器

中央控制器（即微机控制单元）置于金属壳体内，主要由集成电路、分离的电子元件、印刷电路和接插件等组成。集成电路主要包括：只读存储器 ROM、可编程存储器 EPROM、随机存储器 RAM、A/D 转换电路、输入输出接口电路等。

只读存储器 ROM 主要用来存储信号处理程序；EPROM 存储大量的与发动机相关的用于发动机控制的特性曲线和脉谱图，另外，EPROM 中还储存有整车下线前发动机的全部数据，使电控管理系统与发动机匹配，保证发动机及整车具有最佳的使用性能。不同发动机上的中央控制器的差别通常只是 EPROM 中的内容不同，这样可以减少汽车生产厂用中央控制器型号。随机存储器 RAM 用于储存整个系统的计算值、匹配值和可能出现的故障。RAM 需要稳定的电源供给才能起作用，一旦断开蓄电池的搭铁电缆线，RAM 中存储的全部数据丢失，蓄电池的电缆线接好以后,有些匹配值将由中央控制器重新计算和需要人为调整。为了避免有用参数丢失,有用的参数和变量都存入 EPROM 而不是 RAM 中。

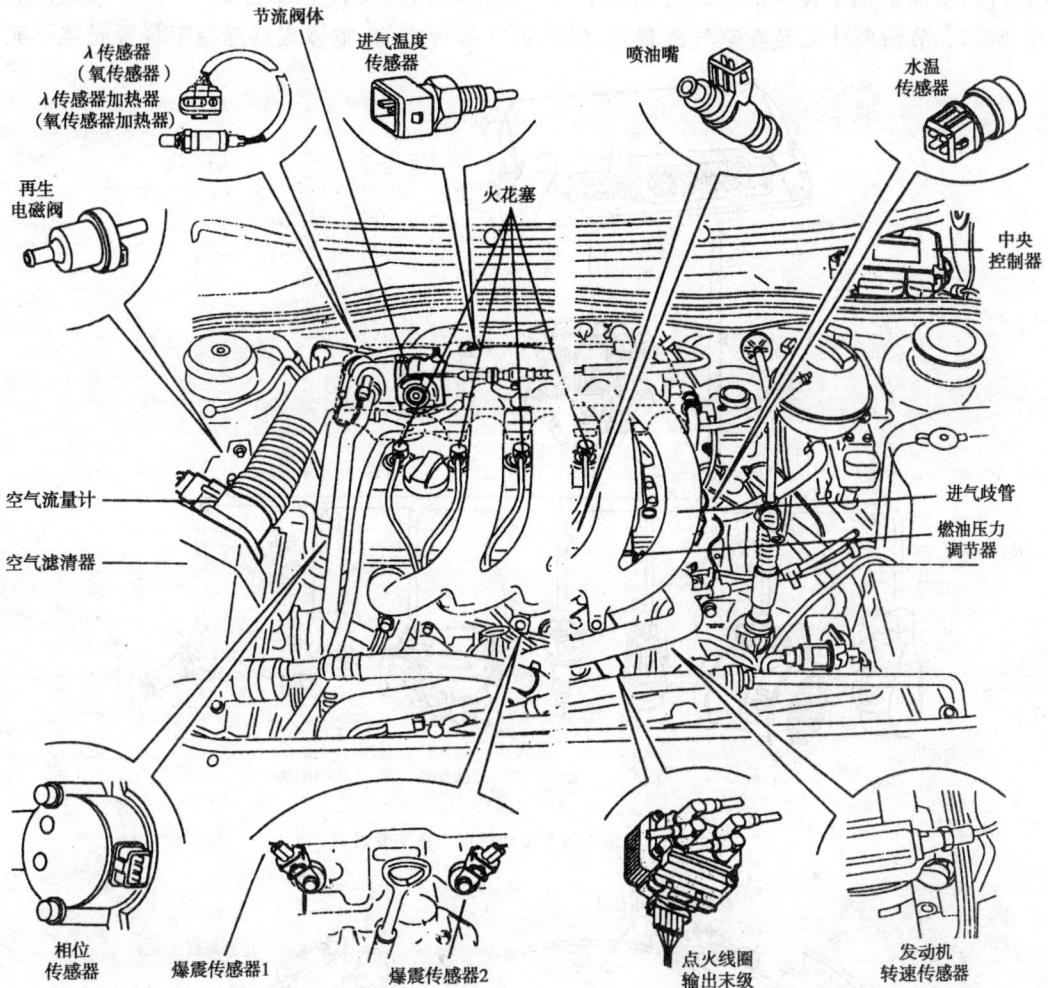

图 4-99 捷达王轿车发动机电控管理系统元件安装位置

中央控制器还包含了点火控制器的各种控制电路及判缸电路等。

(2)空气流量计

空气流量计安装在空气滤清器和进气软管之间,采集的发动机进气量信息是中央控制器计算喷油量和点火提前角的主要依据。现代 Motronic 发动机电控系统广泛采用热线式空气质量流量计(HLM)和热膜式空气质量流量计(HFM)。EA113 发动机采用的是 HFM5 型热膜式空气质量流量计,它不但消除了象热线式空气质量流量计那样每次发动机熄火后的热线自燃,而且可以识别进气回流,消除进气脉动效应对进气测量的影响,实现对进气质量流量的精确测量。

发动机运行过程中,如果空气流量计信号中断或异常,中央控制器将根据发动机转速信号、节气门位置信号和进气温度信号计算出一个进气流量替代值,使发动机应急运转,并记录下相应的故障以便用专用故障诊断仪进行诊断检查。

(3)节气门位置传感器

节气门位置传感器包括节气门电位计、怠速节气门电位计和怠速开关三部分,它们和怠速自动调节直流电机装在节流阀体内。通过中央控制器,怠速电机能在一定范围内自动调节节气门开度,从而取消了传统的怠速旁通调节装置。节气门位置传感器各部分的安装位置如图4-101所示。节流阀体安装在空气流量计之后、进气歧管之前,整体式怠速稳定装置壳体不能

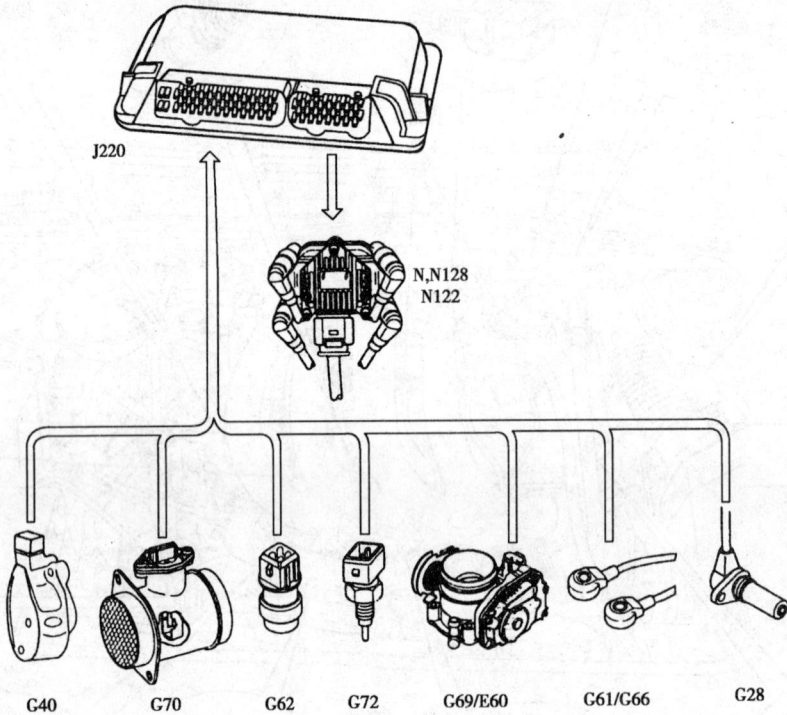

图 4-100   捷达王轿车发动机点火系主要组成

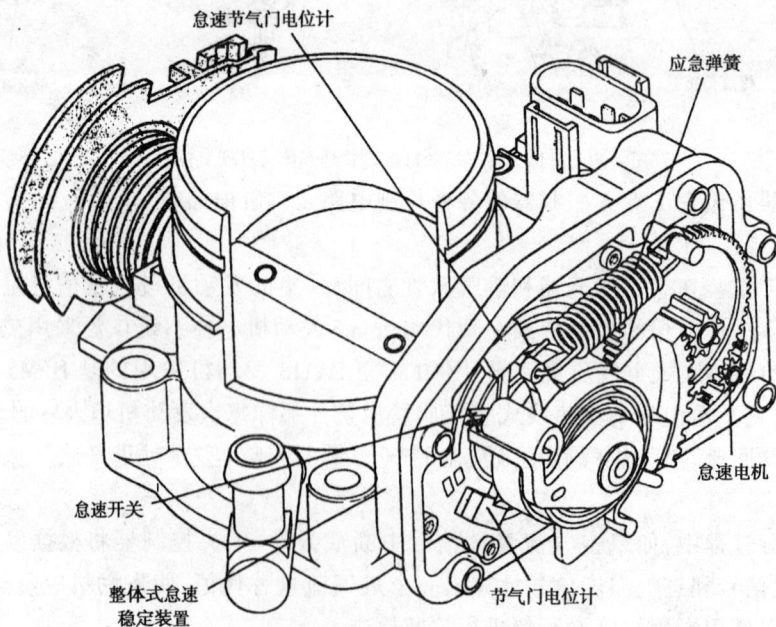

图 4-101   捷达王轿车发动机节气门位置传感器

182

打开,所有的怠速节气门电位计、怠速开关和调节器均不允许进行人工机械调整,只能借助电控故障诊断仪的"基本调整"功能来进行节流阀体内部设置。

节气门电位计,直接连接在节气门轴上,随时向中央控制器提供全部调节范围内节气门位置的信号,该位置信号作为主要负荷辅助信号,直接影响发动机的喷油量和点火提前角;中央控制器还根据节气门位置信号的变化率来识别发动机加减速工况;在装配自动变速器的车上,中央控制器还可利用这一信号控制自动变速器。如果节气门电位计信号中断,中央控制器会用发动机转速信号和空气流量信号计算出一个替代值。

怠速节气门电位计,直接与怠速调节电机连在一起,在怠速范围内向中央控制器提供节气门当时的位置以及怠速电机的位置。当节气门到达怠速调节范围极限时,如果节气门继续开启,怠速节气门电位计将不再起作用。如果怠速节气门电位计信号中断,节流阀体的节气门将通过应急弹簧进入机械应急运转状态,怠速转速将有所提高。

怠速开关在整个怠速调节范围内闭合。中央控制器根据怠速开关闭合信号识别怠速工况。若怠速开关信号中断,中央控制器可以根据节气门电位计和怠速节气门电位计的值,判别节气门的怠速位置。

节流阀体整体插座布置在节流阀壳体中,为 8 个引脚结构,目前只使用了 7 个引脚,各引脚位置及含义如图 4-102 所示。插座的各个引脚都设计为镀金触点。为防止节流阀体结冰,节流阀体采用发动机冷却液预热,冷却水管一端与散热器相连,另一端通往储液罐。

节气门电位计、怠速节气门电位计和怠速开关与中央控制器的连接电路如图 4-103 所示。

（4）发动机转速传感器

发动机转速传感器用来采集曲轴转角位置信号和发动机转速信号,为中央控制器确定点火提前角和喷油时间提供主要依据。转速传感器是依据电磁感应原理制成的,由装在缸体上的感应传感器(传感线圈和永久磁铁等)和装在曲轴上的靶轮(信号转子)组成,感应传感器与靶轮垂直相对,靶轮就象带有一个齿缺的齿轮,如图 4-104 所示。曲轴转动时,随着靶轮的轮齿交替地接近和离开

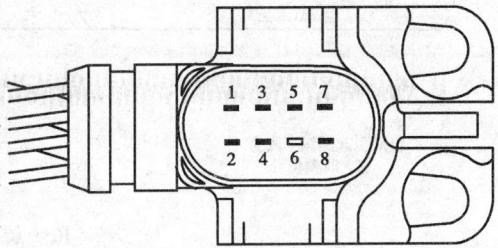

图 4-102 节流阀体插座引脚布置

1-怠速电机正极;2-怠速电机负极;3-怠速开关正极;4-电位计正极;5-节气门电位计;6-未占用;7-负极;8-怠速节气门电位计

传感器,传感器就因磁通量变化而产生交变的电压信号,轮齿每接近和离开一次,传感器就产生一个交变电压信号。信号的频率随发动机转速变化而变化,中央控制器根据交变电压的频率识别发动机转速。靶轮上有一处齿缺,缺少 2 个齿,作为中央控制器识别曲轴转角位置、确定点火时刻的基准标记,如图 4-105 所示。中央控制器通过齿缺可以确定 1 缸和 4 缸的上止点位置和点火提前角对应的时刻。如果转速信号中断及转速传感器损坏,发动机将停机而且不能起动。

（5）相位传感器

相位传感器(即判缸传感器),用来向中央控制器提供一缸活塞压缩行程上止点信号,这对于发动机起动、顺序喷油和爆震选缸控制至关重要,因为转速传感器的缺口虽然可以提供一缸活塞上止点信号,但是无法区别是压缩上止点还是排气上止点。相位传感器依据霍尔效应原理制成的,由传感部分和传感器隔板(信号转子)组成,传感器隔板固定在进气凸轮轴的前端,随进气凸轮轴一起转动,传感部分则固定缸盖上,传感器隔板上设置一个窗口, 如图 4-106

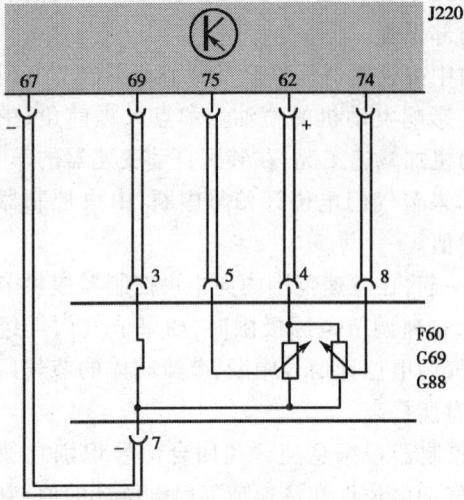

图 4-103　节气门位置传感器电路图

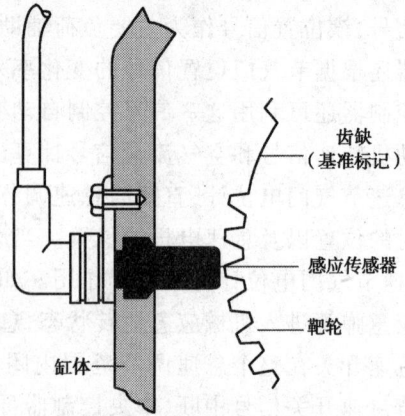

图 4-104　转速传感器结构

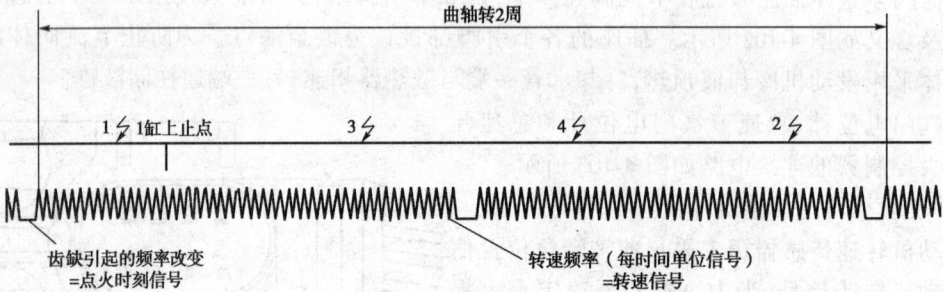

图 4-105　转速传感器信号波形

所示。这样凸轮轴每转一周(曲轴每旋转两周)传感器就产生一个信号,如图 4-107 所示。根据相位传感器的信号和发动机转速传感器齿缺产生的信号,中央控制器识别出 1、4 缸压缩行程上止点。根据相位传感器信号,中央控制器识别出 1 缸,从而按 1-3-4-2 缸顺序喷油,并对爆震的气缸推迟其点火提前角,实现燃油顺序喷射和爆震选缸控制;此外,相位传感器信号还用于发动机起动时确定第 1 次点火时刻。相位传感器信号中断后没有替代功能,在发动机起动时,中央控制器无法区别 1 缸活塞压缩上止点,爆震调节与控制进入应急运转状态,点火提前角普遍推迟 发动机功率将明显降低。

(6)进气温度传感器

进气温度传感器实际是一个负温度系数的热敏电阻,进气温度升高,则电阻减小。进气温度传感器安装在节流阀体后进气管上体,如图 4-108 所示。中央控制器根据进气温度传感器信号识别进气温度高低,进气温度作为 Motronic 系统控制点火提前角的修正信号。进气温度传感器与中央控制器的连接电路如图 4-109 所示。如果进气温度传感器信号中断,进气温度不能

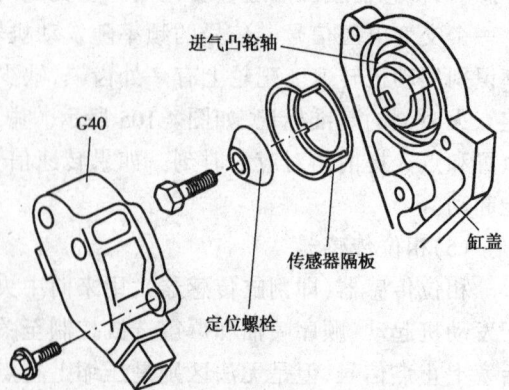

图 4-106　相位传感器结构

184

确定,会导致发动机热起动困难和废气排放升高。

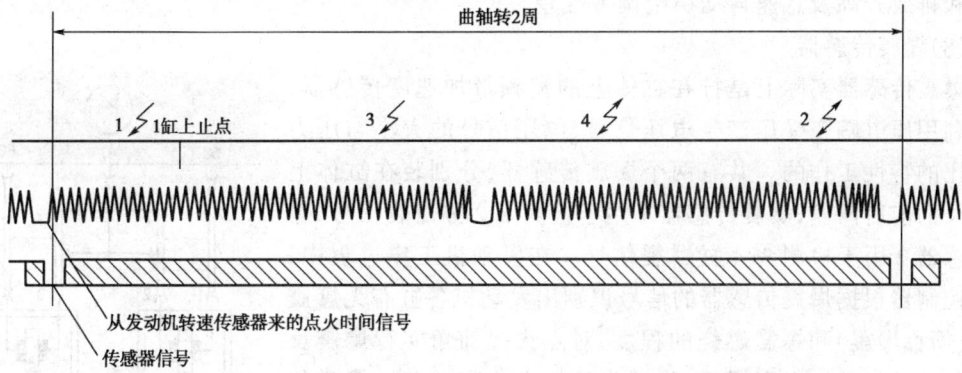

图 4-107 相位传感器信号波形

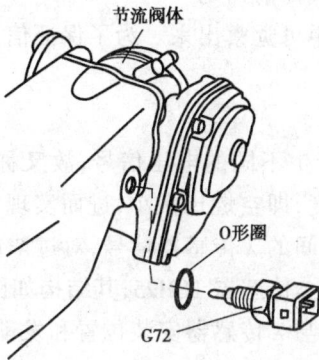

图 4-108 进气温度传感器安装

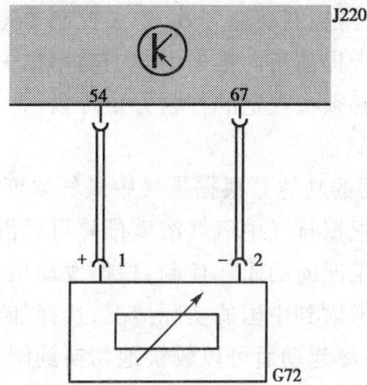

图 4-109 进气温度传感器电路图

(7)冷却液温度传感器

冷却液温度传感器(即水温传感器)用来向中央控制器提供发动机冷却水温度信号,中央控制器根据冷却水温度高低对喷油量、点火提前角和油箱通风系统等进行修正控制。冷却液温度传感器也是一个负温度系数的热敏电阻,正常工作温度范围为 – 40 ~ + 150℃,短时间内可达到 + 180℃,在 20℃时电阻为 2.5kΩ。与水温表传感器集成在一个壳体中,安装在缸盖出水口管接头上,如图 4-110 所示。冷却液温度传感器与中央控制器的连接电路如图 4-111 所示。

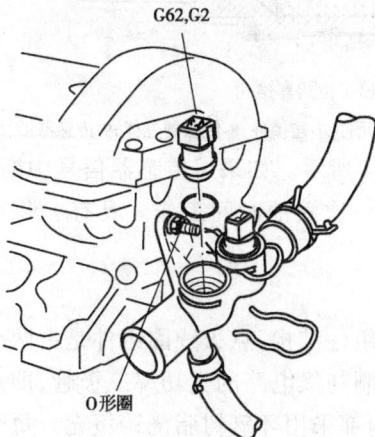

图 4-110 冷却液温度传感器安装

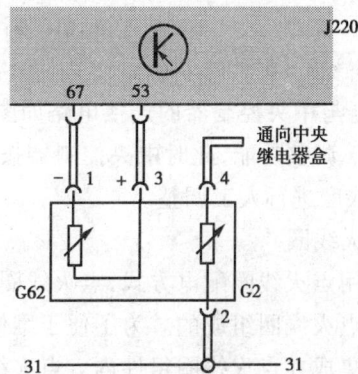

图 4-111 冷却液温度传感器电路图

如果冷却液温度传感器信号中断,发动机冷却液温度不能确定,会导致发动机冷热起动困难,油耗和排放升高及怠速自动稳定调节性差。

(8)爆震传感器

爆震传感器实际上是拧在缸体上的宽频带加速度传感器,它是利用压电陶瓷受压产生电压信号、电压信号的大小与压力成正比的特性工作的。共有两个爆震传感器,分别装在缸体上机油尺的前后两侧,爆震传感器1用于检测1、2缸爆震信号,爆震传感器2用于检测3、4缸爆震信号。在发动机工作过程中,中央控制器根据爆震传感器的信号识别出发动机各缸有无爆震燃烧(简称爆震)和爆震燃烧的程度,对点火提前角实行爆震反馈控制。一旦某缸出现爆震,将减小该缸点火提前角。爆震传感器与中央控制器连接电路如图 4-112 所示。如果爆震信号中断,爆震调节与控制功能失效,中央控制器将各缸点火提前角均推迟 15°,点火提前角向推迟引起的功率损失在行车中可觉察出来。为了保证信号准确、可靠,爆震传感器必须按规定的拧紧力矩拧紧。

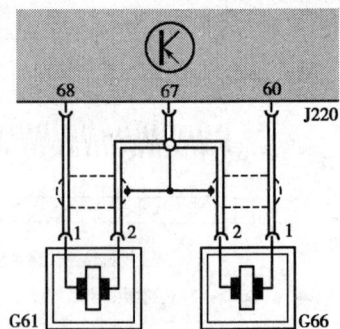
图 4-112 爆震传感器电路图

(9)λ 传感器

λ 传感器的功能是根据排气中氧气浓度不同而产生不同的电压信号,故又称为氧传感器。中央控制器根据排气中氧气浓度推算可燃混合气浓度,即空燃比大小,进而实现发动机在部分负荷和怠速工况时的闭环控制,根据发动机在任一瞬间的 λ 传感器信号,对过浓或偏稀混合气及时修正。考虑到中国的实际情况,选择加热型耐铅 λ 传感器 LSH25,其结构如图 4-113 所示,有如下特点:冷起动后可以较快地切换到闭环控制而与 λ 传感器安装位置和发动机型号无关;传感元件双层保护,可使用含铅汽油而不发生 λ 传感器铅中毒;温度对 λ 控制值的影响小;对传感器老化和脏污不敏感;传感器的装配位置更灵活。

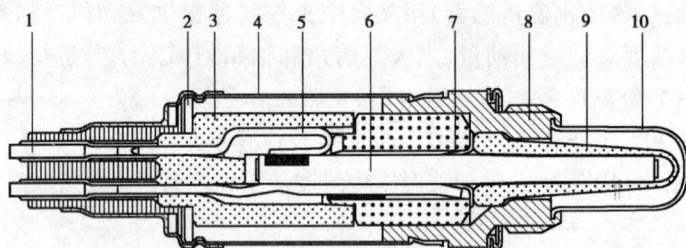
图 4-113 加热型耐铅 λ 传感器结构

1-接线;2-片簧;3-陶瓷管;4-防护套;5-加热元件引线;6-加热元件;7-连接件;8-传感器壳体;9-传感器活性陶瓷;10-防护管

λ 传感器与中央控制器的连接电路如图 4-114 所示。如果 λ 传感器信号中断,电控管理系统不再具有 λ 调整功能,此时中央控制器按最后一次喷油时间工作。具有 λ 调整的轿车不再需要对 CO 浓度进行人工调整。

(10)点火线圈

由于采用点火线圈配电方式,点火线圈采用组件结构,点火线圈组件是由两个装在一起的相对独立的点火线圈组成的。为了便于维修,控制初级电路的大功率三极管,即点火控制器的输出末级也集成在点火线圈组件内。点火线圈内部采用环氧树脂浇铸填充。每个次级绕组的电阻(1、4 缸及 2、3 缸高压线插孔之间的电阻)为 4 ~ 6kΩ。

2.工作过程

整个电控系统的电路如图 4-115 所示,图中:F60-怠速开关,在节流阀体(J338)上;G2-冷却液温度表传感器,与 G62 装在同一壳体中;G6-电动汽油泵;G28-发动机转速传感器;G39-加热型 λ 传感器;G40-相位传感器;G61-爆震传感器 1;G62-冷却液温度传感器,与 G2 装在同一壳体中;G66-爆震传感器 2;G69-节气门电位计,在节流阀体(J338)中;G70-空气质量流量计;G72-进气温度传感器;G88-怠速节气门电位计,在节流阀体(J338)中;J17-燃油泵继电器;J220-中央控制器;J338-节流阀体;N-2 缸和 3 缸点火线圈,与 N122 和 N128 装在同一壳体中;N30-1 缸喷嘴;N31-2 缸喷嘴;N32-3 缸喷嘴;N33-4 缸喷嘴;N79-曲轴箱通风加热电阻;N80-再生电磁阀;N122-输出末级,与 N 和 N128 装在同一壳体中;N128-1 缸和 4 缸点火线圈,与 N 和 N122 装在同一壳体中;P-火花塞插头;Q-火花塞;S15-J220 和 N80 的保险丝;S18-G6 和 219 的保险丝;T16-自诊断接口;V60-怠速调节电机,装在节流阀体(J338)中;Z19-λ 传感器加热电阻。附加信号:A-发动机转速信号;B-空调压缩机信号;C-空调装置信号;D-车辆行驶速度信号;E-通往中央电器仪表板上的发动机冷却水温度表。30 线是总火线,直接与蓄电池正极连接;15 线是受点火开关控制的火线,点火开关位于"运转"和"起动"位置时与电源正极接通;31 线是搭铁线,与电源负极连接。

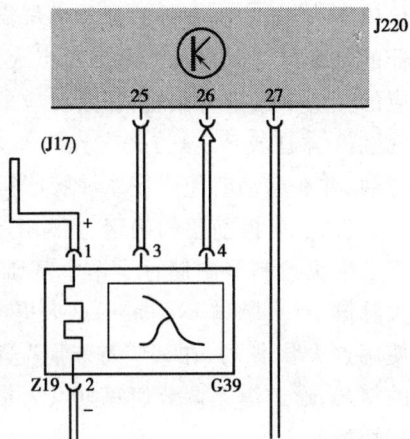

图 4-114   λ 传感器电路图

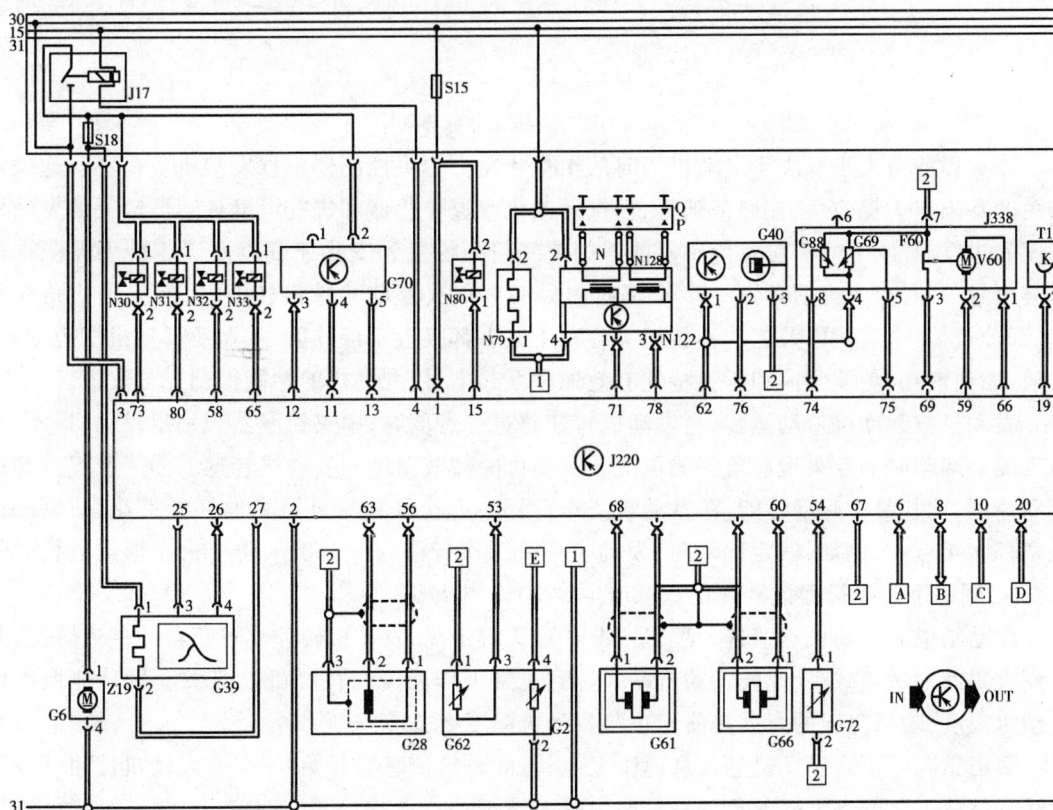

图 4-115   电控管理系统电路图

(1)火花塞电火花的产生

点火线圈组件中，2、3缸的点火线圈 N 和 1、4 缸的点火线圈 N128 分别受输出末级 N122 中的两个大功率三极管控制。中央控制器首先根据转速传感器、空气流量传感器、节气门位置传感器、冷却液温度传感器和进气温度传感器等提供的信号确定点火提前角；再根据转速传感器的基准标记(齿缺)信号确定点火气缸和点火时间，及时提供点火控制信号，使输出末级的相应的大功率三极管截止，切断对应的点火线圈初级电路，在次级绕组中产生高压使相应的两个气缸(1、4缸或2、3缸)火花塞跳火。中央控制器还根据判缸信号，按点火顺序使喷油器轮流喷油，并在起动时使火花塞在膨胀行程中多次跳火。

(2)点火提前角的确定

中央控制器中储存了两个基础点火提前角脉谱，如图 4-116 所示。点火脉谱 a)为基础点火脉谱，点火脉谱 b)为推迟点火提前角的点火脉谱或低辛烷值点火脉谱。正常情况下发动机使用点火脉谱 a)，在某些特殊情况下，例如使用低辛烷值燃油时，中央控制器根据爆震传感器的信号，通过爆震调节使每缸点火提前角平均推迟至少 8°曲轴转角，实现对点火提前角脉谱进行切换。

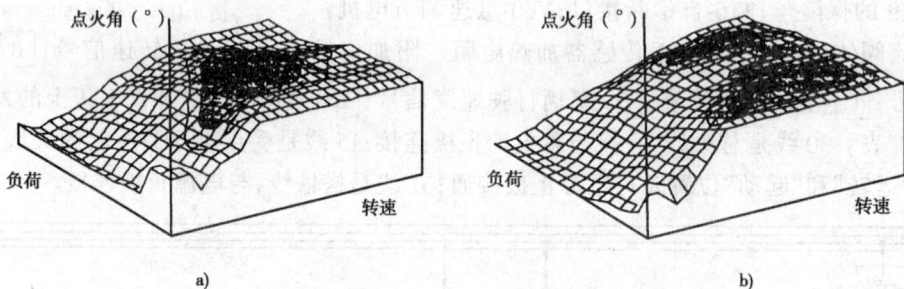

图 4-116　点火提前角脉谱图

点火提前角大小取决于发动机当时的工作状况。中央控制器根据发动机负荷和转速确定相关的基础点火提前角，在此基础上，根据发动机水温传感器和进气温度传感器测得的发动机温度和进气温度、节气门位置传感器测得的节气门的位置和变化速度以及爆震传感器测得的爆震信号等，对点火提前角进一步修正或向另一个点火提前角脉谱转换，使点火提前角在怠速、部分负荷、全负荷以及起动和暖机等各种工况下都接近于最佳值，从而使发动机扭矩、废气排放、燃油消耗、爆震倾向和行驶特性有效地联系起来，使发动机的性能得到充分发挥。

发动机被起动机带动运转，当发动机转速超过一定值时，中央控制器识别出发动机处于起动工况。起动时的点火提前角主要取决于发动机冷却液温度和发动机转速。为了改善发动机起动性能，尤其是冷起动性能，在发动机工作行程中火花塞将尽可能多地产生火花，即每缸火花塞都多次点火，例如，假定起动时，发动机一个工作行程约为 150ms，每个火花形成最长时间为 7ms，则每个工作行程该缸火花塞可产生约 20 个电火花。

起动结束后发动机迅速进入暖机工况。在暖机工况，发动机转速超过正常的怠速转速，并且点火提前角适当减小，以便发动机尽快达到正常工作温度。在暖机工况发动机转速取决于发动机温度，暖机工况的点火提前角也与发动机温度有关。

暖机工况结束后发动机进入怠速工况运转，此时氧传感器开始起作用，发动机按闭环控制运转。怠速工况的点火提前角并不是输出最大转矩的点火提前角，这样一方面可以获得较好的怠速排放，另一方面使发动机具有一定的点火提前角度储备，便于怠速稳定控制。捷达 5 气

188

门发动机怠速转速设置为 840r/min,怠速点火提前角设定为 12°,储存在中央控制器中人工不能调整。

发动机在部分负荷工况运行时,发动机实行闭环控制,中央控制器根据空气质量流量计的信息,使实际空燃比始终保持在理论空燃比附近。由于部分负荷要求发动机运转经济,因此部分负荷工况的点火提前角的调整是先调出发动机输出最大扭矩的点火提前角,然后根据排放进行微调,既能确保发动机的经济性又能满足废气排放要求。

发动机大负荷(包括全负荷)运行时,要求发动机输出最大功率,而发动机的经济性则处于次要地位,大负荷工况发动机实行开环控制,中央控制器根据节气门位置传感器的信号等使点火提前角在部分负荷点火提前角基础上进一步加大。

在加速工况,中央控制器主要根据当时发动机所处的转速和节气门开度大小及其开闭速度确定点火提前角。

当驾驶员在车辆行驶过程中突然松开油门踏板而使节气门完全关闭,发动机不需要输出转矩,而是由汽车反拖时,这一运行工况被称为拖动工况或滑行工况。在拖动工况为了减少废气排放和降低燃油消耗以及改善行驶特性,中央控制器根据当时发动机的转速(高于规定值)和节气门位置信号(怠速开关接通)识别出发动机处于拖动工况后,首先立即推迟当时的点火提前角,然后停止喷油,当发动机转速一旦低于某一设定转速后,则喷油器又重新开始喷油。

在发动机正常工作过程中,中央控制器不断检测两个爆震传感器的信号,当某缸发生爆震后,及时将该缸的点火提前角减小,如果仍然有爆震燃烧,则点火提前角进一步减小,直到不再发生损害发动机的爆震燃烧为止,并维持一定时间。如果爆震不再出现,中央控制器又会逐步将点火提前角增大,直到达到控制设置的点火提前角。中央控制器还将根据燃油品质、发动机状态和运行条件,把每缸的点火提前角调节到临近爆震极限的状态。

五、常见故障诊断

无分电器点火系的常见故障现象和微机控制点火系的现象一样,故障的原因和诊断方法也基本相同。

无分电器点火系的故障原因包括:点火控制器、点火线圈、高压线、火花塞发生故障、各种传感器及其线路连接和微机控制单元及其线路连接异常等。

当发动机不能起动或工作异常,怀疑是点火系故障时,应首先利用发动机 ECU 的自诊断功能进行诊断和检查,必要时再进行人工诊断,最后通过人工检查查明故障部位和原因。具体利用自诊断功能和人工诊断检查的方法和步骤可以参照微机控制点火系的有关内容。

由于高压配电方式和有分电器微机控制点火系不同,个别气缸工作不良(或不工作)故障的原因和诊断方法也相应存在一些差异。如果只是为了判断个别气缸工作是否正常,可以人为停止该缸喷油,根据该缸停止喷油前后发动机的转速变化进行判断。但是要具体确定个别气缸不工作的故障原因,还需要用高压线对缸体试火的方法仔细检查。

采用无分电器点火系的发动机,如果是火花塞缺火导致的个别气缸工作不良,主要原因除了火花塞、高压线的故障外,还可能是相应的点火信号控制电路连接不良或点火线圈、点火控制器、微机控制单元的相应部分等发生故障。下面简要介绍用高压线对缸体试火的方法检查各种无分电器点火系发动机个别气缸工作情况的方法。

1.点火线圈配电方式

由于采用点火线圈配电方式时,共用一个点火线圈的两个气缸的火花塞同时跳火,所以,一次试火就可以检查出两个气缸的工作情况。

发动机中低速稳定运转,然后将某缸火花塞上的高压线拔下,再使高压线距离气缸体 1～2mm 进行跳火试验,检查在高压线试火前后发动机转速是否有变化及变化幅度大小,根据转速变化情况(最好用转速表测量)和跳火情况进行分析。

如果有火,说明对应的点火线圈及其控制部分工作正常。如果在高压线拔下后发动机转速没有变化,说明包括断火缸在内的火花塞同时点火的两个气缸不工作,需要检查两个气缸的火花塞。如果试火过程中转速升高,但是没有升高到拔高压线前的转速,说明包括断火缸在内的火花塞同时点火的两个气缸工作正常;如果试火过程中转速升高到接近拔高压线前的转速,说明与断火缸火花塞同时点火的另一个气缸工作正常,断火缸工作不良或不工作,应检查火花塞;如果试火过程中转速几乎没有升高,说明与断火缸火花塞同时点火的另一个气缸工作不良或不工作,应检查该缸火花塞。检查步骤如图 4-117 所示(以检查直列 6 缸发动机的 1、6 缸为例)。

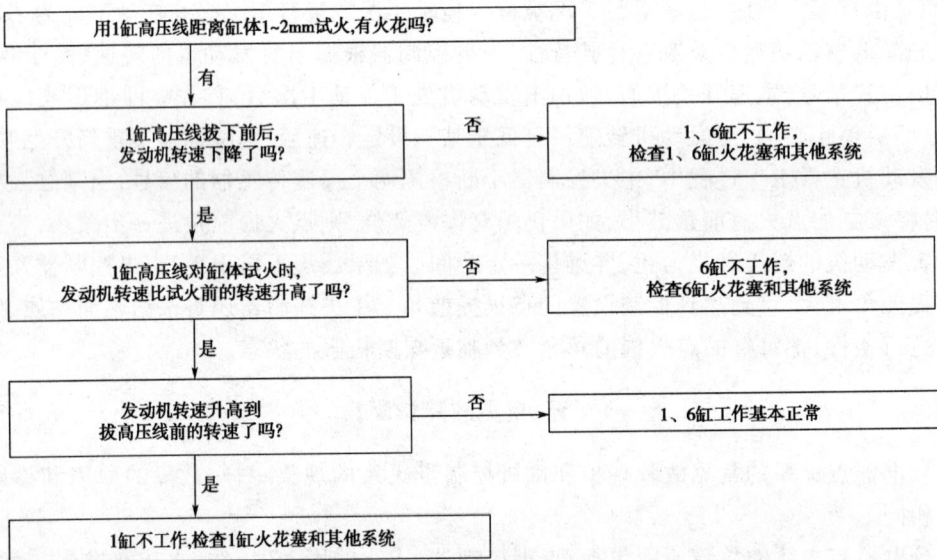

图 4-117　点火线圈配电方式发动机个别气缸工作情况检查程序

如果没有火花,说明两个气缸的高压线有断路故障或对应的点火线圈及其控制部分有故障,需要进一步诊断。首先检查高压线是否正常,然后检查点火信号控制线路是否正常,如果线路正常而点火线圈仍无次级高压产生,再用示波器进一步检查微机控制单元、点火控制器和点火线圈之间的点火控制信号,如图 4-118 所示(以检查直列 6 缸发动机的 1、6 缸为例)。

2.二极管配电方式

采用二极管配电方式的发动机,如果是火花塞缺火导致的个别气缸工作不良,主要原因除了火花塞、高压线、点火线圈初级绕组、点火控制器、微机控制单元的相应部分发生故障或相应的点火信号控制电路连接不良外,还可能是高压二极管短路或断路所致。

如果一个高压二极管断路,就同一根高压线断路一样,会导致火花塞同时跳火的两个气缸不工作,可燃混合气在气缸内没有燃烧。

如果一个高压二极管击穿短路,不但导致与该二极管相连的另一个高压二极管连接的火花塞不能正常跳火(在活塞接近压缩终了时,被发生短路故障的二极管及其火花塞短路所致),使对应气缸的可燃混合气不能被点燃,而且使发生短路故障的二极管对应的气缸在活塞接近

190

下止点时至少多跳一次火(点火线圈另一个初级绕组感应的高压)。但是多跳的火花发生在不同的下止点时,对发动机工作的影响相差非常大。如果多跳的火花发生在接近作功(膨胀)终了下止点,该火花没有什么影响,发动机只有一个气缸不工作;但是,如果多跳的火花发生在接近进气终了下止点,则会点燃气缸内的可燃混合气,使其在压缩行程中燃烧,几乎抵消了处于作功行程的活塞所做的功,相当于发动机有三个气缸不工作,所以发动机无法起动。

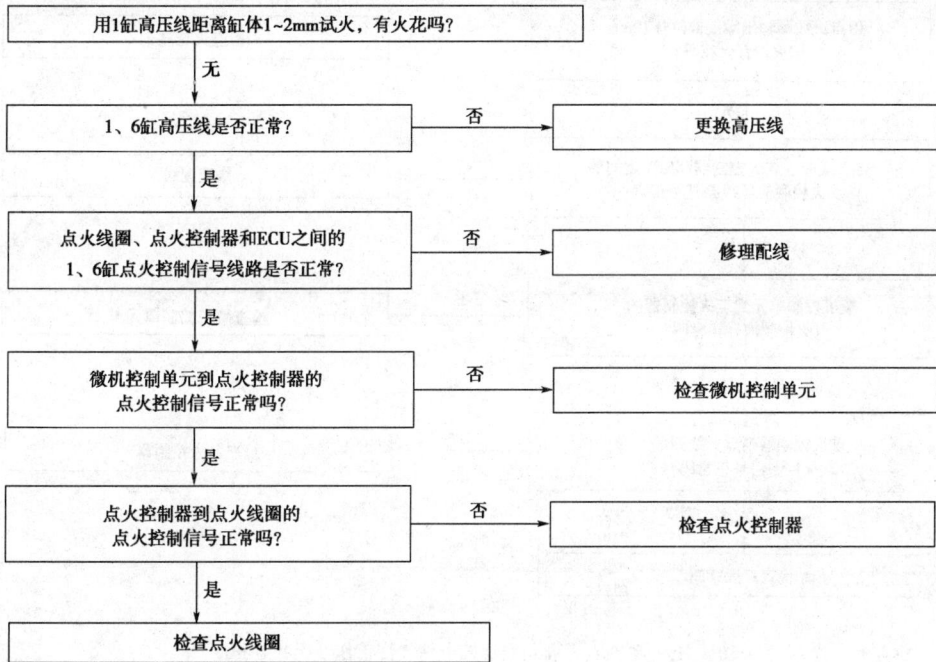

图 4-118　点火线圈配电方式发动机个别气缸不工作诊断程序

3.单独点火方式

采用单独点火方式的发动机,如果是火花塞缺火导致的个别气缸工作不良,主要原因有火花塞、点火线圈、点火控制器、微机控制单元的相应部分发生故障或相应的点火信号控制电路连接不良。

采用单缸断油法或单缸断火法确定出工作不良的气缸后,可以卸下故障气缸的点火线圈,将点火线圈输出端(必要时加导线或火花塞引出)距离气缸体约 10mm,用起动机驱动进行跳火试验,按照图 4-119 所示步骤进行检查。

六、主要零部件检修

各种传感器的检修方法和微机控制点火系的有关部分相同。

检修点火线圈或点火线圈组件时,注意每个点火线圈都要检查,如果点火线圈次级绕组输出端连接有高压二极管,则无法用万用表电阻档检查次级绕组通断;如果点火控制器的大功率三极管和点火线圈一体,则无法用万用表电阻档检查初级绕组通断。

点火线圈组件中若有一个二极管或点火线圈或大功率三极管损坏,就应整体更换。

由于高压二极管的正反向电阻很大,无法用一般的检查正反向电阻的方法检查高压二极管的短路和断路,但可以采用将火花塞上的高压线拔下来,距离气缸体 1~2mm 试火的方法检查:接通点火开关至正常工作位置,慢慢转动曲轴(以能查清跳火次数与曲轴转动圈数的关系为宜),仔细观察高压线和气缸体之间的跳火情况。曲轴每转动两圈,如果跳火两次,表明该缸高压二极管正常;如果跳火 3～4 次,表明该缸高压二极管击穿短路;如果只跳火一次,表明该缸高压二极管正常,而与其连接的另一个二极管短路;如果没有跳火,表明该缸高压二极管或高压线断路,或者与其连接的另一个二极管短路,可通过检查与其连接的另一个二极管作进一步检查。

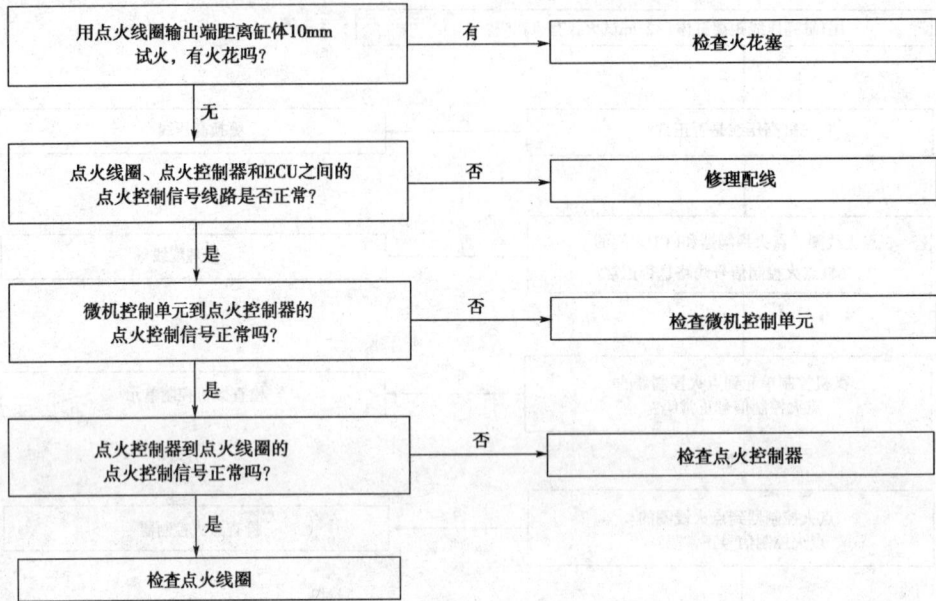

图 4-119　单独点火方式发动机个别气缸工作情况检查程序

七、使用与维护

在无分电器点火系使用和检修中,为避免对车辆和人体产生不良影响,除了遵从微机控制点火系的使用与维护的规定外,还应注意:

(1)尽量少用或者不用将高压线断路的方法检查二极管配电方式的点火系故障,以免造成高压二极管损坏。

(2)同时点火方式点火系的各缸高压线要分别插入点火线圈相应插孔中,不能插乱。

(3)单独点火方式点火系的各缸点火线圈与点火控制器之间的接线不能错乱。

(4)初始点火提前角一般可以通过改变曲轴位置和转角传感器或判缸信号传感器的定子部分(传感部分)安装位置进行调整,如果使传感器的定子部分沿着传感器转子工作时的旋转方向转过一定角度,则初始点火提前角减小;如果使传感器的定子部分逆着传感器转子工作时的旋转方向转过一定角度,则初始点火提前角增大。

(5)在一个发动机工作循环中,同时点火方式的每个火花塞要跳两次火,电极损耗严重,所以为了保证火花塞可靠工作,一般要采用特制的火花塞,或加强对火花塞的定期检查。

第五章 照明设备、信号装置及仪表

第一节 照明设备

一、概述

为了保证夜间行车或作业安全,提高工作效率,工程机械上安装有各种照明设备。工程机械的照明设备分为外部照明设备和内部照明设备。外部照明设备包括前照灯、雾灯、牌照灯(尾灯)等。内部照明设备包括室内灯(顶灯)、仪表照明灯(仪表灯)、工作灯等。

(1)前照灯:俗称头灯或大灯,每车两只或四只,装在车辆的前部,亮度较大,用来照亮前方的路面。

(2)雾灯:又称防雾灯,是在有雾天气使用的照明灯。车辆在雾中行驶时,如果使用前照灯,尽管灯泡功率很大,但由于雾滴的反射和散射作用,光束很难穿过雾区照亮前方道路。防雾灯灯光为黄色或橙色,这两种颜色光的波长较长,有较好的穿透能力,所以能照亮车前方较远距离的路面。雾灯一般装在前照灯的下方或内侧。

(3)牌照灯:牌照灯安装在车辆尾部牌照的上方,供夜间照亮牌照号码。牌照灯灯光为白色。

(4)顶灯:顶灯供驾驶室和车厢内部照明用,通常装在驾驶室内和车厢的顶部。

(5)仪表灯:装在驾驶室内的仪表板上,用来照明仪表,使驾驶员能看清各个仪表的指示情况。

(6)工作灯:供夜间车辆检修时照明用。一般只装设工作灯插座,配备带有一定长度导线的移动式灯具。为了发动机检修的方便,有的车辆在发动机罩下增设一固定的工作灯,开关通常位于灯座上。

上述的各种照明灯中,除了前照灯和防雾灯应用光学原理特制外,其他的均属普通照明灯具,仅因用途的不同,在照明的亮度和光的颜色上有不同的要求和规定。

二、前照灯

1.对前照灯的要求

为了保证夜间行车安全,世界各国一般都以法律的形式规定了车辆前照灯的照明标准。其基本要求是:

(1)前照灯应保证车前有明亮而均匀的照明,使驾驶员能看清车前100m以内路面上的任何障碍物。随着车辆行驶速度的提高,前照灯的照明距离也相应要求越来越远。

(2)前照灯应能防止眩目,确保夜间两车迎面相遇时,不使对方驾驶员因眩目而造成交通事故。

2.前照灯的构造

前照灯一般由配光镜、灯泡、反射镜、插座及灯壳等组成,如图 5-1 所示。

通常将反射镜、配光镜及灯泡这三个光学组件合称为光学系统。

(1)反射镜

反射镜俗称反光镜,其作用是尽可能地将灯泡发出的光线聚合成很强的光束射向远方,达到车前 100m 内的光照度要求。

反射镜一般用 0.6～0.8mm 的薄钢板冲压而成,反射镜的表面形状呈旋转抛物面,如图 5-2 所示。其内表面镀银(或镀铬、镀铝)并经抛光。从光学角度讲,银是反射镜最好的镀料,镀银层的反射系数高达 90%～95%,但是银层质软,容易被擦伤,且易受硫化作用而发黑,此外银的成本也高。镀铬层的机械强度较高,不易擦伤或损坏,但其反射系数仅为 60%～65%。镀铝层具有较好的反射系数(高达 94% 左右)和较高的机械强度,成本适宜,所以国产前照灯的反射镜目前大多采用真空镀铝。

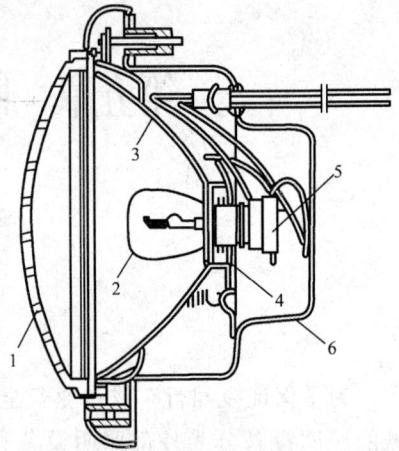

图 5-1 半封闭式前照灯

1-配光镜;2-灯泡;3-反射镜;4-插座;5-接线盒;6-灯壳

反射镜的聚光情况如图 5-3 所示。位于反射镜焦点上的灯丝的绝大部分光线向后射在立体角 ω 范围内,经反射镜反射后将平行于主光轴的光束射向远方,使光度增强几百倍,甚至上

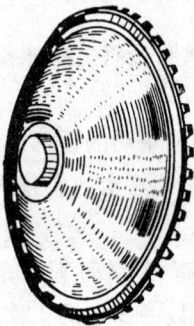

图 5-2 前照灯的反射镜

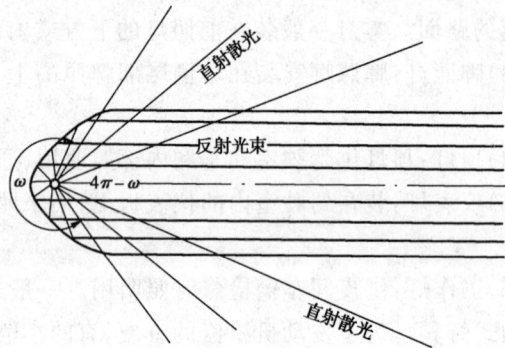

图 5-3 反射镜的聚光作用

千倍。实验证明,一个装有 45～60W 灯泡的前照灯,如果不使用反射镜,只能照清车前 6m 左右的路面。而加装反射镜后,则能将车前 100～150m 内的路段照得很明亮。

(2)配光镜

配光镜又称散光玻璃,它是用透明玻璃压制而成,是很多块特殊的棱镜和透镜的组合体,如图 5-4 所示。它将反射镜反射出的集中光束进行折射与散射,使其成为具有一定灯光分布的光束(图 5-5),均匀照明车前的路面。同时它还能保护反射镜及灯泡,防止雨、雪及灰尘的侵蚀。

(3)灯泡

前照灯的灯泡有单灯丝和双灯丝两种。对于双灯丝灯泡,功率较大、位于反射镜焦点上的灯丝为远光灯丝,功率较小的灯丝为近光灯丝。为了拆装方便及保证灯丝在反射镜中的正确位置,灯泡的插头通常制成

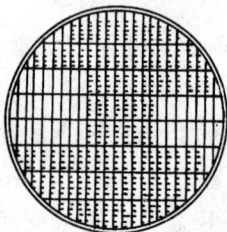

图 5-4 配光镜的几何形状

194

插片式,如图 5-6 所示,安装时,三个插片插入灯座上距离不等的三个插孔中。

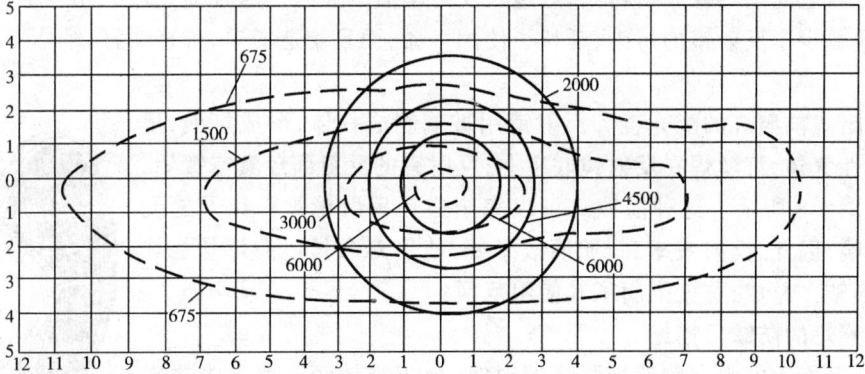

图 5-5　前照灯的光束分布

前照灯的灯泡为充气灯泡,灯丝用钨丝制成。在制造时先将玻璃泡内空气抽出,然后充以约 96% 的氩和约 4% 的氮的混合惰性气体。充入灯泡的惰性气体在灯丝受热时膨胀,使压力增大,从而可减少灯丝钨的蒸发,提高灯丝的温度和发光效率,节省电能,延长灯泡的使用寿命。

虽然灯泡内已被抽成真空并充满惰性气体,但灯丝的钨仍然会蒸发并沉积在灯泡上,使灯泡发黑。近年来,国内外使用了一种新型的卤钨灯泡,其结构如图 5-7 所示。

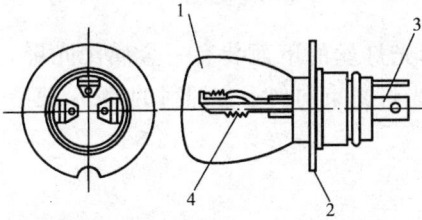

图 5-6　前照灯的灯泡结构
1-玻璃泡;2-插头凸缘;3-插片;4-灯丝

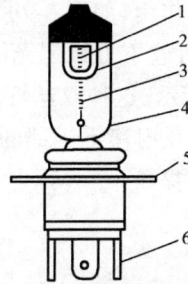

图 5-7　前照灯的卤钨灯泡
1-近光灯丝;2-远光灯丝;3-定焦盘;
4-配光屏;5-凸缘;6-插片

卤钨灯泡是在灯泡内所充的惰性气体中渗入某种卤族元素(碘、溴、氯、氟等),目前灯泡使用的卤族元系一般为碘或溴,使用这两种元素的灯泡分别称为碘钨灯泡和溴钨灯泡。我国目前生产的是溴钨灯泡。

卤钨灯泡是利用卤钨再生循环反应的原理制成的,其再生过程是:从灯丝上蒸发出来的气态钨与卤族元素反应生成一种挥发性的卤化钨,它扩散到灯丝附近的高温区又受热分解,使钨重新回到灯丝上,被释放出来的卤素继续扩散参与下一次循环反应,如此周而复始地循环下去,从而防止了钨的蒸发和灯泡的发黑。

卤钨灯泡的尺寸较小,玻璃泡用耐高温、机械强度很高的石英玻璃或硬玻璃制成,因此可提高充入的惰性气体的压力。这种灯泡的工作温度高,灯内的工作气压比其他灯泡高得多,从而使钨的蒸发受到更大的抑制。

前照灯按光学组件的结构不同可分为可拆式、半封闭式和全封闭式三种。

可拆式前照灯因气密性不良,反射镜易受潮气和灰尘污染而降低反射能力,目前已很少采用。

半封闭式前照灯的结构如图 5-1 所示,其配光镜靠卷曲反射镜边缘上的牙齿而固定在反射镜上,二者之间垫有橡胶密封圈,灯泡从反射镜后端装入。这种前照灯的光学组件密封性较好,大大地减少了反射镜的污染,延长了使用寿命,而且制造简单,价格便宜,维修方便,目前被广泛应用。

全封闭式前照灯的配光镜和反射镜用玻璃制成一体,形成灯泡,里面充以惰性气体,灯丝焊在反射镜底座上,反射镜的反射面经真空镀铝,其结构如图 5-8 所示。这种前照灯可以完全避免反射镜被污染及遭受大气的影响,因此,反射效率高,照明效果好,使用寿命长。但灯丝烧坏后,需要换整个总成,这就限制了其使用范围。

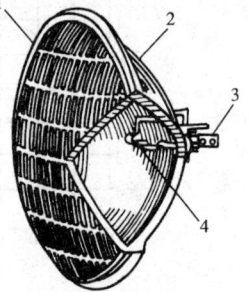

3.前照灯的防眩目措施

眩目,是指人的眼睛突然被强光照射时,由于视神经受刺激失去对眼睛的控制,本能地闭合眼睛,或只能看清亮处而看不见暗处物体的生理现象。如果夜间两车迎面相会,对方驾驶员因前照灯的光束而产生眩目,那将影响正常的驾驶操作,从而造成交通事故。所以前照灯必须采取有效的防眩目措施。常用的防眩目措施如下:

图 5-8 全封闭式前照灯
1-配光镜;2-反射镜;3-接头;4-灯丝

(1)采用双丝灯泡

其功率较大的远光灯丝位于反射镜的焦点,功率较小的近光灯丝在焦点上方。夜间迎面会车时,通过变光开关将远光改为近光,经反射镜反射的光线绝大部分投向路面,从而具有一定的防止眩目的作用,如图 5-9 所示。

(2)在近光灯丝下方设配光屏

如图 5-10 所示,这种双丝灯泡的结构特点是在近光灯丝的下面装有一金属配光屏,它挡住了灯丝 1 射向反射镜下半部的光线,从而消除了近光灯光束向斜上方照射的部分,使防眩目效果得到进一步提高。

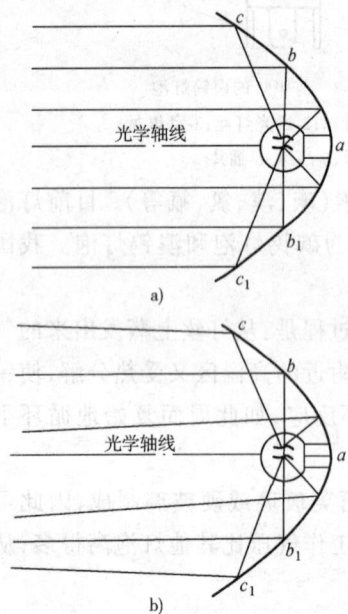

图 5-9 双丝灯泡的照射情况
a)远光;b)近光

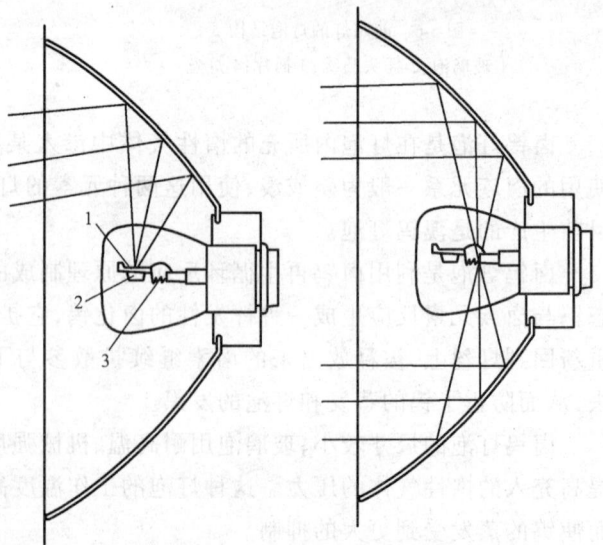

图 5-10 具有配光屏的双丝灯泡工作情况
1-近光灯丝;2-配光屏;3-远光灯丝

（3）采用非对称近光光形

近光灯加装配光屏后，眩目问题基本解决了，但使用近光灯会车时，由于近光灯照射距离较近，势必降低车速，影响运输效率。

为了既能达到防眩目的目的，又能改善近光会车的照明条件，国内生产了一种新型的防眩目前照灯。其配光屏安装时偏转一定的角度，与新型配光镜配合使用后，其近光的光形分布不对称，符合如图5-11所示的欧洲经济委员会制订的 ECE 配光标准。其光形有一条明显的明暗截止线，即上方（区域Ⅲ）是一个明显的暗区。该区点 B50L 表示相距 50m 处对方驾驶员眼睛的位置。下方（区域Ⅰ、Ⅱ、Ⅳ）及右上方 15° 内是一个亮区，可将车前和右方人行道照亮。这是一种比较理想的配光，我国现已采用。

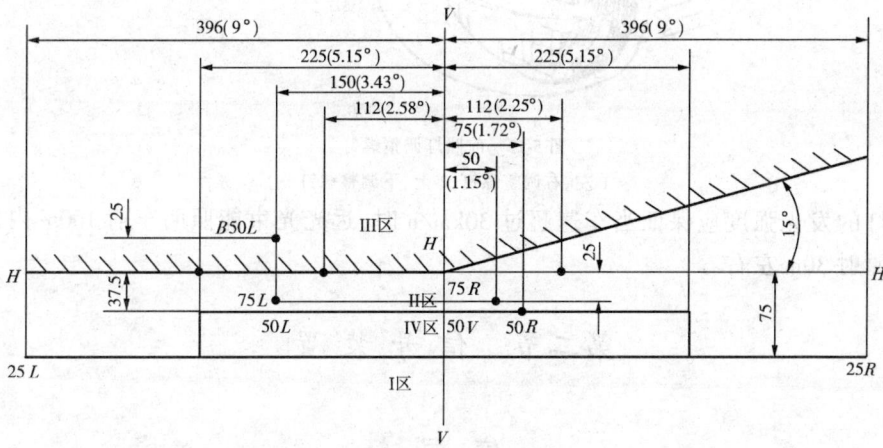

图 5-11　非对称近光配光图（单位：cm；测定距离 25cm）

4.前照灯的检验与调整

对于某些轮式机械，如汽车、起重机、轮式挖掘机等，应对前照灯的照射方向和照射距离（发光强度）进行检验。检验方法目前有两种，即仪器检验法和屏幕检验法。仪器检验法就是用前照灯检验仪来检验前照灯，其既能检验光束的照射方向或位置，又能检验发光强度。目前前照灯检验仪的种类较多，结构和原理也有较大区别，具体的使用操作方法参见产品说明书。屏幕检验法只能检验光束的照射方向或位置，检验的办法和要求如下：

将轮胎气压符合规定的被检机械（空载）停放在平整的地面上，环境光线应较暗，在距前照灯 10m 远处挂置一屏幕（或用墙壁代替），并使屏幕与被检机械中心轴线垂直，如图5-12所示。

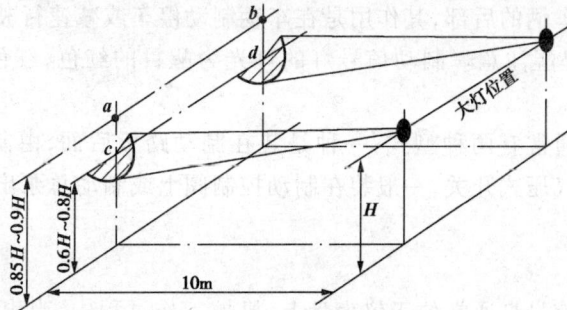

图 5-12　前照灯的屏幕检验法

接通前照灯，远光光束应分别对准交点 a 和 b，近光明暗截止线的转折点分别对准交点 c

和 d。不合要求时,可松开前照灯的紧固螺母,扳动前照灯进行调整,或通过前照灯的上下、左右调整螺钉进行调整,如图 5-13 所示。装用远、近光双丝灯泡的前照灯应以近光为主进行调整。

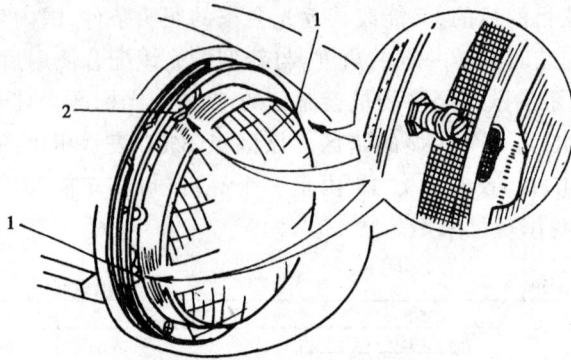

图 5-13　前照灯调整螺钉
1-左、右调整螺钉;2-上、下调整螺钉

前照灯的发光强度应保证当车速超过 30km/h 时,远光光束能照明车前 100m 内的路面,近光也能照射 30m 左右。

第二节　信号装置

一、信号灯

工程机械上通常装有 4 种信号灯,即示宽灯、转向信号灯、制动信号灯和报警信号灯。

1.示宽灯

示宽灯一般装在车头和车尾的左右两侧,用于夜间行驶或停车时,标示车辆的存在和轮廓。前示宽灯的灯光为白色或橙色,后示宽灯的灯光为红色或橙色。

2.转向信号灯

转向信号灯位于车辆的四角,其作用是在车辆转弯时,发出一明一暗的闪光信号,以标示车辆的转弯方向。转向信号灯的灯光为橙色,后转向信号灯也可为红色。转向信号灯的闪烁由闪光继电器控制。

3.制动信号灯

制动信号灯装在车辆的后部,其作用是在车辆制动停车或减速行驶时,向车后的车辆或行人发出制动信号,以提醒注意。制动信号灯的灯光为醒目的红色,红色制动信号应保证夜间 100m 以外能看得清楚。

制动信号灯开关通常有两种型式:一种是装在制动踏板后面,由制动踏板直接控制的开关。另一种为液压或气压式开关,一般装在制动控制阀上或制动总泵出口处,由制动系统的液压或气压控制。

4.报警信号灯

工程机械的报警信号灯通常位于仪表盘上,机械工作过程中,当出现异常情况(如发动机冷却水温过高、机油压力过低、风冷发动机风扇皮带过松或断开等)时,相应的报警信号灯便发亮,通知驾驶员立即使机械停止工作,排除故障。

报警信号灯一般和电源、传感器串联,传感器为开关式,出现异常时,传感器便接通报警信号灯的电路。有的工程机械除了有灯光报警外,还会产生声音报警。

二、闪光继电器

闪光继电器简称闪光器,其作用是使转向信号灯按一定的频率进行闪烁,以指示转弯方向。闪光器目前常用的有电热式、电容式和晶体管式三种类型。

1.电热式闪光器

常用的电热式闪光器的结构如图 5-14 所示,在胶木底板上固定着工字形的铁心 1,上面绕着线圈 2,线圈 2 的一端与固定触点 3 相联,另一端固定在接线柱 10 上。附加电阻 8 由镍铬丝绕制而成,又和镍铬丝 5 串联。镍铬丝 5 与调节片 6 之间用玻璃球绝缘。

闪光器不工作时,动触点 4 在镍铬丝 5 的拉力下与固定触点 3 分开。当车辆转弯时(例如左转向),将转向开关 13 扳向左侧,接通左转向灯电路,电流从蓄电池正极→电池接线柱 9→活动触点臂→镍铬丝 5→附加电阻 8→开关接线柱 10→转向开关 13→左转向信号灯 11 及指示灯(位于仪表盘上,与左转向信号灯并联)→搭铁→蓄电池负极。由于附加电阻接入转向灯电路,故电流小,灯光暗。通电一定时间后,镍铬丝受热膨胀而伸长,使触点 3、4 闭合。触点闭合后,电流从蓄电池正极→接线柱 9→活动触点臂及动触点 4→固定触点 3→线圈 2→接线柱 10→转向开关 13→左转向信号灯 11 及指示灯→搭铁→蓄电池负极。此时附加电阻及镍铬丝 5 被短路隔除,线路中电阻小,电流大,灯光较亮。由于线圈 2 中有电流通过,产生电磁力,从而使触点闭合得更牢。又经一段时间后,镍铬丝 5 冷却复原,使触点重新打开,电流又流经附加电阻,灯光变暗。如此循环,触点反复开闭,附加电阻不断被接入和短路,使通过转向信号灯丝的电流忽大忽小,转向信号灯和指示灯就发出一明一暗的闪烁光。

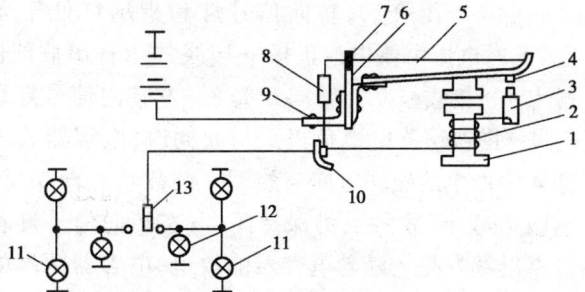

图 5-14 电热式闪光器

1-铁心;2-线圈;3-固定触点;4-动触点;5-镍铬丝;6-调节片;7-玻璃球;8-附加电阻;9-电池接线柱;10-开关接线柱;11-转向指示灯;12-指示灯;13-转向开关

转向信号灯的闪光频率应为 60 ~ 120 次/min。当频率过高或过低时,可扳动调节片 6,改变镍铬丝 5 的拉力及触点间隙进行调整。

2.电容式闪光器

电容式闪光器根据衔铁线圈接法不同分为电流型和电压型。所谓电流型,就是衔铁线圈与转向信号灯泡串联。电压型是闪光器的衔铁线圈与转向信号灯并联。

根据触点数量的不同,电容式闪光器又可分为单触点式和触点式两种。

各种电容式闪光器都是利用电容器的充电和放电来控制转向信号灯的闪烁的。现以图 5-15 所示的单触点电流型电容闪光器为例说明其工作过程。

当车辆向左转弯时,接通转向灯开关 8,左转向信号灯 9 就被串入电路中,电流从蓄电池正极→电源开关 11→接线柱 B→串联线圈 3→触点 1→接线柱 L→转向灯开关 8→左转向信号灯和指示灯 9→搭铁→蓄电池负极,形成回路。此时并联线圈 4、电容器 7 及电阻 5 被触点 1 短路,而电流通过线圈 3 产生的电磁吸力大于弹簧片 2 的作用力,触点 1 迅速被打开,转向信号灯处于暗的状态。

触点 1 打开后,蓄电池向电容器 7 充电,其充电电流由蓄电池正极→电源开关 11→接线柱 B→串联线圈 3→并联线圈 4→电容器 7→转向灯开关 8→左转向信号灯和指示灯 9→搭铁→蓄电池负极,形成回路。由于线圈 4 电阻较大,充电电流小,不足以使转向信号灯亮,则转向信号灯仍处于暗的状态。同时充电电流通过串联线圈 3 和并联线圈 4 产生的电磁吸力方向相同,使触点继续打开。随着电容器的充电,电容器两端的电压逐渐升高,其充电电流逐渐减小,串联线圈 3 和并联线圈 4 的电磁吸力减小,使触点 1 闭合。

触点 1 闭合后,转向信号灯和指示灯处于亮的状态,此时电流由蓄电池正极→接线柱 B→串联线圈 3→触点 1→接线柱 L→转向开关 8→左转向信号灯和指示灯 9→搭铁→蓄电池负极。与此同时,电容器放电在线圈 4 中产生的磁场方向与线圈 3 的磁场方向相反,使电磁吸力减小,故触点仍保持闭合,左转向信号灯和指示灯 9 继续发亮。随着电容器的放电,电容器两端的电压逐渐下降,其放电电流减小,线圈 4 的退磁作用减弱,串联线圈 3 的电磁吸力增加,触点 1 又打开,灯光变暗。如此反复,继电器的触点不断开闭,使转向信号灯和指示灯闪烁。灭弧电阻 5 与触点并联,用来减小触点火花,延长触点的寿命。

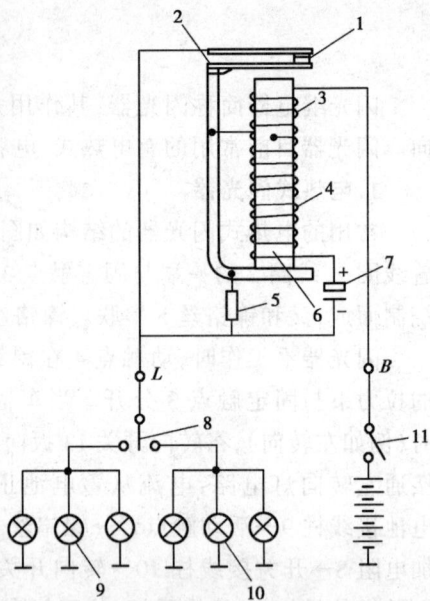

图 5-15　电容式闪光器

1-触点;2-弹簧片;3-串联线圈;4-并联线圈;5-灭弧电阻;6-铁心;7-电解电容器;8-转向信号灯开关;9-左转向信号灯和指示灯;10-右转向信号灯和指示灯;11-电源开关

3.晶体管式闪光器

晶体管式闪光器又称电子闪光器,它具有闪光频率稳定,灯光亮暗分明、清晰,无发热元件,节约电能,工作可靠,使用寿命长等优点。

晶体管式闪光器分有触点式和无触点式两种。有触点式闪光器工作时继电器触点可以发出有节奏的响声,借以判断工作是否正常,所以使用较多。

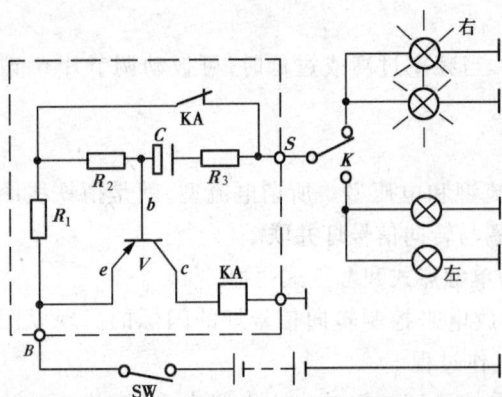

图 5-16　晶体管式闪光器

图 5-16 为一种有触点式晶体管闪光器的电路,它主要由晶体管开关电路和继电器所组成。晶体管开关电路是由晶体管、电阻、电容器等组成的自激振荡电路。继电器的触头 KA 为常闭触点,与自激振荡电路中的 R_2、R_3 和 C 并联。

当车辆向右转弯时,接通电源开关 SW 和转向灯开关 K,电流由蓄电池正极→电源开关 SW→接线柱 B→R_1→继电器 KA 的常闭触头→接线柱 S→转向灯开关 K→搭铁→蓄电池负极,右转向信号灯亮。当电流流过 R_1 时,在 R_1 上产生电压降,晶体三极管 V 因正向偏压而导通,集电极电流 I_c 通过继电器 KA 的线圈,使继电器常闭触头立即断开,右转向信号灯熄灭。

在晶体三极管导通的同时,其基极电流向电容器充电,其充电电路是:蓄电池正极→电源开关 SW→接线柱 B→V 的发射极 e、基极 b→电容器 C→R_3→接线柱 S→转向灯开关 K→右转向信号灯→搭铁→蓄电池负极。在充电过程中,随电容器电荷的积累,充电电流 I_b 逐渐减小,三极管 V 的集电极电流 I_c 也随之减小,当此电流不足以维持衔铁的吸合而释放时,继电器的常闭触头又重新闭合,转向信号灯再次发亮。这时电容器 C 通过电阻 R_2、继电器的常闭触头、电阻 R_3 放电。放电电流在 R_2 上产生的电压降为三极管 V 提供反向偏压,加速了三极管 V 的截止。当放电电流接近零时,R_1 上的电压降又为三极管 V 提供正向偏压使其导通。这样,电容器 C 不断地充电和放电,三极管 V 不断地导通与截止,控制继电器的触头反复闭合与断开,使转向信号灯发出一明一暗的闪光。

三、电 喇 叭

工程机械上都装有喇叭,它的用途是用来警告行人和其他车辆,以引起注意,保证行车和作业安全。喇叭有气喇叭和电喇叭两种,目前工程机械上所装用的大部分为电喇叭,按外形的不同,电喇叭分筒形、螺旋形和盆形三种。

1.筒形、螺旋形电喇叭

筒形、螺旋形电喇叭的结构如图 5-17 所示。它主要由山形铁心 5、线圈 9、衔铁 8、膜片 3、共鸣板 2、扬声筒 1、触点以及电容器 16 等组成。膜片 3 和共鸣板 2 借中心杆 13 与衔铁 8、调整螺母 11、锁紧螺母 12 联成一体。

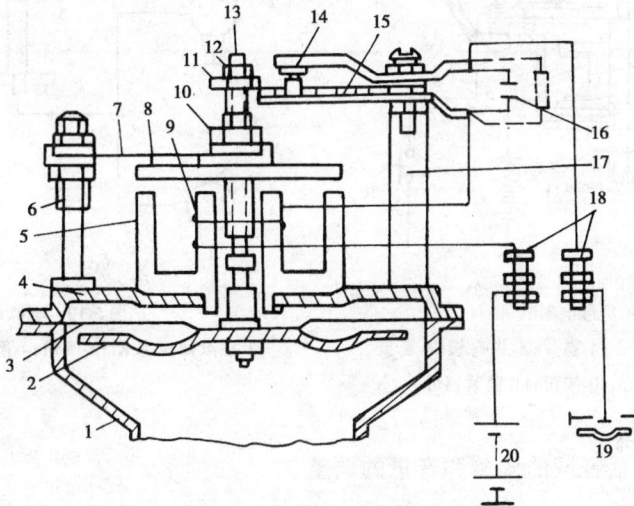

图 5-17　筒形、螺旋形电喇叭

1-扬声筒;2-共鸣板;3-膜片;4-底板;5-山形铁心;6-螺柱;7-弹簧片;8-衔铁;9-线圈;10、12-锁紧螺母;11-调整螺母;

13-中心杆;14-固定触点臂;15-活动触点臂;16-电容器;17-触点支架;18-接线柱;19-按钮;20-蓄电池

当按下喇叭按钮 19 时,电流由蓄电池正极→线圈 9→触点→按钮 19→搭铁→蓄电池负极。电流流过线圈 9 产生电磁吸力,吸下衔铁 8,中心杆上的调整螺母 11 压下活动触点臂,使触点分开而切断电路。此时线圈 9 电流中断,电磁吸力消失,在弹簧片 7 和膜片 3 的弹力作用下,衔铁又返回原位,触点闭合,电路又接通。此后,上述过程反复进行,膜片不断振动,从而发出一定音调的音波,由扬声筒 1 加强后传出。共鸣板与膜片刚性连接,在振动时发出声响,使喇叭声音更加悦耳。

为了减小触点火花而保护触点,在触点间并联一个电容器(或消弧电阻)。

2.盆形电喇叭

盆形电喇叭的结构如图 5-18 所示。电磁铁采用螺管式结构,铁心 9 上绕有线圈 2,上、下铁心间的气隙在线圈 2 中间,因此能产生较大的吸力。它没有扬声筒,而是将上铁心 3、膜片 4 和共鸣板 5 固定在中心轴上。当电路接通时,线圈 2 产生吸力,上铁心 3 被吸下与下铁心 2 碰撞,产生较低的基本频率,并激励与膜片固定在一起的共鸣板 5 产生共鸣,从而发出比基本频率强得多,且分布又比较集中的谐音。

3.喇叭继电器

为了得到更加悦耳动听的声音,有些工程机械装有两个不同音调(高、低音)的电喇叭。当装用双喇叭时,因为消耗的电流较大(约 15～20A),用按钮直接控制时,按钮容易烧坏,故常采用喇叭继电器,其结构和接线如图 5-19 所示。当按下按钮 3 时,电流从蓄电池正极→线圈 2→按钮 3→搭铁→蓄电池负极。由于线圈的电阻很大,所以通过按钮的电流很小。线圈 2 通电后产生吸力,使触点 5 闭合,蓄电池通过磁轭、触点臂 1 及触点 5 向喇叭提供大电流。当松开按钮时,线圈 2 内电流中断,磁力消失,触点在弹簧的作用下打开,切断喇叭电路,使喇叭停止发音。

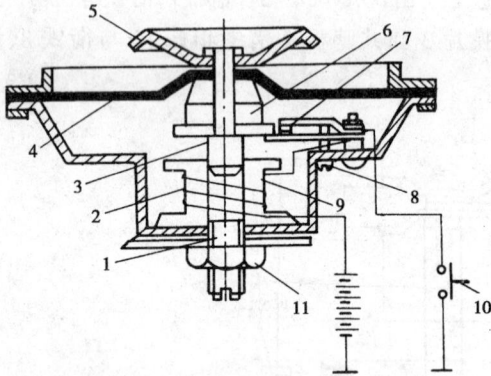

图 5-18　盆形电喇叭

1-下铁心;2-线圈;3-上铁心;4-膜片;5-共鸣板;6-衔铁;
7-触点;8-调整螺钉;9-铁心;10-按钮;11-锁紧螺母

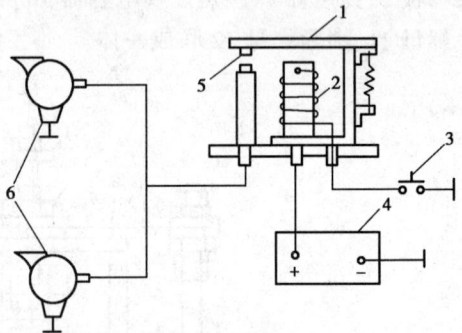

图 5-19　喇叭继电器

1-触点臂;2-线圈;3-按钮;4-蓄电池;5-触点;6-喇叭

4.电喇叭的调整

电喇叭的调整包括音调的调整和音量的调整。

(1)音调的调整

电喇叭音调的高低与衔铁和铁心间的间隙有关,减小此间隙可提高膜片的振动频率,从而可提高音调;反之,增大间隙,音调则变低。

对于筒形和螺旋形电喇叭(见图 5-17),调整时首先松开弹簧片 7 两端的锁紧螺母,然后通过旋转螺柱 6 上的调整螺母及衔铁 8 来改变衔铁与铁心 5 间的间隙。此间隙一般为 0.5～1.5mm,间隙太小会发生碰撞,太大则会吸不动衔铁。调整时铁心要平整,铁心与衔铁四周的间隙要均匀,否则会产生杂音。

盆形电喇叭的调整方法是先松开锁紧螺母 11(图 5-18),再旋转下铁心 1,改变上、下铁心间的间隙即可调整音调的高低。

(2)音量的调整

电喇叭音量的大小取决于线圈电流的大小,而后者又与触点间的压紧力有关。增大压紧

202

力,触点闭合的时间延长,通过线圈的电流增大,于是膜片的振幅增大,从而使音量增大;反之,减小触点间的压力,喇叭的音量将降低。所以改变触点间的压力大小,即可调整喇叭的音量。

对于筒形和螺旋形电喇叭,松开锁紧螺母 12,旋转调整螺母 11 即可调整喇叭的音量。盆形电喇叭的音量通过调整螺钉 8 进行调整。

上述音量和音调的调整是相互影响的,因此应反复调整,直至符合要求为止。调整完毕后,应将锁紧螺母全部紧固,以防松动变音。

第三节　仪　表

一、电　流　表

电流表用来指示蓄电池充电或放电电流的大小,同时也用以监视交流发电机充电系工作是否正常。电流表的结构形式比较多,其中电磁式电流表具有结构简单、耐震性好、经久耐用等优点,在工程机械上应用广泛。

电磁式电流表的结构如图 5-20 所示。用锌合金(或铝合金、黄铜等)制成的基座 2(即导电体)与两导电杆 1 及胶木绝缘板 3 压装在一起,基座的中部固定有条形磁钢(永久磁铁)4。由针轴 8、感应片 9、指针 5 及制动垫片 10 组成的活动组件由下轴承螺钉 7 支撑,螺钉 7 也同时用来调整活动组件的轴向间隙。

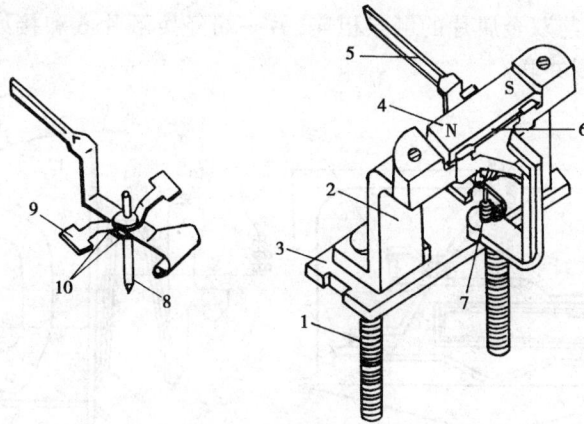

图 5-20　电磁式电流表

1-导电杆;2-基座;3-胶木绝缘板;4-磁钢;5-指针;6-分流片;7-下轴承螺钉;8-针轴;9-感应片;10-制动垫片

电流表的工作原理如图 5-21 所示。当无电流通过电流表时,用软钢制成的感应片被磁钢磁化,其磁化后的极性相反,因而二者相互吸引,使指针保持在中间"0"的位置。

当蓄电池处于放电状态时,放电电流通过基座而产生磁场,该磁场与磁钢的磁场相互作用产生一合成磁场,其方向如图 5-21a)中 H 所示。在合成磁场 H 的作用下,感应片向左偏转一定角度,使指针指示负值,表示蓄电池放电的电流值。放电电流越大,指针偏转角度越大,则指示的电流值也越大。

当发电机向蓄电池充电时,由于流经基座的电流方向改变,合成磁场的方向也随之改变,如图 5-21b)所示。感应片在合成磁场的作用下向右偏转,指针则指示正值,表示蓄电池充电的电流值。

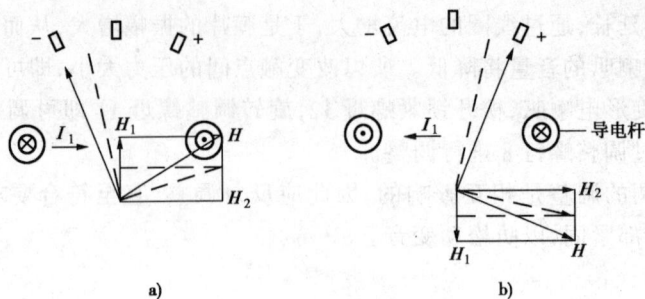

图 5-21　电流表工作原理

a)放电；b)充电

H_1-电磁场；H_2-磁钢磁场；H-合成磁场

二、机油压力表

机油压力表是工程机械上必不可少的仪表，其作用是在发动机运转时，指示发动机机油压力的大小及发动机润滑系工作是否正常。机油压力表由装在仪表盘上的油压指示表和装在发动机主油道上或粗滤器壳上的油压传感器组成。

工程机械上所用的电热式机油压力表的结构如图 5-22 所示。油压传感器为一圆盒形，其内装有一金属膜片 2，膜片的下方为油腔 1，与润滑系的主油道相通。膜片上方的中部顶着弯曲的弹簧片 3，弹簧片的一端固定在外壳上并搭铁，另一端焊有触点。双金属片 4 上绕有加热线圈，线圈的一端直接与双金属片的触点相连，另一端经接触片 6 和接线柱 7 与指示表相连。校正电阻 8 与加热线圈并联。

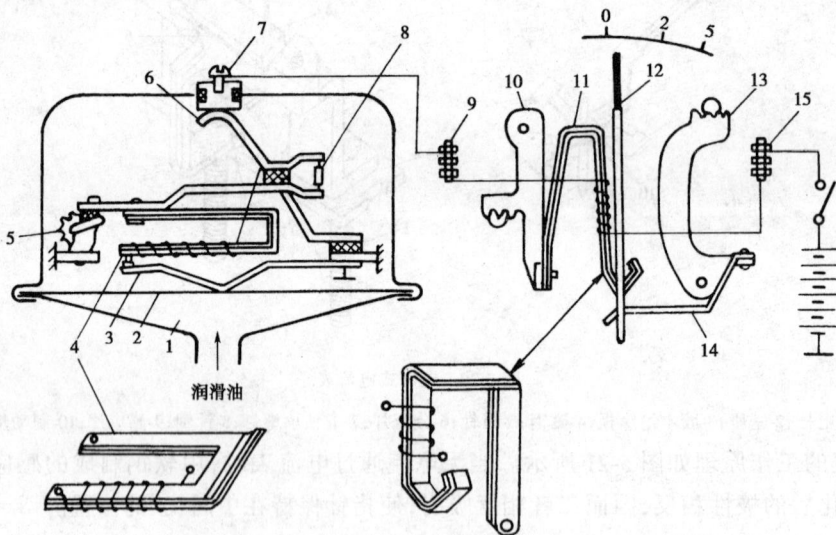

图 5-22　电热式油压表的构造

1-管接头及油腔；2-膜片；3-弓形弹簧片；4-传感器双金属片；5-调整齿轮；6-接触片；7-传感器接线螺钉；8-校正电阻；

9、15-指示表接线柱；10、13-扇形调节齿；11-指示表双金属片；12-指针；14-弹簧片

油压指示表内装有一特殊形状的双金属片 11，它的一端弯成钩状，并钩在指针 12 上，另一端则固定在调整齿扇 10 上。双金属片 11 上也绕有加热线圈，线圈的两端分别接在指示表的接线柱 9 和 15 上。

当电源开关接通时,油压指示表及油压传感器中有电流通过,电流由蓄电池正极→点火开关→接线柱 15→指示表双金属片 11 的加热线圈→指示表接线柱 9→传感器接线柱 7→接触片 6→传感器双金属片 4 的加热线圈→双金属片 4 的触点→弹簧片 3→搭铁→蓄电池负极。由于电流流过双金属片 4 和 11 上的加热线圈,使双金属片受热变形。

油压很低时,传感器膜片 2 几乎没有变形,这时触点压力甚小。当电流流过而温度略有上升时,双金属片 4 就弯曲,使触点分开,电路即被切断。经过一段时间后,双金属片冷却伸直,触点又闭合,电路又被接通。上述过程循环不断,触点每分钟约开闭 5～20 次。由于油压很低时,触点压力小,双金属片稍有变形就会使触点打开,所以触点打开的时间较长,闭合的时间较短,变化的频率也较低,这样通过指示表加热线圈的电流平均值就很小,双金属片 11 的弯曲变形不大,指针只略向右偏移,指示较低油压值。

油压升高时,膜片 2 向上拱曲,触点间的压力增大,双金属片 4 向上弯曲程度增大。这样,只有在加热线圈通过较长时间的电流,双金属片 4 有较大的变形时,触点才能打开,而且触点打开不久,双金属片稍一冷却,触点又很快闭合。因此,当油压高时,触点闭合的时间较长,断开的时间较短,且频率也高,通过指示表加热线圈的平均电流值大,双金属片 11 的变形大,于是其钩住指针 12 向右偏转一较大的角度,指示出较高的油压值。

为了使油压的指示值不受外界温度的影响。双金属片 4 制成"H"字形,其上绕有加热线圈的一边称为工作臂,另一边称为补偿臂。当外界温度变化时,工作臂的附加变形被补偿臂的相应变形所补偿,使指示值保持不变。在安装传感器时,必须使传感器壳上的箭头向上,不应偏出 ±30°位置,使工作臂产生的热气上升时不致对补偿臂产生影响,造成误差。

三、水 温 表

水温表用来指示发动机冷却水的温度。它由装在仪表板上的水温指示表和装在发动机气缸盖水套上的水温传感器组成。水温表有电热式(双金属片式)和电磁式两种。

1.电热式水温表

电热式水温表的结构如图 5-23 所示。水温指示表的结构与油压指示表相同,二者只是在刻度上有区别。水温表的刻度值是从右至左逐渐增大,分别标有 40、80、100,单位为℃。水温

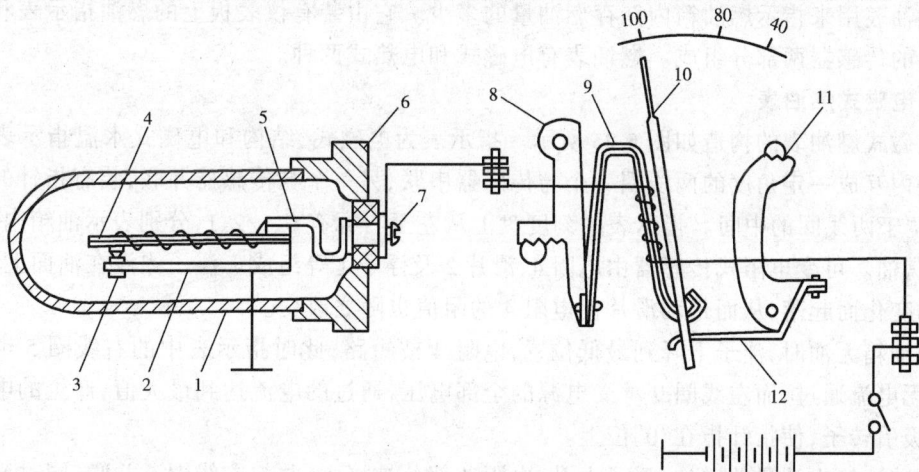

图 5-23　电热式水温表

1-水温传感器铜外壳;2-底板支架;3-可调整触点;4-双金属条形片;5-接触片;6-铁壳;7-接线柱;8、11-调整齿扇;9-双金属片;10-指针;12-弹簧片

传感器又称感温塞,是一个密封的套筒,内装有条状的双金属片4,其上绕有加热线圈。线圈的一端焊在双金属片上,另一端经接触片5与接线柱7相连。双金属片的端部铆有触点,其与支架2上的触点3相接触,双金属片在安装时对触点3有一定预压力。

水温表的工作原理与油压表相似。当水温很低时,双金属片4经加热变形向上弯曲,使触点分开,由于周围温度较低,很快冷却,触点又重新闭合。故流经加热线圈的平均电流大,指示表中双金属片9变形大,指针指向低温。当水温增高时,传感器密封套筒内温度也增高,因此,双金属片4受热变形后冷却的速度减慢,使触点断开时间增长,闭合时间缩短,流经加热线圈的平均电流减小,双金属片9变形减小,指针偏转小,指示较高温度。

2．电磁式水温表

电磁式水温表的结构简图如图5-24所示。水温传感器壳体内装有一片状的热敏电阻,热敏电阻用半导体材料制成。水温传感器多采用负温度系数的热敏电阻,其阻值随温度的升高而减小。电磁式水温指示表中装有线圈 L_1 和 L_2，L_2 和传感器串联，L_1 和传感器并联。两个线圈的中间装着带有指针的衔铁。

当点火开关接通时,电流流过水温指示表和传感器,其电路由蓄电池正极→点火开关→串联电阻→线圈 L_2 →传感器热敏电阻→搭铁→蓄电池负极,另一路由线圈 L_2 经线圈 L_1 搭铁构成回路。

当冷却水温度较低时,传感器内热敏电阻的阻值较大,流经线圈 L_1 和 L_2 的电流相差不多,但 L_1 匝数多,产生的磁场强,使带指针的衔铁向左偏转,指针指向低温

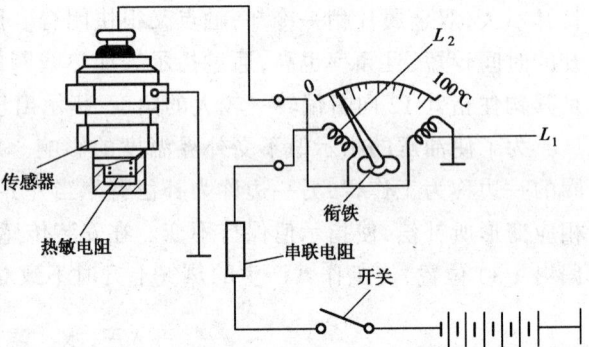

图5-24 电磁式水温表

刻度。当冷却水温度升高时,热敏电阻的阻值减小,线圈 L_2 中的电流明显增大,电磁力也增大,于是带指针的衔铁向右偏转,水温表的指针指向高温刻度。

四、燃 油 表

燃油表用来指示燃油箱内储存燃油量的多少。它由装有仪表板上的燃油指示表和装在燃油箱内的传感器两部分组成。燃油表有电磁式和电热式两种。

1．电磁式燃油表

电磁式燃油表的构造如图5-25所示。指示表为电磁式,结构和电磁式水温指示表基本相同。表内互成一定角度的两线圈一个与传感器串联,另一个与传感器并联,装有指针的软钢转子10位于两线圈的中间。指示表的刻度盘上从左至右标有0、1/2、1,分别表示油箱内无油、半箱油、满油。可变电阻式传感器由电阻4、滑片2及浮子1等组成。浮子漂浮在油面上,随油面高度的变化而起落,从而带动滑片使电阻4的阻值也随之改变。

当油箱无油时,浮子下降到最低位置,电阻4被短路,此时指示表中的右线圈5也随之被短路,无电流通过,而左线圈9承受电源的全部电压,通过的电流达到最大值,产生的电磁吸力最强,吸引转子,使指针指在"0"位上。

随着油箱中油量的增加,浮子上升,电阻4部分被接入,并与右线圈5并联,同时又与左线圈9串联。其电路由蓄电池正极→点火开关11→左线圈9→右线圈5→搭铁→蓄电池负极。此时左线圈9中因串联了电阻,线圈的电流相应减小,使左线圈电磁吸力减弱,而右线圈5中

有电流通过,产生磁场,使转子 10 在两磁场的作用下,向右偏转。

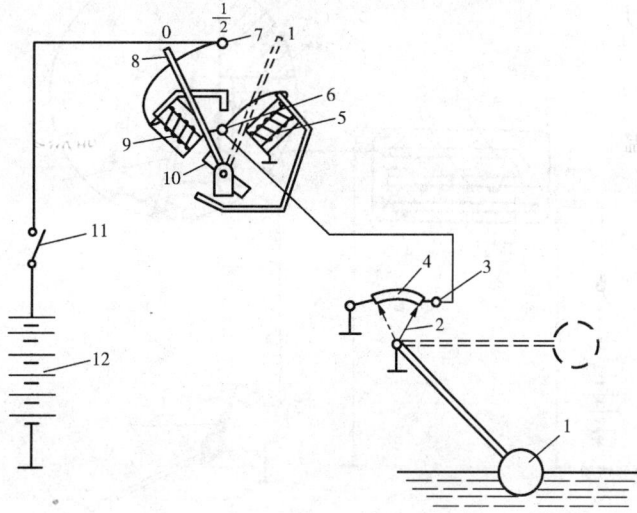

图 5-25   电磁式燃油表

1-浮子;2-滑动接触片;3-接线柱;4-电阻;5-右线圈;6、7-指示表接线柱;8-指针;9-左线圈;10-转子;11-点火开关;12-蓄电池

当油箱盛满油时,浮子带动滑片 2 移动到电阻 4 的最右端,使电阻全部接入。此时左线圈中的电流最小,右线圈中的电流最大,转子带着指针向右偏移角度最大,指在"1"的刻度,表示油箱已盛满油。

有的工程机械上还装有副油箱,这时在主副油箱中必须各装一个传感器,并在传感器和燃油指示表之间安装一转换开关,从而可实现由一个指示表分别检测两个油箱的贮油量。

传感器的电阻 4 末端搭铁,可以避免滑片 2 与电阻 4 接触不良时产生火花而引起火灾。

2.电热式燃油表

电热式燃油表的指示表结构与电热式水温表的指示表相同,二者只是刻度不同。传感器仍为可变电阻式传感器。此外,为了稳定电源电压,在电路中串接了一个稳压器,电热式燃油表的结构如图 5-26 所示。

当油箱无油时,传感器中的浮子 10 处于最低位置,此时电流由蓄电池正极→点火开关→稳压器触点 4、3→稳压器双金属片 1→燃油指示表加热线圈 5→传感器电阻 8→滑片 9→搭铁→蓄电池负极。由于传感器电阻全部串入电路中,流过指示表加热线圈 5 中的电流很小,所以双金属片 6 几乎不变形,指针指在"0"处,表示油箱无油。

当油箱的油量增加时,传感器的浮子 10 上浮,滑片 9 左移,使部分电阻接入电路,于是流入加热线圈 5 中的电流增大,双金属片受热弯曲而带动指针 7 向右移动,指出油量的多少。

流经加热线圈 5 的电流,除了与传感器的电阻值有关外,还与供电电压有关。由于蓄电池与发电机之间具有一定的电位差,并且二者的输出电压都不是一个恒定值,这就会使电热式(或双金属片式)指示表的示值出现较大误差。因此,为了提高指示精度,电热式仪表都必须增设仪表稳压器。

稳压器的工作过程如下:当稳压器触点处于闭合状态时,输出电压与输入电压相等,此时,稳压器的双金属片因加热线圈通电被加热而变形向上挠曲,使触点打开。当触点打开后,输出电压为零,双金属片因不再受热而逐渐冷却,挠曲消失,触点重新闭合。如此反复变化,使稳压器输出脉冲电压,其电压波形如图 5-27 所示。当输入电压增加时,由于流过稳压器加热线圈

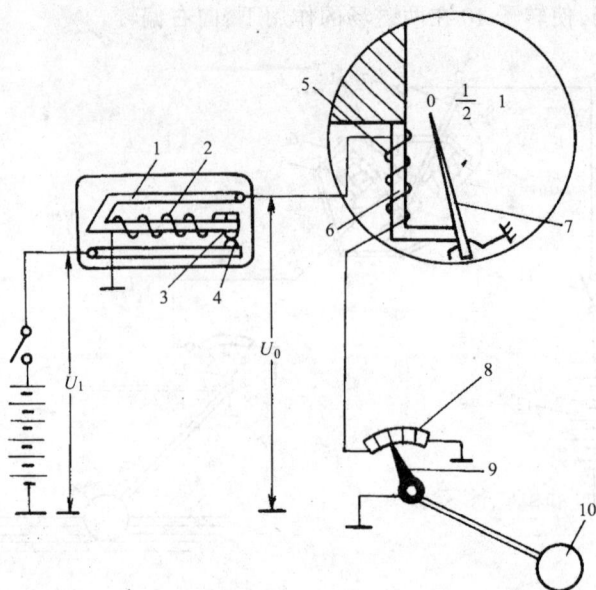

图 5-26 电热式燃油表

1-双金属片;2-加热线圈;3-动触点;4-静触点;5-指示表加热线圈;6-双金属片;7-指针;8-传感器电阻;9-滑片;10-浮子

的电流增大,产生的热量多,因此,用较短的时间就可使触点打开。而触点打开后,由于双金属片受热挠曲变形量增大,需较长的时间才能使触点闭合,这样尽管输入电压增加,但因触点闭合时间缩短,打开时间增长,输出电压的平均值保持不变。反之,当输入电压降低时,因流过稳压器加热线圈电流减小,产生的热量少,双金属片受热挠曲变形量也减小,于是使触点闭合时间增长,打开时间缩短,输出电压的平均值仍保持稳定。

对于传感器和指示表均为双金属片式的仪表,如电热式水温表,其本身就具有稳定电压的功能,因此就不再需要用电源稳压器。

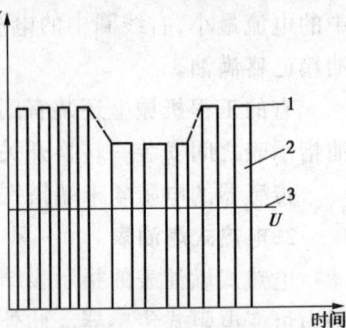

图 5-27 稳压器的电压波形

1-输入电压(电源电压);2-输出电压的波形;3-输出的平均电压

五、车速里程表

车速里程表是用来指示工程机械行驶速度和累计行驶里程的仪表,它由车速表和里程表两部分组成。图 5-28 所示为机械传动磁感应式车速里程表的结构图。

车速里程表由变速器(或分动器)输出轴上的一套蜗轮蜗杆以及挠性软轴来驱动。车速表由与转轴 10 固装在一起的永久磁铁 1、带有轴与指针 6 的铝罩 2、磁屏 3 和紧固在车速里程表外壳上的刻度盘 5 等组成。

不工作时,铝罩 2 在游丝(盘形弹簧)4 的作用下,使指针位于刻度盘的零位。当工程机械行驶时,转轴 10 带动永久磁铁 1 旋转,永久磁铁在铝罩上引起涡流。旋转的永久磁铁磁场与铝罩的涡流磁场相互作用产生转矩,克服游丝的弹力,使铝罩 2 朝永久磁铁转动的方式旋转,与游丝相平衡。于是铝罩带动指针转过一个与转轴 10 转速成比例的角度,指针便在刻度盘上指示出相应的车速。车速越高,永久磁铁 1 旋转越快,铝罩 2 上的涡流转矩越大,使铝罩带着

208

指针偏转的角度越大,因此,指针在刻度盘上指示的车速值就越大。反之,指示的车速值则小。

里程表由蜗轮蜗杆机构和数字轮组成。蜗杆蜗轮具有一定的传动比,工程机械行驶时,软轴带动转轴 10,并经三对蜗轮蜗杆驱动里程表右边第一数字轮。第一数字轮上所刻数字为 1/10km,两个相邻的数字轮之间,又通过本身的内齿和进位数字轮传动齿轮,形成 1:10 的传动比。当第一数字轮转动一周,数字由 9 翻转到 0 时,便使相邻的左边第二数字轮转动 1/10 周,成十进位递增,这样按十进制依次转动下去,可以累计出行驶的总里程数。一般最大计数值为 999999.9km,超过此里程后,全部数字轮又从 0 开始重新累计。

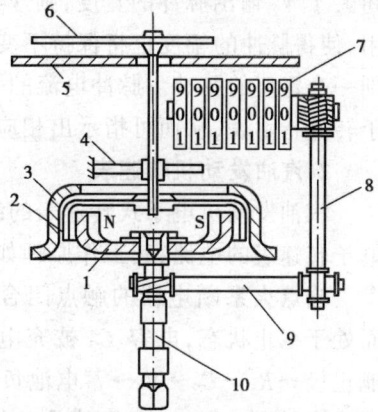

六、发动机转速表

为了检查和调整发动机以及监视发动机的工作情况,工程机械一般都装有发动机转速表。

发动机转速表有机械式和电子式两种。由于电子式转速表指示平稳、结构简单、安装方便,所以被广泛采用。

汽油发动机电子式转速表一般是用点火系的点火脉冲信号为触发信号。对于柴油发动机,则必须单独安装无触点传感器产生触发信号,也可用交流发电机的脉冲电压作为触发信号。

1. 柴油发动机转速表

柴油机转速表通过转速传感器(或交流发电机的电压信号)将曲轴转动的角位移转化为脉冲信号,然后经整形放大,驱动磁电式指示仪表而指示出相应的转速。

目前柴油机广泛采用变磁阻式转速传感器,其通过螺纹固定在发动机正时齿轮室盖或飞轮壳上,工作时,传感器输出的交流信号的频率随发动机的转速而变化。

电子转速表的电路如图 5-29 所示。它由传感器、整形放大电路、微分电路、开关电路及指

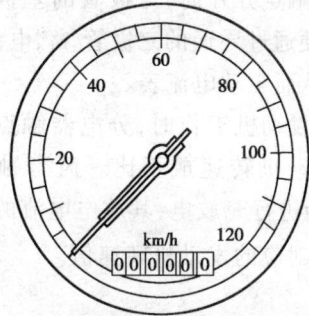

图 5-28 车速里程表

1-永久磁铁;2-铝罩;3-磁屏;4-游丝;5-刻度盘;
6-指针;7-数字轮;8、9-蜗轮蜗杆轴;10-转轴

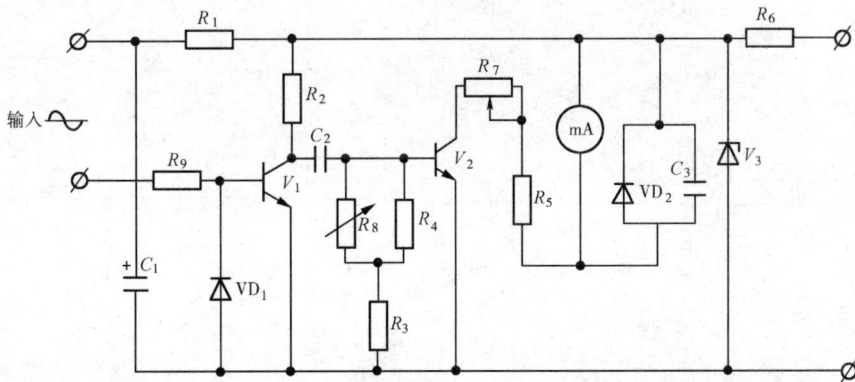

图 5-29 柴油机电子转速表电路图

示仪表(磁电式毫安表)等组成。当转速传感器输出的交变信号处于负半周时,晶体管 V_1 由导通转为截止,在其集电极输出近似矩形的脉冲电压(削波整形放大作用),经 C_2、R_2、R_3、R_4 和

R_8 组成的微分电路产生尖脉冲,触发由 V_2 等组成的开关电路,使 V_2 导通。只要 V_1 的截止时间大于 V_2 输出脉冲的宽度,则 V_2 输出的脉冲宽度实际上就能保持不变,加之稳压管 V_3 的作用,使得脉冲的幅度也将保持不变。这样传感器每输出一个周期的交变信号,转速指示表便得到一个定值的脉冲。脉冲电流的平均值与发动机的转速或脉冲的频率成正比,脉冲电流作用于转速指示表,从而可指示出相应的发动机转速值。

2.汽油发动机转速表

汽油发动机电子式转速表的线路型式比较多,图 5-30 所示为利用电容器充放电的脉冲式电子转速表的电路,其工作原理如下:

当点火系断电器的触点闭合时,三极管 V_1 无偏压而处于截止状态,电容 C_2 被充电,其充电电路为:蓄电池正极→R_3→C_2→V_3→蓄电池负极。

当触点分开时,三极管的基极电位升高而导通,此时 C_2 便通过导通的三极管 V_1、电流表 A 和 V_4 构成放电回路,从而驱动电流表。

当发动机工作时,分电器触点不断开闭,其开闭次数与发动机转速成正比。而当触点不断开闭时,电容 C_2 不断进行充放电,其放电电流的平均值与发动机转速成正比,于是电流表便指示出与电流大小相对应的发动机转速值。

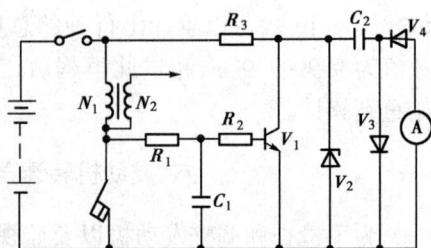

图 5-30 电容放电式转速表

第六章 工程机械电气设备总线路

工程机械电气设备总线路是将电源、起动系、点火系、照明、仪表以及辅助装置等,按照它们各自的工作特性以及相互的内在联系,通过开关、导线、保险器连接起来,所构成的一个整体。

熟悉工程机械的全车电气线路,了解工程机械电器间的内在联系,为正确使用工程机械电气设备并能迅速地分析与排除电气故障提供了方便。

第一节 工程机械电路图的表达方法

随着工程机械工业的迅速发展,工程机械性能的逐渐提高,工程机械电器日益增多,工程机械电路也日趋复杂。与此相适应,工程机械电路图的表达方法也在发生变革。工程机械电路图趋于简化、规范化已是当今世界各国工程机械电路图表达方法的总趋势。

工程机械电路图的表达方法有线路图、原理图、线束图三种。

1.线路图

线路图是传统的工程机械电路表达方法,它是把工程机械电器在工程机械上的实际位置用线从电源到开关至搭铁——连接起来所构成的线路图。

这种画法的优点是由于电器设备的外形、安装位置都与实际情况一致,因此可以循线跟踪地查线,导线中间的分支、接点容易找到,便于制作线束,故仍有不少厂家沿用。缺点是线路图中线束密集、纵横交错,读图和查找、分析故障不便。

2.原理图

原理图是用简明的图形符号按电路原理将每个系统由上到下合理地连接起来,再将每个系统排列起来而成。

这种画法对线路作了高度地简化、图面清晰、电路简单明了、通俗易懂、电路连接控制关系清楚,因此对迅速分析排除电气设备的故障十分有利。

3.线束图

线束图是将有关电器的导线汇合在一起组成线束,以便于在工程机械上安装。

第二节 线路分析

工程机械总线路按车辆结构型式、电气设备数量、安装位置、接线方法而各有所异,但其线路一般都遵循以下几个原则:

(1)单线制。

(2)各用电设备均并联并由各自的开关控制。

(3)电流表必须能测量蓄电池充、放电电流的大小。因此凡由蓄电池供电时,电流都要经过电流表与蓄电池构成回路。但对用电量大而工作时间较短的起动机则例外,蓄电池供电时,其电流不经过电流表。

(4)各车均装有保险装置,以防止短路而烧坏用电设备。

了解并按照上述原则,分析、研究各种车型的电气线路,对正确判断电路故障是很有用的。

一、ZL50 型装载机电气设备总线路

国产 ZL50 型装载机电气设备总线路包括充电系、起动系、照明及信号系、仪表系和辅助电器装置等。如图 6-1 所示,ZL50 装载机全车电气线路为并联单线制、负极搭铁,电气系统工作电压均为 24V。

1.充电系

(1)采用两个 12V 蓄电池串联成 24V 电源,由电源总开关(蓄电池继电器)控制蓄电池的充、放电电路的通断,而电源总开关又受电源控制开关的控制,以防止停车时蓄电池的漏电。

(2)发电机是采用带中性点的六管硅整流发电机,调节器为带磁场继电器的。装载机停车后若忘记切断电源电路,调节器也能及时切断蓄电池与发电机励磁绕组之间的通路,以免烧坏励磁绕组。

(3)仪表盘上的小时计用来记录发动机的工作时间。

(4)电流表与蓄电池串联,保险器为快速熔断片。

2.起动系

ZL50 型装载机起动系电路由电钥匙和起动按钮控制,无起动继电器。

3.照明及信号系

(1)各灯具并联连接。

(2)前大灯为两灯制双丝灯泡,远、近光靠变光开关来变换。前小灯、尾灯以及前大灯都由专用开关的不同档位控制工作。

(3)两个工作灯和两个后大灯都由工作灯和后大灯开关的不同档位控制。

(4)闪光器串联在转向灯电路中。

(5)制动灯由制动开关控制,低气压报警灯由报警开关控制。

(6)顶灯和仪表灯由其开关单独控制。

4.仪表系

仪表系包括电流表、发动机水温表、变矩器油温表、变矩器油压表、发动机机油压力表、气压表和小时表等。其传感器串联在对应仪表的搭铁电路中。

5.辅助电器

ZL50 型装载机辅助电器包括单刮水片电动刮水器、电风扇、电喇叭和保险装置等。

(1)电动刮水器由其开关控制,有快、慢两个档位,具有自动复位功能。

(2)电风扇由其开关单独控制。

(3)双音电喇叭由按钮通过继电器控制。

(4)总线路的保险集中布置。

二、YL9/16 型压路机

国产 YL9/16 型压路机电气设备包括充电系、起动系、照明及信号系等,其总线路如图 6-2 所示。

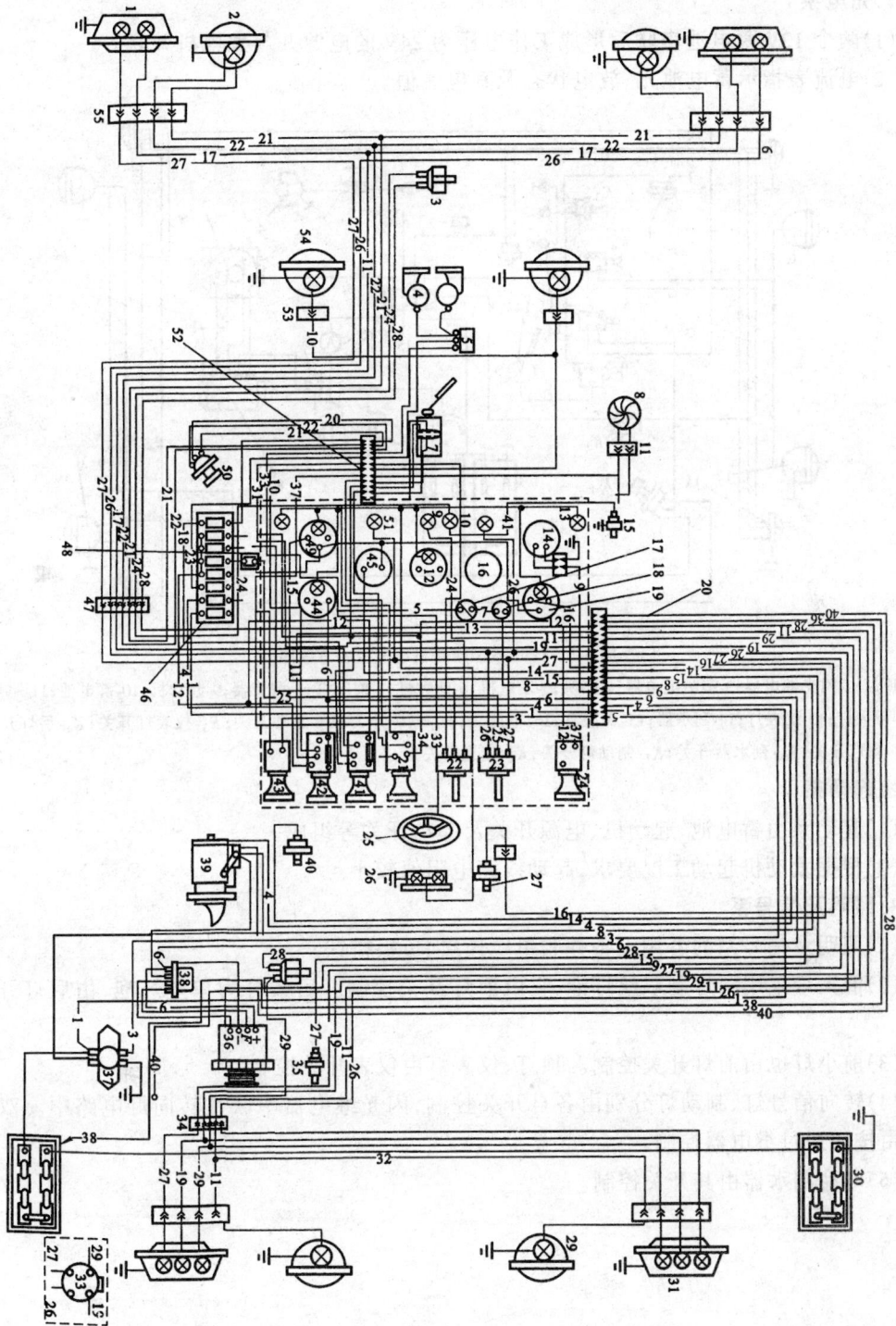

图 6-1　ZL50 型装载机电气设备总线路

1-前小灯；2-前大灯；3-制动灯开关；4-双音电喇叭；5-喇叭继电器；6-前灯线束；7-电动刮水器；8-电风扇；9-制动指示灯；10-低压警报指示灯；11-双线插接器；12-前后制动气压表；13-仪表灯；14-小时计；15-低压警报开关；16-变速器油压表；17-电锁；18-起动按钮；19-变矩器油温表；20-二十一线插接器；21-刮水器开关；22-顶灯及仪表灯开关；23-转向开关；24-电风扇开关；25-喇叭按钮；26-顶灯；27-变矩器油温传感器；28-主线束；29-后大灯；30-蓄电池；31-后尾灯；32-后灯线束；33-挂车插座；34-六线插接器；35-发动机水温传感器；36-发电机；37-电源总开关；38-调节器；40-机油压力感应塞；41-前小灯开关；42-仪表灯、工作灯、后大灯开关；43-电源控制开关；44-电流表；45-发动机油压表；46-熔断丝盒；47-九线插接器；48-闪光器；50-变光器；51-转向指示灯；52-十二线插接器；53-单插接器；54-工作灯；55-四线插接器

213

1.充电系

(1)两个12V蓄电池串联后形成工作电压为24V的电源并与发电机并联。

(2)电流表指示蓄电池充、放电状态及其电流值。

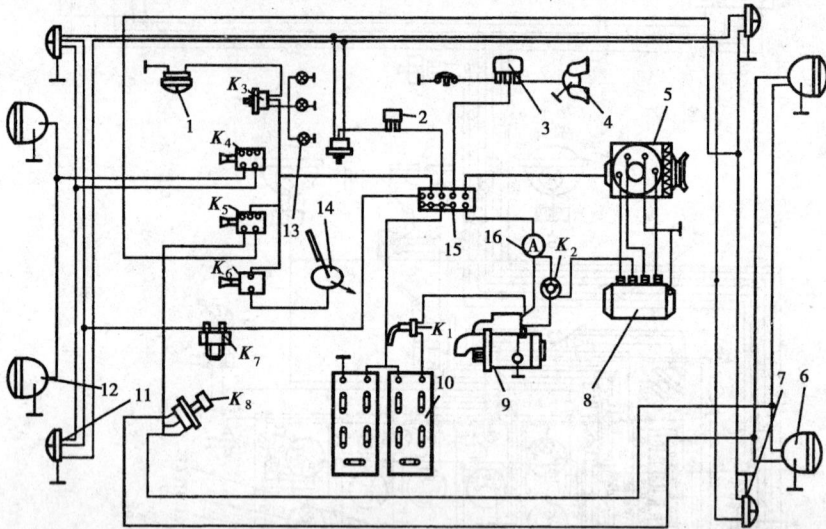

图 6-2 YL9/16 型压路机电气设备总线路

1-顶灯;2-闪光继电器;3-喇叭继电器;4-喇叭;5-发电机;6-前大灯;7-前小灯;8-调节器;9-起动机;10-蓄电池;11-尾灯;12-后大灯;13-仪表灯;14-刮水器;15-保险盒;16-电流表;K_1-电源开关;K_2-起动开关;K_3-仪表灯开关;K_4-后灯开关;K_5-前灯开关;K_6-刮水器开关;K_7-制动灯开关;K_8-变光开关

2.起动系

(1)起动系由蓄电池、起动机、电源开关及起动开关等组成。

(2)根据发动机起动工况要求,起动线路电阻值较小。

3.照明及信号系

(1)照明及信号系的各用设备并联单线连接、负极搭铁。

(2)前大灯采用两灯制双丝灯泡,它由前灯开关控制。后大灯为单丝灯泡,由后灯开关控制。

(3)前小灯也由前灯开关控制。顶灯、仪表灯由仪表开关控制。

(4)转向信号灯、制动灯分别由各自开关控制,闪光继电器串联在转向灯电路中。双音电喇叭由按钮通过继电器控制。

(5)电动刮水器由其开关控制。

第七章 常用电气控制器件

第一节 按 钮 开 关

按钮开关是一种广泛应用的主令电器,用以短时接通或断开小电流的控制电路。

按钮开关一般由按钮帽、复位弹簧、触头元件和外壳等组成。图 7-1 所示是按钮开关的结构示意图。按下按扭帽 1,常开触点 4 闭合,而常闭触点 3 断开,从而同时控制了两条电路。松开按钮帽,则在弹簧 2 的作用下使触点恢复原位。图 7-2 为按钮开关的图形符号和文字符号。

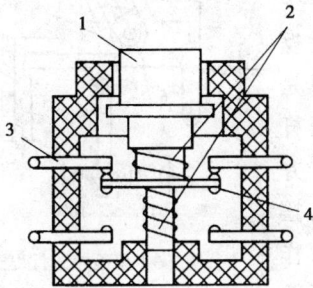

图 7-1　按钮开关

1-按钮帽;2-复位弹簧;3-常闭触点;4-常开触点

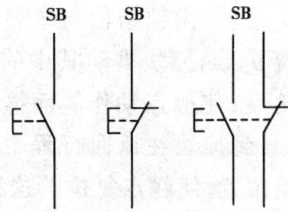

图 7-2　按钮开关的图形符号和文字符号

a)动合按钮;b)动断按钮;c)复合按钮

按钮开关可用做远距离控制接触器、继电器等,从而控制电动机的启动、反转和停转。按钮开关可制成单式,也可以在一个按钮盒内包括两个以上的按钮元件,在线路中起不同的作用。最常见的是由两个按钮元件组成"启动"、"停止"的双联按钮,以及由三个按钮元件组成的"正转"、"反转"、"停止"的三联按钮,即复合按钮。为了便于识别各个按钮的作用,避免误操作,通常在按钮上做出不同的标志或涂以不同的颜色,一般以红色表示停止,绿色或黑色表示起动。此外还有紧急式按钮(装有突出的蘑菇形钮帽),常作为"急停"按钮。

第二节 行 程 开 关

行程开关又称限位开关,是一种根据运动部件的行程位置而切换电路的主令电器,可实现行程控制及极限位置的保护。

行程开关的结构原理与按钮相似,但行程开关的动作是由机械运动部件上的撞块或通过其他机构的机械作用进行操作的。

行程开关按其结构可分为按钮式(直动式)、滚轮式和微动式三种。

一、按钮式行程开关

这种行程开关的动作情况与按钮开关一样,即当撞块压下推杆时,其常闭触点打开,而常

215

开触点闭合;当撞块离开推杆时,触点在弹簧力作用下恢复原状。这种行程开关的结构简单、价格便宜。缺点是触点的通断速度与撞块的移动速度有关,当撞块的移动速度较慢时,触点断开也缓慢,电弧容易使触点烧损,因此它不宜于用在移动速度低于 0.4m/min 的场合。

二、滚轮式行程开关

滚轮式行程开关又分为单滚轮自动复位与双滚轮非自动复位的型式。

单轮自动复位行程开关的结构原理图如图 7-3 所示。当撞块自右向左推动滚轮时,上转臂 2 以中间支点为中心向左转动,由盘形弹簧 3 带动下转臂 4 向右转动,于是滑轮 5 向右滚动,此时弹簧 7 被压缩而储存能量。当下转臂 4 转过中点并推开压板 8 时,横板 6 在压缩弹簧 7 的作用下,迅速作顺时针转动,从而使常闭触点 10 迅速断开,而常开触点 11 迅速闭合。当撞块离开滚轮后,在恢复弹簧 9 的作用下,将使触点恢复原状。

双轮非自动复位的行程开关,其外形是在 U 形的传动摆杆上装有两个滚轮,内部结构与单轮自动复位的相似,只是没有恢复弹簧 9。当撞块推动其中的一个滚轮时,传动摆杆转过一定的角度,使触点动作。而撞块离开滚轮后,摆杆并不自动复位,直到撞块在返回行程中再推动另一滚轮时,摆杆才回到原始位置,使触点复位。这种开关由于有"记忆"作用,在某些情况下可使控制线路简化。根据需要,行程开关的两个滚轮可布置在同一平面内或分别布置在两个平行的平面内。

图 7-3 单滚轮式行程开关

1-滚轮;2-上转臂;3-盘形弹簧;4-下转臂;5-滑轮;6-横板;7-压缩弹簧;8-压板;9-弹簧;10-常闭触点;11-常开触点

滚轮式行程开关的优点是,触点的通断速度不受运动部件速度的影响,动作快。缺点是结构复杂、价格比按钮式行程开关要高。

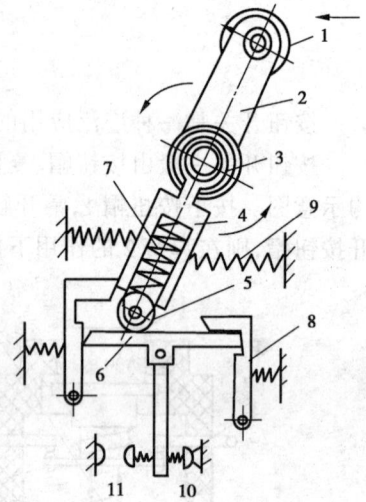

三、微 动 开 关

微动开关的结构如图 7-4(双断点)所示。微动开关是由撞块压动推杆,使片状弹簧变形,从而使触点动作;当撞块离开推杆后,片状弹簧恢复原状,触点复位。

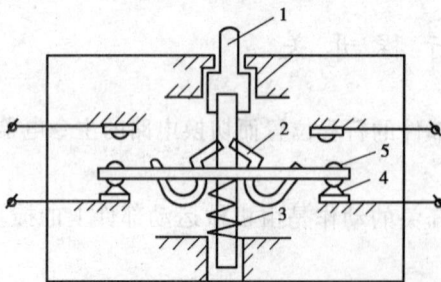

图 7-4 LXW-11 型微动开关原理图

1-推杆;2-弯形片状弹簧;3-压缩弹簧;4-常闭触点;5-常开触点

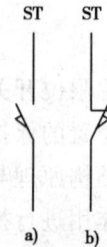

图 7-5 行程开关的图形符号和文字符号

a)常开触点;b)常闭触点

微动开关的特点是：

(1)外形尺寸小,重量轻,触点工作电压为380V,工作电流为3A。

(2)推杆的动作行程小,因而显得灵敏,LX-5型为0.3~0.7mm,LXW-11型为1.2mm。

(3)推杆动作压力小,只需50~70N就能使其动作。

微动开关的缺点是不耐用。

行程开关的图形符号和文字符号如图7-5所示。

第三节　接近开关

上述行程开关属于接触式开关,工作时存在着挡块与触杆的机械碰撞和触点的机械分合,在动作频繁时,容易产生故障,工作可靠性较低。接近开关是一种非接触式的行程开关,其特点是挡块不需与开关部件接触,即可发出电信号,故以其使用寿命长、操作频率高、动作迅速可靠而得到了广泛的应用。

接近开关有高频振荡型、电容型、感应电桥型、永久磁铁型、霍尔效应型等多种,其中以高频振荡型最为常用,它是由装在运动部件上的一个金属片移近或离开振荡线圈来实现控制的。

LXJ0型接近开关的电路如图7-6所示。图中 L 为磁头的电感,它与电容器 C_1、C_2 组成了电容三点式振荡回路,采用电容分压反馈信号。

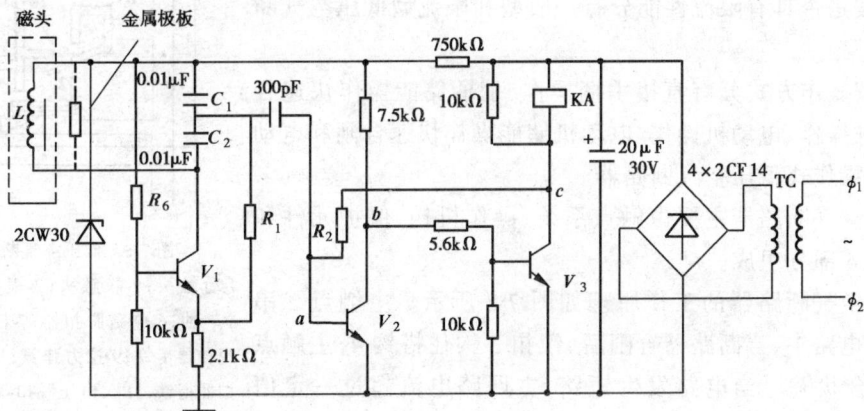

图7-6　LXJ0型接近开关电路图

接近开关在正常情况下,V_1 处于振荡状态,此时 V_2 基极有电流从 a 点流入,V_2 则导通,使集电极 b 点电位降低,从而 V_3 基极电流减小,集电极 c 点电位上升。通过电阻 R_2 对 V_2 起正反馈作用,加速了 V_2 的导通,则 V_3 迅速截止,继电器 KA 的线圈无电流流过,因此,接近开关不动作。

当挡块接近磁头时,由于挡块是金属,则在其表面感应而产生涡流,此涡流将减小原振荡回路的 Q 值(即品质因数),使之停振。此时,V_2 的基极则无交流信号,V_2 在正反馈电阻 R_2 的作用下,加速截止;而 V_3 则迅速导通,使继电器的线圈有电流通过,继电器 J 动作,其常闭触点打开,常开触点闭合。当挡块离开磁头时,接近开关将恢复原态,V_1 又重新起振。

LXJ0型接近开关的电源电压分交流127、220、380V 及直流24V 四

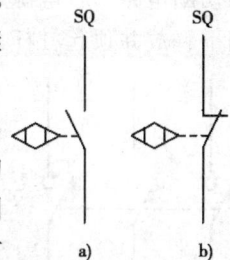

图7-7　接近开关的图形
符号和文字符号

a)常开触点;b)常闭触点

种,可在电源电压的85%～105%范围内可靠地工作。

接近开关的图形符号和文字符号如图7-7所示。

第四节　保护电器

一、低压空气断路器

低压空气断路器又称自动空气开关,是一种按规定条件对配电路、电动机或其他用电设备实行不频繁地通断操作和线路转换,当电路内出现过载、短路、对地漏电或欠电压等非正常条件时,能自动分断电路的开关电器,是低压配电系统中的主要电器元件。

低压空气断路器种类繁多,可按用途、结构特点、极数、传动方式等来分类。

(1)按用途分有保护线路用、保护电动机用、保护照明线路用和对地漏电保护用。

(2)按主电路极数分有单极、两极、三极、四极断路器。

(3)按保护脱扣器种类来分有短路瞬时脱扣器、短路短延时脱扣器、过载长延时反时限保护脱扣器、欠电压瞬时脱扣器、欠电压延时脱扣器、漏电保护脱扣器等。

(4)按其结构型式分有框架式和塑料外壳式低压空气断路器。

(5)按是否具有限流性能分有一般型和限流型低压空气断路器。

(6)按操作方式分有直接手柄操作、手柄储能操作快速合闸、电磁铁操作、电动机操作、电动机储能操作快速合闸和电动机预储能操作式低压空气断路器。

低压空气断路器主要由触点系统、操作机构、保护元件和灭弧装置4部分组成。

低压空气断路器的工作原理如图7-8所示。主触点2串联在三相电路中,当断路器合闸后,锁扣3钩住搭钩4,主触点2处于闭合状态。当电路发生短路,主回路电流超过一定值时,电磁脱扣器6将衔铁8吸合,顶起杠杆7使搭钩与锁扣脱开,在弹簧16的作用下主触头断开电路。若电路发生过载,而又达不到电磁脱扣器动作电流时,发热元件13可使双金属片12受热弯曲,也能顶起杠杆7,从而切断电路。若电源电压降低到某一值时,欠电压脱扣器11吸力减小,衔铁10在弹簧9的作用下释放并顶起杠杆7。从而切断电路,起到了欠压或失压保护作用。

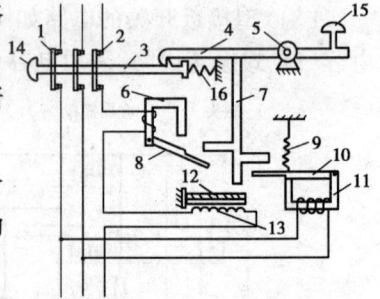

图7-8　低压空气断路器

1-动触头;2-静触头;3-锁扣;4-搭钩;5-转轴;6-电磁脱扣器;7-杠杆;8-电磁脱扣器衔铁;9-拉力弹簧;10-欠电压脱扣器衔铁;11-欠电压脱扣器;12-双金属片;13-热元件;14-接通按钮;15-停止按钮;16-压力弹簧

图7-9为低压空气断路器的图形符号和文字符号。

二、漏电保护断路器

漏电保护断路器由断路器与带零序电流互感器的漏电脱扣器组成。其除具备一般断路器的功能外,还可以在线路或设备出现对地漏电(中性接地系统)或人身触电时,迅速自动断开电路,以保护人身及设备安全。

漏电保护断路器的工作原理见图7-10。正常工作时,无论三相

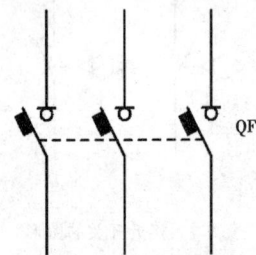

图7-9　低压空气断路器的图形符号和文字符号

负载是否平衡(单相负载类似),通过零序互感器一次侧的三相电流相量和为零。互感器二次侧没有电流。当出现漏电或人身触电时,漏电或触电电流将通过大地回流到中性点,此时,零序互感器一次绕组内三相电流的相量和不等零,二次绕组内感应出电流,此电流流经漏电脱扣器的线圈,其衔铁动作使断路器断开。

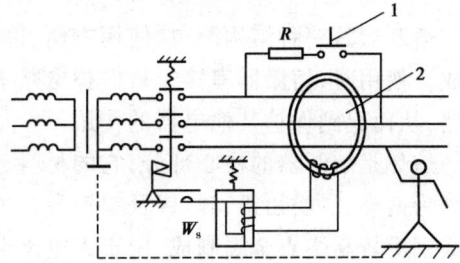

图 7-10 漏电保护断路器的工作原理

W_s-漏电脱扣器;R-试验电阻

1-试验按钮;2-零序互感器

图 7-10 中的试验按钮是为保证漏电保护断路器长期可靠工作用的常开按钮,与电阻 R 串联后,跨接于两相电路上,电阻 R 的选择应使回路电流等于或略小于规定的漏电动作电流。当按下试验按钮后,漏电保护断路器应立即断开,以证明其漏电保护性能是好的。一般要求每月测试一次。

三、热继电器

热继电器是利用电流的热效应原理来工作的电器,广泛用于三相异步电动机的长期过载保护。

电动机在实际运行中,常会遇到过载情况。过载是指线路电流超过了额定电流,一般把 10 倍额定电流以下的过电流称为过载。若过载不严重,时间较短,电机绕组不超过允许的温升,这种过载是允许的。但过载时间过长,绕组温升超过了允许值时,将会加剧绕组绝缘的老化,甚至会烧毁电动机。为了充分发挥电动机的过载能力,既保证电动机的正常起动和运转,又保证在发生长时间过载时切断电路,应采用热继电器进行热保护。

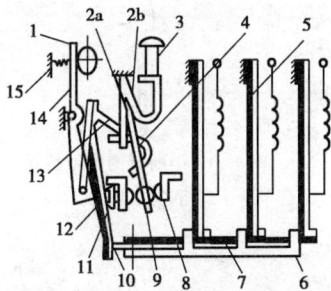

图 7-11 热继电器原理图

热继电器主要由热元件、双金属片和触点组成,如图 7-11 所示。热元件由发热电阻丝做成,和双全属片 5 相串联,双全属片由两种热膨胀系数不同的金属碾压而成,当其受热时,就会出现弯曲变形。使用时,把热元件串接于电动机的主电路中,而常闭触点串接于电动机的控制电路中。当电动机正常运行时,热元件产生的热量不足以使热继电器触点动作;当电动机过载时,双金属片受热向左弯曲,推动外导板 6 并带动内导板 7 向左移动,此时杠杆 10 平行移动并带动补偿双全属片 12。补偿双全属片 12 与推杆 13 固定在一起,饶着固定在连杆 14 上的转轴顺时针方向转动。推杆 13 推动片簧 2a 向右摆动,达到一定位置时,弓簧片 4 的作用力改变方向,使片簧 2b 向左迅速摆动,动触点 9 与静触点 8 快速分断,从而切断控制电路。

片簧 2a、2b 和弓簧片 4 组成一个瞬跳机构可使触点动作迅速可靠。补偿双全属片 12 的作用是补偿周围环境温度的变化。当周围温度改变时,它与主双全属片 5 向同一方向弯曲,以保证导板的动作距离不变,从而保证动作特性在较大环境温度范围内基本不变。电流调节凸轮 1 可改变连杆 14 的角度,从而改变补偿双全属片与导板之间的距离,达到调整电流整定值的目的。

热继电器的图形符号和文字符号如图 7-12 所示。

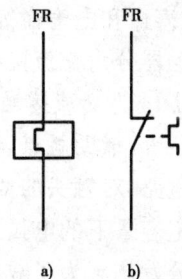

图 7-12 热继电器的图形符号和文字符号

a)热元件;b)触点

219

四、熔 断 器

熔断器是一种结构简单、使用方便、价格低廉的保护电器。它主要由熔体和熔断管二部分组成。使用时,熔断器串接于被保护电路中,当电路发生短路故障时,熔体被瞬时熔断而分断电路,从而起到保护其他电器的作用。

熔体是熔断器的核心部分,它的材料、形状及尺寸直接影响熔断器的性能。熔体材料基本上分为两类:一类由铅、锌、锡及锡铅合金等低熔点金属制成,主要用于小电流电路;另一类由银或铜等较高熔点金属制成,用于大电流电路。在小电流电路中,熔体为丝状,熔丝直径分成若干等级。在大电流电路中,熔体为不同截面尺寸的金属片。

熔断器的常见结构有:

1.螺旋式

主要由瓷帽、熔断体、瓷套、瓷底座、熔断指示器等组成。其特点是熔断体与瓷帽用弹性零件联成一体,熔体熔断后,只要旋开瓷帽,取出已熔断的熔断体,装上相同规格熔断体,再旋入瓷底座内就可正常使用。操作时安全,并具有较小的安装面积。

2.插入式

熔断器由瓷盖、瓷底座等组成插入式结构。其特点是结构简单,熔丝更换方便,价格低廉。但它分断能力低,熔化特性不稳定,不能使用比较重要工作场合,同时熔断器熔丝熔断过程产生声光现象,对于有易爆炸、尘埃的工作场合应禁止使用。

3.封闭管式

将熔体封闭在绝缘熔管中,保护熔体熔断时电弧火焰不会喷出。熔管采用硬质纤维制成,它在电弧高温下能产生大量气体,使管内压力迅速增大,促使电弧收缩,迅速熄灭。这种熔断器灭弧能力强,熔管更换方便,广泛用于电动机的保护。

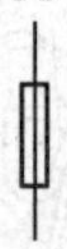

熔断器的图形符号和文字符号如图 7-13 所示。

图 7-13　熔断器的图形符号和文字符号

第五节　接　触　器

接触器是一种用来接通或断开电动机或其他负载主回路的自动切换电器。它不仅控制容量大,适用于频繁操作和远距离控制,而且工作可靠、寿命长,是继电器-接触器控制系统中重要的元件之一。

接触器的基本参数有主触点的额定电流、主触点允许切断电流、触点数、线圈电压、操作频率、机械寿命和电寿命等。

接触器分为交流接触器和直流接触器两种。

图 7-14 为交流接触器的结构图。交流接触器通常由以下各部分组成:电磁机构、主触头和灭弧装置、辅助触点、释放弹簧机构或缓冲装置、支架与底座。触头用以完成接触器接通和断开主电路,对触头的要求是:接通时导电性能良好、不跳振、噪声小、不过热,断开时能可靠地消除规定容量下的电弧。交流接触器的铁心用硅钢片叠铆而成,以减少涡流和磁滞损耗,免使铁心过分发热。为了减小振动和噪声,在铁心的端面上装有分磁环(短路环)。接触器的吸引线圈一般做成有架式,形状较扁,以避免与铁心直接接触,从而改善线圈的散热情况。

接触器的动作原理是:在接触器的吸引线圈处于断电状态下,接触器为释放状态。这时,在复位弹簧的作用下,动铁心通过绝缘支架将动触桥推向最上端,使常开触头打开,常闭触头闭合。当吸引线圈接通电源时,流过线圈内的电流在铁心中产生磁通,此磁通使静铁心与动铁心之间产生足够的吸力,以克服弹簧的反力,将动铁心向下吸合,这时动触桥也被拉向下端。因此,原来闭合的常闭触头就被分断,而原来处于分断的常开触头就转为闭合。这样,控制吸引线圈的通电和断电,就可使接触器的触头由分断转为闭合,或由闭合转为分断的状态,从而达到控制电路通断的目的。

当触头断开大电流时,在动、静触头间产生强烈电弧,会烧坏触点,并使切断时间拉长。为使接触器可靠工作,必须使电弧迅速熄灭,故要采用灭弧装置。常用灭弧方法有电动力灭弧、栅片灭弧及滋吹灭弧等。

接触器的图形符号和文字符号如图 7-15 所示。

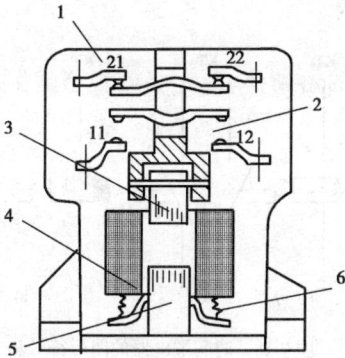

图 7-14 交流接触器的结构
1-常闭触头;2-常开触头;3-动铁心;4-线圈;5-静铁心;6-弹簧

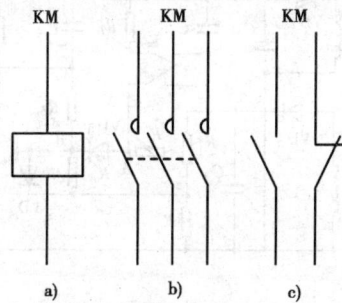

图 7-15 接触器的图形符号和文字符号
a)线圈;b)主触点;c)辅助触点

第六节 继 电 器

继电器是一种根据特定形式的输入信号(如电流、电压、转速、时间、温度等)的变化而动作的自动控制电器。它与接触器不同,主要用于反映控制信号,其触点通常接在控制电路中。

一、中间继电器

中间继电器本质上是电压继电器,但还具有触头多(多至 6 对或更多)、触头能承受的电流较大(额定电流 5~10A)、动作灵敏(动作时间小于 0.05s)等特点。

中间继电器的主要用途是进行电路的逻辑控制或实现触点转换与扩展,因而触点对数比较多。

中间继电器的图形符号和文字符号如图 7-16 所示。

二、时间继电器

时间继电器是一种在电路中起着控制动作时间的继电器。当它的敏感元件获得信号后经过一段时间,其执行元件才会动作并输出信号。

时间继电器按其动作原理与构造不同,可分为电磁式、

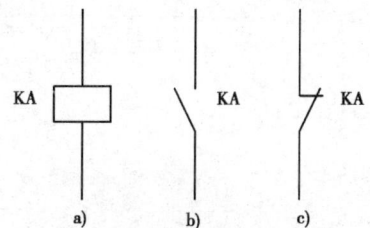

图 7-16 中间继电器的图形符号和文字符号
a)线圈;b)常开触点;c)常闭触点

空气阻尼式、电动式和晶体管式等类型。晶体管时间继电器也称为半导体式时间继电器,其具有延时范围广、体积小、重量轻、延时精度高、寿命长、工作稳定可靠、调节和安装维修方便、触点输出容量大、耐冲击和耐震动等优点,因此目前应用最广泛。

图 7-17 所示为 JSJ 型晶体管时间继电器的电路原理图。当变压器原边通电时,正、负半波分别由两个副边通过继电器 K 的动断触点以及电阻 R、R_1、R_2 向电容 C 充电。刚开始时,VT_1 导通,VT_2 截止,继电器 K 的线圈没有电流通过,触点不动作。经过一定时间,A 点电位升高,当高于 B 点的电位时,VD_3 导通,从而使 VT_1 截止,VT_2 导通,并通过 R_5 产生正反馈,使 VT_1 加速截止,VT_2 迅速导通。于是 VT_2 集电极电流通过继电器 K 的线圈,使输出触点动作。同时其动断触点断开充电回路,动合触点接通放电回路,为下一次充电做好准备。电源断开后,继电器即可释放。改变 RC 电路参数,就可以得到不同的延时时间。

时间继电器的图形符号和文字符号如图 7-18 所示。

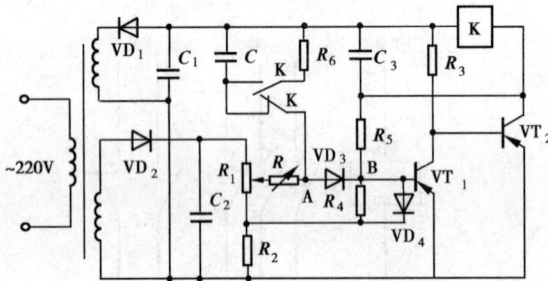

图 7-17　时间继电器的电路原理

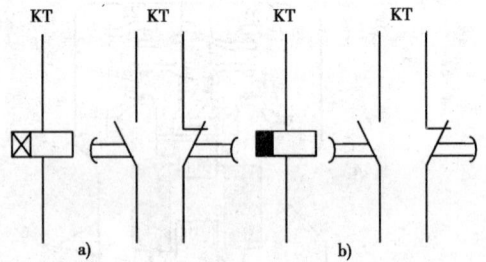

图 7-18　时间继电器的图形符号和文字符号

a)通电延时型;b)断电延时型

第八章 自动控制系统的基本概念

所谓自动控制,是指在没有人直接参与的情况下,利用控制装置使被控对象(如机器、设备或生产过程)自动地按照预定的规律运行,使被控对象的一个或数个物理量(如电压、电流、速度、位置、温度、流量等)能够在一定的精度范围内按照给定的规律变化。能够对被控对象的工作状态进行自动控制的整个系统称为自动控制系统,它主要由控制装置和被控对象两部分组成。

在现代工程机械中,自动控制技术得到了广泛的应用并起到了非常重要的作用。将自动控制技术用于现代工程机械中,不仅可以提高产品的质量,降低制造和使用成本,提高生产率,而且也可改善操作条件,提高设备的自动化程度和控制精度,从而提高施工质量。本章将简单地介绍有关自动控制的基本概念,使读者对自动控制系统有一基本的了解,以便后续内容的学习。

第一节 自动控制系统的基本控制形式

自动控制系统可以按照多种方式组成,开环控制与闭环控制是自动控制系统的两种最基本的控制形式。

一、开 环 控 制

开环控制是一种最简单的控制方式。其特点是,在控制器与被控对象之间只有正向控制作用而没有反馈控制作用,即系统的输出量在整个控制过程中对系统的控制不产生任何影响。其示意框图如图 8-1 所示。

一般来说,开环控制结构简单、成本低廉、工作稳定。因此,当系统的输出量与输入量关系已知,内外扰动对系统影响不大并且控制精度要求

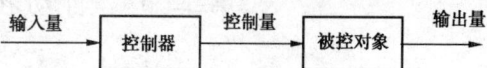

图 8-1 开环控制系统

不高时,可采用开环控制并能取得较为满意的效果。但由于开环控制不能自动修正被控制量的偏离,所以,系统的元件参数变化以及外来的未知扰动对控制精度影响较大。

二、闭 环 控 制

闭环控制的特点是,在控制器与被控对象之间,不仅存在着正向作用,而且存在着反馈作用,即系统的输出量对控制过程有直接影响。将检测出来的输出量送回到系统的输入端,并与输入信号比较的过程称为反馈。若反馈信号与输入信号相减,则称为负反馈,反之,若相加,则称为正反馈,输入信号与反馈信号之差,称为偏差信号。偏差信号作用于控制器上,使系统的输出量趋向于给定的数值。闭环控制的实质,就是利用负反馈的作用来减小系统的误差,因此闭环控制又称为反馈控制。

图 8-2 所示的液压缸电液位置伺服控制系统即为一比较典型的闭环控制系统,图 8-3 所示

为该系统工作原理框图。该系统采用双电位器作为检测和反馈元件,控制负载的位置,使之按照给定指令变化。两个电位器接成桥式电路,电桥的输出电压为:

$$\Delta e_i = e_i - e_f = k(x_i - x_f)$$

式中: k——电位器增益, $k = E/x_0$;

$\quad E$——电桥供桥电压;

$\quad x_0$——电位器滑臂的行程。

负载的位置随指令电位器滑臂的变化而变动。当负载位置 x_f 与指令位置 x_i 相一致时,电桥输出的偏差电压 $\Delta e_i = 0$,此时放大器输出为零,电液伺服阀处于零位,没有流量输出,负载不动,系统处于一个平衡状态。当负载位置与指令位置不同时,电桥输出的偏差电压经放大器放大,控制电液伺服阀,从而输出液压能推动液压缸,驱动负载向消除偏差的方向移动,直至消除偏差为止。

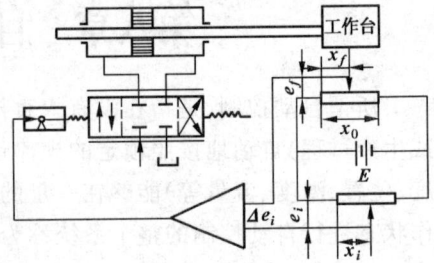

图 8-2　电液位置伺服控制系统

在自动控制系统中主要采用负反馈,它具有自动修正被控量偏离给定值的作用,因而不论造成偏差的因素是外来的扰动,还是内部参数的变化,控制作用总是使偏差趋向下降,控制精度较高,在工程机械中得到广泛应用。但由于存在着反馈,系统可能产生振荡,严重时会使系统无法工作,这是采用反馈控制构成的闭环控制时需注意解决的问题。

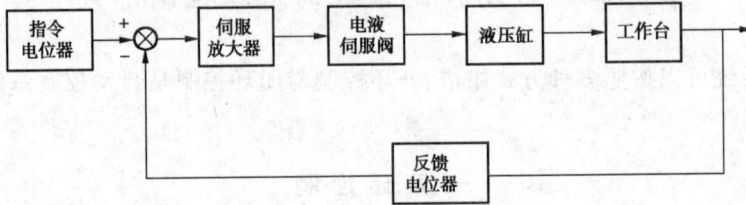

图 8-3　位置控制系统工作原理框图

第二节　自动控制系统的基本组成

一个典型的自动控制系统可用图 8-4 所示的方框图表示。图中信号的传输方向用箭头表示,该传输方向是单向不可逆的,这是由元件的物理特性所决定的。该系统由以下基本元件(或装置)组成:

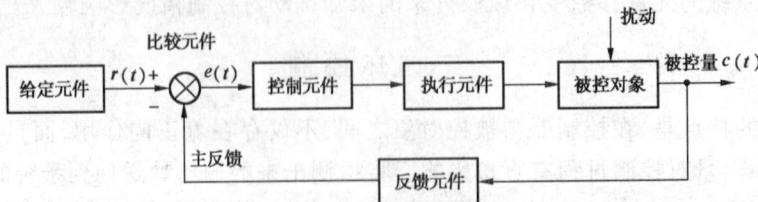

图 8-4　自动控制系统的基本组成

(1)给定元件

用于产生控制输入信号或给定信号。电位器是自动控制系统中常用的给定元件,它可产生与输入信号相对应的电压给定信号。

224

（2）反馈元件

对系统输出量或被控制量进行测量，产生主反馈信号。反馈信号应具有与输入信号相同的量纲，以便进行比较。反馈信号也称测量元件，一般由传感器和相应的处理电路组成。

（3）比较元件

相当于偏差检测器，对系统输出量与输入信号进行加减运算，给出偏差（误差）信号。

（4）控制元件

也称控制器，用来接受偏差信号，并对偏差信号进行运算和转换，产生所需要的控制量。

（5）执行元件

对被控对象执行控制任务的元件，使被控制量与希望值趋于一致。如液压油缸、液压马达、控制电机等。

（6）被控对象

自动控制系统需要进行控制的机器、设备或生产过程。被控对象内要求实现自动控制的物理量称为被控制量或系统输出量，如温度、压力、行走速度等。

（7）扰动或干扰

除控制信号外，对系统输出量会产生不良影响的其他各种因素，如电源电压的波动、温度及工作负载的变化等。

第三节　自动控制系统的分类

自动控制系统可以从不同的角度来进行分类。

1.按输入量变化的规律分类

（1）恒值控制系统

恒值控制系统的特点是：系统的输入量是一个恒定值，并且要求系统的输出量相应地保持恒定值。该系统也称为自动调节系统。

（2）随动控制系统

随动控制系统的特点是：系统的输入量即给定值是事先无法预测其变化规律的任一随时间变化的函数，系统的任务是保证输出的被控制量以一定的精度跟随输入的变化而变化，该系统也称为跟踪系统或伺服系统。

（3）程序控制系统

这种系统的输入量不为常值，但其变化规律是预先知道和确定的。可以预先将输入量的变化规律编成程序，由该程序发出控制指令，并继而转换为控制信号，经过全系统的作用，使控制对象按指令的要求而运动。

2.按系统输出量与输入量的关系分类

组成系统的元器件的特性均为线性，能用线性微分方程描述其输入与输出关系的称为线性系统。如果线性微分方程的各项系数都是与时间无关的常数，则称为线性定常系统或线性时不变系统。否则，称为线性时变系统。

在组成系统的元器件中，只要有一个元器件的特性不能用线性方程描述，即为非线性系统。

3.按系统中传递信号的性质分类

如果自动控制系统中各个信号均为时间的连续函数，即都是模拟量，则称该系统为连续系统。

如果自动控制系统中有一处或多处信号均为脉冲序列形式或数码形式,则称该系统为离散系统。数字计算机控制系统都属于离散系统。

一般说来,同样是反馈控制系统,数字控制的精度(尤其是控制的稳态准确度)高于连续控制,因为数码形式的控制信号远比模拟控制信号的抗干扰能力强。所以目前在要求控制精度高的场合,广泛使用数字控制系统。当然,数字控制系统的结构也比连续控制系统复杂。

第四节   控制系统的基本要求

控制系统应用于不同的场合,对其有不同的要求。但从控制工程的角度来看,对控制系统却有一些共同的要求,一般归结为稳定、平稳和快速、准确。

1.稳定性

稳定性是保证控制系统正常工作的先决条件。如果系统不稳定,其输出量就要失去控制,从而使系统不能正常工作。例如,在电子电路中,放大电路的自激振荡会淹没放大电路的正常输出信号,也就是放大电路的输出信号失去了控制,这就是系统不稳定造成的。因此要求自动控制系统具有良好的稳定性。

2.平稳性和快速性

为了很好地完成控制任务,控制系统仅仅满足稳定性要求是不够的,还必须对其过渡过程即动态过程提出要求。平稳性和快速性是描述系统动态过程的两个方面。一般希望系统动态过程尽可能平稳,并且具有一定的快速性。

3.准确性

准确性是衡量控制系统性能的重要指标。一般情况下,如果条件允许,我们总是力求提高控制系统的准确性,即控制系统的精度。

第九章　计算机控制系统

第一节　计算机控制系统的一般组成

计算机控制系统包括硬件和软件两部分,下面分别作一介绍。

一、系统硬件的一般组成

计算机控制系统的硬件主要由主机、外围设备、过程输入输出设备、人-机联系设备和通信设备等组成,其组成框图见图9-1所示。

1.主机

微处理器是控制系统的核心,它和内存储器一起通常又称为主机。主机根据过程输入通道发送来的实时反映测控对象的工作状况的各种信息,以及预定的控制算法,自动地进行信息的处理、分析和计算,并做出相应的控制决策或调节,通过输出通道向测控对象及时发出控制命令。

2.外围设备

常用的外围设备按功能可分成输入设备、输出设备和外存储器和通信设备等。

图 9-1　计算机控制系统的硬件组成

常用的输入设备有键盘、专用操作台等,主要用来输入程序、数据和操作命令。

常用的输出设备有打印机、显示器(数码显示器、液晶显示器或 CRT 显示器)等,主要用来把各种信息和数据按人们容易接受的形式,如数字、曲线、字符,表格等提供给操作人员,以便及时了解控制过程的情况。

外存储器有磁带、磁盘等,兼有输入、输出功能,主要用来存储系统程序和有关数据。

通信设备的功能是实现多个不同的控制系统进行信息交换,或构成计算机通信网络。

3.过程输入输出通道

工业现场的过程参数一般是非电量的,需经传感器(称一次仪表)变换为等效的电信号。为了实现计算机对生产过程的控制,必须在计算机和生产过程之间设置信息的传递和变换的连接通道,这就是过程输入输出通道。

过程输入通道由信号预处理、A/D 转换接口、开关量输入接口(DI)等组成,用来把反映过程状况的各种物理量转换成数字量和开关量信号。

过程输出通道包括 D/A 转换接口、开关量输出接口(DO)以及信号转换部分等,它们把主机输出的二进制信息转换为适应各种执行机构控制的相应信号。

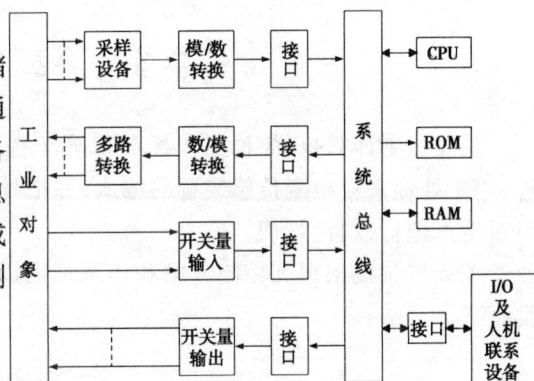

二、软 件 组 成

软件是各种程序的统称。软件的优劣不仅关系到硬件功能的充分发挥,而且也关系到计算机控制系统的品质。软件通常分为两大类,一类是系统软件,另一类是应用软件。由于计算机系统硬件的迅速发展和应用领域的不断扩大,故系统软件和应用软件发展也非常迅速。

1.系统软件

系统软件包括汇编语言、高级语言、控制语言、数据结构、数据库系统、操作系统、通信网络软件等等。计算机设计人员负责研制系统软件,而计算机控制系统设计人员则要了解系统软件,并学会使用,从而更好地编制应用软件。

2.应用软件

应用软件是设计人员针对某个应用系统而编制的控制和管理程序。一般分为输入程序、控制程序、输出程序、人机接口程序、打印显示程序和各种公共子程序等等。其中控制程序是应用软件的核心,是基于控制理论的控制算法的具体实现。

第二节 典型工业控制计算机

工业控制计算机(简称工业控制机或工控机)是工业环境中使用的计算机控制系统的核心,用于处理来自检测传感装置的输入,并把处理结果输出到执行机构去控制生产过程,同时可对生产进行监督、管理。

工业控制机根据其控制方案和体系结构以及复杂程度的不同,可以分成以下几种典型的类型。

一、可编程控制器

可编程控制器(Programmable Logic Controller)简称 PC 或 PLC,是从早期的继电器逻辑控制系统与微计算机技术相结合而发展起来的。它的低端即为继电器逻辑控制的代用品,而其高端实际上是一种高性能的计算机实时控制系统。

PLC 以顺序控制为其特长。它可以取代继电器控制装置完成顺序和程序控制;能进行PID 回路调节,实现闭环的位置控制和速度控制;也能构成高速数据采集与分析系统,以及与计算机联网进而使整个生产过程完全自动化等等。

可编程控制器吸取了微电子技术和计算机技术的最新成果,发展十分迅速,以其卓越的技术指标及优异的恶劣环境适应性迅速渗透到工业控制的各领域,受到工业界的普通重视。

可编程控制器在设计上的主要特点可归纳如下:

(1)控制程序可变,具有很好的柔性和适应性;

(2)具有高度可靠性,适用于工业环境;

(3)接口功能强;

(4)编程直观、简单;

(5)模块化结构,体积小。

可编程控制器的典型硬件结构如图 9-2 所

示。

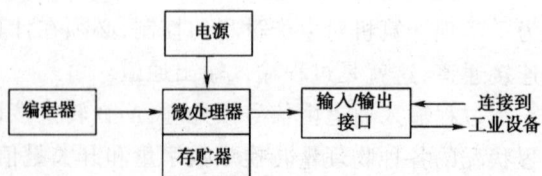

图 9-2 PLC 硬件结构框图

二、单回路调节器

单回路调节器通常以微处理器为核心,因而可称为微处理器控制仪表,即所谓的智能式调节器,其基本构成方案如图9-3所示。

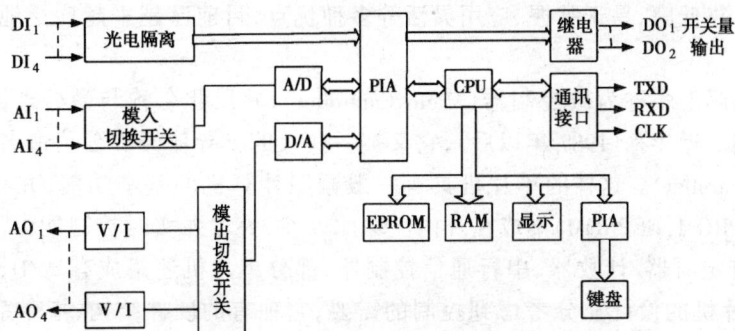

图9-3　单回路调节器的基本构成

单回路调节器需要处理数字和模拟两种基本信号,模拟输入信号 AI_i 经多路模拟开关和A/D转换后,存入RAM,输入开关量信号则通过光电耦合器和PIA(外围接口电路)进行检测。CPU根据所检测的各种参数以及EPROM中的各种算法程序,按照系统工艺流程进行运算处理,其结果经D/A转换器、多路输出切换开关、模拟保持器和V/I转换器,从 AO_i 输出至执行器。输出开关信号通过PIA及继电器隔离输出。现场整定参数、操作参数可通过显示器和键盘进行人机对话,并可显示各种复杂的程序设定。

单回路调节器多用于过程控制系统,其控制算法多采用PID算法,可取代模拟控制仪表。单回路调节器的应用使一个大系统,即有多个调节回路的系统分解成若干个子系统。子系统可以是相互独立,也可以有一定的耦合关系。复杂的系统可由上位计算机统一管理,组成分布式计算机控制系统。

三、总线式工业控制机

总线式工业控制机即是依赖于某种标准总线,按工业化标准设计,包括主机在内的各种I/O接口功能模板而组成的计算机。例如,PC总线工业控制计算机,STD总线工业控制计算机以及Q-BUS、Multibus、VMEbus等等。

所谓总线就是一组信号线的集合,是一种传递规定信息的公共通道,通过它可以把各种数据和命令传送到各自所要传送的地方。总线的三个组成部分是:地址总线、数据总线和控制总线。在计算机系统中,总线是通信的工具和手段,包括不同计算机之间,或计算机系统内部各组成部分之间的信息传送。

总线式工业控制机的典型结构如图9-4所示。

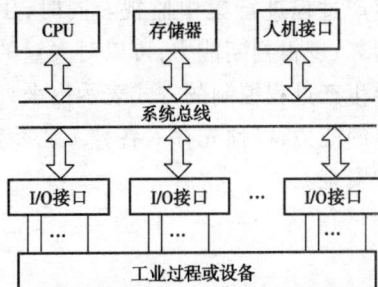

图9-4　总线式工业控制机的典型结构

总线式工业控制机与通用的商业化计算机的不同之处是取消了计算机系统的母板;采用开放式总线结构;各种I/O功能模板可直接插在总线槽上;选用工业化电源;可按控制系统的要求配置相应的模板;便于实现最小系统。

四、单片微型计算机

单片微型计算机(SCM,Single-chip Microcomputer)简称单片机,是将 CPU、RAM、ROM、定时/计数、多功能 I/O〔并行、串行、A/D〕、通信控制器,甚至图形控制器、高级语言、操作系统等都集成在一块大规模集成电路芯片上。由于单片机的高度集成化,使它具有体积小、功能强、可靠性高、功耗小、价格低廉、易于掌握、应用灵活等多种优点,目前已越来越广泛地应用于工业测控领域。

单片机在国际上多称为微控制器(Micro Controller),并以此名称与微处理器相区别,成为不同的两大类别。近年来(1987 年以后),它又被一些大的半导体器件公司命名为嵌入式控制器(Embedded Controller)。这样的单片机具有一般微型计算机的基本功能,并将存贮器(包括 SRAM、PROM、EPROM、EEPROM)集成在片内。除此以外,为增强实时控制能力,绝大多数单片机芯片还集成有定时器/计数器、串行通信控制器,部分单片机还集成有 A/D、D/A 转换器和 PWM 功能。单片机的设计充分考虑到控制的需要,它独有的硬件结构、指令系统和多种 I/O 功能,提供了有效的控制手段,这是微控制器(Micro Controller)名称的由来。

第三节　微型计算机在控制中的典型应用方式

工业用微型机控制系统与所控制的生产过程的复杂程度密切相关,不同的控制对象和不同的要求,应该有不同的控制方案。现从应用特点、控制目的出发,简述几种典型应用。

一、数据采集和数据处理

微型机在数据采集和处理时,主要是对大量的过程参数进行巡回检测、数据记录、数据计算、数据统计和整理;数据越限报警及对大量数据进行积累和实时分析。这种应用方式,微型机不直接参与过程控制,对生产过程不会直接产生影响。图 9-5 是这种应用的典型框图。

这种应用方式中,微型机虽然不直接参与生产过程的控制,但其作用还是很明显的。首先,由于微型机具有速度快等待点,故在过程参数的测量和记录中可以代替大量的常规显示和记录仪表,对整个生产过程进行集中监视。同时,由于微处理器具有

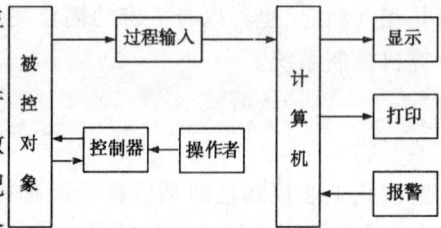

图 9-5　数据采集和数据处理系统框图

运算、逻辑判断能力,可以对大量的输入数据进行必要的集中、加工和处理,并且能以有利于指导生产过程控制的方式表示出来,故对指导生产过程控制有一定作用。另外,微型机有存储信息的能力,可预先存入各种工艺参数的极限值,处理过程中可进行越限报警,以确保生产过程的安全。

二、直接数字控制系统(DDC)

直接数字控制系统 DDC(Direct Digital Control)是微型机在工业应用中最普遍的一种方式。直接数字控制系统中的微型机参加闭环控制过程,无需中间环节(调节器)。微型机通过过程输入通道对一个或多个物理量进行巡回检测,并根据规定的控制规律进行运算,然后发出控制信号,通过输出通道直接控制执行机构,控制系统的结构图如图 9-6 所示。

在 DDC 控制系统中,微型机不仅完全取代模拟调节器,实现多回路的 PID(比例、微分、积分)调节,而且不需要改变硬件,只通过改变程序就能有效地实现较复杂的控制规律,如非线性、纯滞后、自适应控制、最优控制等。

三、监督控制系统(SCC)

所谓监督控制 SCC(Supervisory Computer Control)就是根据原始工艺信息和现场检测信息,按照描述生产过程的数学模型,自动地改变模拟调节器或以直接数字控制方式工作的微型机中的给定值,从而使生产过程始终处于最优工况。监督控制系统的构成如图 9-7 所示。

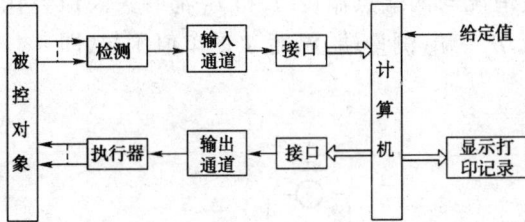

图 9-6 直接数字控制系统组成框图　　　　　　图 9-7 监督控制系统的构成

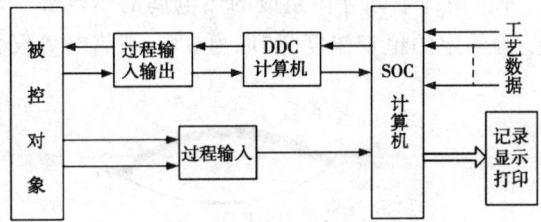

SCC 系统的输出值不直接控制执行机构,而是给出下一级的最佳给定值。因此是较高一级的控制。它的任务是着重于控制规律的修正与实现,如最优控制,自适应控制等。

四、分布式控制系统(DCS)

分布式控制系统也称为集散型控制系统(Distributed Control Systems),简称集散系统,是 20 世纪 70 年代中期发展起来的新型过程控制系统。集散控制系统采用一台中央计算机指挥若干台面向控制的现场测控计算机和智能控制单元。这些现场测控计算机和智能控制单元可直接对被控装置进行测控,负责对过程进行控制,并向中央计算机报告过程情况。中央机负责全局的综合控制、管理、调度、计划、以及执行情况报告等任务。

集散型控制系统可以是两级的、三级的或更多级的。它将各个分散的装置有机地联系起来,使整个系统信息流通,融为一体。

分散型控制系统与集中型系统相比,其功能更强,具有更高的安全性和可靠性,系统设计、组态也更为灵活、方便,也能分布于较大的地域。其发展迅速,应用较广,是目前大型工业测控计算机系统的主要潮流。

第四节　常用检测元件

一、温度传感器

(一)热电偶

热电偶是利用物理学中的热电效应制成的温度传感器。

1.热电效应

把两种不同的金属 A 和 B 连接成如图 9-8a)所示的闭合回路,若两端结点温度不同(分别为 T_0 和 T)时,则回路中就有电流产生。如果在回路中接入电流计 G,如图 9-8b)所示,就可以看到电流计的指针偏转,这一现象称为热电效应。在这种情况下产生电流的电动势叫做热电势,用 $E_{AB}(T, T_0)$ 来表示。通常把两种不同金属的这种组合称为热电偶,A 和 B 称为热电极,温度高的接点 T 称为热端(或称为工作端),而温度低的接点 T_0 称为冷端(或称为自由端)。利用热电偶把被测温度信号转变为热电势信号,用电测仪表测出电势大小,就可间接求得被测温度值。

热电势是由于接触电势和温差电势两部分组成的,其大小和两端点的温差有关,还和材料性质有关。实验和理论都表明,若在 A,B 间接入第三种材料 C,如图 9-9 所示,只要结点 2,3 温度相同,则和 2,3 直接连接时的热电势一样,这一点为热电偶测量时加测量引线带来方便。这种由两种不同导体组成的热电偶的热电势一般情况与两端点温度 T 和 T_0 都有关。但若让 T_0 为给定的恒定温度,如取为 0℃,则热电势仅为 T 一端(测量端)温度 T 的单值函数,即

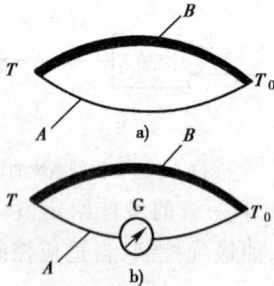

图 9-8　热电效应原理图　　　　　图 9-9　热电偶结构示意图

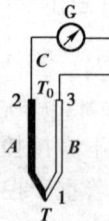

$$E_{AB}(T, T_0) = e_{AB}(T) - f(T_0) = f(T) - 0 = \phi(T) \tag{9-1}$$

对于各种不同金属组成的热电偶,温度与热电势之间有着不同的函数关系。一般是用实验的方法来求取这个函数关系。通常令 $T_0 = 0℃$,然后在不同的温差 $(T - T_0)$ 情况下,精确地测出回路总热电势,并将所测得的结果绘成曲线,或列成表格(称为热电偶分度表),供使用时查阅。

2.热电偶的结构

为了适应不同生产对象的测温要求和条件,热电偶的结构形式有普通型热电偶、铠装型热电偶和薄膜热电偶等。

普通型结构的热电偶在工程机械及工业上使用最多,它一般由热电极、绝缘套管、保护管和接线盒组成,其结构如图 9-10 所示。普通型热电偶按其安装时的连接形式可分为固定螺纹连接、固定法兰连接、活动法兰连接、无固定装置等多种形式。

(1)热电极

理论上讲,凡是两种不同金属材料均可以组成热电偶,但在实际中并非如此。一般说来,对热电偶电极材料有以下要求:

①在测量范围内,热电性质稳定,不随时间而变化;

②在测量范围内,有足够的物理化学稳定性,不易氧化和腐蚀;

③电阻温度系数小,电导率高;

④它们组成的热电偶,测温中产生的热电势要大,并且希望这个热电势随温度单值地线性

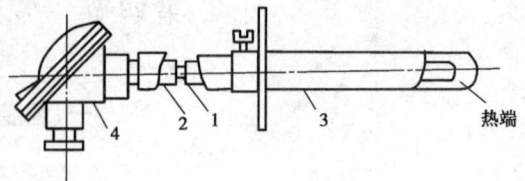

图 9-10　普通热电偶结构

1-热电极;2-绝缘套管;3-保护套管;4-接线盒;5-接线座;6-密封圈;7-盖;8-链环;9-出线孔螺母

或接近线性变化；

⑤材料复制性好，可制成标准分度，机械强度高，制造工艺简单，而且价格便宜。

应该指出，实际上没有一种材料能满足上述全部要求，因此在设计选用热电偶的电极材料时，要根据测量的具体条件来加以选择。

目前，常用热电极材料分为贵金属和普通金属两大类，这些材料在国内外都已经标准化。贵金属热电极材料有铂铑合金和铂，普通金属热电极材料有铁、铜、康铜、考铜、镍铬合金、镍硅合金等，还有铱、钨、铼等耐高温材料。此外还有非金属材料，如碳、石墨和碳化硅等也可以作热电极的材料。

贵金属热电偶电极直径大多在 $0.13 \sim 0.65$ mm 范围内，普通金属热电偶电极直径为 $0.5 \sim 3.2$ mm，热电极长度由具体使用情况决定。

热电极有正、负之分，在其技术指标中会有说明，使用时应加以注意。

(2)绝缘材料

绝缘材料的作用防止电极间短路。根据不同使用温度，可选用橡皮、塑料($60 \sim 80$℃)、玻璃丝、玻璃管(< 500℃)、石英管(< 1300℃)、瓷管(1400℃)和氧化铝管($1500 \sim 1700$℃)作绝缘材料。最常用的是氧化铝和耐火陶瓷等。

(3)保护套管。

保护套管的作用是使电极和待测温度介质隔离，使之免受化学侵蚀和机械损伤。

对保护套管的要求是必须有优良传热性能，能经久耐用，常用的套管材料有两类：金属和非金属。金属常用铝、铜、铜合金、炭钢、不锈钢、镍等高温合金材料。非金属材料有石英、高温陶瓷、氧化铝(镁)等，应根据热电偶类型、测温范围和使用条件来选择套管材料。

(4)接线盒

接线盒供热电偶和补偿导线连接之用。接线盒固定在热电偶保护套管上，一般用铝合金制成，分为普通式和密封式(防溅式)两类。

3. 热电偶的冷端温度补偿

热电偶产生的热电势的大小不仅与热端温度有关，而且也与冷端温度有关。为了使热电势仅是热端温度的单值函数，必须使冷端温度保持不变。为此，需采取措施减小冷端温度的波动，冷端自动补偿法是其中的一种常用补偿方法。自动补偿法是在热电偶和测量仪表间接入一个直流不平衡电桥，也称为冷端温度补偿器，如图 9-11 所示。当热电偶自由端温度升高，导致回路总电势降低时，补偿器感受到自由端的变化，产生一个电位差，其值正好等于热电偶降低的电势，两者互相抵消以达到自动补偿的目的。

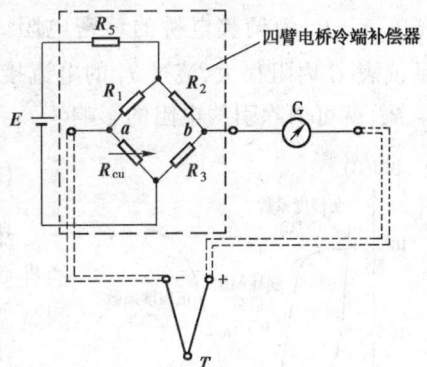

图 9-11 冷端补偿器原理图

四臂电桥由电阻 R_1、R_2、R_3 和 R_{cu} 组成，其中 R_1、R_2，R_3 用锰铜丝绕制，可以认为它们的阻值不随温度变化；R_{cu} 为铜电阻，置于热电偶的冷端处，让其感受热电偶冷端同样的温度。设计时使电桥在 20℃处平衡，即 a，b 两点电位差 $U_{ab} = 0$，电桥对仪表的读数无影响。当温度不等于 20℃时，电桥不平衡，产生一个不平衡电压 U_{ab} 与热端电势叠加，一起输入测量仪表。只要设计出的冷端补偿器所产生的不平衡电压正好补偿由于冷端温度变化而引起的热电势变化值，仪表便可正确地读出被测

233

温度。

(二)热电阻

热电阻是利用导体的电阻随温度变化而变化的特性测量温度的。因此要求作为测量用的热电阻材料必须具备以下特点:电阻温度系数要尽可能大和稳定,电阻率高,电阻与温度之间关系最好成线性,并且在较宽的测量范围内具有稳定的物理和化学性质。

铂电阻的物理化学性能在高温和氧化性介质中很稳定,是目前应用较多的一种热电阻材料。

在 $0 \sim 630.75℃$ 以内,铂电阻与温度的关系为

$$R_t = R_0(1 + At + Bt^2) \tag{9-2}$$

在 $-190 \sim 0℃$ 以内为

$$R_t = R_0[1 + At + Bt^2 + C(t - 100)t^3] \tag{9-3}$$

式中:R_t——温度为 $t℃$ 时的电阻;

R_0——温度为 $0℃$ 时的电阻;

t——任意温度;

A、B、C——分度系数:$A = 3.968 \times 10^{-3}/℃$,$B = -5.847 \times 10^{-7}/℃^2$,$C = -4.22 \times 10^{-12}/℃^4$。

由式(9-2)和式(9-3)可见,要确定电阻 R_t 与温度 t 的关系,首先要确定 R_0 的数值,R_0 不同时,R_t 与 t 的关系不同。在工业上将相应于 $R_0 = 50Ω$ 和 $100Ω$ 的 R_{t-t} 关系制成分度表,称为热电阻分度表,供使用者查阅。

在实际的温度测量中,常用电桥作热电阻的测量电路。由于热电阻的电阻值很小,所以导线电阻值不可忽视。例如,$50Ω$ 的铂电阻,若导线电阻为 $1Ω$,将会产生 $5℃$ 的测量误差。为了解决这一问题,可采用如图 9-12 所示的三线式电桥连接测量电路。图中 R_t 为热电阻;r_1, r_2, r_3 为引线电阻;R_1, R_2 为两桥臂电阻,取 $R_1 = R_2$;R_3 为调整电桥的精密电阻。由于测

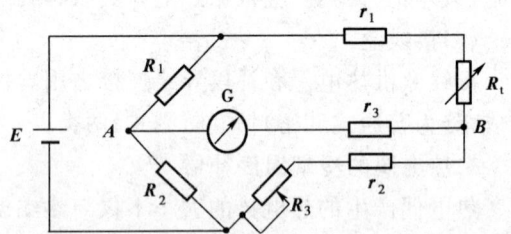

图 9-12　热电阻测温电桥的三线连接

量仪表 G 内阻很大,流过 r_3 的电流接近于 0,当 $U_A = U_B$ 时,电桥平衡,调节 R_3,使 $r_1 + R_t = r_2 + R_3$,就可消除引线电阻的影响。

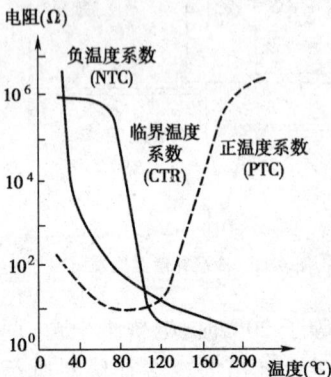

图 9-13　热敏电阻的特性曲线

(三)热敏电阻

热敏电阻是一种利用半导体材料的电阻值随温度而变化的性质制成的温度敏感元件,使用时不需放在保护管内,因此,测量温度时比热电阻更为简单方便。

热敏电阻根据温度特性的不同通常分为三种类型,即负电阻温度系数热敏电阻(NTC)、正电阻温度系数热敏电阻(PTC)和在某一特定温度下电阻值会发生突变的临界温度电阻器(CTR)。它们的特性曲线如图 9-13 所示。

由图 9-13 可见,使用 CTR 型热敏电阻组成温度控制开关是十分理想的,其测温范围为 $0 \sim 150℃$,主要材料有氧化钒系

234

列等。PTC 型热敏电阻主要用于过热保护,恒温控制等,测温范围为 $-50 \sim 150\text{℃}$,主要材料有 $BaTiO_3$ 等。在温度测量中,使用得最多的是 NTC 型热敏电阻,其特别适合于 $-100 \sim 300\text{℃}$ 温度范围的测量,常用材料有铜、铁、铝、锰、铟、镍、铼等,取其 $2 \sim 4$ 种,按一定比例混合烧制而成。负温度系数的热敏电阻的阻值与温度的关系可表示为

$$R_T = R_0 e^{B\left(\frac{1}{T} - \frac{1}{T_0}\right)} \tag{9-4}$$

式中:R_t,R_0——分别为温度 $T(\text{K})$ 和 $T_0(\text{K})$ 时的阻值;

   B——热敏电阻的材料常数,一般情况下,$B = 2000 \sim 6000\text{K}$,在高温下使用时,$B$ 值将增大。

若定义 $\dfrac{1}{R_T}\dfrac{dR_T}{dT}$ 为热敏电阻的温度系数 α_T,则由式(6-26)得

$$\alpha_T = \frac{1}{R_T}\frac{dR_T}{dT} = -\frac{B}{T^2} \tag{9-5}$$

可见,α_T 是随温度降低而迅速增大的,α_T 决定热敏电阻在全部工作范围内的温度灵敏度。热敏电阻的测温灵敏度比金属丝的高很多。例如 B 值为 4000K,当 $T = 293.15\text{K}(20\text{℃})$ 时,热敏电阻的 $\alpha_T = 4.7\%/\text{℃}$,约为铂电阻的 12 倍。由于温度变化引起的阻值变化大,因此测量时引线电阻影响小,并且体积小,非常适合测量微弱温度变化;但是,热敏电阻非线性严重,所以实际使用时要对其进行线性化处理。

二、力(物重)传感器

电阻应变式传感器具有悠久的历史,是目前应用最广泛的传感器之一。电阻应变测试方法具有以下独特优点:

(1)结构简单,尺寸小,重量轻,使用方便,性能稳定可靠;

(2)分辨力高,能测出极微小的应变;

(3)灵敏度高,测量范围大,测量速度快,适合静态、动态测量;

(4)易于实现测试过程自动化和多点同步测量、远距测量和遥测;

(5)价格便宜,品种多样,工艺较成熟,便于选择和使用,可以测量多种物理量。

这种传感器的敏感元件为电阻应变片,应变片粘贴在传感器的弹性元件上。在外力作用下,弹性元件产生变形并引起应变片电阻值的变化,通过转换电路将电阻值的变化转变成电量输出,电量变化的大小便反映了被测力或物重的大小。电阻应变式力传感器是目前工程机械中应用最为广泛的测力(物重)传感器。

1.金属的电阻应变效应

电阻应变片的工作原理是基于应变效应,即在导体产生机械变形时,它的电阻值相应发生变化。如图 9-14 所示,一根金属电阻丝,在其末受力时,原始电阻值为

$$R = \frac{\rho L}{S} \tag{9-6}$$

式中:ρ——电阻丝的电阻率;

  L——电阻丝的长度;

  S——电阻丝的截面积。

当电阻丝受到拉力 F 作用时,将伸长 ΔL,横截面积相应减小 ΔS,电阻率将因晶格发生变形等

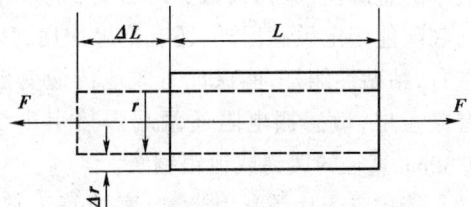

图 9-14　金属电阻丝应变效应

因素而改变 $\Delta\rho$，故引起电阻值相对变化量为

$$\frac{\Delta R}{R} = \frac{\Delta L}{L} - \frac{\Delta S}{S} + \frac{\Delta\rho}{\rho} \tag{9-7}$$

式中：$\Delta L/L$——长度相对变化量，用应变 ε 表示：

$$\varepsilon = \frac{\Delta L}{L} \tag{9-8}$$

$\Delta S/S$——圆形电阻丝的截面积相对变化量，即

$$\frac{\Delta S}{S} = \frac{2\Delta r}{r} \tag{9-9}$$

由材料力学可知，在弹性范围内，金属丝受拉力时，沿轴向伸长，沿径向缩短，那么轴向应变和径向应变的关系可表示为

$$\frac{\Delta r}{r} = -\mu\frac{\Delta L}{L} = -\mu\varepsilon \tag{9-10}$$

式中：μ——电阻丝材料的泊松比，负号表示应变方向相反。

将式(9-8)、式(9-10)代入式(9-7)，可得

$$\frac{\Delta R}{R} = (1 + 2\mu)\varepsilon + \frac{\Delta\rho}{\rho} \tag{9-11}$$

或

$$\frac{\frac{\Delta R}{R}}{\varepsilon} = (1 + 2\mu) + \frac{\frac{\Delta\rho}{\rho}}{\varepsilon} \tag{9-12}$$

通常把单位应变能引起的电阻值变化称为电阻丝的灵敏度系数，其表达式为

$$K = 1 + 2\mu + \frac{\frac{\Delta\rho}{\rho}}{\varepsilon} \tag{9-13}$$

灵敏度系数受两个因素影响：一个是受力后材料几何尺寸的变化，即 $1 + 2\mu$；另一个是受力后材料的电阻率发生的变化，即 $(\Delta\rho/\rho)/\varepsilon$。对金属材料电阻丝来说，灵敏度系数表达式中 $1 + 2\mu$ 的值要比 $(\Delta\rho/\rho)/\varepsilon$ 大得多，而半导体材料的 $(\Delta\rho/\rho)/\varepsilon$ 项的值比 $1 + 2\mu$ 大得多。大量实验证明，在电阻丝拉伸极限内，电阻的相对变化与应变成正比，即 K 为常数。

2. 电阻应变片的种类

电阻应变片品种繁多，形式多样。但常用的应变片可分为两类；金属电阻应变片和半导体电阻应变片。金属应变片由敏感栅、基片、覆盖层和引线等部分组成，如图 9-15 所示。

敏感栅是应变片的核心部分，用以感受应变的变化。金属电阻应变片的敏感栅有丝式、箔式和薄膜式三种。丝式敏感栅用直径为 0.012～0.05mm(以 0.025mm 左右为最常用)的高电阻率的金属丝(康铜或镍铬合金等)绕成栅形，粘结在基底上，基底除能固定敏感栅外，还有绝缘作用，其厚度一般在 0.03mm左右，粘贴性能好，能保证有效地传递变形。敏感栅上面粘贴有覆盖层，敏感栅电阻丝两端焊接引出线，引线多用 0.15～0.30mm直径的镀锡或镀银铜线。

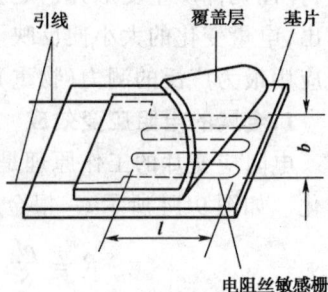

图 9-15 金属电阻应变片的结构

箔式应变片是利用光刻、腐蚀等工艺制成一种很薄的金属箔栅，其厚度一般在 0.003～0.01mm。其优点是散热条件好，允许通过的电流较大，可制成各种所需的形状，便于批量生产。

236

薄膜应变片是采用真空蒸发或真空沉淀等方法在薄的绝缘基片上形成 0.1m 以下的金属电阻薄膜的敏感栅,最后再加上保护层。它的优点是应变灵敏度系数大,允许电流密度大,工作范围广。

3.电阻应变片的测量电路

电阻应变片将作用力的变化转换为电阻值的微小变化后,还必须进一步将其转换为电压或电流的变化,才有可能用电测仪表进行测定,电桥测量电路是进行这种变换的一种最常用的方法。

电桥测量电路通常有直流电桥和交流电桥两种,下面以直流电桥为例对测量电路的基本原理作一介绍。

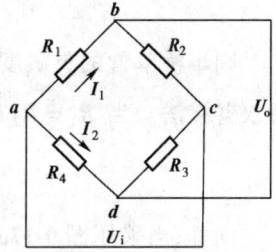

图 9-16　直流电桥

直流电桥的基本形式如图 9-16 所示。R_1、R_2,R_3,R_4 称为电桥的桥臂,在 a、c 两端接入直流电源 U_i,在 b、d 两端输出电压 U_o。若在输出端 b、d 两点间负载为无穷大,即接入的仪表或放大器的输入阻抗较大时,可以视为开路。这时电桥的输出电压 U_o 为

$$U_o = \left(\frac{R_1}{R_1 + R_2} - \frac{R_4}{R_3 + R_4} \right) U_i \tag{9-14}$$

根据上式可知,当

$$R_1 R_3 = R_2 R_4 \tag{9-15}$$

时电桥输出为零,式(2-23)称为电桥的平衡条件。

在电阻应变式力传感器的应用中,测量电路可以采用半桥单臂、半桥双臂和全桥等三种连接方式,如图 9-17 所示。图 9-17a)为半桥单臂连接方式,桥臂 R_1 由接入的应变片代替,图中其电阻值增加了 ΔR_1。由式(9-14),这时输出电压为

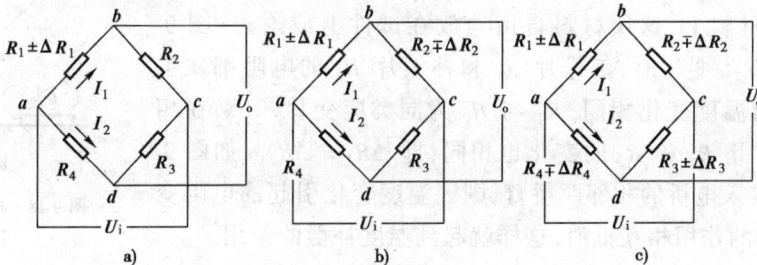

图 9-17　直流电桥的连接方式
a)半桥单臂;b)半桥双臂;c)全桥

$$U_o = \left(\frac{R_1 + \Delta R_1}{R_1 + \Delta R_1 + R_2} - \frac{R_4}{R_3 + R_4} \right) U_i \tag{9-16}$$

实际应用中,为了简化桥路设计,同时也为了得到电桥的最大灵敏度,往往取相邻两桥臂电阻相等,即 $R_1 = R_2 = R_0$,$R_3 = R_4 = R'_0$。若 $R_0 = R'_0$,则输出电压为

$$U_o = \frac{\Delta R_0}{4R_0 + 2\Delta R_0} U_i$$

因为 $\Delta R_0 \ll R_0$,所以

$$U_o \approx \frac{\Delta R_0}{4R_0} U_i$$

由上式可见,电桥的输出与输入电压 U_i 成正比。在 $\Delta R_0 \ll R_0$ 的条件下,电桥的输出也

与 $\Delta R_0 / R_0$ 成正比。

电桥的灵敏度为

$$S_B = \frac{U_o}{\Delta R_0 / R_0}$$

则半桥单臂的灵敏度为 $S_B \approx \frac{1}{4} U_i$。为了提高电桥的灵敏度,可以采用图 9-17b)所示的半桥双臂接法。当 $R_1 = R_2 = R_3 = R_4 = R_0$,$\Delta R_1 = \Delta R_2 = \Delta R_0$ 时,电桥输出为

$$U_o = \frac{\Delta R_0}{2R_0} U_i \tag{9-17}$$

同样,当采用图 9-17c)所示的全桥接法时,电桥输出为

$$U_o = \frac{\Delta R_0}{R_0} U_i \tag{9-18}$$

由上式可见,不同的电桥接法,其输出电压也不一样,其中全桥接法可以获得最大的输出,其灵敏度为半桥单臂接法的 4 倍。

4.电阻应变式传感器的温度误差及其补偿

应变片由于温度变化所引起的电阻变化与应变片应变所造成的电阻变化几乎有相同的数量级,如果不采取必要的措施克服温度的影响,测量精度无法保证。

温度补偿方法,基本上分为桥路补偿和应变片自补偿两大类。

(1)桥路补偿法

桥路补偿法也称补偿片法。应变片通常是作为平衡电桥的一个臂测量应变的,图 9-18 中 R_1 为工作片,R_2 为补偿片。工作片 R_1 粘贴在试件上需要测量应变的地方,补偿片 R_2 粘贴在一块不受力的与试件相同材料上,这块材料自由地放在试件上或附近(图 9-18b)。当温度发生变化时,工作片 R_1 和补偿片 R_2 的电阻都发生变化,而它们的温度变化相同,R_1 与 R_2 为同类应变片,又贴在相同的材料上,因此 R_1 和 R_2 的变化也相同,即 $\Delta R_1 = \Delta R_2$。如图 9-18 所示,分别接入电桥的相邻两桥臂,则因温度变化引起的电阻变化 ΔR_1 和 ΔR_2 的作用相互抵消,这样就起到温度补偿的作用。

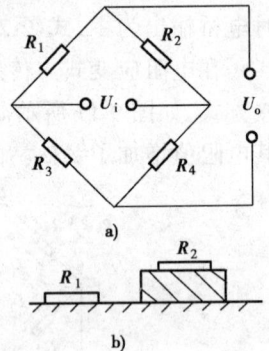

图 9-18 桥路补偿法

(2)应变片自补偿法

粘贴在被测部位上的是一种特殊应变片,当温度变化时,产生的附加应变为零或相互抵消,这种特殊应变片称为温度自补偿应变片。利用温度自补偿应变片来实现温度补偿的方法称为应变片自补偿法。

(3)热敏电阻补偿法

如图 9-19 所示,图中的热敏电阻 R_T 处在与应变片相同的温度条件下,当应变片的灵敏度随温度升高而下降时,热敏电阻 R_T 的阻值也下降,使电桥的输入电压随温度升高而增加,从而提高电桥的输出,补偿因应变片引起的输出下降。选择分流电阻 R_5 的值,可以得到良好的补偿。

三、转速传感器

(一)磁阻式转速传感器

图 9-20 所示是一种开磁路磁阻式转速传感器。传感器由永久磁铁 1、感应线圈 3、软铁 2

组成,导磁材料制成的测量齿轮 4 安装在被测转轴上。安装时传感器软铁端部与齿轮的齿项之间留有 $0.1 \sim 0.7\text{mm}$ 的间隙,间隙小,输出电压幅值大,但太小时会因齿轮安装偏心而发生齿轮与传感器卡死现象。所以应在不影响齿轮正常转动的情况下尽可能调整到间隙最小,以获得最大的输出电压幅值。测量时,齿轮随被测转轴一起旋转,每转过一个齿,传感器磁路磁阻变化一次,磁通量也相应变化一次,因而在线圈 2 中就感应出交变的电势,其频率等于齿轮的齿数 Z 和转速 n 的乘积,即

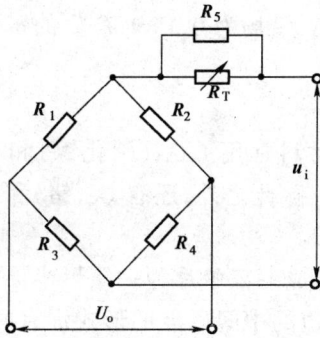

图 9-19　热敏电阻补偿法

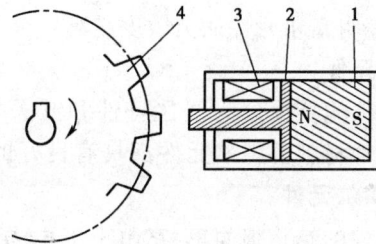

图 9-20　变磁阻式转速传感器
1-永久磁铁;2-软铁;3-感应线圈;4-测量齿轮

$$f = Zn/60 \tag{9-19}$$

式中: Z——齿轮的齿数;

　　　 n——被测轴转速,r/min;

　　　 f——感应电势频率,Hz。

这样当已知 Z,测得 f 就可知道 n 了。

开磁路转速传感器结构比较简单,体积较小,对环境条件要求较低,工作频率为 $50 \sim 100\text{Hz}$,工作温度为 $-150 \sim 90℃$。但输出信号较小,不宜测量高转速。

(二)霍尔转速传感器

1.霍尔效应

如图 9-21 所示的半导体薄片,若在它的两端通以控制电流 I_H,并在薄片的垂直方向施加磁感应强度为 B 的磁场,则在垂直与电流和磁场的方向上(即霍尔输出端之间)将产生电动势 U_H,U_H 一般称为霍尔电压或霍尔电势,这种现象称为霍尔效应。它们之间的关系可用下式

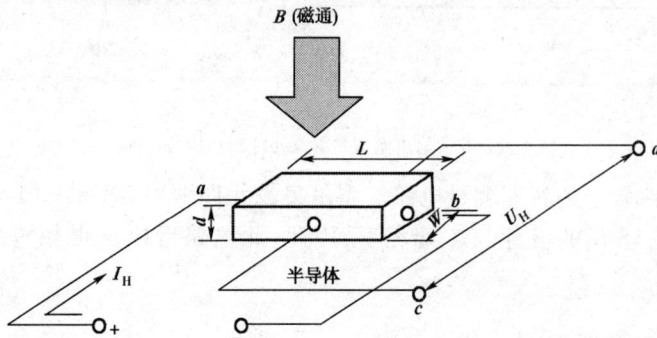

图 9-21　霍尔效应原理图

表示

$$U_H = \frac{K_H}{d} I_H B \tag{9-20}$$

式中:K_H——霍尔系数。

若令 $K_S = K_H / d$,则式(9-20)可简化为

$$U_H = K_S I_H B \tag{9-21}$$

由此可知,对于确定的霍尔元件,即 K_S 恒定,其霍尔电压 U_H 与控制电流 I_H 及外加磁场 B 成正比。K_S 称为霍尔元件的灵敏度,表示控制电流为 1mA,磁场为 0.1T 时产生的霍尔电动势,该值越大,表明霍尔元件的灵敏度越高。

2.霍尔元件

霍尔元件的特性分为线性特性和开关特性两种,材料常用 GaAs(砷化镓)和 InSb(锑化铟),使用这种材料的霍尔元件都具有良好的线性特性。除此之外,还有 Ge(锗)和 InAs(砷化铟)材料的霍尔元件。

霍尔元件的结构很简单,它由霍尔片、引线和壳体组成。霍尔片为一矩形半导体薄片,在长边的两个端面上焊有两根控制电流端引线,在元件短边的中间以点的形式焊有两根霍尔输出端引线。霍尔片一般用非磁性金属、陶瓷或环氧树脂封装。

3.霍尔集成元件

霍尔集成元件是霍尔元件与运算放大器一体化的结构,它是一种传感器模块。这种集成元件有线性输出和开关输出两种,线性输出型限于特殊用途。开关输出型霍尔集成元件与微型计算机等数字电路兼容,因此,应用广泛。

图 9-22 为开关输出型霍尔集成元件的结构和特性。图 9-22a)为内部框图,图中 H 为霍尔元件,A 为放大器,S 为施密特电路,VT 为输出晶体管,R 为稳压电源。图 9-22b)为输出特性,这是以 S 磁极、0 磁场、N 磁极为中心的开关特性。由于增设了施密特电路,它具有时滞特性,提高了抗噪声的能力,多用于接近开关。

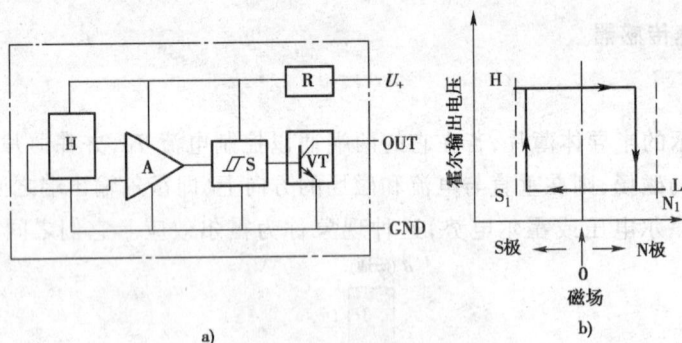

图 9-22　开关输出型霍尔集成元件的结构与特性

图 9-23 是采用磁转子的转速测量电路。霍尔集成元件采用 DN6847,其输出接入小功率晶体管 VT。VT 输出信号 B 的极性与 A 端相反,因此,此电路可以获得相位相反的 A、B 两种信号。

(三)测速发电机

测速发电机是一种能把机械转速转变为电信号的传感器,它和一般发电机相比主要有以

下几个特点：

(1)出电压与转速的关系(称为输出特性)应严格地成线性；

(2)输出特性的斜率要大；

(3)温度变化对输出特性的影响要小。

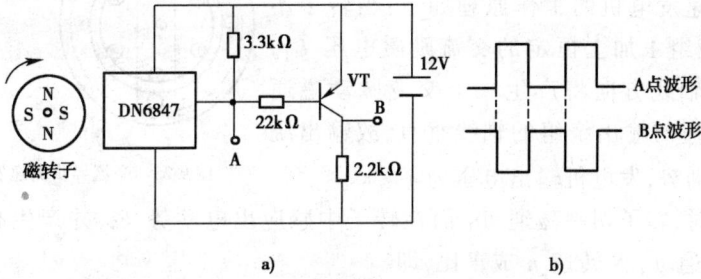

图 9-23　采用磁转子的转速测量电路

测速发电机分交流和直流两大类。

1.直流测速发电机

直流测速发电机的结构和工作原理与直流发电机类似,按励磁方式的不同,分为永磁式和电磁式(他励式)两种。永磁式直流测速发电机的定子磁极由永久磁钢做成,没有励磁绕组。电磁式直流测速发电机的定子励磁绕组由外部电源供电,通电时产生磁场。永磁式测速发电机由于省去励磁电源,结构简单,使用方便,并且温度变化对励磁磁通的影响也小,因此使用较多,但永磁材料价格较贵。

直流测速发电机的工作原理如图 9-24 所示。当励磁电压 U_1 恒定即磁极磁通 Φ 为常数时,直流测速发电机的感应电动势 E 与电枢的转速 n 成正比,即

$$E = K_E \Phi n$$

式中：K_E——与电机结构有关的常数。

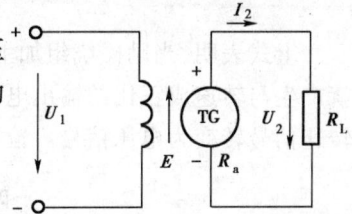

图 9-24　直流测速发电机的示意图

直流测速发电机的输出电压 U_2 为

$$U_2 = E - I_2 R_a = K_E \Phi n - I_2 R_a$$

式中：R_a——电枢电路的总电阻,它包括电枢绕组的电阻、电刷和换向器之间的接触电阻；

I_2——电枢总电流,且有

$$I_2 = \frac{U_2}{R_L}$$

于是

$$U_2 = \frac{K_E \Phi n}{1 + \frac{R_a}{R_L}}$$

上式表示直流测速发电机有负载时,输出电压 U_2 与转速 n 的关系。如果 Φ、R_a 及 R_L 均保持为常数,则 U_2 与 n 之间呈线性关系,这样,通过测量测速发电机的输出电压,便可测得与电枢相连的被测轴的转速。

2.交流测速发电机

交流测速发电机分同步式和异步式两种,目前广泛采用异步式。如图 9-25 所示,交流异

241

步测速发电机的定子上嵌有在空间相互成90°电角度的两相绕组,其中绕组1为励磁绕组,绕组2为输出绕组。转子的结构形式有两种,一种为鼠笼式,另一种为空心杯形。空心杯形转动惯量小,测量的精度和灵敏度较高,是目前较普遍使用的一种。

交流异步测速发电机的工作原理如下:当转子不转时,若在励磁绕组1加上恒定的交流励磁电压 U_1,则在励磁绕组的轴线方向将产生一个交变脉动磁通 Φ_1。由于脉动磁通与输出绕组的轴线垂直,故输出绕组不产生感应电动势,发电机输出电压为零。

图 9-25 交流异步测速发电机的示意图

当转子转动时,转子切割磁通 Φ_1 而在转子中感应出电动势 E_r,并产生相应的转子电流 I_r。E_r 和 I_r 与磁通 Φ_1 及转速 n 成正比,即

$$I_r \propto E_r \propto \Phi_1 n$$

转子电流 I_r 也将产生磁通 Φ_r,I_r 与 Φ_r 成正比,即

$$I_r \propto \Phi_r$$

磁通 Φ_r 与输出绕组的轴线一致,因而在输出绕组中便感应出电动势,绕组的两端就有一个输出电压 U_2,U_2 正比于 Φ_r,亦即

$$U_2 \propto \Phi_r$$

根据上述关系就可得出:

$$U_2 \propto \Phi_1 n \propto U_1 n$$

上式表明,当励磁绕组加上交流电源电压 U_1,测速发电机以转速 n 旋转时,在输出绕组中就产生与转速成正比的输出电压 U_2。当转动方向改变时,U_2 的相位将改变180°。这样,就把转速信号转变为电压信号。输出电压的频率等于励磁电压的频率,与转速无关。

四、位移(角位移和线位移)传感器

(一)电位器式位移传感器

1.电位器式传感器的结构及分类

电位器式传感器由电阻元件及电刷(活动触点)两个基本部分组成,如图9-26所示。电刷相对于电阻元件的运动可以是直线运动、旋转运动或螺旋运动,因而可以将直线位移或角位移转换为与其成一定函数关系的电阻或电压输出。

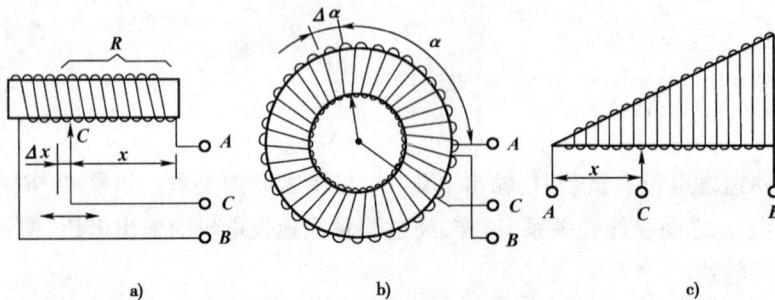

图 9-26 电位器式传感器示意图

a)直线位移型;b)角位移型;c)非线性型

242

电位器的优点是：

(1)结构简单,尺寸小,重量轻,价格低廉且性能稳定;

(2)受环境因素(如温度、湿度、电磁场干扰等)影响小;

(3)可以实现输出—输入间任意函数关系;

(4)输出信号大,一般不需放大。

它的缺点是:因为存在电刷与线圈或电阻膜之间的摩擦,因而需要较大的输入能量;磨损不仅影响使用寿命和降低可靠性,而且会降低测量精度,使分辨力降低;动态性能较差,适合于测量变化较缓慢的量。有些国产和进口摊铺机使用电位器作为自动调平系统的纵坡传感器和供料系统的料位传感器。

电位器式传感器按其结构形式不同,可分为绕线式、薄膜式、光电式等,绕线式电位器又有单圈式和多圈式两种;按其特性曲线不同,则可分为线性电位器和非线性(函数)电位器。

2.电位器式传感器的原理和特性

图 9-26a)为直线位移型,当被测位移变化时,触点 C 沿电位器移动。如果移动 x,则 C 点与 A 点之间的电阻为

$$R_{AC} = \frac{R}{L} \cdot x = K_L x$$

式中 K_L 为单位长度的电阻,当导线材质分布均匀时是一常数,因此这种传感器的输出(电阻)与输入(位移)成线性关系。

传感器的灵敏度为

$$S = \frac{dR}{dx} = K_L = 常数$$

图 9-26b)为角位移型电位器式传感器,其电阻值随转角而变化。传感器的灵敏度为

$$S = \frac{dR}{d\alpha} = K_\alpha$$

式中:K_α——单位弧度对应的电阻值,当导线材质分布均匀时 K_α = 常数;

α——转角,rad。

非线性电位器,又称函数电位器,是输出电阻(或电压)与电刷位移之间具有非线性函数关系的一种电位器,即 $R_x = f(x)$,它可以实现指数函数、三角函数、对数函数等各种特定函数,也可以是其他任意函数。

图 9-27 为线性电位器的电阻分压电路,负载电阻为 R_L,电位器长度为 l,总电阻为 R,电刷位移为 x,相应的电阻为 R_x,电源电压为 U,输出电压 U_o 为

$$U_o = \frac{U}{\dfrac{l}{x} + \dfrac{R}{R_L}\left(1 - \dfrac{x}{l}\right)} \qquad (9-22)$$

当 $R_L \to \infty$ 时,输出电压 U_o 为

$$U_o = \frac{U}{l}x = S_u x$$

图 9-27　线性电位器的电阻
分压电路

式中:S_u——电位器的电压灵敏度。

由式(9-15)可以看出,当电位器输出端接有电阻时,输出电压与电刷位移并不是完全的线性关系。只有当 $R_L \to \infty$ 时 S_u 为常数,输出电压与电刷位移成直线关系,线性电位器的理想空

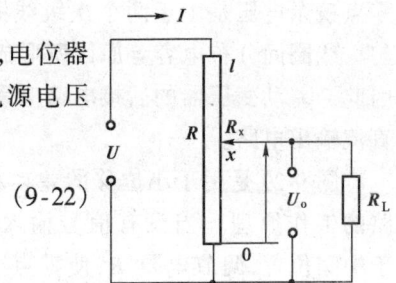

载特性曲线是一条严格的直线。

(二)互感式位移传感器

互感式传感器的工作原理是利用电磁感应中的互感现象,将被测位移量转换成线圈互感的变化。这种传感器实质上就是一个变压器,所不同的是把中间铁心和位移连在一起,从而使互感与位移成一定的关系。由于常采用两个次级线圈组成差动式,故称之为差动变压器式位移传感器。

差动变压器式位移传感器的结构形式有多种,以螺管形应用较为普遍,其结构及工作原理如图 9-28 所示。传感器主要由线圈、铁心和活动衔铁三个部分组成。线圈包括一个初级线圈 W 和两个反接的次级线圈 W_1、W_2,线圈中心插入圆柱形铁心 p。当初级线圈输入交流激励电压时,次级线圈将产生感应电动势 e_1 和 e_2。由于两个次级线圈极性反接,因此传感器的输出电压为两者之差,即 $e_o = e_1 - e_2$。输出 e_o 的大小随活动衔铁的位置而变,当活动衔铁的位置居中时,$e_1 = e_2$,$e_o = 0$;当活动衔铁向上移时,$e_1 > e_2$,$e_o > 0$;当活动衔铁向下移时,$e_1 < e_2$,$e_o < 0$。活动衔铁的位置往复变化,其输山电压 e_o 也随之变化,输出持性如图 9-28c)所示。

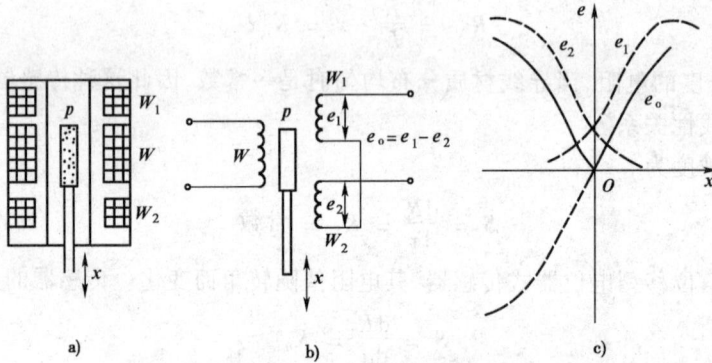

图 9-28　差动变压器式位移传感器
a)工作原理;b)电路;c)输出特性

差动变压器式传感器输出的电压是交流电压,如用交流电压表指示,则输出值只能反应铁心位移的大小,而不能反应移动的极性;同时,交流电压输出存在一定的零点残余电压,零点残余电压是由于两个次级线圈的结构不对称,以及初级线圈铜损电阻、铁磁材质不均匀、线圈间分布电容等原因所形成。所以,即使活动衔铁位于中间位置时,输出也不为零。因此,差动变压器的后接电路应采用既能反映铁心位移极性,又能补偿零点残余电压的差动直流输出电路。

图 9-29 是用于小位移的差动相敏检波电路的工作原理。当没有信号输入时,铁心处于中间位置,调节电阻 R,使零点残余电压减小;当有信号输入时,铁心移上或移下,其输出电压经交流放大、相敏检波、滤波后得到直流输出。由表头指示输入位移量的大小和方向。

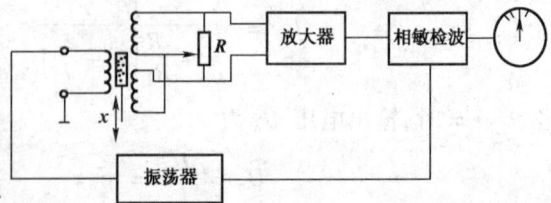

图 9-29　差动相敏检波电路的工作原理

差动变压器式传感器具有测量精度高,可达 $0.1\mu m$,线性范围大,可到 $\pm 100mm$,结构简单,稳定性好等优点,被广泛应用于直线位移及压力、振动等参数的测量。

(三)涡流式位移传感器

涡流式传感器的变换原理,是利用金属导体在交流磁场中的涡电流效应。高频反射式涡流传感器的工作原理如图 9-30 所示,金属板置于一只线圈的附近,它们之间相互的间距为 δ。当线圈输入高频(几兆赫以上)激励电流 i 时,便产生交变磁通 Φ。金属板在此交变磁场中会产生感应电流 i_1,这种电流在金属体内是闭合的,所以称之为"涡电流"简称"涡流"。与此同时,该涡流产生的交变磁场又反作用于线圈,引起线圈自感 L 或阻抗 Z_L 的变化,其变化与距离 δ、金属板的电阻率 ρ、磁导率 μ、激励电流强度及角频率 ω 等有关,若只改变距离 δ 而保持其他系数不变,则可将位移的变化转换为线圈自感的变化,并通过测量电路转换为电压输出。

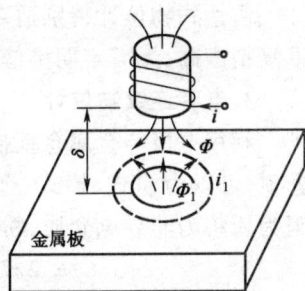

图 9-30 高频反射式涡流传感器

涡流式传感器的结构简单,安装方便,易于进行非接触测量,灵敏度较高,抗干扰能力较强,不受油污等介质的影响等一系列优点。其测量范围约为 $0 \sim 3\text{mm}$,分辨力可达 $1\mu m$。

五、物位(料位)的检测

物位检测装置可分为两类:一类是连续检测物位变化的连续式物位计;另一类是以点测为目的的开关式物位计即物位开关。下面介绍几种工程机械中常用的物位检测装置。

1.超声波式料位计

超声波式料位器是利用超声波定向传播性好、穿透性强,传播到有声阻抗差异的界面上时会显著反射的物理特征来检测物位高度。如图 9-31 所示,超声波式料位器安装在被测液面(或料面)的上方,工作时,在控制电路的控制下,超声波探头发出声波。声波以一定的速度传播,到达被测液面后反射回来,又被探头接收并转换为电信号。若超声波的传播速度为 v,超声波从发射到接收所经历的时间为 t,则料位器距被测液面的距离 h 为

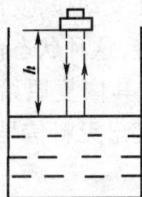

$$h = \frac{vt}{2}$$

图 9-31 超声波物位传感器的工作原理

这种传感器目前在沥青混凝土摊铺机上广泛应用,主要用于检测和控制熨平板前的料堆高度以及用于自动调平系统的非接触式平均梁。

2.雷达式物位计

雷达式物位计的原理与一般雷达一样,是建立在电波在空气中以恒定速度传播这一基点上。微波信号从天线的一端发出,到达目标后(即介质界面)后反射,经过时间延迟 t 后由接收器接收。反射介质界面的距离是由测量微波信号传播时间来实现的,距离目标每一米,微波传播距离为两米,传播时间为 6.7ns。测量距离 S 的表达式为

$$S = \frac{ct}{2}$$

式中:c——光速,$c = 10^8 \text{m/s}$。

由于微波传播速度非常快,在距离较小时,t 非常短暂,很难直接准确测量,必须借助于其

他技术手段,例如在脉冲式测距雷达中,借助于脉冲压缩技术来提高分辨率。另外的方法是采用连续波调频法,使发射电波的频率连续快速地变化,利用瞬时发射频率与回波频率之差来换算距离,如图9-32所示。由于这种技术适合于短距离测量,所以目前多数雷达式物位计均采用调频连续波。

雷达式物位计特别适合于高粘度或高污染度的物料,例如沥青、重油等。并且由于其测量重复精度高,无需定期维修或重新标定,测量精度也较高,一般能达到 ±1cm。

3.电容连续物位计

利用电极与金属仓壁构成一个电容器,电极安装在仓顶,可以为缆式、棒式、金属带等。测量粉料高度时,因为粉料为非导电介质,粉料介质间的电容量值为:

$$C = 2\pi L\varepsilon / \ln(R/r)$$

式中:L——粉料高度;

ε——粉料介质的介电常数;

R——粉料仓半径;

r——电极半径。

电容值与粉料料位高度成正比,当粉料料位改变时,电容量也随之改变。电容的变化被电子部件转变为与物位成正比的电压或电流信号,然后送给外接的仪表显示。

4.阻旋式料位开关

阻旋式料位开关广泛应用于物料料位的上、下限监测和控制。料位开关利用微型电机做驱动装置,微电机经减速后,带动检测叶片以每分钟1～5转的转速旋转。当被测物料的料位上升使叶片的转动受到阻碍时,检测机构便围绕主轴产生旋转位移。此位移首先使一个微动开关动作,发出有料信号。随后另一个微动开关动作,切断电机电源使其停转。只要此料位不变,这种状态便一直保持下去。当料位下降检测叶片失去阻力时,检测机构便依靠弹簧拉力使其恢复原始状态。首先一个微动开关动作,接通电机电源使其旋转随后另一个微动开关动作发出无料信号,只要没有物料阻挡检测叶片的转动,此种状态也将一直保持下去。

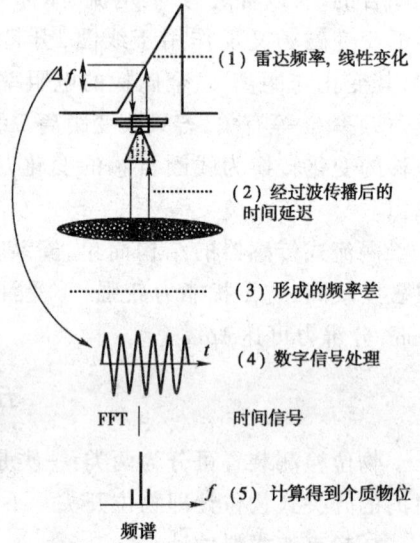

(1) 雷达频率,线性变化

(2) 经过波传播后的时间延迟

(3) 形成的频率差

(4) 数字信号处理

时间信号

(5) 计算得到介质物位

频谱

图9-32 线性调频雷达物位计的测距原理

第十章　沥青混凝土摊铺机电控系统

沥青混凝土摊铺机是现代公路机械化施工中不可缺少的关键设备之一,用来将拌制好的沥青混合料,按照路面的形状和厚度均匀地摊铺在已经整好的路基或路面基层上,形成满足一定宽度、厚度、平整度和密实度要求的路面基层或面层。随着现代施工工程对施工路面质量要求的不断提高以及微电子技术、计算机技术的发展及成本的降低,许多现代先进技术,如激光技术、自动控制技术、智能化技术、通信技术等在摊铺机中得到了广泛应用。基于微处理器或单片机的数字式控制系统在现代沥青混凝土摊铺机中正在逐渐普及,并正在成为现代工程机械施工质量的保证,新技术的广泛应用极大地提高了摊铺机的技术性能和施工质量。

沥青混凝土摊铺机的电控系统包括车辆电控系统、供料电控系统、行驶电控系统、调平电控系统、加热电控系统及其他功能电控系统等,下面分别对摊铺机的主要电控系统作一介绍。

第一节　车辆电控系统

摊铺机的车辆电控系统包括发动机启动电路、蓄电池充电电路、仪表及报警电路、中央润滑电路、紧急停车电路及照明电路等。下面以图 10-1 所示的 ABG423 型摊铺机车辆电控系统电路为例对其作一介绍。

一、发动机启动电路

启动电路由两块串联的 12V 蓄电池 G2、直流启动机 M1、继电器 K4 及 K36、启动加浓电磁阀 Y43、燃油控制电磁阀 Y40、启动开关 S1 等组成。

启动开关 S1 用于全车电路供电的控制及发动机的启动,其有 0～3 四个位置:"0"位时无工作电压输出;"1"位时有工作电压输出;"2"位时无功用;"3"位时用于启动发动机。

启动发动机时,行驶操纵手柄需放在"中位",使开关 S24 的触点 1/01、2/02 闭合,这样才有可能使启动电路接通。将启动开关 S1 转至位置"3"后,S1 的接线端子 15/54 和 50a 通过 F1 与蓄电池相通,有 24V 电压输出。此时继电器 K31、K21、K20、K22 以及燃油控制电磁阀 Y40 得电动作,Y40 的动作接通了发动机的燃油供给通道,K31 常开触点的闭合将蓄电池的 24V 电压经 F2 和 F7 接至启动继电器 K4 常开触点的端子 30,为启动机的启动作好电源的准备。K20 的常开触点 30/87 闭合后,经 K21 的常闭触点 30/87a 又使 K36 得电动作。K36 的常开触点 30/87 及 S24 的触点 1/01、2/02 的闭合,接通了启动继电器 K4 的电路,使启动机 M1 的接线柱 50 得电,接通了启动机的控制电路,启动机开始启动。与此同时,启动加浓电磁阀 Y43 也通电,额外多供给燃油,使发动机冷启动容易。

发动机启动后应立即将启动开关转至位置"1",使继电器 K4 断电,切断启动机的启动控制电路及启动加浓电磁阀 Y43 的电路,启动机便停止工作。

二、蓄电池充电电路

充电电路主要由蓄电池 G2、交流发电机 G1 及充电指示灯 H1 组成。交流发电机 G1 采用

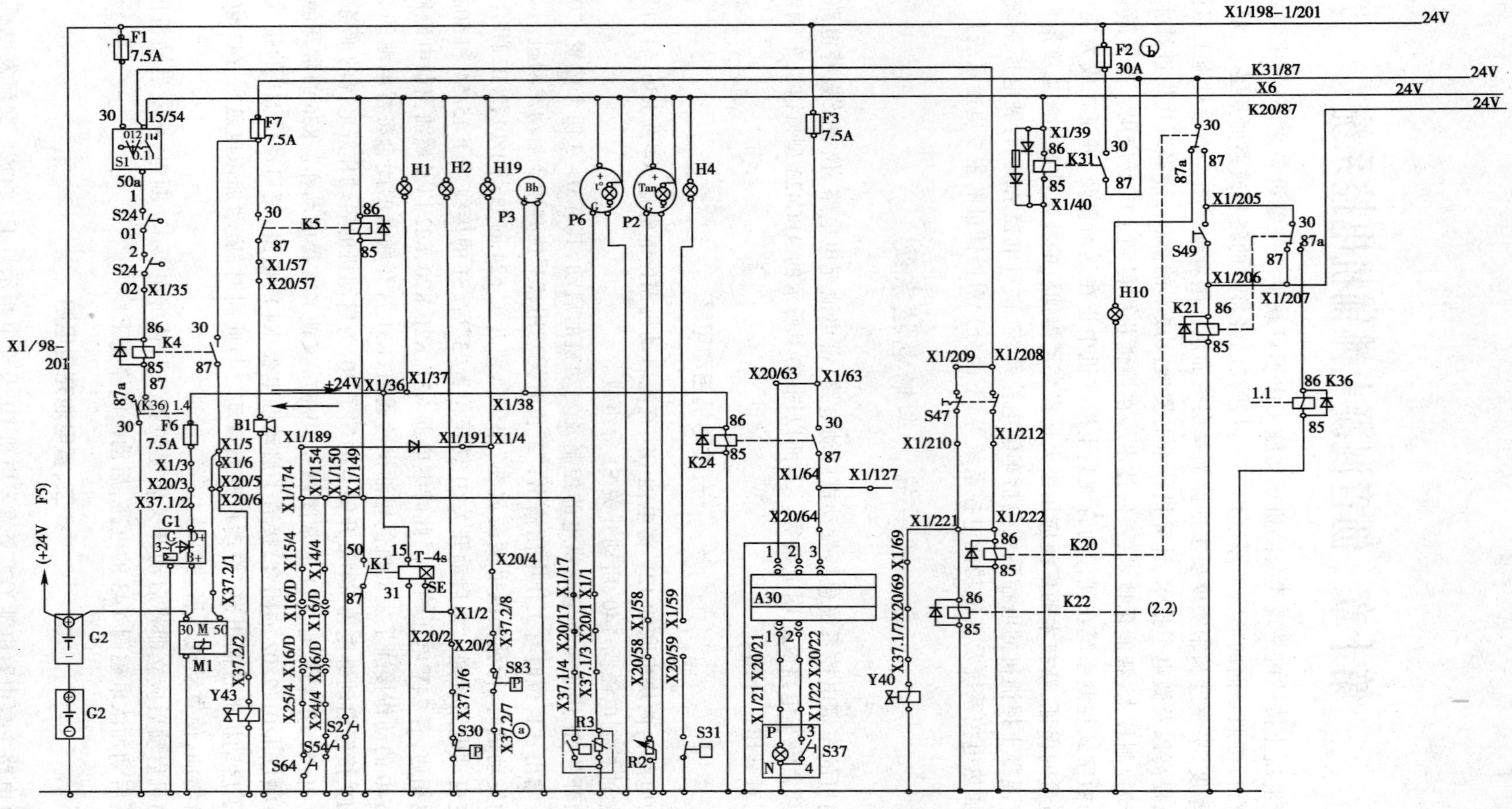

图 10-1 ABG423 型摊铺机车辆电控系统电路

内置式电子电压调节器,发电机的正极 B + 与串联后的蓄电池正极直接相连。发电机不工作时,系统电路由蓄电池供电。当发电机发电且输出电压超过蓄电池的电压时,发电机一方面向系统电路供电,同时还向蓄电池充电。充电指示灯 H1 用来指示蓄电池充电是否正常。当 S1 位于"1"位置而发动机没工作或发电机有故障不发电时,指示灯 H1 亮,其闭合回路为:蓄电池正极→F1→S1 的接线柱 15/54→H1→F6→发电机的接线柱 D +→地线→蓄电池负极。当发电机正常发电时,发电机的 B + 和 D + 的输出电压相等,因此 H1 两端的压差为零,H1 熄灭。

三、仪表及报警电路

1.蓄电池充电指示

通过蓄电池充电灯 H1 来指示蓄电池充电是否正常,发动机运转时若发电机不发电或发出的电压过低,则指示灯明亮,此时应停车检查充电系。

2.电喇叭报警电路

电喇叭 B1 的工作受继电器 K5 控制,K5 得电动作后其触点才能接通电喇叭的电路。K5 的接地端与由开关 S64、S54、S2,延时继电器 K1,风扇皮带压力传感器 S83 及冷却水温传感器 R3 所形成的并联回路相连,其中的任何一个电路接通,都可使继电器 K5 得电动作,而使喇叭发声报警。

3.机油压力报警电路

机油压力报警电路用来监视发动机润滑系机油压力是否正常,由机油压力指示灯 H2、机油压力传感器 S30、延时继电器 K1、继电器 K5 及电喇叭 B1 等组成。当启动开关 S1 转至位置"1"时,由于发动机没运转,机油压力没建立,机油压力传感器 S30 的触点闭合,指示灯 H2 因电路接通而明亮。发动机运转并建立起正常的机油压力后,机油压力传感器 S30 的触点打开,指示灯 H2 因电路断开而熄灭。发动机工作过程中,若润滑系工作正常,指示灯 H2 将一直熄灭,否则,若机油压力过低,指示灯 H2 将明亮,同时,延时继电器 K1 也通电,4s 之后其常开触点闭合,继电器 K5 得电动作,接通了电喇叭 B1 的电路,电喇叭便发声报警。

4.风扇皮带报警电路

该电路用来监视发动机风扇皮带工作是否正常。发动机工作过程中,若风扇皮带松动或断裂,风扇皮带压力传感器 S83 的触点便闭合,指示灯 H19 因电路接通而明亮。同时通过二极管接通继电器 K5 的电路,从而使喇叭也发声报警。

5.液压油温报警

当液压油温度超过 93℃时,液压油温度传感器 S31 的触点便闭合,从而接通指示灯 H4 的电路,指示灯 H4 得电明亮。

6.发动机冷却水温指示

该电路主要由冷却水温度表 P6 和冷却水温度传感器 R3 组成,其中水温度传感器 R3 包括热敏电阻和温度开关两部分。热敏电阻具有负的温度特性,温度越高,其电阻值越小,水温表 P6 与热敏电阻配合便可指示水温的高低。当冷却水温度超过设定值时,温度开关的触点闭合,接通继电器 K5 的电路,于是喇叭也发声报警。

7.计时器

计时器 P3 用来显示发动机的累计运转时间。发动机工作时,计时器 P3 的工作电压由发电机的 D + 接线柱提供,计时器的"−"极直接接地。发动机停止运转后,发电机的 D + 无电压输出,因此,计时器 P3 停止计时。

8.燃油油位指示

该电路由燃油油位表 P2 和油位传感器 R2 组成。油位传感器 R2 为一可变电阻,油位变化时其电阻值也随之变化,通过燃油油位表 P2 便可转换为油位高低的变化。

四、中央润滑电路

ABG423 摊铺机设有中央润滑系统,用来对各润滑部位进行及时的润滑。中央润滑电路由中央润滑控制器 A30、继电器 K24、开关 S37 和指示灯组成。

发动机运转时,发电机通过 F6 向继电器 K24 供电,继电器的触点 30/87 闭合,接通了控制器 A30 的供电电路,控制器 A30 便自动进行各部位的润滑。根据需要可按下开关 S37 进行追加润滑,此时,控制器 A30 不受原设置的控制而直接进行各部位的润滑,同时按钮指示灯也明亮。

第二节 供料电控系统

摊铺机的供料电控系统用于控制螺旋分料器和刮板输送器的工作以及受料斗边斗的收、开。螺旋分料器和刮板输送器的电控系统通常设计成自动和手动两种供料方式,手动供料时,一般有几种恒定的供料速度可供选择。采用自动供料方式时,螺旋分料器和刮板输送器的工作由控制器根据料位传感器的输出信号进行控制。根据控制的方式不同,自动供料方式可分为比例控制和开关控制,比例控制系统能够根据料位传感器的输出信号连续地调节供料速度,即通过调节比例电磁阀的控制电流,改变变量泵的排量,继而对液压马达进行无级变速,改变供料速度。开关控制系统采用的是开关式料位传感器,系统只有"开"、"停"两种工作状态,因其控制性能较差,目前已很少应用。比例控制系统根据传感器检测料位的方式不同,又可分为接触式供料控制系统和非接触式供料控制系统,后者采用的是超声波料位传感器,传感器与沥青混合料不接触,使用方便,控制性能好,目前逐渐普及,有取代接触式的趋势。

一、典型机型供料电控系统

下面以 ABG423 型摊铺机为例介绍供料电控系统的电路及原理。

ABG423 型摊铺机的供料系统左右独立控制,左右控制电路相同,每一侧的螺旋分料器和刮板输送器也是独立控制。下面以左侧控制电路为例对其作一介绍。

1.螺旋分料器的控制电路

如图 10-2 所示,螺旋分料器的控制电路主要由控制器 A41,接触式料位传感器 R13 及传感器摆臂的联动控制开关 S43,手动/自动选择开关 S15,控制继电器 K15、K11,比例电磁阀 Y5.1,模式选择开关 S45,停止开关 S53,高速控制开关 S52 及分压电阻 R31、R32 等组成。系统的电源通过熔断器 F38 提供。

螺旋分料器有"手动"和"自动"两种控制方式,可通过开关 S15 加以选择。选择"手动"控制时,将开关扳向位置"2"("Man—2")即右侧,此时继电器 K11 的线圈通电,继电器动作,使其串在比例电磁阀 Y5.1 电路中的常开触点闭合,从而接通了比例电磁阀的电路。控制器 A41便根据传感器 R13 检测的高度信号,向比例电磁阀输出相应的驱动电流,调节液压泵的排量,继而控制液压马达和螺旋分料器的转速。选择"自动"控制时,将开关 S15 扳至位置"1"("1—Aut")即左侧,继电器 K11 的动作受继电器 K15 的常开触点、S43 和 S53 控制。若 S53 处于闭合

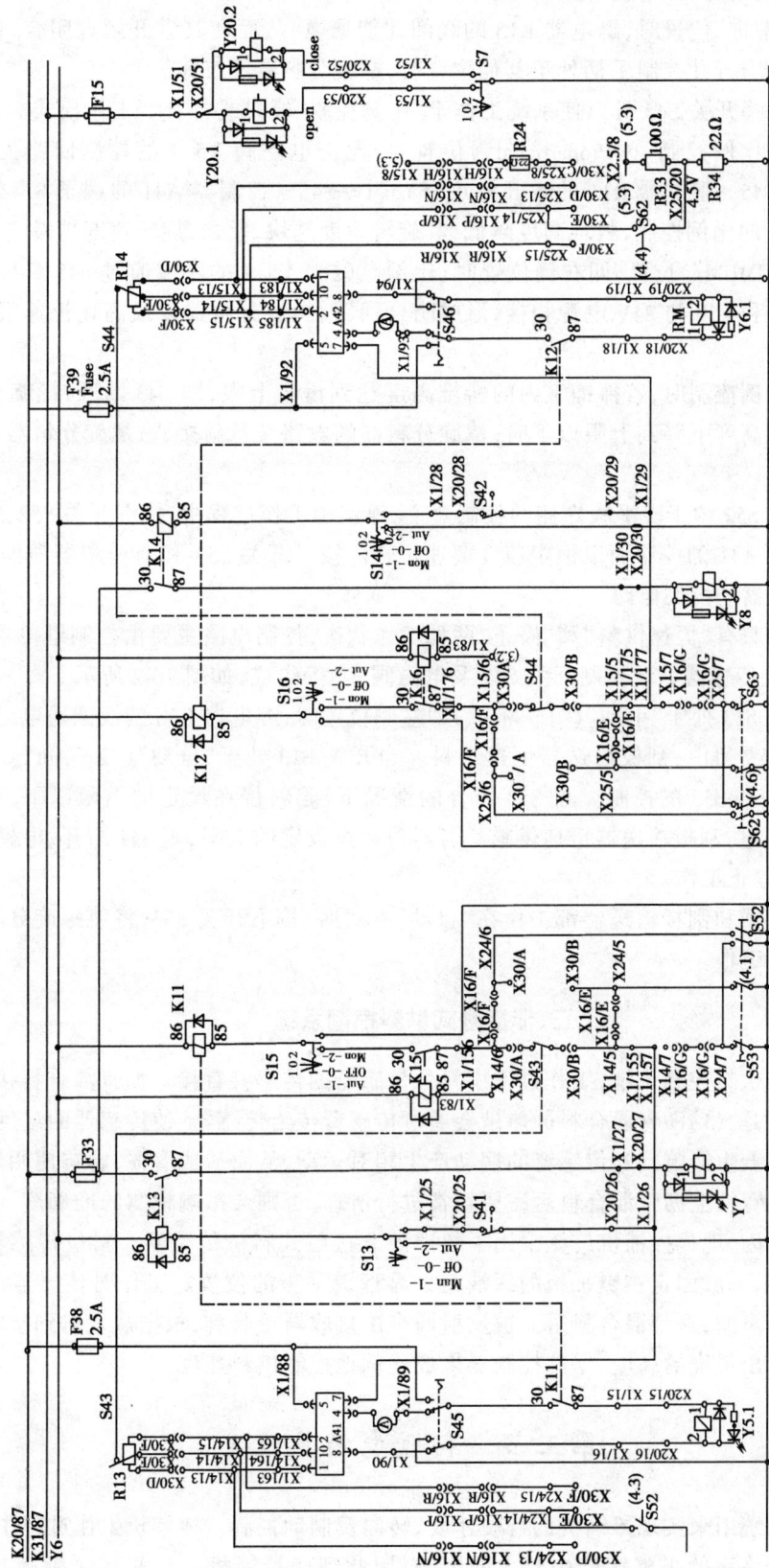

图 10-2 供料电控系统电路

251

状态,螺旋摊铺室内的料堆高度也在设定的范围内,则 S43 也闭合,此时只有当摊铺机的行驶控制手柄处于"前进"位置时,继电器 K15 的线圈才能通电,从而使其常开触点闭合,使螺旋分料器投入工作。当行驶控制手柄处于其他位置时,螺旋分料器不工作。

通过模式选择开关 S45 可以使系统工作于"比例控制"模式或"快速"工作模式。当 S45 处于图示位置,即"比例控制"("Proportional")位置时,比例电磁阀 Y5.1 的控制回路为:控制器 A41 的端子 4→S45→继电器 K11 的常开触点→Y5.1→S45→控制器 A41 的端子 8。螺旋分料器受控制器 A41 的比例控制,料堆高度越低,其旋转速度越快,反之,旋转速度越慢。当 S45 处于"快速"("MAXIMUM")位置,即右侧位置时,比例电磁阀 Y5.1 的左端通过 S45 直接接地,右端通过 K11、S45 和 F38 与 24V 电源相接,形成闭合回路,螺旋分料器以最高速恒速运转,而不受控制器控制。

采用自动比例控制时,若摊铺室内的料堆高度达到设定上限,则 S43 断开,螺旋分料器停止工作。当料堆高度下降到上限以下时,螺旋分料器的电路又重新接通,螺旋分料器又重新投入工作。

开关 S53 和 S52 位于熨平板左侧的控制盒上,摊铺机工作过程中,按下开关 S52,螺旋分料器便不受控制器 A41 的控制而以恒定速度高速运转。按下开关 S53,螺旋分料器便停止工作。

2.刮板输送器的控制电路

刮板输送器只有"恒速供料"和"停止"两种工作状态,控制电路主要由控制继电器 K13、选择开关 S13、料位传感器联动控制开关 S41 及电磁阀 Y7 等组成,如图 10-2 所示。

当选择开关 S13 处于"手动"("1—Man")即左侧位置时,继电器 K13 的线圈通电,其常开触点闭合,电磁阀 Y7 得电,刮板输送器恒速供料。当开关 S13 处于"自动"("2—Aut")即右侧位置时,K13 受 S41 和 S53 的控制。在 S53 闭合的情况下,若料位在设定的上限以下,则 S41 闭合,电磁阀 Y7 通电,刮板输送器恒速供料。若料位超过设定的上限,则 S41 断开,电磁阀 Y7 断电,刮板输送器停止工作。

当螺旋分料器和刮板输送器都工作在"自动"方式时,按下开关 S53,将使螺旋分料器和刮板输送器都停止工作。

二、非接触式供料控制系统

对于接触式供料控制系统,工作过程中料位传感器的传感臂直接与沥青混合料接触,这种检测方式的缺点是:(1)沥青混合料的热量会通过传感臂传给传感器,使传感器的温度升高,从而对其工作性能产生影响;(2)传感臂的摆动产生相对运动,从而造成磨损,影响使用寿命和工作性能;(3)传感臂粘上沥青混合料后需要经常进行清理,否则会影响检测的准确度。

由于上述原因,现代摊铺机广泛采用了超声波非接触式料位传感器。料位传感器通常和控制器制成一体,一般固定在熨平板的两端前方靠近熨平板的位置。工作时传感器向摊铺室内的料堆发射超声波,遇到混合料后又被反射回来由接收器接收到,根据从发射到接收所经历的时间便可计算出料堆的高度,据此控制器来成比例地控制供料速度。

第三节 行驶电控系统

行驶电控系统用来实现摊铺机的行驶速度、转向及制动控制。摊铺机工作过程中,行驶速度的不稳定将对路面的平整度产生较大的影响,因此现代摊铺机广泛采用了恒速摊铺控制系统。

一、摊铺机恒速摊铺控制系统的分类

现代摊铺机目前主要采用以下两种恒速摊铺控制方法。

1.通过发动机转速的自动调节实现摊铺机恒速控制

施工中外载荷变化引起的发动机转速变化,是影响摊铺速度稳定性的主要因素。为此,有些摊铺机制造厂家采用自动控制发动机转速来稳定行驶速度。瑞典 DYNAPAC 公司生产的摊铺机采用了海茵茨曼公司的电子速度调节器。工作时,控制器通过转速传感器不断监测发动机的转速,当由于发动机负载变化,导致行驶速度偏离了设定点时,控制器便通过执行机构(直流电机及齿轮、齿条等)调节发动机的油门大小,直到发动机恢复到设定的转速,从而达到转速自动调整的目的,保证了摊铺机的恒速行驶。

这种恒速控制方式只能保证发动机转速恒定,即液压驱动系统的泵的输入转速恒定。但最终的行驶速度还会受泵及马达的容积效率、机械传动的误差、履带或轮胎的滑移滑转、路况等因素的影响,使得摊铺机的行驶速度仍然不稳定。所以这种恒速控制方式目前应用不多。

2.通过自动调节变量泵的排量实现行驶速度的恒定

现代摊铺机的行驶驱动系广泛采用双变量泵、双变量马达独立行驶驱动液压闭式回路,左右两套驱动回路完全相同,即可以联动实现直线行驶,又可以分别控制实现转向。这种驱动控制系统为一闭环控制系统,工作中,控制器将传感器所检测的液压马达转速信号与设定值进行比较,若有偏差,控制器便调节驱动信号,改变变量泵的排量,使马达转速或行驶速度自动保持稳定。同时,也保证了左右履带或轮胎速度的一致性,从而保证了摊铺机的直线行驶。

二、ABG423 型摊铺机的行驶电控系统电路

如图 10-3 所示,ABG423 型摊铺机的行驶电控系统主要由控制器 A5,左右液压马达转速传感器 B3、B4,速度调节电位器 R15,转向控制电位器 R17、R18,行驶操纵手柄开关 S24,行走泵电磁阀 Y1.1、Y1.2、Y2.1、Y2.2,行走马达电磁阀 Y3、Y4,手动行驶控制电位器 R26、R27 等组成。

开关 S24 共有十组触点,开关的工作状态受控制台上的行驶操纵手柄控制,操纵手柄有"前进"、"中位"和"后退"三个位置,与此对应的各触点的状态如表 10-1 所示。

S24 触点状态与操纵手柄位置的关系 表 10-1

接线端子编号 手柄位置	1/01	2/02	3/03	4/04	5/05	6/06	7/07	8/08	9/09	10/010
前进		ON	ON		ON	ON				ON
中位	ON	ON								
后退	ON			ON			ON	ON	ON	

正常工作时,继电器 K25 和 K22(图 10-1)得电动作,两继电器的常开触点都闭合,控制电路通过熔断器 F4、F5 及端子 X3/E、X3/A 和 X3/B 向控制器 A5 供电,并通过端子 X3/C 和 X3/D 接地形成回路。发电机发电时,继电器 K24 动作使其常开触点闭合,蓄电池的 24V 电压经 F3 和 K24 的触点直接加至控制器 A5 的端子 X3/L,控制器由此判断发动机是否处于工作状态。

当行驶操纵手柄处于"前进"位置时,开关 S24 的触点 3/03 闭合使继电器 K7 动作,其常开触点闭合,控制器 A5 通过端子 X3/F 得到"前进"控制信号。控制器 A5 根据传感器 B3、B4 所

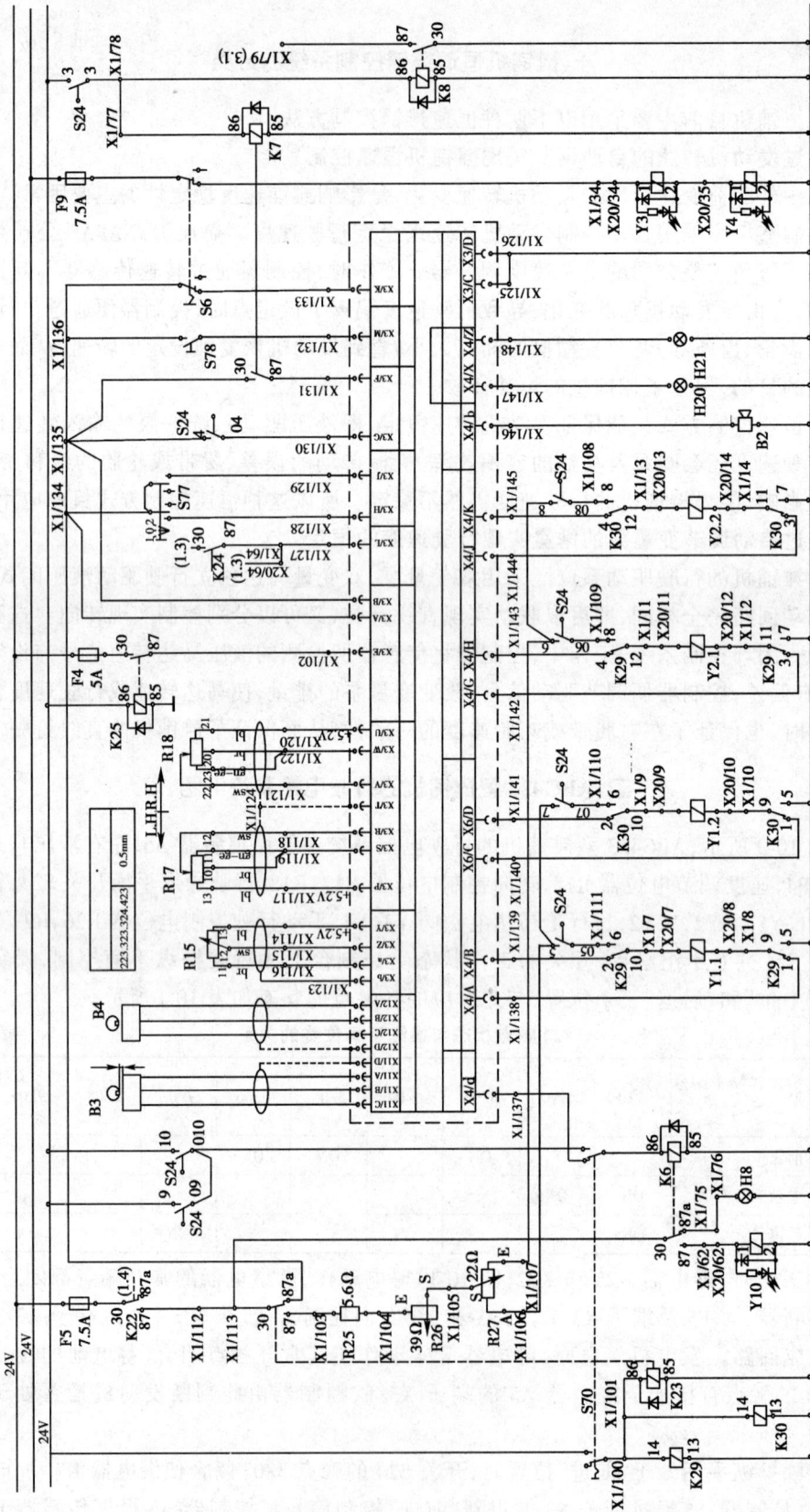

图 10-3 行驶电控系统电路

检测的转速信号以及速度调节电位器 R15 的设定信号,分别从端子 X4/B 和端子 X4/H 输出驱动电流,驱动左行走泵前进电磁阀 Y1.1 及右行走泵前进电磁阀 Y2.1,使摊铺机按照设定的速度恒速行驶。其中电磁阀 Y1.1 的驱动回路为:X4/B→继电器 K29 常闭触点 2/10→Y1.1→K29 常闭触点 1/9→X4/A,电磁阀 Y2.1 的驱动回路为:X4/H→继电器 K29 常闭触点 4/12→Y2.1→K29 常闭触点 3/11→X4/G。

当行驶操纵手柄处于"后退"位置时,S24 的触点 4/04 闭合,"后退"控制信号通过端子 X3/G 引入控制器 A5,此时控制器从端子 X4/D 和 X4/K 输出控制信号,分别驱动左行走泵后退电磁阀 Y1.2 及右行走泵后退电磁阀 Y2.2。

当行驶操纵手柄处于"中位"时,S24 的触点 3/03 和 4/04 都断开,控制器 A5 的端子 X3/F 和 X3/G 上无信号输入,左右行走泵的四个电磁阀中均无电流,此时摊铺机处于停车状态。

摊铺机的行驶速度有快、慢两挡可供选择,其中慢速挡用于摊铺作业,快速挡用于转场行驶。快、慢挡通过电磁阀 Y3 和 Y4 改变左、右液压行走马达的斜盘角度来实现。行驶速度选择开关 S6 处于图示左侧位置时,电磁阀 Y3、Y4 通电,摊铺机处于快速挡行驶;S6 处于右侧位置时,电磁阀 Y3、Y4 断电,摊铺机处于慢速挡行驶。

该行驶电控系统具有速度传感器故障报警功能。当速度传感器 B3 或 B5 有故障时,报警灯 H20 或 H21 发光,同时,喇叭 B2 也发声报警。故障排除、恢复正常运行后,按下 S78 以取消喇叭的报警。

若控制器 A5 出现故障而无法实现行驶速度的自动控制时,可通过紧急控制开关 S70 切换到手动控制。将 S70 扳向右侧位置,此时继电器 K29、K30 和 K23 都得电动作。K23 常开触点 30/87 的闭合接通了电阻 R25、电位器 R26 和 R27 的供电电路,K29 和 K30 的动作一方面使四个行走泵电磁阀 Y1.1、Y1.2、Y2.1 和 Y2.2 的一端直接接地,另一方面使四个行走泵电磁阀的另一端与 S24 的不同触点相连。当操纵手柄处于"前进"或"后退"位置时,S24 便可接通相应的前进或后退的电磁阀电路,调节电位器 R26,便可改变电磁阀的电流,从而改变摊铺机的行驶速度。

摊铺机的转向控制是通过改变左右履带的速度差,或使左右履带反向转动实现的。R17 和 R18 为摊铺机的左转向和右转向调节电位器,在摊铺机转向处于自动控制状态时起作用。以摊铺机前行左转向为例,向左转动电位器 R17,电磁阀 Y1.1 中的驱动电流便减小,使左行驶变量泵的排量降低和左侧履带速度下降,于是摊铺机便向左转向。手动控制转向时,将 S70 扳向右侧,转动电位器 R27 便可使一侧行驶泵电磁阀的电流增加,另一侧行驶泵电磁阀的电流减少,从而使两侧行驶变量泵的排量不同,导致两侧履带速度不同,使摊铺机向一侧转向。

当摊铺机需要原地转向时,首先将行驶操纵手柄放在"中位",然后将 S77 扳至左侧(左转向)或右侧(右转向),向前推动或向后拉动行驶操纵手柄,摊铺机便向左或向右原地转向。

摊铺机采用的是弹簧压紧式制动器,平时制动器在弹簧的作用下处于制动状态,即属于断电制动。其借助于液压油的压力,压缩弹簧而解除制动。制动控制电路主要由制动解除继电器 K6 和行车制动电磁阀 Y10 组成。

在正常行驶情况下,继电器 K22 和 K25 通电动作,其常开触点闭合,控制器 A5 的端子 X3/E、X3/A、X3/B 得电,端子 X3/F 或 X3/G 也得到相应的信号电压。此时,控制器 A5 由端子 X4/d 输出控制电流至继电器 K6,K6 动作后其常开触点 30/87 闭合,接通了电磁阀 Y10 的电路。于是制动解除,指示灯 H8 断电熄灭。当行驶操纵手柄处在"中位"时,摊铺机停止行驶,控制器 A5 的端子 X4/d 无控制电流输出,K6 和 Y10 断电,制动器处于制动状态,同时制动指示灯

H8 得电而明亮。

当行驶电控系统处于手动控制状态时，S70 扳向右侧即"应急"位置，此时 K6 受 S24 的触点 9/O9 和 10/O10 控制。行驶操纵手柄无论位于"前进"或"后退"位置 K6 都得电动作，使制动解除。当行驶操纵手柄位于"中位"而使摊铺机停车时，S24 的触点 9/O9 和 10/O10 都断开，K6 断电而使制动器处于制动状态。

在摊铺机行驶或作业时停车或出现紧急情况时，按下紧急停车开关 S47(图 10-1)，继电器 K22 断电，其常开触点 30/87 又处于打开状态，切断了继电器 K6、电磁阀 Y10 和指示灯 H8 的电路，制动器处于制动状态。此外，继电器 K20(图 10-1)断电后，其触点 30/87a 闭合，紧急停车指示灯 H10 因电路接通而明亮。

第四节　调平电控系统

一、概　　述

沥青摊铺机在摊铺作业时，熨平板通过两侧牵引(调平)大臂由主机牵引，熨平板处于浮动状态。这种浮动式熨平板对路基不平度具有初步的滤波和滞后效应，即具有一定的自调平功能，但它受到调平大臂长度、路基不平度的波长等因素的影响，自调平功能有一定的局限性，当波长达到一定程度，自调平能力将完全消失。为了使路面的摊铺平整度完全不受基层的影响，就必须在摊铺过程中根据基层的高低不平随时调节牵引大臂牵引点的垂直高度，保证熨平板的摊铺仰角为初始值。现代摊铺机通过自动调平系统来自动实现上述调节功能。

自动调平系统可以按照以下的方法进行分类：

1. 按系统调节方式不同分类

(1)电—液式

系统特点是采用电子式传感器来检测路基纵向的不平度和横向坡度，用液压元件(液压油缸)作为执行机构，调节牵引大臂牵引点的垂直高度。这是目前应用最为广泛的一种调平系统。

(2)全液压式

其特点是检测装置和执行机构采用液压元件。这种系统目前主要应用在水泥混凝土摊铺机上，如美国 CMI 公司生产的 SF350 型水泥混凝土摊铺机即采用了全液压式调平系统。

(3)激光式

其以激光作为参考基准，激光发射器被安装在作业面适当位置的支架上。工作时，激光发射器高速旋转，其激光束在作业面上形成一激光光学平面，作为调平的基准参照面。固定在摊铺机上的激光接收器接收发射器的激光信号，并传送给控制器，最后通过电子和液压元件来实现调节。由于价格等原因，激光式自动调平系统目前应用较少。

2. 按检测装置获取路基不平度信息的方式分类

(1)接触式调平系统

这是一种传统的调平系统，目前仍被广泛应用。其特点是纵坡传感器通过直接与参考基准(如路基、架设的钢丝、平均梁等)接触来检测路面不平度。

(2)非接触式调平系统

系统借助于超声波或激光束来检测路面不平度。由于是非接触检测，因此使用方便，目前有逐步普及的趋势。

3.按调平控制器的原理不同分类

(1)模拟式控制器

这是一种传统的调平控制器,目前许多摊铺机自动调平系统仍在使用这种控制器。经过多年的不断改进,其性能也逐渐完善,基本能满足现代高等级路面施工的要求。

(2)数字式控制器

这是一种基于微处理器或单片机的控制器,数字式控制器的应用,不仅提高了系统的控制精度,而且也提高了系统的综合技术性能。随着微电子技术和计算机技术的发展以及成本的降低,数字式控制系统在摊铺机中正在逐渐普及,目前非接触式调平系统基本上都采用了数字控制,模拟式控制也正在逐步被数字式控制所取代。

二、接触式调平系统

(一)调平系统的组成与工作原理

现代沥青混凝土摊铺机通常均采用电—液式控制方式,电—液式控制方式按控制原理不同,又可分为开关式、比例式和比例—脉冲式三种,目前摊铺机绝大多数采用比例—脉冲式控制方式。图 10-4 所示为比例—脉冲式自动调平系统总体布置的一般形式。

整个系统由参考基准、纵坡传感器、横坡传感器、调平油缸及高频电磁阀等组成。参考基准线是纵向架设的具有一定张力的细钢丝绳,纵坡传感器与控制器制成一体,其通过支架固定在熨平板的左牵引大臂上,垂直方向的位置可以调节。纵坡传感器的传感臂压在钢丝绳上,并随摊铺机的前移而在钢丝绳上滑动。纵坡传感器的输出信号线与左侧电磁换向阀相连。横坡传感器也和控制器制成一体,其固定在熨平板前方横梁的中间,横坡传感器的输出

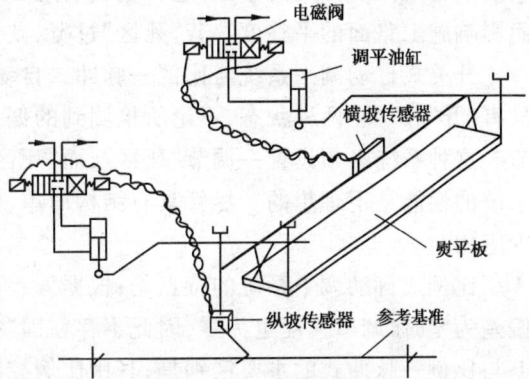

图 10-4　比例—脉冲式自动调平系统总体布置的一般形式

信号线与右侧电磁换向阀相连。左右调平油缸的活塞杆与相应一侧牵引大臂的前端相铰接,油缸的进油和回油由电磁换向阀控制。

系统的工作情况如下:摊铺过程中,当左侧路面不平而使左牵引大臂的牵引点产生升降时,安装在左牵引大臂上的纵坡传感器也将随之升降,于是便改变了传感器的传感臂与参考基准线之间的初始安装角度(通常为45°),从而产生高度偏差信号。纵坡传感器将此偏差信号转变为电信号,并经驱动电路推动左侧电磁换向阀动作,使调平油缸带动牵引大臂的牵引点上升或下降,直到熨平板恢复原来的工作仰角,传感器也回到原位。此时偏差信号消失,油缸停止调节。

横向坡度的控制与纵向相似,不同之处是用横坡传感器检测横向坡度的变化,通过右侧调平油缸来进行调节。

在实际应用中,也可以不用横坡传感器,而采用两纵坡传感器的组合方案。选用传感器的一般原则是:当摊铺宽度大于 6m 时,通常应采用双纵坡传感器,实现双侧高度控制,以防止熨

平板结构刚度降低产生变形而引起控制系统精度降低;当摊铺宽度小于 6m 时,使用单侧高度控制和横坡控制相结合的作业。

比例—脉冲式自动调平系统将整个控制范围分成 3 个区,即"死区"、"脉冲区"和"恒速调节区"。当偏差较小而位于"死区"内时,系统不起调节作用,以防超调。当偏差增大越过"死区"而进入"脉冲区"时,控制器便输出脉冲信号驱动电磁阀动作,其中脉冲的变化规律有两种形式:频率不变,脉冲宽度与偏差大小成正比;脉冲宽度恒定,脉冲频率与偏差大小成正比,从而使调平油缸以相应的速度调节牵引大臂的牵引点的垂直高度。当偏差较大而进入"恒速调节区"时,控制器便输出连续不间断的调节信号,使调平油缸恒速调节。脉冲宽度变化的调节过程如图10-5所示。

由于调平系统存在一内在的反应误差,因此必须设置一调节"死区",只有当偏差越过"死区"后,调平系统才起调节作用。"死区"范围设置得是否合理对系统的性能影响非常大。"死区"过窄由于液压系统的惯性,调节过程中容易冲过零点产生超调,而超调后系统又作反方向的修正,这样就会引起在零点附近的来回反复"搜索",使系统产生振荡,而影响施工路面的平整度。若"死区"过宽,则会降低系统的精度和灵敏度。

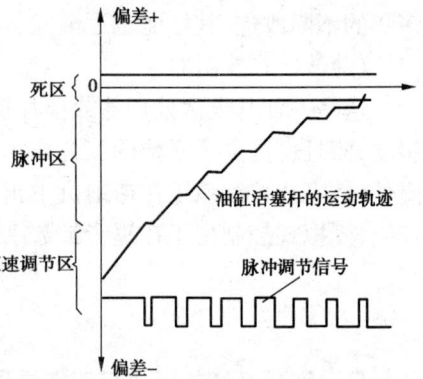

图 10-5　脉冲宽度变化的调节过程

开关式自动调平系统与比例—脉冲式自动调平系统的不同之处是:开关式自动调平系统只有"开"和"关"两种状态,不论所检测到的偏差大小,只要有偏差,调平油缸便以恒速进行调节。这种系统必须设置一调节"死区",而"死区"过宽或过窄都会影响系统的性能,因此,这种系统的性能是不理想的。尽管具有结构简单、价格低廉、使用方便等优点,但目前摊铺机已很少应用。

比例式自动调平系统的特点是:根据偏差信号的大小,以相应的快慢速度进行连续调节,偏差为零时,调节速度也为零,因此不存在因"搜索"和超调引起的振荡,性能较好。结构组成上与比例—脉冲式的主要区别是,其用比例控制阀代替简单的电磁换向阀,以实现对调平油缸动作速度的连续调节。这种系统对结构精度要求高,成本也相对较高,目前使用不普遍。

(二)调平系统的参考基准

摊铺机调平系统工作时必须有设定好的纵向参考基准,参考基准的选择对调平系统的性能有着非常大的影响。传统的调平基准均为接触式,主要有张紧绳、滑靴和平均梁三种形式。

1.张紧绳

这是应用最早、使用最普遍的一种基准,是一个绝对基准。以人工架设的一段细钢丝(或尼龙线)作为参考线,目前多选用直径为 2mm 左右的高强钢丝,张紧绳架设的方法和基本要求如下:

(1)沿摊铺层的一侧或两侧埋设桩柱,桩柱间距 5 ~ 10m,距铺层边缘 160 ~ 500mm,桩柱应尽量靠近测量标桩。

(2)张紧绳架设在桩柱横杆上,走向须平行于道路中心线,其张紧力不小于 800N,架设长度一般不大于 200m。当选用尼龙绳时,张紧力应不小于 400N,架设长度不大于 40m。

(3)张紧绳一端固定,另一端与弹簧秤连接,并用专用拉力器和滑轮组固紧,使张紧力符合要求。

这种基准的优点在于能较好地补偿路面高程误差,在基层稳定材料和沥青下面层的摊铺中非常有效。但存在着使用不方便且人工挂线时的影响因素太多,在曲率半径小的路段无法使用,使用中纵坡传感器摆臂易脱离基准线等缺点。

2.平均梁

平均梁又称浮动梁,是一种随摊铺机同步移动的相对基准,其在长度范围内对下面承接表面的高低状况具有平均作用。平均梁分普通平均梁和跨越式平均梁两种,普通平均梁为一长约6m的直杆,其通过4~8个脚轮支承在路基上,由主机拖动前移。平均梁上架设有基准线,纵坡传感器的栅臂搭在基准线的中部。

跨越式平均梁由前梁、跨越梁和后梁而成,左右各通过4套连接装置连接在摊铺机两侧,作业时随同摊铺机向前运行。前梁长度近8m,中部设有张紧的钢丝绳,固定在跨越梁上的纵坡传感器的栅臂贴靠其上,下面的6~8组滑靴在待摊铺的路面上滑动。后梁与前梁长度相同,下面是6~8组空心橡胶轮胎,在熨平板后面铺层上滚动。因弹簧的作用,滑靴和轮胎均能可靠地接触路面。跨越式平均梁总长达18m,使用正确时可以达到较好的效果,价格也相对便宜,所以这种跨越式平均梁加纵坡传感器的调平控制装置,在高等级公路路面施工中仍十分受用户欢迎。但也存在很多弊端,如体积庞大,导致摊铺机机动性差,在掉头和转移工地时都非常不方便,另外,多次拆装时容易变形,而且轮胎表面容易粘附沥青料,需专人清理。

3.短滑靴

短滑靴直接安装在纵坡传感器上,工作过程中,滑靴在已铺好的铺层或具备基本条件的构筑物上滑行,其直接感应接触表面的高低状况,对下面承接表面的凹凸形状基本上没有平均作用。此种方法多在接缝施工时采用。

如果是冷接缝,滑靴以压实后的铺层作基准,但应设置在离路缘30~40cm远的铺层上;如果是热接缝,滑靴可以设置在未碾压的铺层上或铺层边缘内。

(三)德国产 ABG423 型摊铺机接触式调平系统介绍

ABG423 型摊铺机的调平系统将传感器分别与各自的控制器制成一体,通常称为纵坡或横坡控制器。下面对其结构和正确使用作一介绍。

1.纵、横坡控制器

横坡控制器为 G276 型,其通过底座安装在熨平板前方的横梁中央,底座与横梁之间装有橡胶块,用以减小控制器的振动。运输过程中底座通过两侧的螺钉紧固,使用时应松开。横坡控制器配有一有线遥控器,用于设定横向坡度。横坡控制器及其遥控器的外形如图 10-6 所示。

图 10-7 为横坡控制器的内部接线图。NPN 控制模块通过一个七芯的插座(只用到其中的四根)与 24V 直流电源和电磁换向阀线圈相连,其中 C 和 D 两根线控制电

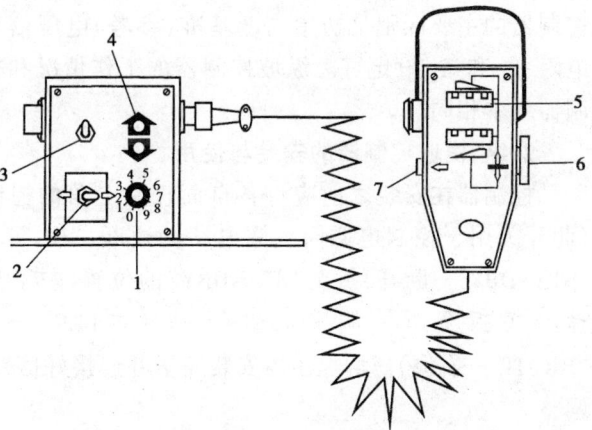

图 10-6　横坡控制器及其遥控器的外形

1-灵敏度调节旋钮;2-选择开关;3-控制开关;4-指示灯;5-显示器;
6-调节旋钮;7-按钮

磁换向阀线圈电路的通断。线圈 A 通电时,调平油缸带动调平大臂牵引点上升,线圈 B 通电时,牵引点便下降。牵引点的运动方向由控制器面板右上角的指示灯指示。遥控器与控制器之间通过三芯电缆和接插件相连,A 和 C 两根线向遥控器提供电源,C 为遥控器信号输出端。横坡传感器固定在控制器壳体内,并通过三根线与 NPN 控制模块相连。

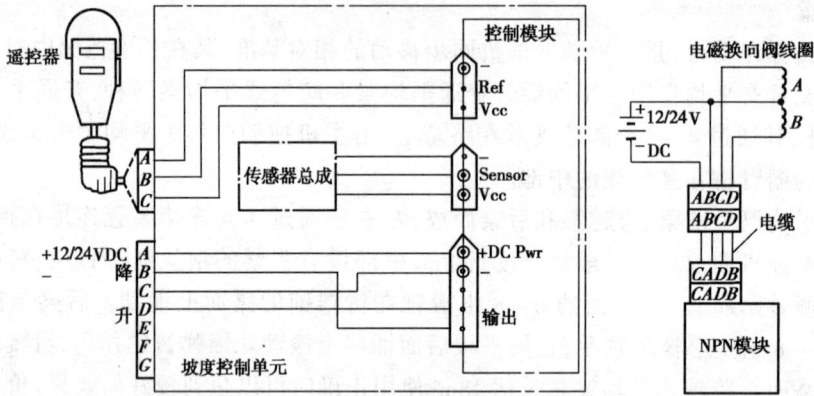

图 10-7　横坡控制器的内部接线图

横坡控制器的工作情况如下:NPN 控制模块将传感器的实测坡度信号与遥控器的预设坡度信号不断进行比较,当偏差不在"死区"内时,控制模块便输出脉冲信号或连续电压信号驱动电磁阀,使牵引上升或下降,直到坡度偏差位于"死区"内为止。

纵坡控制器为 G176 型,其外形如图 10-8 所示。纵坡控制器通过可调导柱和悬臂杆固定在牵引大臂的靠近熨平板处,其垂直位置可以调节。纵坡传感器位于控制器内,其转轴伸出控制器的壳体外,带有平衡块的转臂固定在转轴上,转臂的下端通过接触件(滑动杆或滑靴)与参考基准相接触,将路面不平度的变化转化为转臂的摆动,继而转变为电信号的变化。

纵坡控制器的内部接线图如图 10-9 所示。其与横坡控制器的主要区别是初始高度基准(参考)电压信号已由电阻 R_1 和 R_2 设定好。纵坡控制器的工作情况和横坡控制器基本相同。

2. 纵、横坡控制器的安装与使用

控制器在安装之前应将各自面板左上角的控制开关(此开关用于控制电磁阀线圈电路的通断:"ON"—接通,"STANDBY"—断开)扳至"STANDBY"的位置,左下角的选择开关扳至所控调平油缸的一侧("LEFT"—左侧,

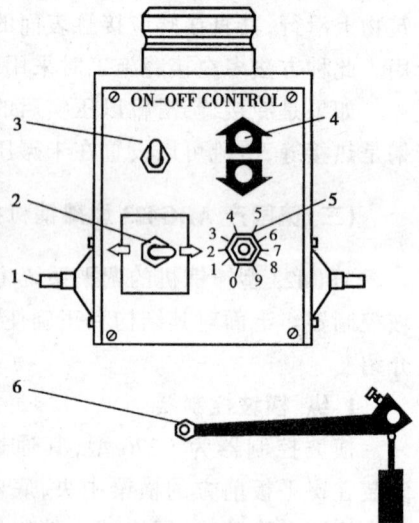

图 10-8　纵坡控制器的外形
1-传感器轴;2-选择开关;3-控制开关;4-指示灯;5-灵敏度调节旋钮;6-传感器臂

"RIGHT"—右侧)。两控制器安装完毕并连接好信号电缆后,在投入使用之前需要进行正确的调整。

横坡控制器的调整方法如下:

(1)将熨平板停放在具有理想铺层厚度和横向坡度的路基上,必要时可使用垫板。

(2)将控制器面板左上角的控制开关扳至"ON"的位置,接通摊铺机的点火开关,此时发动

机不工作,由于液压没建立,因此调平油缸不会动作。然后调节遥控器右侧的旋钮,直到控制器面板右上角的两指示灯都熄灭。此时遥控器所显示的横向坡度值的大小及方向无关紧要。

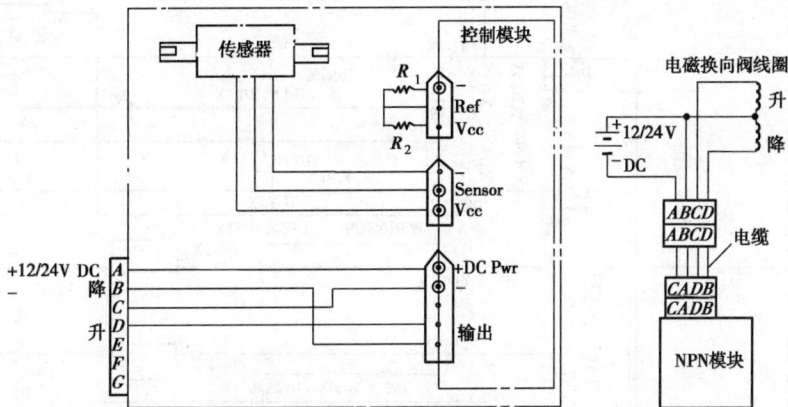

图 10-9　纵坡控制器的内部接线图

(3)将控制器面板右下角的灵敏度调节旋钮调至 8 附近,并将旋钮锁止。

(4)若熨平板的实际横向坡度值及方向与遥控器的显示值不符,按下遥控器左侧的复位(RESET)按钮,调节右侧的调节旋钮,直到遥控器的显示值与实际值相同。

(5)检查上述的调整情况,必要时重新调整。

纵坡控制器的调整方法如下:

(1)同横坡控制器。

(2)将控制器面板左上角的控制开关扳至"ON"的位置,接通摊铺机的点火开关(此时发动机不工作),降低安装在可调导柱下端的控制器,直到传感器的接触件(滑动杆或滑靴)与参考基准相接触。然后再缓慢调节控制器的垂直高度,直到控制器面板右上角的两指示灯都熄灭。

(3)同横坡控制器。

(4)工作过程中检查调整是否正确,正常情况下牵引点不应出现明显的振动现象。

3.系统电路介绍

ABG423 型摊铺机调平系统的电路如图 10-10 的右半部分所示。该系统即可采用手动调节也可采用自动控制,可通过控制台上的开关 S18 选择。左侧调平油缸的电磁换向阀线圈 Y13.1、13.2 和右侧调平油缸的电磁换向阀线圈 Y14.1、14.2 均通过保险 F12 供电,并受继电器 K17 的常开触点控制。左右调平控制器 A1 和 A2 由保险 F13 提供电源。调平系统左右侧电路相同,现以左侧电路为例作一介绍。

当采用自动控制时,开关 S18 应扳至"1"-AUTO 位置,此时因继电器 K8 的常开触点与 K17 的线圈串联,K17 断电,从而切断了左右电磁换向阀的供电电路。只有在正常摊铺,将控制台上的行驶操纵杆推向前进位置时,开关 S24 闭合,使 K8 和 K17 得电动作,从而接通了左右电磁换向阀的供电电路。控制器 A1 根据传感器检测的偏差情况,控制 Y13.1 或 13.2 的动作,继而通过调平油缸使牵引点上升或下降,达到自动调节的目的。由于调平装置的动作受行驶操纵杆的控制,这样当摊铺机处于静止状态时,电磁阀的电源被切断,熨平板可保持原来的仰角,若此时有人触及基准线或传感器而产生偏差信号时,控制器不会因此而使熨平板动作,从而可避免在路面上留下痕迹。

采用手动调节时,开关 S18 应扳至"2"-MAN 位置,此时继电器 K17 的触点始终闭合,通过

261

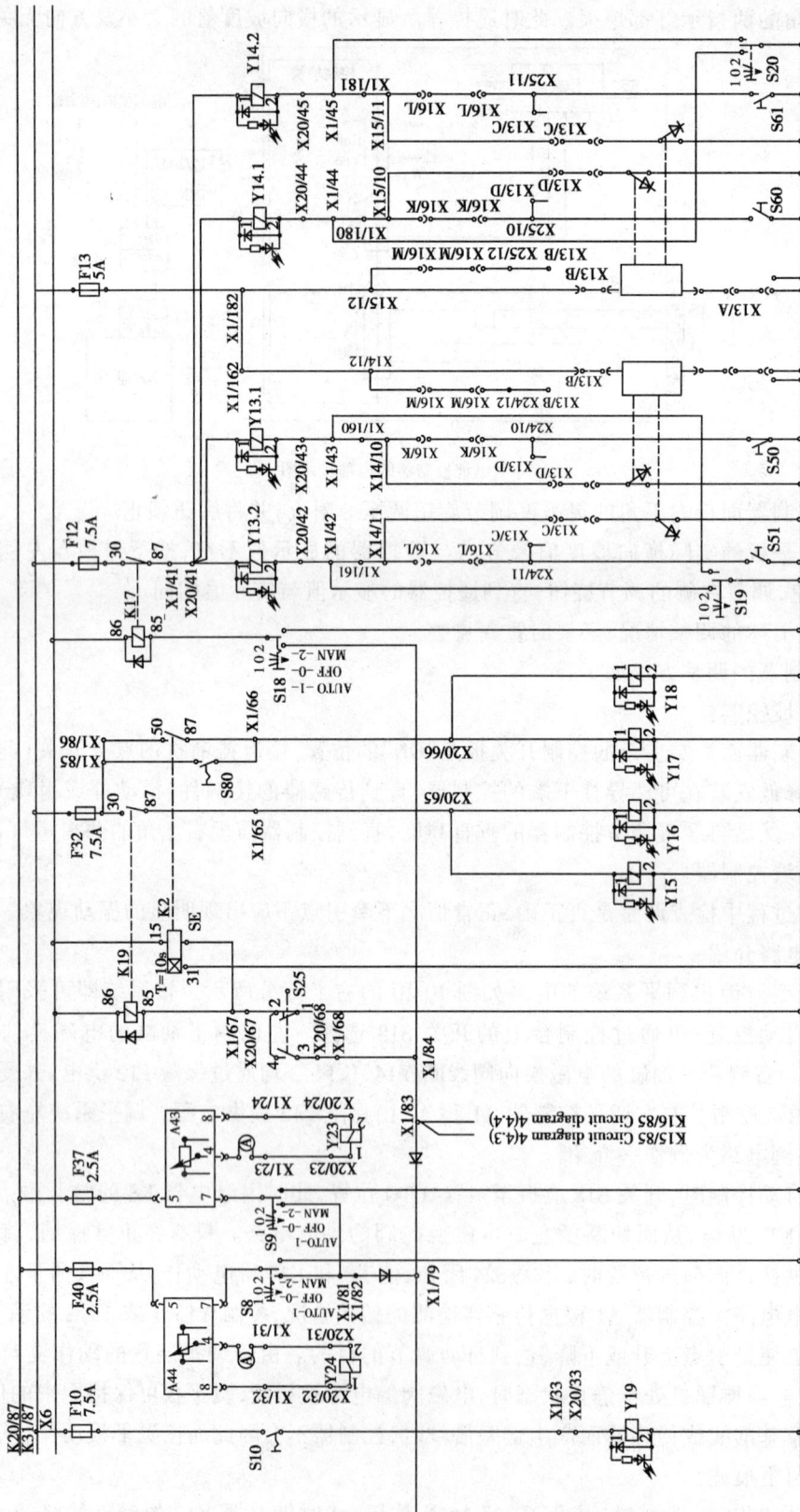

图 10-10 ABG 423 型摊铺机调平系统的电路

262

控制台上的开关 S19 或熨平板左侧控制盒上的开关 S50、S51 即可控制电磁换向阀的动作。

三、非接触式调平系统

非接触式调平系统目前有两种形式:超声波调平系统和激光扫描调平系统,下面分别作一介绍。

1.超声波调平装置

我国从 2001 年开始引进非接触式超声波调平装置,该调平装置所采用的非接触式传感器为一超声波非接触式平均梁,又称为超声波平均梁,它是基于超声波的测距原理进行工作的。

平均梁通常用铝合金材料制成,其固定在每侧牵引大臂上并距路面具有一定高度,平均梁随摊铺机一起移动。平均梁上安装有若干个超声波传感器(一般为 4 个),其中熨平板前三个,熨平板后一个。摊铺作业时,超声波传感器向作为参考基准的地面发射超声波信号并接收返回信号,根据从发射到接收到回波所用的时间便可计算出距地面的距离,并将此高度信息及时传送给数字式控制器,控制器以此来控制摊铺机牵引大臂的升降,从而保证摊铺路面的平整度。

目前国外的主要生产厂家为美国的拓普康(TOPCON)公司、丹麦的 TF-Trading 公司和德国的 MOBA 公司。美国拓普康公司和丹麦 TF-Trading 公司产品的主要特点是:每一侧的非接触式平均梁上装有 4 个独立工作的超声波传感器,超声波传感器通过串行总线将实时检测数据传送给控制器。后者的主要特点是在每一侧的非接触式平均梁上装有三组靴式超声波传感器,如图 10-11 所示,每一组传感器包括五个超声波探头,传感器同时测出 5 个数据,通过比较后去掉两个极值,再将三个有效信号送入数字控制器集中处理。由于每次测量摊铺机每侧总有 9 个有效数据参与控制,从而大大可提高控制精度。

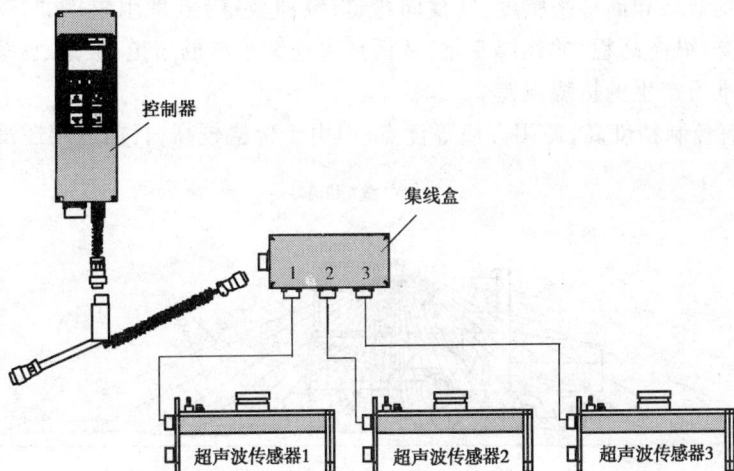

图 10-11　MOBA 非接触式调平系统的控制器与超声波传感器

超声波调平装置的优点是:电脑控制,精度高,摊铺平整度好,安装简单方便;不与沥青混合料接触,无须清洗维修;结构紧凑,可折叠,运输方便;利于弯道摊铺等。

超声波传感器是利用超声波的传播速度和声时来计算探头到目标的距离的,而影响超声波的传播速度的因素很多,在道路施工中,温度、风力、烟气、湿度是重要的影响因素,仅仅依靠温度传感器来补偿超声波的传播速度是无法保证它的测量精度的。目前主要有两种补偿方法,对于采用独立探头的平均梁,是在每个超声波探头与目标之间装有一参考杆,其与探头固定相连,并保持一个固定距离。通过测得参考杆所对应的声时,便可综合地实时补偿超声波的传播速度,从而提高检测的精度。对于靴式多探头平均梁,是在传感器的侧壁设置一校准超声波探头,它不断向另一侧接收探头发射超声波,而两侧壁之间的距离又是定长,这样通过计算就可以得出相同环境下超声波的校准参数,据此可以自动而有效地校正因温度、风速、湿度等因素变化带来的偏差。

2.激光扫描调平系统

激光扫描调平系统,即所谓的 RSS(Road Scanning System)系统是荷兰 Roadware BV 公司近期推出的一种非接触式调平装置,RSS 激光扫描调平系统最突出的特点是采用了在空气中传播速度恒定不变的激光作为探测距离的介质。所以,利用激光探测距离的过程是一个单变量探测和计算过程,即

$$距离 = 探测介质的传播速度 \times 传播时间$$

因此,对于激光探测,由于其传播速度是恒定不变的,只要准确地测量激光在空气介质中运行的时间,即可准确地计算距离。

RSS 系统主要由激光扫描器和控制盒组成,其工作情况如图 10-12 所示。激光扫描器(由激光发生器和接收器探头等组成)通过立柱固定在摊铺机每侧牵引大臂上,距地面约 230cm。摊铺过程中激光扫描器在纵向工作平面的某一角度范围内,对作为参考基准的路面进行扫描,每一束激光探测一个点,逐点测量探头距地面的距离并加以平均运算。激光束相隔 1°,测点多达 150 个,由于 RSS 的扫描点数多而且密集,所以可对路基以及路面大量采样从而获得最精确的平均结果。因此从理论上讲,RSS 系统的控制精度比超声波平均梁高得多。另外,扫描长度可以根据路基状况人为设定,而且设定范围大,可在 2 ~ 30m 范围内任意设定,这一功能使得RSS 可以方便地适应不同路基条件下的摊铺控制,例如,在平直路段上采用较长的扫描长度可以获得较高的平均效果和面层平整度,在横向弯道(纵向坡道)上采用较短的扫描长度可以准确地跟踪横向超高(纵向高程)的连续变化,从而获得连续平滑的弯道、坡道、匝道等,彻底克服了采用钢丝绳基准所产生的折线误差。

RSS 系统具有控制精度高,使用方便等优点,但由于价格较高,目前应用还没有普及。

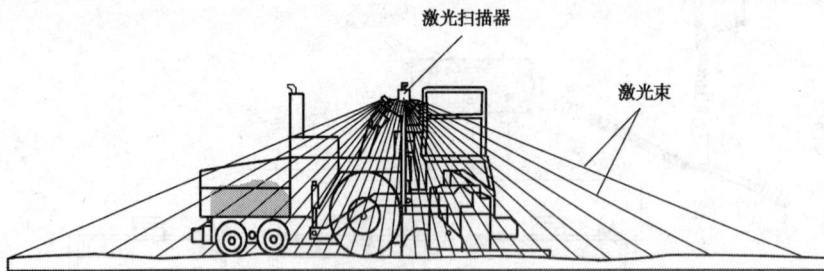

图 10-12 激光扫描调平系统的工作情况

第五节 其他功能电控系统

一、振动、振捣电控系统

摊铺机的振动和振捣装置用来对摊铺层进行初步压实,ABG 423 型摊铺机的振动、振捣电

控系统电路如图 10-10 的左半部分所示。

振动、振捣电控系统电路主要由振动、振捣控制器 A44、A43,调节电位器,振动、振捣电磁阀 Y24、Y23 及振动、振捣工作模式选择开关 S8、S9 组成,用以实现手动/自动的切换及振动、振捣频率的调节。

工作模式选择开关 S8 和 S9 有三个位置:"1"—AUTO(自动),"0"—OFF(断开),"2"—MAN(手动)。摊铺机正常工作过程中,将 S8 和 S9 放至位置"2"即右侧位置时,24V 电压经 F40 和 F37 加至振动控制器 A44 和振捣控制器 A43,然后经 S8 和 S9 直接接地形成回路。调节电位器便可通过控制器改变电磁阀 Y24、Y23 中的电流,从而调节振动器和振捣器的工作频率。将 S8 和 S9 放至位置"1"即左侧位置时,控制器 A44 和 A43 的供电电路的地线分别经 S8 和 S9 及二极管接至继电器 K8 的常开触点(图 10-3)。只有当行驶操纵手柄处于"前进"位置,使 S24 的触点 3/03 闭合及继电器 K8 得电动作,控制器 A44 和 A43 的地线才接通,控制器才有可能投入工作。因此,当选择自动工作模式时,振动器和振捣器的工作受行驶操纵手柄控制。S8 和 S9 放至位置"0"时,控制器的供电电路断路,控制器及振动器和振捣器不工作。

二、熨平板防降、爬电控系统

摊铺机摊铺作业过程中若出现短时间的停止作业,由于铺筑材料的承载能力较低,熨平板会因自重而出现下沉现象。另外,熨平板前面的铺筑材料的强度因温度降低而增加,当摊铺机再次起步时会使熨平板抬高。为防止上述情况下熨平板下沉或爬高现象的发生,ABG 423 型摊铺机采用了熨平板防降、爬液压锁紧系统,其电路如图 10-10 的中间部分所示。

熨平板的液压防降、爬锁紧是通过安装在熨平板升降油缸活塞杆一侧油路上的可锁紧电磁阀 Y15(左侧)、Y16(右侧)和升降油缸另一侧油路上的可锁紧防爬电磁阀 Y17(左侧)、Y18(右侧)实现的。防降、爬电磁阀 Y15~Y18 在断电时处于锁止状态,通电时则解除锁止。与熨平板防降、爬操纵杆联动的开关 S25 有"浮动"和"自动"两个位置,在"浮动"位置时,其触点 2/1 闭合,防降继电器 K19 得电动作而接通 Y15、Y16 的电路,打开防降液压锁。延时防爬继电器 K2 得电 10s 之内其不动作,防爬液压锁仍处于锁止状态,10s 之后其触点闭合,接通 Y17、Y18 的电路,解除防爬液压锁。

开关 S25 处于"自动"位置时,其触点 4/3 闭合,防降继电器 K19 和延时防爬继电器 K2 的动作受行驶操纵手柄开关 S24 控制。只有当行驶操纵手柄处于"前进"位置时,S24 的触点 3/03 闭合(图 10-3),继电器 K8 得电动作,K8 的常闭触点才通过二极管接通 K19 和 K2 的电路。

按下延时解除开关 S80,可以使 Y7、Y18 不受延时防爬继电器 K2 的控制,而直接动作,解除防爬液压锁。

第十一章 沥青混凝土搅拌设备电控系统

沥青混凝土搅拌设备是生产拌制各种沥青混合料的机械装置,适用于公路、城市道路、机场、码头、停车货场等工程施工部门。沥青混凝土搅拌设备的功能是将不同粒径的集料和填料按规定的比例掺和在一起,用沥青作结合料,在规定的温度下拌和成均匀的混合料。沥青混凝土搅拌设备是沥青路面施工的关键设备之一,其性能直接影响到所铺筑的沥青路面的质量。

电控系统是沥青混凝土搅拌设备的重要组成部分,用来控制搅拌设备的生产全过程,是所生产的沥青混凝土质量的保证。沥青混凝土搅拌设备的控制系统有三种类型,即手动系统、程序控制系统和计算机控制系统。随着传感技术、计算机通讯技术和控制技术的发展,计算机控制的全自动沥青混凝土搅拌设备已广泛应用。

对于沥青混凝土搅拌设备,自动控制的对象主要是集料的加热温度、集料的级配和计量、石粉的含量以及油石比。

第一节 三相异步电动机的基本控制电路

一、起动控制电路

(一)鼠笼式三相异步电动机

1.起动方式

鼠笼式三相异步电动机有直接起动和降压起动两种方式。

直接起动时电动机绕组承受的是额定电压,起动电流大(一般为额定电流的 4~7 倍)是这种起动方式的最大缺点。对于经常起动的电动机,过大的起动电流所产生的热量的积累,将使电动机过热,从而影响使用寿命。同时,过大的起动电流将造成电网电压的显著下降,影响其他电动机的正常工作,严重时可使这些电动机停转或无法带负载起动。在这种情况下应采用降压起动以降低起动电流。

一般规定,电动机的功率低于 7.5kW 时允许直接起动,而且直接起动的容量不得超过供电设备容量的 30%,经常起动的电动机可直接起动的容量不得超过供电设备容量的 20%,超过 7.5kW 时,电动机一般应采用降压起动。

降压起动是在电源电压不变的条件下,设法降低电动机定子绕组上的电压,以减小起动电流,起动结束后再向定子绕组提供额定电压。

2.直接起动控制电路

图 11-1 为采用接触器直接起动的电动机起动控制

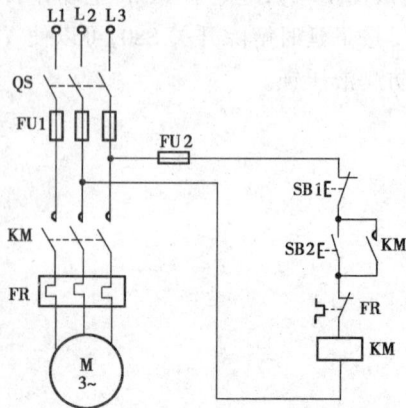

图 11-1 直接起动控制线路

线路。整个线路可分为主电路和控制线路两部分。主电路由刀开关 QS、熔断器 FU1、接触器 KM 的主触点、热继电器 FR 的热元件与电动机 M 组成。控制电路由停止按钮 SB1、起动按钮 SB2、接触器 KM 的线圈及其常开辅助触点、热继电器 FR 的常闭触点和熔断器 FU2 组成。

三相电源由 QS 引入。按下起动按钮 SB2,接触器 KM 的线圈通电,其主触点闭合,电动机直接起动运行。同时与 SB2 并联的辅助触点 KM 闭合,将 SB2 短接,其作用是当放开起动按钮 SB2 后,仍可使线圈 KM 通电,电动机继续运行。这种依靠接触器自身的辅助触点来使线圈保持通电的现象称为自锁或自保,起自锁作用的辅助触点称为自锁触点。

按下停止按钮 SB1,接触器 KM 的线圈断电,其常开主触点断开,电动机停止转动。同时 KM 的自锁触点断开,故松手后 SB1 虽仍闭合,但 KM 的线圈不能继续得电。

此控制线路具有短路保持、过载保护、欠压保护和失压保护功能。起短路保护的是熔断器 FU1 和 FU2。一旦发生短路事故,熔丝立即熔断,电动机立即停止工作。起过载保护的是热继电器 FR。当电动机由于某种原因而长时间过载时,热继电器的常闭触点便打开,使接触器的线圈断电,主触点打开,于是电动机停止运行。所谓欠压和失压保护就是当电源暂时断电或电压严重下降时,接触器自行释放而使主触点断开。当电源电压恢复正常时,如不重按起动按钮,则电动机不能自行起动,因为自锁触点亦已断开,从而可防止因电动机自行起动而可能造成事故。

3.降压起动控制电路

鼠笼式三相异步电动机的降压起动方法目前有星形-三角形(Y-△)降压起动、自耦变压器降压起动、延边三角形降压起动和接入电阻(或电抗)降压起动等方式,其中星形-三角形降压起动具有起动电流小、线路简单、经济可靠等优点,目前在搅拌设备中被广泛应用。因此这里只介绍星形-三角形降压起动控制线路。

凡是正常运行时定子绕组接成三角形的三相异步电动机,都可采用星形-三角形降压起动方法。起动时,定子绕组首先接成星形,起动电压为三角形直接起动电压的 $1/3$,起动电流为三角形直接起动电流的 $1/3$。经一定延时后,待转速上升到接近额定转速时再接成三角形。由于起动时转矩也降为直接起动的 $1/3$,因此这种起动方法只适合于空载或轻载时的起动。

在搅拌设备中通常是用三个交流接触器和一个时间继电器来实现 Y-△ 转换的。图 11-2 为 Y-△ 转换起动电路。

起动时按下 SB2,接触器 KM_Y 的线圈首先得电,KM_Y 的主触点闭合将定子绕组接成星形。接着接触器 KM 的线圈通电,电动机开始降压起动。在 KM 通电的同时时间继电器 KT 的线圈也得电,经一段延时后电动机达到额定转速,其延时断开常闭触点 KT 断开,使 KM_Y 失电,而延时闭合常开触点 KT 闭合,接触器 $KM_\triangle$ 的线圈得电,使电动机定子绕组由星形转换成三角形连接,实现全电压运行。

图 11-2 中 KM_Y 动作后,它的常闭辅助触点将 $KM_\triangle$ 的线圈断开,这样防止了 $KM_\triangle$ 再动作。同样 $KM_\triangle$ 动作后,它常闭辅助触点将 KM_Y 的线圈断开,可防止 KM_Y 再 动

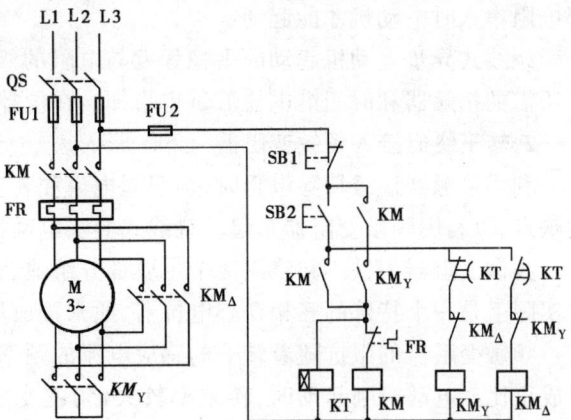

图 11-2 星形-三角形将压起动控制线路

作。这样的两对常闭触点,常称为"互锁"触点。这种互锁关系,可保证起动过程中 KM_Y 和 KM_Δ 的主触点不能同时闭合,以防止电源短路。

时间继电器延时时间的调整方法是:首先记录下星形接法起动时从开始起动到电动机稳定运转所需的时间,然后根据记录时间调整时间继电器数值。

(二)绕线式三相异步电动机的起动

绕线式三相异步电动机具有起动电流小和起动转矩大的特点,并具有较好的调速性能。常用于在较大负荷下起动的设备作动力,在搅拌设备中主要用于成品料提升小车的驱动。

绕线式异步电动机除了定子有三相绕组外,转子也有三相绕组,并且一般接成星形。在转子轴上固定有三个互相绝缘的滑环,三个滑环分别与转子三相绕组相连。它的起动方式是起动时转子绕组中串入电阻,随着转速的上升而逐步切除电阻,最后把转子绕组串接的电阻短路。也可通过改变转子绕组中串入电阻的阻值来实现起动。

1.转子绕组接入电阻

图 11-3 所示的为转子绕组接入的电阻分三级切除的起动控制线路,电阻是利用时间继电器延时逐级切除的。

电路的工作过程如下:按下 SB2,接触器 KM1 的线圈先得电,其主触点闭合,电动机在电阻全部串入转子绕组的情况下起动运转。同时时间继电器 KT1 的线圈通电,经一定延时后,其延时闭合的常开触点闭合,接触器 KM2 线圈通电而使其主触闭合,第一级电阻被切除。随后在时间继电器 KT2 和 KT3 的控制下,接触器 KM3 和 KM4 先后得电动作,而将第二级和第三级电阻相继切除。

在 KM4 的主触头闭合将全部电阻切除的同时,KM4 的常开辅助触点闭合自锁,常闭辅助触点断开使 KT1 线圈断电,随之 KM2、KT2、KM3、

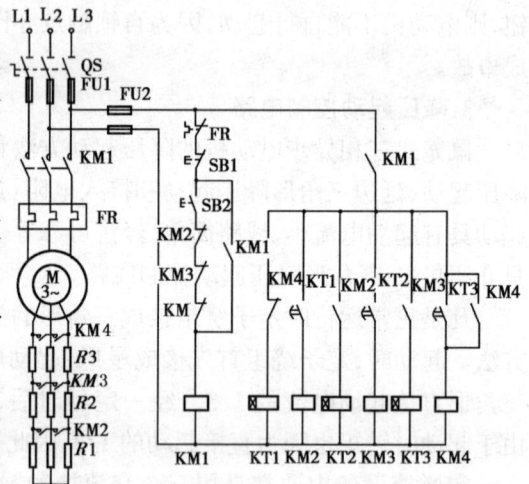

图 11-3 转子绕组接入电阻的起动控制电路

KT3 依次断电。在 KM1 线圈的支路中串入 KM2、KM3、KM4 的动断触点是为了保证只有当全部电阻串入时电动机才能起动。

绕线式异步电动机起动的平稳程度与电阻的级数有关,电阻分级越多,起动就越平稳,但是所需的接触器和时间继电器数量也增加。在搅拌设备中通常采用 2～3 级起动电阻。

2.转子绕组接入频敏变阻器

利用接触器逐级切除电阻时,会引起电流和转速的突然变化,产生机械性冲击。为克服上述缺点,可利用频敏变阻器来起动绕线式异步电动机。

频敏变阻器由铁心和绕组两个主要部分组成,铁心一般为三柱式,每个柱上有一个绕组,它实际上是一个特殊的三相铁心电抗器,通常接成星形。

频敏变阻器的阻抗随着转子的感应电流的频率的降低而减小,而转子电流的频率与转差率成正比。电动机刚起动时,转差率较大,频敏变阻器的阻抗也较大,因此能限制起动电流。随着转速的不断提高,频敏变阻器的阻抗相应减小,因此不需分级切除电阻,电动机即可自动、平稳、无级地起动起来。

268

转子绕组接入频敏变阻器的起动控制电路如图 11-4 所示。电路的工作过程如下：

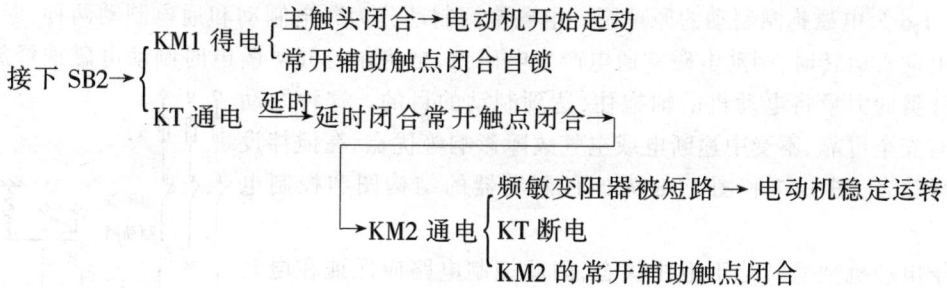

接下 SB2 →
- KM1 得电
  - 主触头闭合 → 电动机开始起动
  - 常开辅助触点闭合自锁
- KT 通电 —延时→ 延时闭合常开触点闭合 →

→ 频敏变阻器被短路 → 电动机稳定运转

→ KM2 通电
- KT 断电
- KM2 的常开辅助触点闭合

二、正反转控制电路

搅拌设备中有些电动机要求能实现正、反两个方向的转动。由三相异步电动机的工作原理可知,只要将电动机接到三相电源中的任意两根连线对调,即可使电动机反转。电动机的正反转控制通常是用两只交流接触器来实现的。

按钮、接触器正反转控制电路如图 11-5 所示,电动机任意两相电源线的对调是由正转接触器 KM1 和反转接触器 KM2 实现的。按下 SB2,KM1 通电,电动机正向旋转;按下 SB3,KM2 通电,电动机反向旋转。

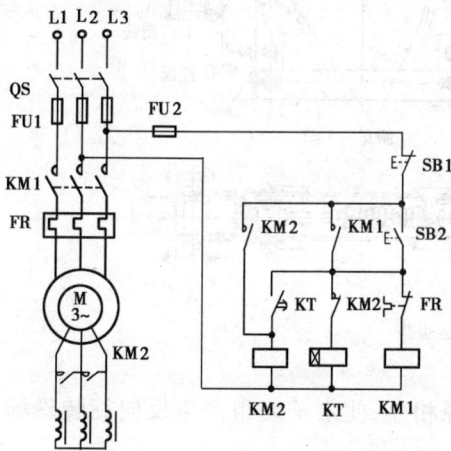

图 11-4　频敏电阻器起动控制电路

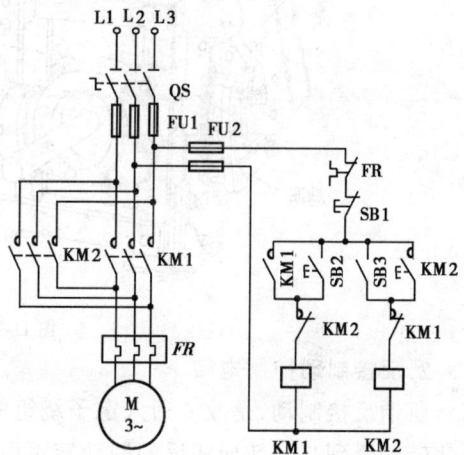

图 11-5　接触器联锁正反转控制电路

这种电路具有互锁或联锁功能,即在同一时间里,只可能有一个接触器起作用,从而可避免两接触器同时工作时通过主触头造成电源的短路。这一功能是通过在 KM1 的线圈支路中串入 KM2 的常闭触点、在 KM2 的线圈支路中串入 KM1 的常闭触点实现的。在作电动机的换向操作时,必须先按停止按钮 SB1 才能反方向起动,故常称这种电路为"正—停—反"控制电路。

三、制动控制电路

搅拌设备中的某些电动机,例如振动筛驱动电动机和成品料提升小车驱动电动机,要求在电源切断后将电动机迅速制动,使其完全停止转动。制动方法一般分为机械制动和电气制动两大类。机械制动通常采用电磁抱闸,方法简单可靠,广泛用于成品料小车的制动。电气制动是在电动机停车时产生一个与转子原来转动方向相反的电磁转矩,迫使电动机迅速停车。下面介绍搅拌设备常用的电磁抱闸制动和反接制动控制线路。

1.电磁抱闸制动控制线路

图 11-6 为电磁抱闸制动的原理图。电磁抱闸制动分为断电制动和通电制动两种,断电制动是当电动机运转时,制动电磁铁通电产生电磁力,把抱闸打开。断电时制动电磁铁释放,抱闸依靠弹簧的力量将电动机的轴抱住,达到制动的目的。这种制动方法具有安全可靠、不受中途断电或电气故障影响等优点,在搅拌设备中用得较多,图 11-7 和图 11-8 为这种制动器的结构图和控制电路。

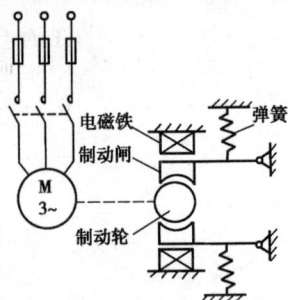

图 11-6　电磁抱闸制动原理

由于电动机轴平时处于抱住状态,因此控制电路应保证在电动机通电起动之前先解除制动。电路的原理为:按下 SB2,KM2 首先得电动作,接通电磁铁 YA 的电路以解除制动。接着 KM1 得电吸合并自锁,接通主路,使电动机起动。按下 SB1,KM1 和 KM2 同时断电,电磁铁 YA 掉电释放,电动机轴被制动闸抱住而制动。

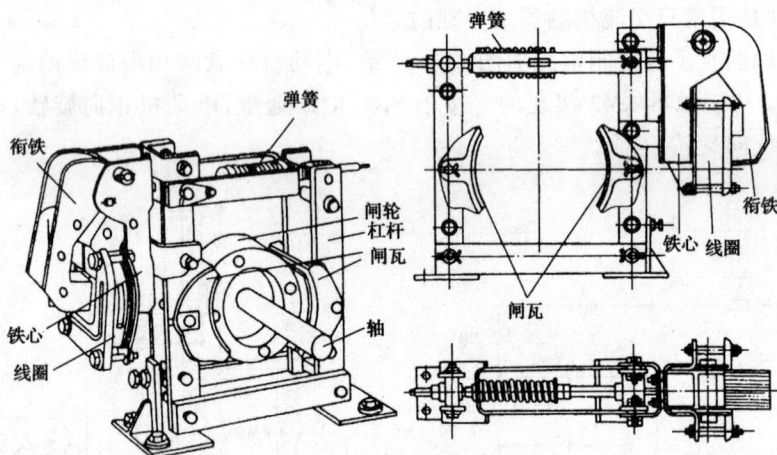

图 11-7　电磁抱闸制动器

2.反接制动控制电路

所谓反接制动,是改变通入定子绕组的三相电源相序,使定子绕组产生反向旋转磁场,从而使转子受到与其转向相反的制动转矩而制动停转。

图 11-9 所示为振动筛驱动电动机常用的反接制动控制线路。电动机运转时,继电器 K1 和 K2 一直通电,时间继电器 KT1、KT2 和反转接触器 KM2 断电。停车时,按下按钮 SB1,KM1 和 K1 断电释放,电动机脱离三相电源作惯性转动。同时时间继电器 KT1 得电,经一定延时后,其延时闭合常开触点闭合,时间继电器 KT2 和接触器 KM2 同时通电,电动机开始作反接制动转速迅速下降。当电动机转速接近零时,KT2 的延时断开常闭触点打开,KM2 线圈断电释放,切断了电动机的反相序电源,反接制动结束。

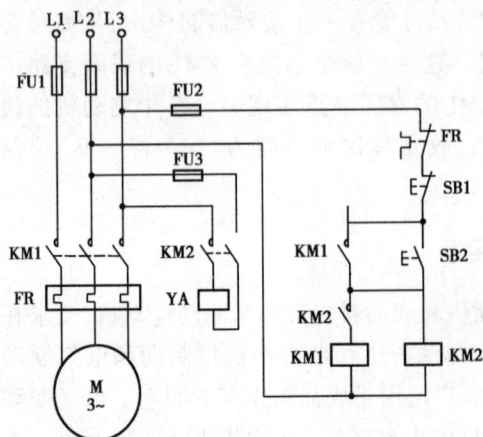

图 11-8　断电制动控制线路

由于与电动机转子相连部分的惯性较大,在电动机电源刚切断时不能马上进行反接制动,否则将产生很大的机械冲击,降低使用寿命。为此在电路中设置了时间继电器 KT1,保证了在电动机转速降低至一定值后才开始反接制动。

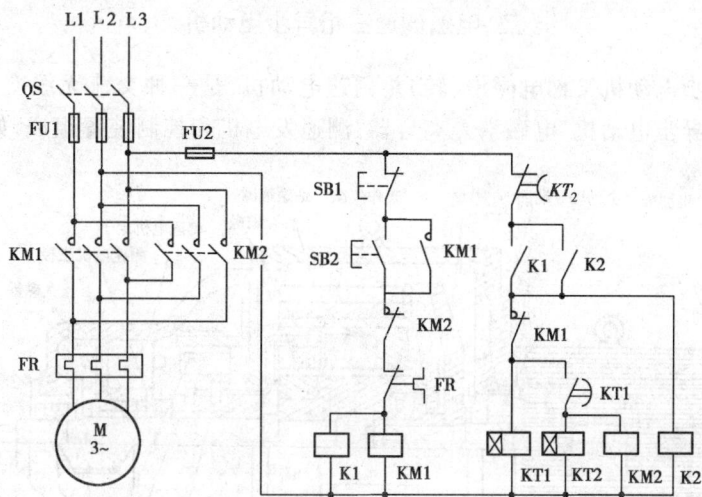

图 11-9　反接制动控制电路

第二节　电动机的调速

一、鼠笼式三相异步电动机的变频调速

鼠笼三相异步电动机的转速 n 可用下面的公式表示:

$$n = (1 - s)n_0 = (1 - s)\frac{60f}{p} \tag{11-1}$$

式中:n_0——旋转磁场的转速,又称同步转速,r/min;

$\quad\quad f$——交流电源的频率,Hz;

$\quad\quad p$——电动机的磁极对数;

$\quad\quad s$——转差率,$s = (n_0 - n)/n_0$。

由式(11-1)可以看出,电动机的转速与电源的频率成正比,改变电源的频率(其他条件不变)即可改变电动机的转速,这就是鼠笼式三相异步电动机变频调速的原理。

近年来变频调速技术发展很快,目前主要采用如图 11-10 所示的变频装置,其由可控硅整流器和可控硅逆变器组成。整流器先将～50Hz 的交流电转换为直流电,再由逆变器转换为频率可调、电压有效值也可调的三相交流电,供给鼠笼式三相异步电动机,从而可使电动机进行无级调速,并使电动机具有硬的机械特性。

图 11-10　变频调速装置

在整个调速范围内电动机的转矩应保持不变。转矩与磁通 Φ 成正比,而磁通近似正比于电源电压 U 和频率的比值,即 $\Phi \propto U/f$。所以在改变频率 f 调速时,必须同时相应地调节电源电压,以保持 U/f 的值不变,使电动机的转矩恒定。

变频调速的范围较大,且调速的相对稳定性与调速的平滑性较好,转矩也可保持恒定,是一种具有理想性能的调速方法。

二、电磁调速三相异步电动机

电磁调速异步电动机又称电磁滑(转)差调速电动机,是一种交流无级变速电动机。它主要由鼠笼式三相异步电动机、电磁滑差离合器、测速发电机和控制装置组成,如图 11-11 所示。

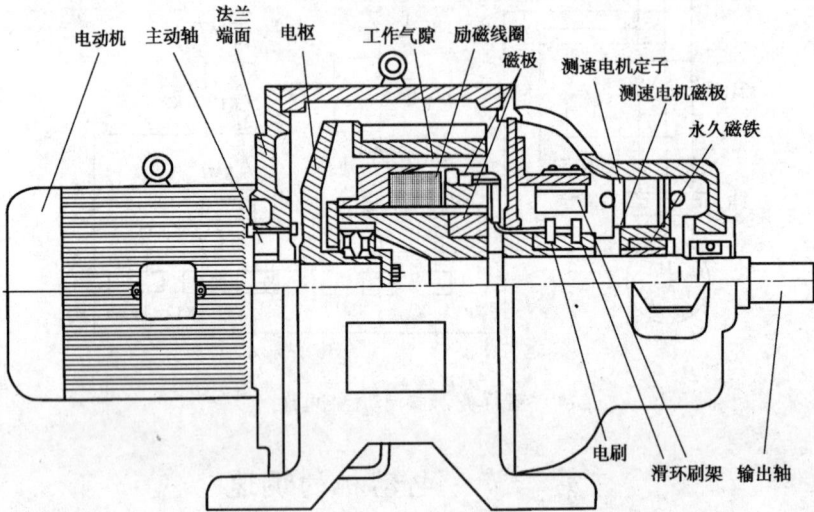

图 11-11 电磁调速异步电动机

1.电磁滑差离合器

(1)电磁滑差离合器的结构

电磁滑差离合器是电磁调速电动机实现无级调速的主要部件,图 11-12b)所示为其结构简图。它主要由圆筒形的电枢和爪形磁极组成,电枢用铸钢制成,由异步电动机直接带动。爪形磁极固定在输出轴上,输出轴与被拖动的工作机械相连接。在爪形磁极中间装有一励磁绕组,其通过输出轴上的滑环和电刷与外部的直流电源相接而励磁。电枢与磁极间有一工作间隙,二者没有机械上的硬联接。

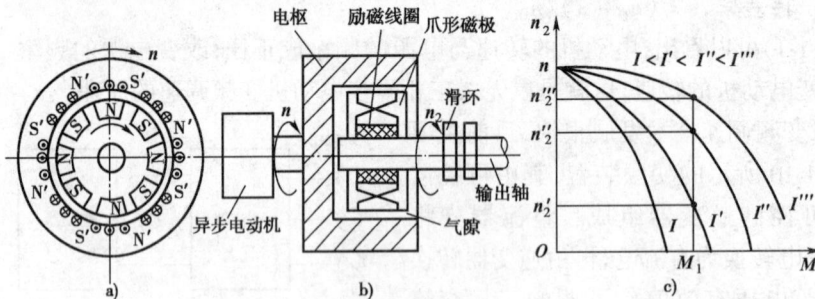

图 11-12 电磁滑差离合器

(2)电磁滑差离合器的工作原理及特性

当磁极内的励磁线圈通以直流电时,电枢与磁极之间便产生磁通,并经过磁极—气隙—电枢—气隙—磁极而形成闭合磁路。电枢由异步电动机带动旋转时,短路的电枢切割磁力线而产生感应电动势。在感应电动势的作用下,电枢中产生涡流(即感应电流),涡流的方向如图 11-12a)所示。涡流与爪形磁极的磁场相互作用而产生转矩,迫使爪形磁极(或输出轴)朝着电

272

枢的转动方向旋转。由于只有当电枢与磁极之间存在着转速差时才能产生涡流和转矩,因此,爪形磁极(从动部分)的转速总是小于电枢(主动部分)的转速,故又称这种离合器为转差离合器或异步离合器。

电磁滑差离合器从动部分(爪形磁极)的转速 n_2 与励磁电流的强弱有关,改变励磁电流的大小,就可得到不同的机械特性曲线,如图 11-12c)所示。由图可知,励磁电流 I 越大,建立的磁场越强,在一定的转差下产生的转矩 M 越大,因而机械特性曲线越向右偏移。对于一定的负载转矩(M_z),励磁电流不同时,就有不同的输出转速,因此,只要改变励磁电流,就可以调节电磁滑差离合器的输出转速。励磁电流为零时,电枢中无感应电动势及涡流,输出轴便不再转动。

2.电磁滑差调速电动机的控制装置

由图 11-12c)可以看出,电磁调速异步电动机的机械特性较软,当负载改变时,电动机的输出转速将产生较大的变化。为此电磁调速电动机装有测速发电机,其与控制装置一起构成速度负反馈闭环控制系统,从而可得到平滑稳定的调速特性。

JZT 与 JZT2 系列电磁滑差调速电动机采用的是三相交流永磁式测速发电机,其定子为三相对称绕组,转子由永久磁钢(锁铁氧体)和 16 个小爪极组成。其额定数据为:5W,1500r/min 时输出电压为 50V,频率为 200Hz。

JZT 系列电磁滑差调速电动机与 ZLK 型控制装置配套。ZLK 系列目前有五种规格,现在采用较多的为 ZLK-1、ZLK-2 与 ZLK-5 型。其中 ZLK-1、ZLK-2 型最大输出电压为 100V,最大输出电流 4A,手动操作。ZLK-5 型最大输出电压为 160V,最大输出电流 6A,手动或自动操作。自动时与 ODZ、QDZ 系列自动调节仪表配合,可实现远距离控制。

控制装置一般由电源部分、给定与速度反馈比较环节、放大与触发环节以及可控硅励磁回路几部分组成。其控制框图如图 11-13 所示。

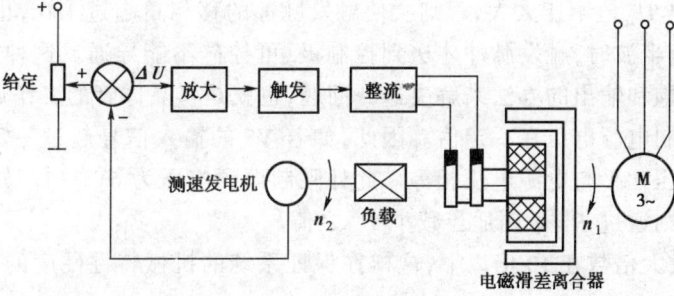

图 11-13　电磁滑差调速电动机控制装置框图

ZLK-1 型控制装置的电路原理图如图 11-14 所示。

(1)给定与速度反馈环节

给定电源通过单相桥式全波整流电路,由变压器的次级线圈 b_3、b_4 供给。由于直流电压脉动较大,采用了由 C_6、C_8 与 R_4 组成的 π 形滤波电路,并用两只串联的稳压管进行稳压。电阻 R_4 要根据稳压管的参数进行调整,使给定电位器 R_{P2} 两端电压保持 +18V 左右。

测速发电机为三相中频交流测速发电机,在 1500r/min 时,线电压约 40～50V,通过三相桥式全波整流后为 50V,经电容器 C_7 滤波后直流电压随测速发电机的转速成线性变化。因测速发电机的永久磁钢充磁不一,故输出需通过电位器 R_{P4} 来调整。电容器 C_5 对整个系统的动态稳定起着重要的作用。

通过 R_{P2} 给出的给定信号 U_g 与通过 R_{P4} 给出的速度反馈信号 U_{cf} 进行比较后,送至放大环节的输入端,其值是 $U_{sr} = U_g - U_{cf}$。

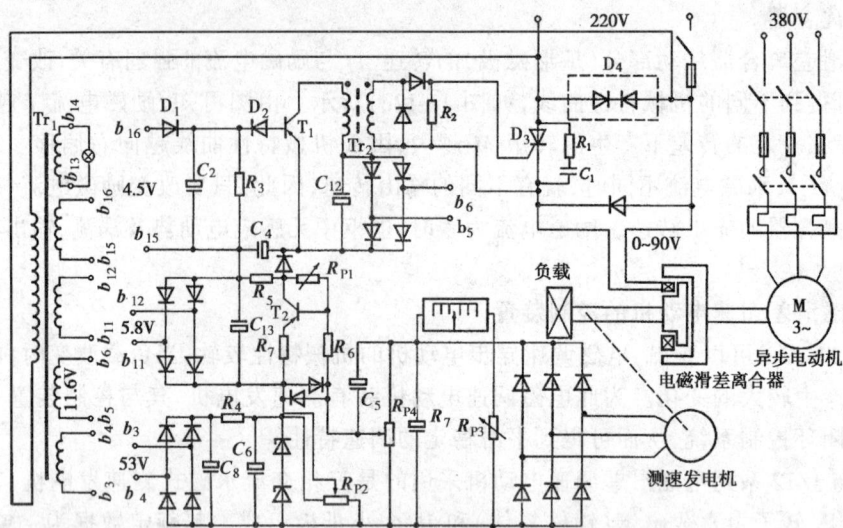

图 11-14　ZKL-1 型滑差电动机可控硅调速电路

(2)放大环节

该环节是由晶体管 V5 组成的一级放大,由电阻 R_6、R_7、电位器 R_{P1} 组成 V5 的偏置和稳定电路。R_7 串联在发射极回路里,具有电流负反馈作用,可以补偿由于温度变化引起的 V5 的漂移。本环节的特点是:

①由 R_{P1} 给定偏流,当输入信号 U_{sr} 为零时,放大器有一定的电压输出,这样要求 V5 有一集电极电流 I_C,使得输出电压 $U_{sc} = I_c R_5$ 能够抵消锯齿波电压的不灵敏区。

②放大器输出 U_{sc} 值不能太大,否则会使触发脉冲的移相角超过 $180°$,也就是当可控硅上的电压已经到了负半波时,触发脉冲才送到控制极,可控硅不能导通。这种情况常称"移相过头"。本系统采用饱和输出的办法来解决这一问题,也就是将晶体管的工作点调到线性区内靠近饱和区,同时限制电源电压在一定值。因此,如若 V5 的输入信号超过一定值,V5 立即进入饱和状态,输出电压几乎与电源电压相等。此处限制电源电压为 6V 左右,如因温度影响出现"移相过头"现象,则通过 R_{P1} 微调适当减小 U_{sc} 之值。

该放大器的放大倍数在 10 倍以下,这样在保证系统的机械特性硬度的前提下,对转速稳定性有利。

(3)触发及励磁回路

本系统采用单个晶体管触发电路,即图 11-14 的左上角部分,它由锯齿波形成、移相控制与脉冲形成等部分组成。交流同步信号经变压器的次级线圈 b_{15}、b_{16} 引入,在交流同步信号的正半波内,经 V1 对 C_2 充电,在正半波的负斜率侧,C_2 经 R_3 放电,从而将正弦波变为平顶的锯齿波 U_{c2}。控制电压 U_K(即 U_{R5})串在 V3 的发射极—基极及 C_2 之间,与 U_{c2} 相比较后控制 V3 的工作状态,即 U_K 幅值大于 U_{c2} 时 V3 导通,所以 U_K 值增大时,V3 导通时刻前移,使可控硅导通角增大,反之则相反,从而达到移相控制的目的。V2 起钳位作用,与控制信号并联的 C_4 用来防止当 U_K 变化较快时可能引起的系统振荡。这种触发电路结构简单,移相范围约为 0 ~ $180°$。移相范围大时,V3 的导通时间相应增加,故应选用集电极电流较大的三极管。在一般的调速系统中,对触发脉冲前沿要求不严。输出脉冲的幅度取决于电源电压及脉冲变压器 T_2

274

的铁心截面与匝数比。

励磁回路采用单相半波整流线路。为了保护可控硅元件 SCR,采用了两组反接的硒堆 V4 作电网过电压保护,还采用了阻容(R_1、C_1)吸收电路作为可控硅元件在工作过程中产生的浪涌电压保护。

3.电磁离合器调速的优缺点

优点:

(1)调速范围广,速度调节均匀平滑。

(2)具有速度负反馈的自动调节系统,机械特性硬度高。

(3)起动转矩大,对转动惯量大的机械可实现平滑起动。

(4)结构简单,成本低,可靠性高,使用维修方便。

(5)控制功率小。

主要缺点:

(1)效率近似等于 $1 - S$(S 为离合器转差率),故低速时效率低。

(2)惯性大,约为一般电动机的两倍。

(3)在低速及轻负载(小于10%)时可能失控。

(4)低速时转差大,涡流强,产生的热量多,长期低速运行时易过热。

三、直流电动机调速

搅拌设备中通常采用并励(他励)直流电动机,因为这种电动机不仅可实现无级调速而且具有硬的机械特性,当负载发生变化时,电动机的转速基本上保持恒定,从而可提高速度控制精度。

直流电动机与交流异步电动机相比,虽然在调速性能方面有其独特的优点,但因其结构较复杂、价格高、维护也不方便,目前在搅拌设备中已很少应用,因此这里不再介绍。

第三节 集料烘干加热控制系统

下面以韩国产 SPECO 3000 型沥青混凝土搅拌设备为例对该系统作一介绍。

一、主燃烧器的组成及各部分作用

主燃烧器由燃油供给系统、点火系统、空气雾化及净吹系统、温度控制系统和系统保护控制装置等 5 部分组成,各部分的作用如下:

(1)燃油供给系统　其功能是把燃油以一定的压力(1.0~1.5MPa)泵送给油气比例控制装置。

(2)点火系统　其通过变压器(200V/10000V)控制点火电极的跳火,在电极跳火的同时,液化石油气以一定的压力(0.1~0.2MPa)从点火器内喷出,使电极火花引燃点火器。经过一定的延时(1~3s)后,油气比例控制装置把雾化的燃油从燃烧喷枪喷出,这样点火器即可实现对燃烧喷枪点火。在系统实现点火的同时,安装在燃烧器上的紫外线火焰探测器对燃烧火焰进行探测,探测到火焰信号 2~3s 后,关闭点火变压器电源及点火液化石油气阀门,点火工作即全部完成。

(3)空气雾化及净吹系统　为了保证燃油完全燃烧,工作中一定压力的压缩空气(0.4~

0.7MPa)接到燃烧器喷枪上,以便把喷枪内喷出的燃油充分雾化。为了防止燃烧室内存有未燃烧的燃油,工作前先将压缩空气(0.4～0.7MPa)从喷枪内喷出,吹净燃烧室内未完全燃烧的燃油。

(4)温度控制系统 采用手动或自动控制燃烧器的工作效率,使之与烘干的物料量相匹配,从而保证烘干物料的温度保持稳定(一般为160℃)。

(5)系统保护控制装置 为防止除尘器内燃气超温,提高除尘布袋的寿命,燃气温度保护装置可控制燃烧器的工作,当燃气温度达到190℃时,燃烧器控制系统报警;达到210℃时,自动停止燃烧器的工作。

为保证燃烧火焰的长度适宜,同时为了更有效地排净系统内的废气,除尘器的负压控制装置可手动或自动控制除尘风机的风门开启量,以保证系统负压稳定。

二、燃烧器温度控制系统和点火控制系统工作原理

1.温度自动控制系统的工作原理

根据沥青混凝土拌和料的质量要求,假设烘干筒的出料温度为150℃,并且根据这个温度值及周围环境温度变化,通过自动调温系统可以方便地使出料温度控制在150℃。温度控制装置选择热电阻进行温度检测,以电流形式输出(4～24mA)。

如图11-15所示,其工作原理如下:标准电流源输出的电流是给定值,这个值作为温度目标值,它是连续可调的。温度传感器将所检测到的热信号转变成电信号,该电流值经过电流放大器放大后,送入电流比较器,与标准电流值进行比较,输出±4～20mA DC电流。比较后的电流分成两路,一路去极性判别电路,作为步进电动机正、反转的依据;另一路送入第二级电流放大器中进行放大后,送入 A/D 转换器,转换为数字量。这个数字量再经过脉冲插补器得到一串数目与 A/D 输出数码相等的脉冲信号,该脉冲信号再经过功率放大器放大后,去驱动步进电动机控制器,控制风门和油门的大小。

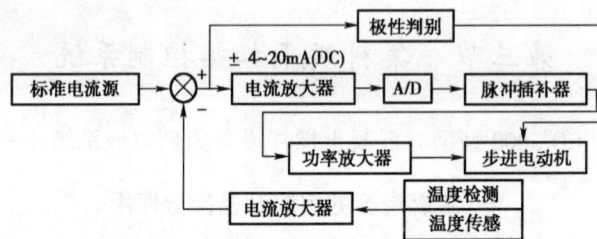

图 11-15 温度自动控制系统控制逻辑图

当出料温度低于温度目标值时,其差值信号大于 0,经过极性判别后,使步进电动机正转,加大风门和油门,使燃烧器的火焰增强,出料温度升高。当出料温度高于温度目标值时,其差值信号小于 0,经过极性判别后,使步进电动机反转,减小风门和油门,使燃烧器的火焰减弱,出料温度降低。这样,经过反复多次的调整,直至出料温度等于或接近目标温度值为止。

2.燃烧器点火控制器的工作原理

(1)按下燃烧器控制按钮后,除尘箱负压传感器、燃油压力传感器、煤气压力传感器及雾化空气传感器所测得的相应信号,输入燃烧器 PLC,如果满足负压值为 138～207kPa、燃油压力为 1.0～1.5MPa、煤气压力为 0.1～0.2MPa、雾化压力为 0.4～0.7MPa 时,PLC 输出信号,控制限

位控制器导通,同时由于系统燃气温度不超过210℃,低压控制器(超温保护控制器)导通。

(2)按下燃烧器控制按钮后,燃烧器控制系统在PLC的控制下,完成20~25s时间的净吹工作,并接通燃烧器控制电源开关。此时载荷继电器被热元件延时接通,这样点火煤气阀、点火变压器、主煤气阀、主燃油阀及燃烧器控制阀被接通电源。

(3)点火变压器及点火煤气阀被接通电源后,即实现煤气点火,点火成功后,火焰探测传感器的探测电信号通过放大电路放大后,火焰继电器通电,点火燃油阀及空气雾化阀打开,雾化的燃油被已经点燃的煤气引燃。

(4)在煤气点燃过程中,为了确保燃烧器工作系统安全,当煤气没有被引燃时,由于安全开关加热器被通电并加热,安全开关被延时断开(一般延时时间为2~5s),即可实现点火变压器断电及点火煤气阀关闭。

(5)在燃油点火过程中,如果已经点燃的煤气未把雾化燃油引燃,火焰探测传感器不能探测到信号,火焰继电器断电,点火燃油阀及空气雾化阀断电而关闭。

(6)当除尘箱系统内燃气温度超过210℃时低电压控制器(超温保护)断开载荷继电器回路,载荷继电器断电,点火系统各电器元件断电,从而燃烧器熄火。

第四节 计量控制系统

沥青混凝土搅拌设备的计量控制系统用来完成集料、粉料和沥青的计量工作,间歇强制式搅拌设备的计量系统与连续式搅拌设备的计量系统有所不同,在此只介绍间歇强制式搅拌设备(以下简称搅拌设备)的计量系统。搅拌设备采用重量计量方式,通过称量斗和计量秤来完成,如图11-16所示。计量秤有杠杆秤、电子秤等不同形式。杠杆秤结构简单,维修方便,粉尘和高温等恶劣条件对其影响不大,但人工操作时,计量精度和效率较低,不易实现远距离自动控制。电子秤体积小,精度高,安装方便,适用于远距离控制,目前在搅拌设备中广泛应用。

一、计量系统的动态计量误差

搅拌设备的计量系统是一种具有很大滞后性的系统。对于这种系统,秤本身的计量误差通常只占总误差的很小部分,而主要是系统的动态计量误差,两者往往相差一个数量级。引起动态计量误差的原因主要有以下两个方面:

1.空间"飞料"的影响

当物料落入计量斗时,秤开始感受到物料的重量,如果当它的指示值达到设定值时

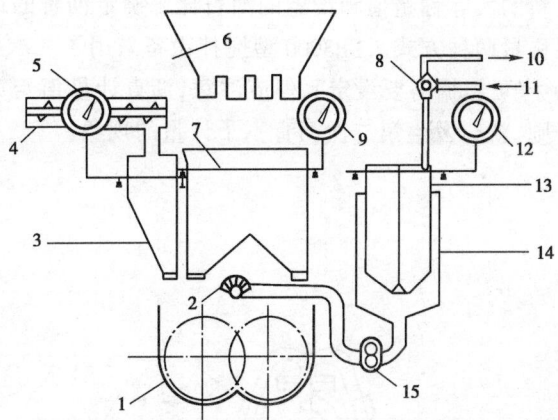

图 11-16 间歇强制式搅拌设备计量装置简图
1-搅拌器;2-喷嘴;3-石粉称量斗;4-石粉螺旋给料器;5-石粉计量器;6-储料仓;7-矿料称量斗;8-二通阀;9-矿料计量秤;10-回油管路;11-进油管路;12-沥青计量秤;13-沥青称量桶;14-沥青保温桶;15-沥青喷射泵

停止供料,则必然会有一部分处在下落空间的物料还将继续落入料斗,从而造成"超称"。为了避免发生"超称",就必须在秤的指示值尚未达到设定值前就停止供料,以期在空中的"飞料"全部进入料斗后,物料的重量恰好等于规定的设定值,这就是所谓的落差补偿问题。

2.物料冲击计量秤的影响

当物料带着一定的速度落入计量料斗时通常带有较大的冲击性,此时秤所感受的不仅是物料的静重,而且还有动态的冲击载荷,这将导致秤重信号的上下波动。因此必须等待一定的时间后才能获得正确的稳定读数,这就是所谓的时间影响。

二、热集料的计量

热集料称量斗通过称重传感器(通常为 4 个)吊装在热贮料仓的下面,不同规格的集料按级配重量比先后落入称量斗叠加计量(即累积计量方式),达到预定值后,开启斗门,将集料放入搅拌器内。

热集料的称量有一次称量和二次称量两种方式。一次称量的料仓仓门开度恒定,放料时待计量料的料仓仓门开至最大,当料斗中所落入的集料达到一定值(如所需重量的 90%,此初始值可人工设定,此后由计算机自动控制)时,料仓仓门便在计算机的控制下提前关闭(落差补偿)。这种称量方式的实际称量值受热料仓存料多少的影响较大,易出现各仓的称量值时多时少的现象,这样不但没有控制好称量精度,而且也影响了成品料的稳定性。二次称量分第一次的粗称和第二次的精称。第一次粗称时,可根据各仓设定值的大小,仓门开得相对较大,较快地称完各仓集料设定值的 70%(可调),剩下的 30%则将仓门关小来进行第二次的精称。因此时仓门开度较小,则其飞料量也相对减少,所以受热料仓存料多少的影响也较小,大大提高了集料的称量精度及稳定性。

三、沥青的计量

沥青称量及喷射装置如图 11-17 所示。为了保证成品料的油石比,搅拌设备通常是根据集料的实际称量值和设定的油石比来确定沥青的最终供给量。沥青的称量也有一次称量和二次称量两种方式。LB3000 型搅拌设备采用了二次称量方式,第一次称量为沥青用量的 60% ~ 80%(可根据需要设定),但应注意,沥青计量值与第一次称量值之差必须大于沥青的补偿值,否则,就会发生第二次沥青不予计量的现象。

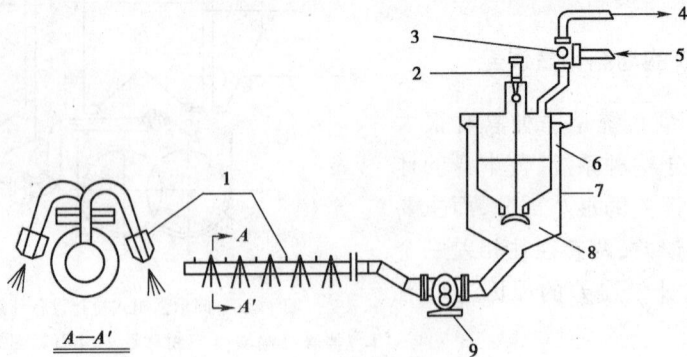

图 11-17　沥青称量及喷射装置

1-喷嘴;2-操作旋钮;3-三通阀;4-回油管路;5-进油管路;6-称量桶;7-保温桶;8-阀门;9-沥青喷射泵

意大利玛连尼公司的沥青搅拌设备采用了沥青减量计量的方法,即每次向沥青称量斗内装入大于所需重量的沥青,放料时,通过沥青喷射泵从计量料斗中再抽出所需重量的沥青,这样可以使沥青计量的时间有所节约。

四、粉料的计量

由粉料贮存仓排出的粉料,经螺旋给料器等送到粉料称量斗内进行称量,到达预定重量后螺旋给料器停止工作,然后将粉料放入搅拌器内。

第五节　搅拌设备计算机控制系统简介

下面以 LINTEC CSD2500 型搅拌设备为例,对搅拌设备的计算机控制系统作一介绍。

一、设 备 简 介

LINTEC CSD2500 型搅拌设备是德国林泰阁公司生产的标准集装箱移动式双层筛网沥青混凝土搅拌设备。它具有结构紧凑、安装方便、自动化程度高、拌和质量好等优点。该设备所配备的具有国际先进水平的 LINTRONIC 控制系统,消除了故障率较高的工业按钮系统,设备的启动运行,集料的烘干和加热,计量控制以及搅拌等生产过程完全由计算机控制,实现了高度自动化。

整个控制系统设计有周密的安全检测系统,用来监测整个设备的运转状况,如除尘器废气入口温度,滚筒及传送带运转情况,搅拌机工作状态,电机工作电流及温度,料斗运行情况等。一旦检测到有可能危害设备或人身安全的情况,立即停机并在显示屏上报告相关信息。

二、控制系统的组成

CSD2500 型搅拌设备采用了 TELTRONIK 公司的 LINTRONIC 2500 控制系统,是一个由多个基本部分组成的非集中式控制系统,其中一部分为过程控制装置 MRS3,另一部分是充当通信接口的 ZS3 中心控制系统。

1.中心控制系统

中心控制系统,即主控计算机是一台工业工作站,它一方面提供操作界面,显示设备运行状态,另一方面存储设备及生产过程专用的程序和数据。该工作站由一台工业计算机 IPC(Industry Personal Computer)及一个触摸操作显示屏组成,用来存储程序和数据的是快闪式固态硬盘(Flash Memory Hard Disk)。系统所有操作通过触摸屏幕或鼠标进行,仅需按屏幕上相应的按钮,即可启动相应的设备并进行生产控制。所有对应的系统响应将在显示屏幕上以示意图的方式显示出来,并可简单的用手指触摸屏幕激活。

主控计算机上配有打印机,搅拌过程可以进行实时打印,同时也可以将配方等设置单独打印作为备查资料。

2.过程控制装置

过程控制装置 MRS3 由通过 I² 总线相互连接的模块组成,其核心部分是基于 NEC 微控制器 PDT8300 的过程控制模块 MR3-2,根据所需的控制操作再配上多个相应的输入/输出模块,其组成如图 11-18 所示。

控制模块 MR3-2 是控制系统的重要组成部分,传感器的信号、IPC 的指令信息、执行机构的控制信息以及反馈信息等各类信息通常都要经 MR3-2 进行处理。MR3-2 共有 8 个数字信号输入端口,8 个数字信号输出端口,8 个模拟信号输入端口,能同时对模拟信号和数字信号进行处理。对于 A、B、C 三种传感器输出的模拟信号,信号一般先经模拟信号输入模块 ANE2 或

ANE3 后再输入 MR3-2 处理,较弱的模拟信号需经放大器放大后再输入 MR3-2 处理,如电流感应信号经电流转换器 ZSW5 放大,热电偶温度传感器的温度信号要经 PT100 converter 进行信号转换等。有的模拟信号可直接通过 MR3-2 的模拟信号输入端口(AN)输入 MR3-2,如筛分干燥筒的红外线温度传感器的温度信号,除尘器的负压信号等。传感器的开关量输出信号 D、E,都是通过继电器触点的开、闭来将信号直接或经数字量输入模块 DE8-2 输入 MR3-2。其他输入 MR3-2 的数字控制信号也都是通过接触器的通、断及继电器触点的开、闭输入的。

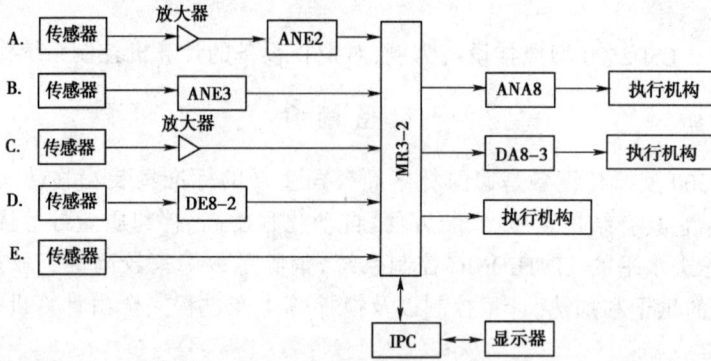

图 11-18　过程控制装置 MRS3 的组成

MR3-2 将传感器传来的信号或其他输入的控制信号及 IPC 的指令信息,经运算处理后输出数字信号。部分信号经数字输出模块 DA8-3 去控制执行机构,另一部分信号则直接通过继电器触点的开闭来控制执行机构。其中部分执行机构需用模拟信号控制。这样,从 MR3-2 输出的数字信号要经模拟信号输出模块 ANA8 转换成模拟信号后,再去控制执行机构,如冷料仓的 4 个进料带电机变频器的控制。

3.配电柜

CSD2500 型搅拌设备有 6 个主要的配电柜,分别控制相应生产过程中的工作装置和机构,各配电柜与 IPC 的连接情况如图 11-19 所示。主电源配电柜(Main Power Supply):负责各配电

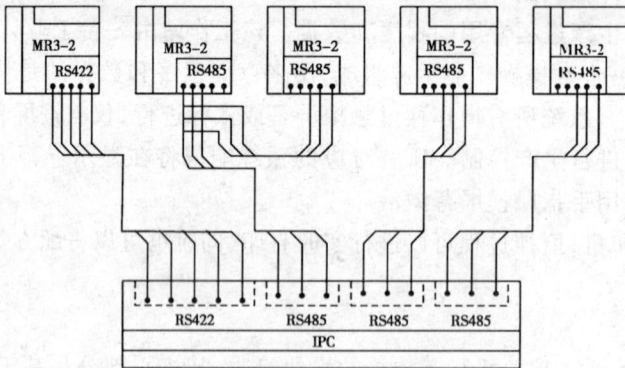

图 11-19　各配电柜与 IPC 的连接

柜、走廊照明等整个搅拌设备电源的供给。搅拌配电柜(Mixing tower):控制沥青混合料中各组份的称量、搅拌、放料等过程中的搅拌机、料秤、沥青泵、沥青喷射泵等。滚筒配电柜(Dry drum):控制冷集料的加热、筛分、沙尘分离等过程中筛分干燥筒的驱动电机、喷燃器、鼓风机、高压柴油泵、传沙螺杆电机等。除尘配电柜(Dedusting):控制从滚筒排除的烟气的除尘、集尘及外粉料仓粉料的贮放、输送等过程中的工作装置,如除尘电机、引风机、空气压缩机、集尘螺

杆电机、外粉料仓的振动器、输料螺杆电机等。冷料仓配电柜(Predesage):控制冷集料按比例的进给、输送等过程的集料带电机、进料带电机、斜输料带电机等。成品料仓配电柜(Loading installation):控制成品料的提升、贮存及费料处理等过程中的卷扬机、成品料仓、费料斗等。各配电柜除控制以上工作装置和机构外,还控制相应的温度、位置、转速等参数及气缸电磁阀等。

除主配电柜外,其他各配电柜中都装有 MRS3 过程控制装置,它由一个过程控制器 MR3-2 及相应的输入/输出模块组成。

第十二章 挖掘机电控系统

第一节 概　述

挖掘机是工程机械的主要机种之一。随着对挖掘机在工作效率、节能、操作轻便、安全舒适、可靠耐用等各方面性能要求的提高,单凭液压控制技术本身的改进提高已显得力不从心,不能满足要求。机电一体化技术在挖掘机上的应用,使挖掘机的各种性能有了质的飞跃。

国外在机电一体化应用方面的研究起步较早,20 世纪 70 年代机电一体化技术便开始应用到挖掘机中。进入 80 年代后,以微电子技术为核心的高新技术的兴起,使国外挖掘机的设计、制造技术得到了迅速发展,目前以微机或微处理器为核心的电子控制系统在液压挖掘机中应用相当普及,并已成为现代高性能液压挖掘机不可缺少的组成部分。

下面介绍现代挖掘机中常用的电子控制系统。

第二节　电子监控系统

电子监控系统用以对挖掘机的运行状态进行监视,一旦发现异常能够及时报警,并指出故障的部位,从而可及早清除事故隐患,减少维修时间,降低保养和维修费用,改善作业环境,提高作业效率。

美国的卡特匹勒公司 1978 年就研制出用于挖掘机的电子监控系统,该公司已有 60% 以上的产品配置了这种系统,能够对机器的运行情况进行连续监测。在近年开发的 E 系列挖掘机上采用了具有三级报警的电子监控系统:一级报警时,面板上发光二极管闪烁,提示故障部位;二级报警时,面板上的主故障报警灯也同时闪烁;三级报警时,蜂鸣器也同时鸣叫报警,要求司机立即停车检查。德国 O&K 公司开发的 BORD 电子监控系统,能监测与液压挖掘机作业和维修有关的全部重要参数,它利用微处理器检查挖掘机作业的各种数据,对挖掘机进行快速监测,并评估和显示所计算的数据,可识别发生故障和超出极限值的趋势,在重大事故前显示报警信息。此系统还可记录和保存作业状态数据,并用显示和打印方式提供维修和计算成本等重要数据。

大宇重工生产的挖掘机也配备有电子监控系统,其监测内容有 8 项,挖掘机出现异常时能通过声、光的方式进行报警。下面以大宇 DH280 型挖掘机为例,介绍电子监控系统的电路及工作原理。

DH280 型挖掘机的电子监控系统电路如图 12-1 所示,其由仪表盘、仪表、报警灯、蜂鸣器、控制器以及传感器等组成。仪表盘上装有 16 个指示灯(L1 ~ L16,其中 4 个备用),用于指示某些开关的状态及故障报警,此外还装有 5 种仪表:发动机转速表、冷却水温表、燃油表、电压表及工作小时计。在发动机启动之前,将启动开关的钥匙转至"ON"或"预热"位置,此时仪表盘的端子 8 通过控制器的端子 12 接地,仪表上的所有报警指示灯(L1 ~ L16)及发光二极管同时发光,与此同时蜂鸣器也通电发出声响。3s之后所有发光二极管熄灭,蜂鸣器也停止发声。接着控制器通过液面高度传感开关,先后检查发动机油底壳内机油液面,液压油箱内液压油液面及水箱内冷却水的液面高度是否过低,若低于规定值,仪表盘上的相应指示灯将继续发亮。为避免误报警,检查时挖掘机应停放在水平地面上。蜂鸣器停止发声后,仪表盘上的充电指示灯和机油压力指示灯仍然发亮属于正常现象。

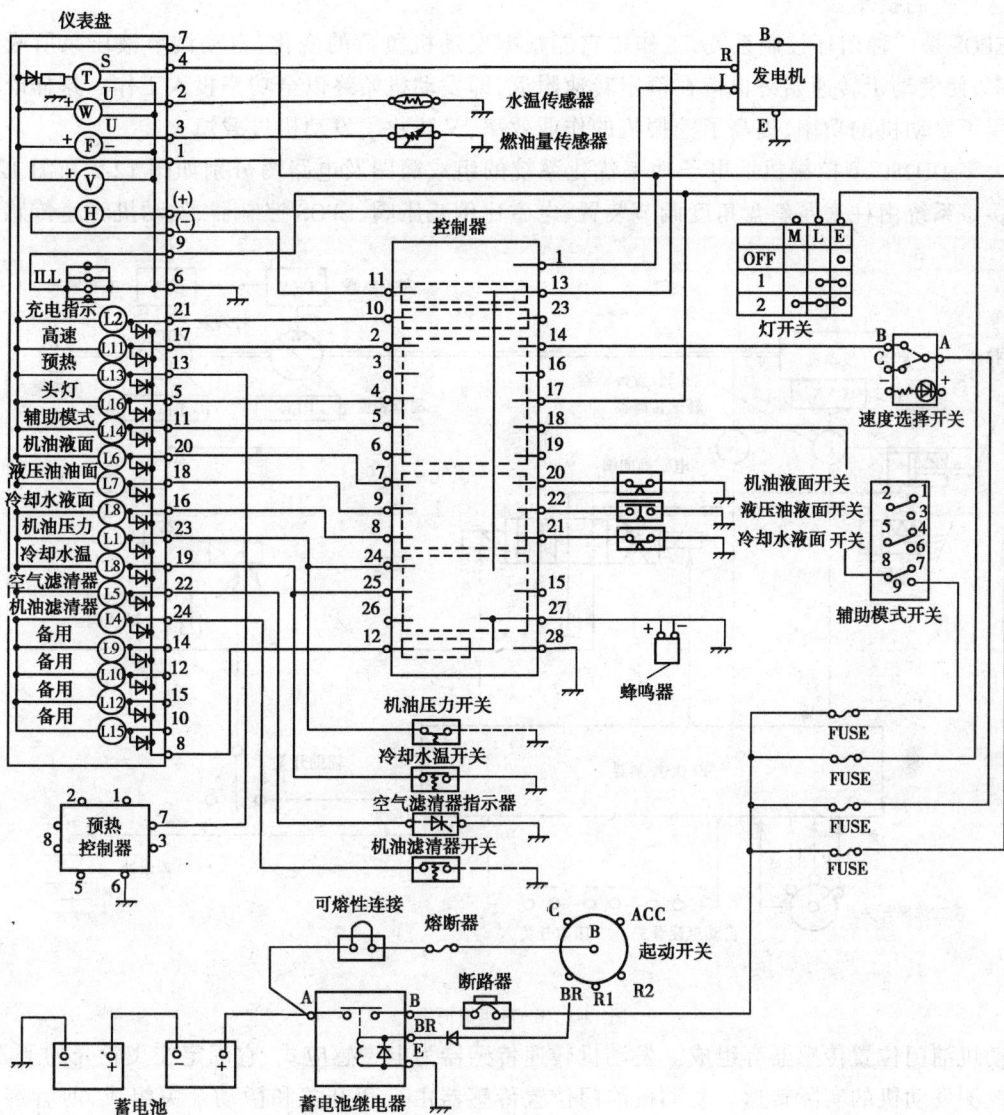

图 12-1　DH280 型挖掘机的电子监控系统电路

发动机启动后,充电指示灯和机油压力指示灯都应该熄灭,否则就说明发电机充电系有故障和机油压力过低。一旦机油压力过低,蜂鸣器也同时报警,在这种情况下应立即停车检查发动机的润滑系。

发动机工作过程中,若空气滤清器和机油滤清器被堵塞,仪表盘上的相应报警灯将常亮。当发动机过热、冷却水温超过 103℃时,报警灯和蜂鸣器将同时报警。

第三节　电子功率优化系统

液压挖掘机能量的总利用率仅为 20% 左右,巨大的能量损失使节能技术成为衡量液压挖掘机先进性的重要指标。采用电子功率优化系统(EPOS),对发动机和液压泵系统进行综合控制,使二者达到最佳的匹配,可以达到明显的节能效果,为此许多世界著名挖掘机生产厂家采用了这种控制技术。

EPOS 是一种闭环控制系统,工作中它能根据发动机负荷的变化,自动调节液压泵所吸收的功率,使发动机转速始终保持在额定转速附近,即发动机始终以全功率投入工作。这样既充分利用了发动机的功率,提高了挖掘机的作业效率,又防止了发动机过载熄火。

大宇 DH280 型挖掘机的电子功率优化系统的组成简图及电路图分别如图 12-2 和图 12-3 所示。该系统由柱塞泵斜盘角度调节装置、电磁比例减压阀、EPOS 控制器、发动机转速传感器

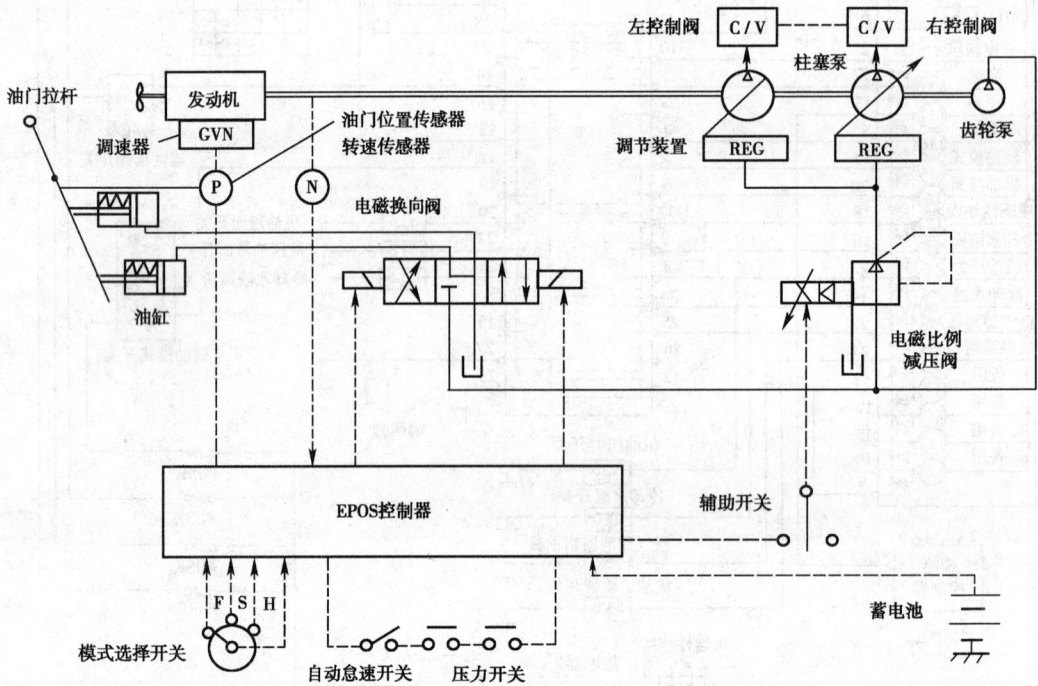

图 12-2　EPOS 组成简图

及发动机油门位置传感器等组成。发动机转速传感器为电磁感应式,它固定在飞轮壳的上方,用以检测发动机的实际转速。发动机油门位置传感器由行程开关和微动开关组成,前者装在驾驶室内,与油门拉杆相连;后者装在发动机高压油泵调速器上。两开关并联以提高工作可靠性。发动机油门处于最大位置时两开关均闭合,并将信号传给 EPOS 控制器。整个控制过程如下:当工作模式选择开关处于"H 方式"位置,装有微电脑的 EPOS 控制器的端子 8(图 12-3)上有电压信号(即油门拉杆处于最大供油位置)时,EPOS 控制器便不断地通过转速传感器检测发动机的实际转速,并与控制器内所贮存的发动机额定转速值相比较。实际转速若低于设定的额定转速,EPOS 控制器便增大驱动电磁比例减压阀的电流,使其输出压力增大,继而通过油泵斜盘角度调节装置减小斜盘角度,降低泵的排量。上述过程重复进行直到实测发动机转速

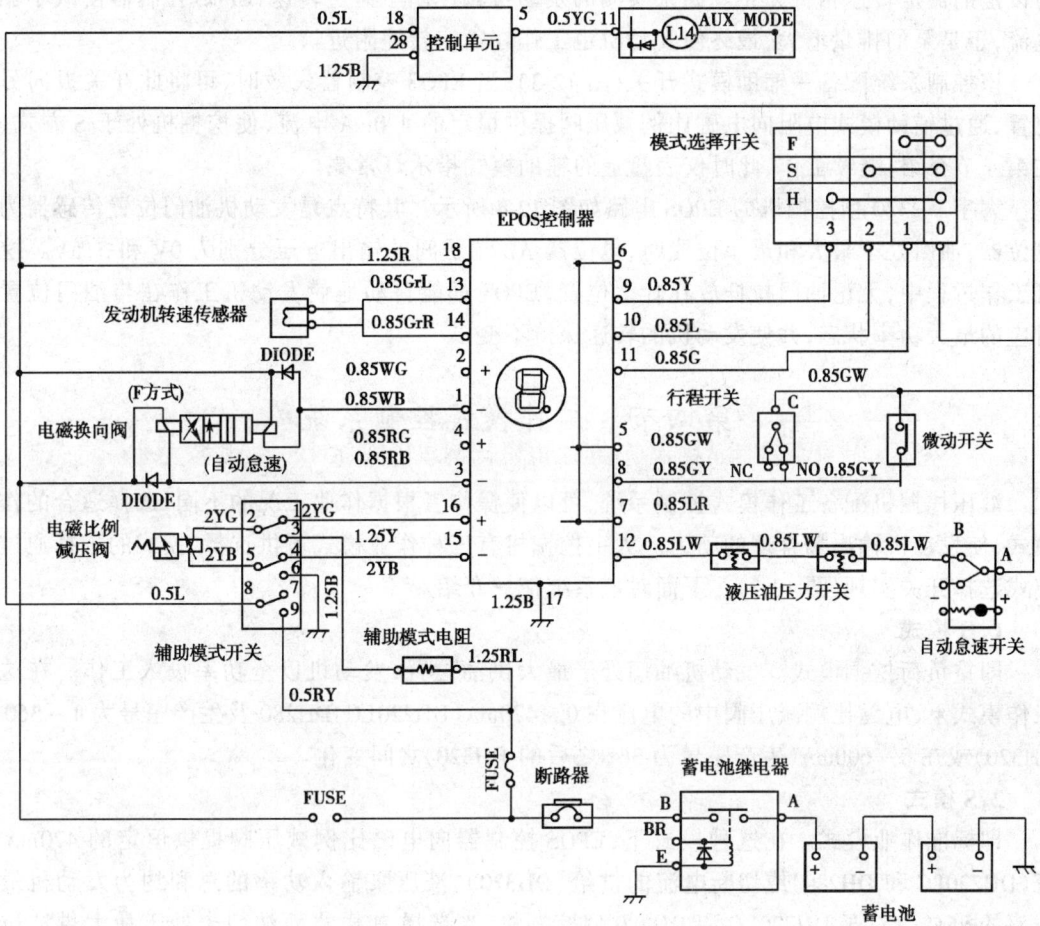

图 12-3 大宇 DH280 型挖掘机 EPOS 电路图

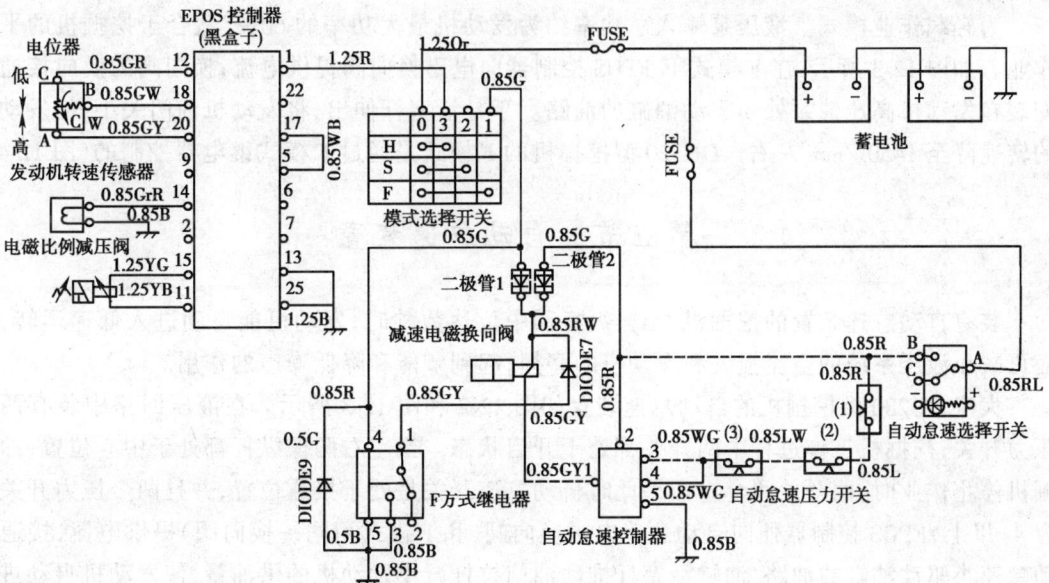

图 12-4 DH320 型挖掘机的 EPOS 电路

285

与设定的额定转速相符为止。如果实测的发动机转速高于额定转速，EPOS 控制器便减小驱动电流，于是泵的排量增大，最终使发动机也工作在额定转速附近。

该控制系统配备一辅助模式开关(图 12-3)，当 EPOS 控制器失效时，可将此开关扳向另一位置，通过辅助模式电阻向电磁比例减压阀提供恒定的 470mA 电流，使挖掘机处于 S 方式(将在第 4 节介绍)继续工作，此时仪表盘上的辅助模式指示灯常亮。

大宇 DH320 型挖掘机的 EPOS 电路如图 12-4 所示。其特点是发动机油门位置传感器为一电位器，油门处于最大和最小位置时，电位器 AB 端子间的输出电压分别为 0V 和 5.5V。挖掘机工作过程中，无论油门拉杆放在什么位置，EPOS 都能自动地使发动机工作在与油门位置相对应的最大功率状态，并使发动机的转速保持不变。

第四节　工作模式控制系统

液压挖掘机配备工作模式控制系统，可以使操作者根据作业工况的不同，选择适合的作业模式，使发动机输出最合理的动力。大宇挖掘机有三种作业模式可供选择，模式的选择通过一模式选择开关实现(图 12-3)。下面对该系统作一介绍。

1.H 模式

即重负荷挖掘模式。发动机油门处于最大供油位置，发动机以全功率投入工作。在这种工作模式下，电磁比例减压阀中的电流在 0～470mA(DH220LC、DH280 及生产序号为 1～360 的 DH320)或在 0～600mA(生产序号为 361 之后的 DH320)之间变化。

2.S 模式

即标准作业模式。在这种模式下，EPOS 控制器向电磁比例减压阀提供恒定的 470mA 电流(DH220LC 和 DH280)或切断电流的供给(DH320)，液压泵输入功率的总和约为发动机最大功率的 85%。对于 DH220LC 和 DH280 型挖掘机，当选择 H 模式而油门未处于最大供油位置时，控制器也将自动地使挖掘机处于 S 模式，并且与转速传感器所测得的转速值无关。

3.F 模式

为轻载作业模式。液压泵输入总功率约为发动机最大功率的 60%，适合于挖掘机的平整作业。如图 12-3 所示，在 F 模式下 EPOS 控制器向电磁换向阀提供电流，换向阀的换向接通了安装在发动机高压油泵处小驱动油缸的油路。于是活塞杆伸出，将发动机油门关小，使发动机的转速降至 1450r/min 左右。DH320 型挖掘机的 F 模式是通过 F 模式继电器控制的(图 12-4)。

第五节　自动怠速装置

装有自动怠速装置的挖掘机，当操纵杆回中位达数秒时，发动机能自动进入低速运转，从而可减小液压系统的空流损失和发动机的磨损，起到节能和降低噪声的作用。

大宇 DH280 型挖掘机的自动怠速装置如图 12-2 和图 12-3 所示。在液压回路中装有两个压力开关，挖掘机工作过程中两开关都处于开启状态。当左右两操纵杆都处于中立位置，即挖掘机停止作业时，两开关闭合。如果此时自动怠速开关是处于接通位置，并且两个压力开关闭合 4s 以上，EPOS 控制器便向自动怠速电磁换向阀(和 F 模式用同一换向阀)提供电流，接通自动怠速小驱动油缸的油路，油缸活塞杆推动油门拉杆减小发动机的供油量，使发动机自动进入低速运转。扳动操纵杆重新作业时，发动机将自动快速地恢复到原来的转速状态。

DH320 型挖掘机的自动怠速功能是由专门的自动怠速控制器来完成的,如图 12-4 所示。为实现自动怠速,首先接通自动怠速选择开关(AB 端子相通)。当操纵杆都处于中立位置时,三个自动怠速压力开关都闭合,于是自动怠速控制器的端子 3 和 4 上有电流流入。此状态持续 4s 以上时,自动怠速控制器的端子 1 和地相通,减速电磁换向阀中有电流通过,液压油经此换向阀流入自动怠速驱动油缸,在油缸活塞杆的推动下发动机油门被关小,于是发动机便低速运转。

第六节　电子油门控制系统

日本小松挖掘机采用了电子油门控制系统,下面以小松 PC200-5 型挖掘机为例,介绍该系统的组成、电路及工作原理。

电子油门控制系统由油门控制器、调速器马达、燃油控制盘、监控仪表盘、蓄电池继电器等组成,如图 12-5 所示,图 12-6 为该系统的电路原理图。该系统的功能有三个,即发动机转速的控制、自动升温控制和发动机停车控制。

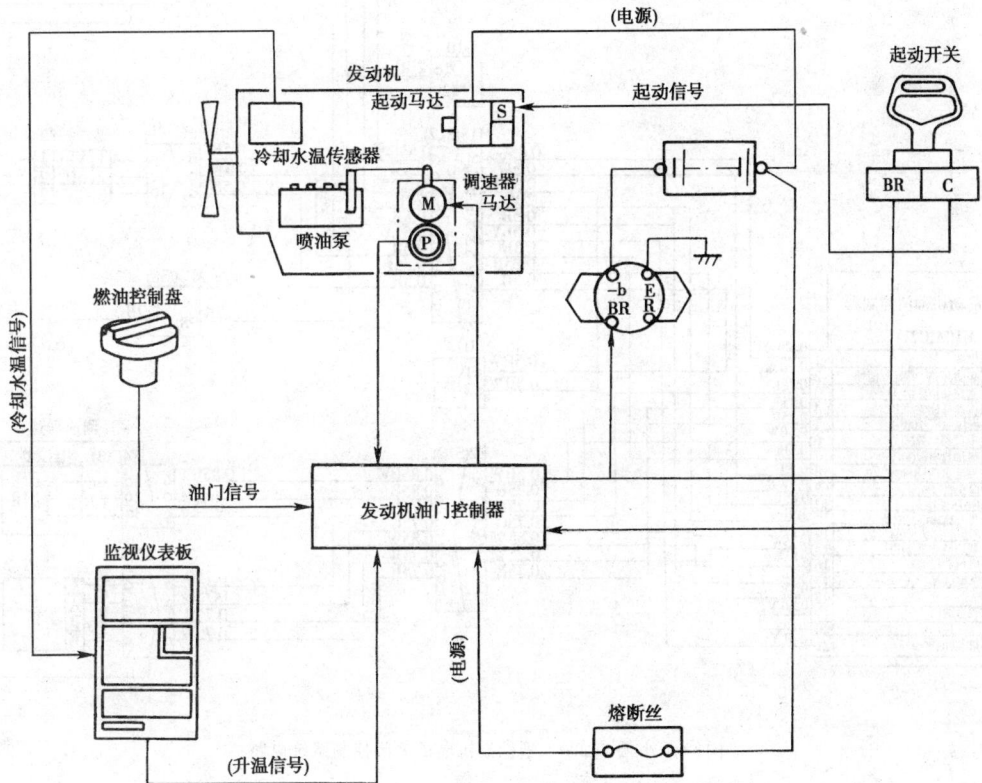

图 12-5　电子油门控制系统组成

一、发动机转速的控制

发动机的转速通过燃油控制盘来选定。燃油控制盘与一电位器相连,电位器的电源通过油门控制器的端子 7 和 18 提供(图 12-6)。将燃油控制盘旋至不同的位置,电位器便输出不同的电压,装有微电脑的油门控制器根据此电压便可计算出所选定的发动机转速的大小。燃油控制盘的位置与电位器输出电压的关系如图 12-7 的下半部分所示。

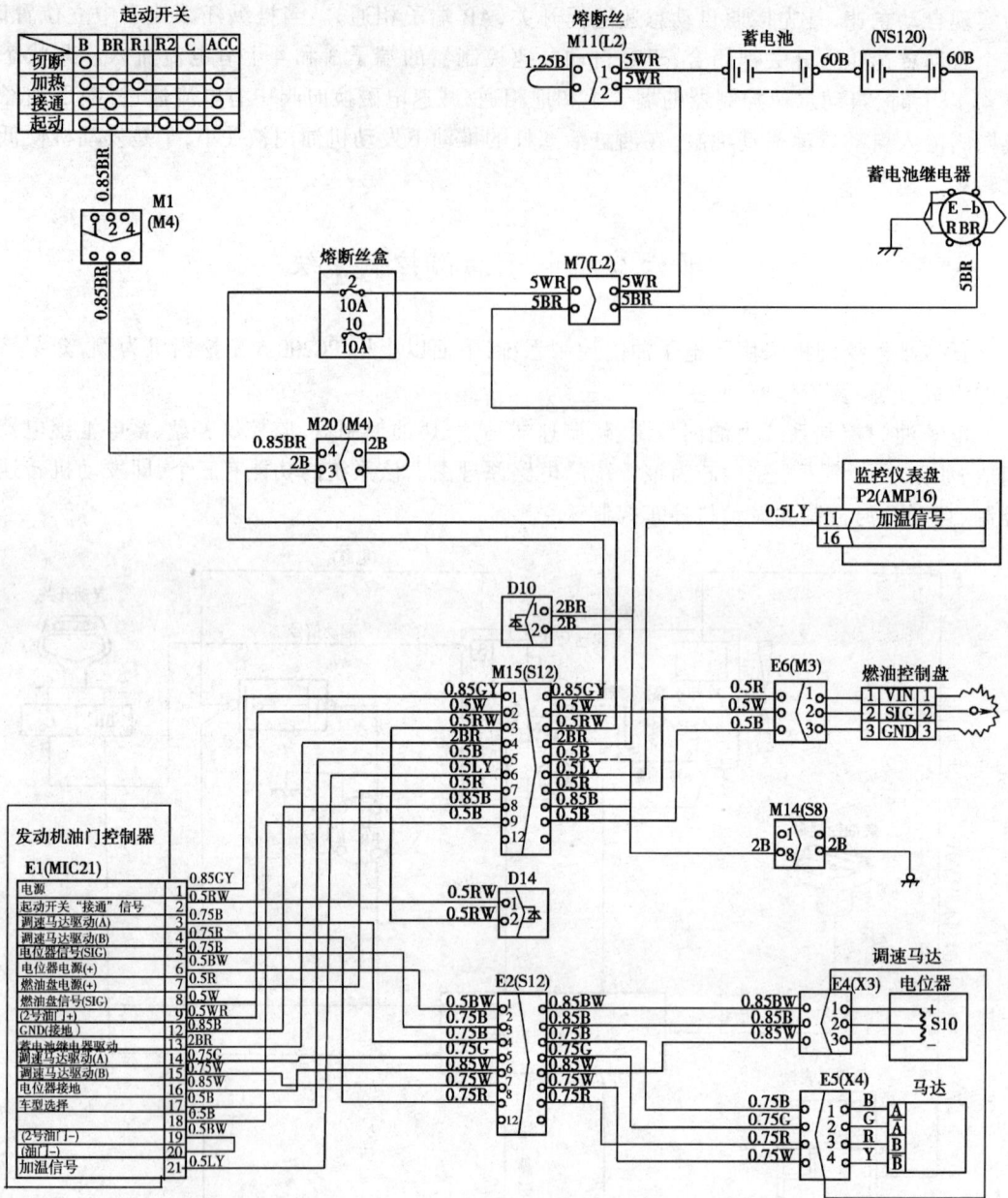

起动开关

	B	BR	R1	R2	C	ACC
切断	○					
加热	○	○	○			○
接通	○	○				○
起动	○	○		○	○	

熔断丝
M11(L2)
1.25B 1 5WR
2 5WR

蓄电池 (NS120)
60B 60B

蓄电池继电器
E-b
R BR
5BR

0.85BR

M1
(M4)
0.85BR

熔断丝盒
2
10A
10
10A

M7(L2)
5WR 5WR
5BR 5BR

M20(M4)
0.85BR 4 2B
2B 3

监控仪表盘
P2(AMP16)
0.5LY 11 加温信号
16

D10
1 2BR
2 2B

M15(S12)
0.85GY D1 0.85GY
0.5W 2 0.5W
0.5RW 3 0.5RW
2BR 4 2BR
0.5B 5 0.5B
0.5LY 6 0.5LY
0.5R 7 0.5R
0.85B 8 0.85B
0.5B 9 0.5B
D12

E6(M3)
0.5R 1 0.5R 1 VIN 1
0.5W 2 0.5W 2 SIG 2
0.5B 3 0.5B 3 GND 3
燃油控制盘

M14(S8)
2B 1 2B
8

发动机油门控制器
E1(MIC21)

电源	1	0.85GY
起动开关"接通"信号	2	0.5RW
调速马达驱动(A)	3	0.75B
调速马达驱动(B)	4	0.75R
电位器信号(SIG)	5	0.75B
电位器电源(+)	6	0.5BW
燃油盘电源(+)	7	0.5R
燃油盘信号(SIG)	8	0.5W
(2号油门)+	9	0.5RW
GND(接地)	12	0.85B
蓄电池继电器驱动	13	2BR
调速马达驱动(A)	14	0.75G
调速马达驱动(B)	15	0.75W
电位器接地	16	0.85W
车型选择	17	0.5B
	18	
(2号油门-)	19	0.5BW
(油门-)	20	0.5B
加温信号	21	0.5LY

D14
0.5RW 1
0.5RW 2

E2(S12)
0.5W 1 0.85BW
0.75B 2 0.85B
0.75B 3 0.75B
0.75G 4 0.75G
0.85W 5 0.85W
0.75W 6 0.75W
0.75R 7 0.75R
D12

调速马达
E4(X3) 电位器
0.85BW 1 + S10
0.85B 2
0.85W 3 -

E5(X4) 马达
0.75B 1 B G
0.75G 2 G R
0.75R 3 R A
0.75W 4 Y B

图 12-6　小松 PC200-5 型挖掘机电子油门控制系统电路

在负荷一定的情况下,发动机的转速与喷油泵的循环供油量,即供油拉杆的位置有关。供油拉杆由调速器马达(步进电机)通过连杆机构驱动,马达轴转至不同位置时,便对应不同的供油量。为了检测马达轴转动的实际角度,马达又通过齿轮传动带动一电位器,油门控制器通过测量电位器的输出电压,而间接测出马达轴的转角即油门拉杆的位置。整个过程如下:控制器根据所测得的燃油控制盘电位器的输出电压大小,驱动调速器马达使其正转或反转,直到马达转角电位器所反馈回的马达实际转角位置(即实际循环供油量或发动机转速)与燃油控制盘的位置相符为止,如图 12-7 的上半部分所示。

二、自动升温控制

发动机起动之后,监控仪表盘中的微电脑通过热敏电阻式温度传感器不断监测发动机冷却水温度。如果冷却水的温度低于 30℃并且燃油控制盘所选定的发动机转速低于 1200r/min,监控仪表盘中的电脑便向发动机油门控制器电脑发出一"升温"信号。油门控制器电脑收到此信号后,便驱动调速器马达使发动机转速上升至 1200r/min,以便缩短发动机的暖机时间。以下三个条件之一满足时,发动机的自动升温功能便被取消:

(1)冷却水温度超过 30℃;

(2)燃油控制盘处于满量程的 70%以上,发动机高速空转超过 3s;

(3)升温时间超过 10min。

三、发动机停车控制

油门控制器的端子 2 与起动开关的"BR"端子相连,用以检测起动开关的位置。当检测到起动开关转至"切断"位置,即油门控制器的端子 2 上没有电压信号时,油门控制器输出电流,驱动蓄电池继电器使其触点保持闭合,以保持主电路的继续接通。同时,控制器驱动调速器马达,将喷油泵的供油拉杆拉向停止供油位置,从而使发动机熄火。供油拉杆处于"停油"位置之后,控制器延时 2.5s,然后使蓄电池继电器断电,切断主电路,如图 12-8 所示。

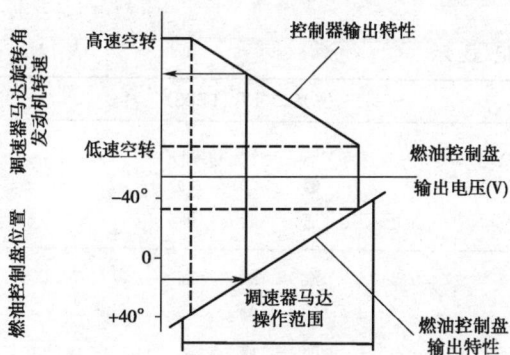

图 12-7　燃油控制盘位置与发动机转速的关系　　　　　图 12-8　发动机停车控制

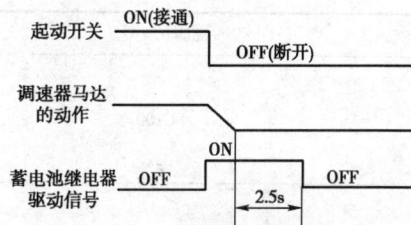

第七节　挖掘机电子控制系统的故障自诊

以微处理器或微型计算机为核心的电子控制系统通常都具有故障自诊功能,工作过程中,控制器能不断地检测和判断各主要组成元件工作是否正常。一旦发现异常,控制器通常以故障码的形式向驾驶员指出故障部位,从而可方便准确地查出所出现的故障。下面以大宇和日本小松挖掘机为例,介绍电子控制系统的故障诊断方法。

一、大宇挖掘机 EPOS 控制系统的故障自诊

DH220LC 及 DH280 型挖掘机的 EPOS 控制器具有故障自诊功能,通过观察 EPOS 控制器上观察窗中所显示的英文字母便可知道电子控制系统是否有故障。EPOS 控制器所显示的英文字母及其意义如表 12-1 所示。

表 12-1

显示的字母	故 障 位 置	产生故障的原因
U.	发动机转速传感器	在 H 模式,转速传感器没有信号输出
P.	油门行程开关	在 H 模式,行程开关处于断开状态
O	模式选择开关	模式选择开关未接通
E	电磁比例减压阀	EPOS 控制器与电磁比例减压阀之间有搭铁
L	F 模式电磁换向阀	F 模式电磁换向阀开路或搭铁
P	自动急速电磁换向阀	自动急速电磁换向阀开路或搭铁
	电源	EPOS 控制器无电源

二、日本小松挖掘机电子油门控制系统的故障自诊

小松 PC200-5 型挖掘机的电子油门控制器上装有三只发光二极管,其通过发光二极管亮与灭的组合来显示整个控制系统工作是否正常。

将起动开关转至"接通"位置时,三只发光二极管(颜色分别为红、绿、红)首先进行车型标记显示,如表 12-2 所示,约 5s 之后转入正常显示(系统工作正常)或自诊显示(系统工作不正常)。自诊显示中发光二极管通断的组合及所代表的意义如表 12-3 所示。若系统存在两种以上的故障,发光二极管将按表 12-3 所示的前后顺序进行显示。故障被排除后,自诊显示将停止。

机 型 标 记 显 示　　　　　　　　　　表 12-2

机　　型	发光二极管(LEDS)
PC200	红　　绿　　红 ●　　○　　○ 通　　断　　断
PC200	红　　绿　　红 ○　　●　　○ 断　　通　　断

⇩

正常显示	红　　绿　　红 ○　　●　　○ 断　　通　　断

自 诊 显 示　　　　　　　　　　表 12-3

前 后 顺 序	发光二极管(LEDS)	故障位置及原因
1	红　　绿　　红 ○　　○　　○ 断　　断　　断	电源系统或控制系统
2	红　　绿　　红 ●　　○　　● 通　　断　　通	调速马达部分有短路

前 后 顺 序	发光二极管（LEDS）			故障位置及原因
3	红 ● 通	绿 ○ 断	红 ○ 断	蓄电池继电器有短路
4	红 ○ 断	绿 ○ 断	红 ● 通	调速马达断路
5	红 ● 通	绿 ● 通	红 ○ 断	调速马达电位器异常或马达失调
6	红 ● 通	绿 ● 通	红 ● 通	燃油控制盘电路异常

第十三章　压实机械电控系统

第一节　概　　述

压实机械利用机械自重、振动或冲击等方法对被压实材料重复加载,克服其粘聚力和内摩擦力,排出气体和多余的水分,迫使材料颗粒之间产生位移,相互楔紧,增加密实度,以达到必须的强度、稳定性和平整度的要求,从而保证运行机械的正常运行和道路的使用寿命。压实机械广泛用于公路、铁路路基、城市道路、机场、港口、堤坝及建筑物基础等工程建设的压实施工。

继静力式压路机之后振动压路机越来越多地应用在各种工程建设的施工中,尤其是双钢轮振动压路机可称为是碾压沥青混合料摊铺层的主要设备。虽然现代沥青混合料摊铺机具有振动、振捣等初压实功能,但其密实度等必须利用压路机进行碾压,才能达到规定的工程设计技术要求。成型路面的质量(如密实度、平整度等)除与采用的压实工艺外,还取决于振动压路机的技术性能——起振、停振性能,速度控制性能,振幅振频调节性能等。为了满足对压实质量要求较高的高等级沥青路面的需要,现代双钢轮振动压路机与静力式钢轮压路机相比,在电控系统方面有了很大程度的改进和发展。现以美国 INGERSOLLRAND 公司生产的 DD110 型双钢轮振动压路机为例,介绍振动压路机的电控系统,它包括主车电控系统、供水电控系统和振动控制系统等。

第二节　双钢轮振动压路机操纵系统

DD110 型振动压路机操作室内有与座椅和操作台联为一体的可旋转驾驶操作台,其上有压路机的主要开关、方向盘、仪表等操作装置(图 13-1),操作面板上的具体布置如图 13-2 所示。

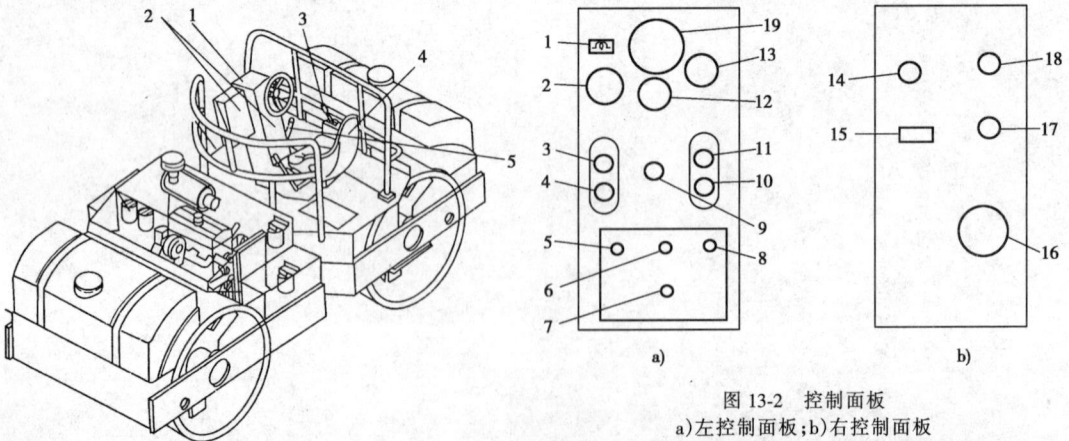

图 13-1　操作控制台

1-操作台;2-控制面板;3-操作手柄;4-座椅;5-发动机速度控制器

图 13-2　控制面板

a)左控制面板;b)右控制面板

1-指示灯;2-电压表;3-主水泵开关;4-主水流控制旋钮;5-振动频率开关;6-振动模式选择开关;7-偏心器方向;8-钢轮选择开关;9-点火开关;10-辅助水流控制器;11-辅助水泵开关;12-油压表;13-水温表;14-喇叭按钮;15-小时计;16-紧急制动开关;17-制动指示器;18-驻车制动控制器;19-压实表

小时计(计时表)15 显示发动机运转时间(标定单位为 h/10)。小时计是压路机进行润滑、保养的时间依据,因此应将小时计、压路机润滑图和保养记录等结合在一起使用。

电压表 2 在点火开关置于"ON"(闭合)位置时显示蓄电池充电状况:发动机运转时其读数应为 13.5～14.5V;发动机不运转时其读数应为 12V。如果显示值超出这个范围,应停机检查,排除故障后再继续运行。

水温表 13 用两种温度标定单位来显示发动机冷却水工作温度:100～280°F 或 38～138℃。发动机正常运转时冷却水工作温度应为 160～190°F 或 72～88℃。如果水温表显示值超出上述范围,应停机检查,排除故障后发动机方可继续运转。

机油压力表 12 用两种压力标定单位显示发动机的机油压力:0～700kPa。发动机正常运转时其机油压力应为 276～414kPa,空转时应为 138～207kPa,否则应停机检查,排除故障后再继续运转。在发动机正常运转时,其机油压力应为 276～414kPa。

主水泵开关 3 用来起动主喷水泵,以便向碾压钢轮的轮面喷水。主水泵开关有"ON"(闭合)和"OFF"(断开)两个位置,扳开"ON"(闭合)位置时起动主水泵并喷水;需要向水箱内加水或不需要喷水时应将主水泵开关置于"OFF"(断开)位置。

辅助水泵开关 11 用来控制辅助喷水系统的水泵,有两个位置"ON"(闭合)和"OFF"(断开)。将此开关扳到"ON"(闭合)位置时,起动辅助水泵;当需要向水箱内加水或不需要辅助水泵工作时,将此开关扳到"OFF"(断开)位置。主、辅喷水系统可以同时工作,以保证压路机作业时有足够的喷洒水量。

主水流控制旋钮 4 是一个可变开关控制器,用来调节主喷水系统水流量大小:顺时针方向旋转控制旋钮时增大主喷水系统的水流量;反之,减少主喷水系统的水流量。

辅助喷水系统不受主水流控制旋钮的控制。

点火开关 9 有停止、运转和起动三个位置,以控制发动机的熄火、运转和起动。把点火开关 9 顺时针方向从"停止"转到"运转"位置,以起动电气系统。继续转动点火开关 9 到"起动"位置后则起动机带着发动机起动运转。发动机起动后应立即松开点火开关 9,以便使它自动回到"运转"位置。发动机起动前必须将操作手柄 3 置于"停止"位置。

辅助水流控制器 10 是用来控制辅助喷水系统的喷水量,它也是一个可变水流控制开关。将该控制器顺时针方向旋转,可减少间歇水流间的时间;反之则增加间歇水流间的时间。主喷水系统不受辅助水流控制器的控制。

紧急制动开关 16 是用来在紧急情况下停止发动机及压路机的运行。

操作手柄 3 是用来控制压路机的行驶方向、速度和停车等。操作手柄 3 在"中位"时压路机为停驶状态;将操作手柄 3"向前"推动,压路机则向前行驶;反之,将操作手柄 3"向后"拉动,压路机便向后行驶。

刹车指示器 17 用来显示压路机的减速制动状态。刹车控制器在"拉起"位置时打开点火开关 9,刹车指示器闪亮;当刹车控制器在"松开"位置时,刹车指示器 17 则熄灭。

喇叭按钮 14 用来操纵喇叭发出声响,以提醒压路机附近的人员、机械操作手的注意,以保证压路机行驶和作业的安全。

驻车制动器 18 用于压路机作业和行驶后的停车制动。压路机停机时把操作手柄 3 放到"停止"位置,将驻车控制器 18 的手柄拉起,即可使压路机停车制动。

发动机速度控制器 5 是用来控制发动机转速。慢慢将控制器的手柄"朝上"拉起,便可降低发动机转速;反之"向下"推动控制器的手柄,发动机转速便提高。

当发动机速度控制器 5 手柄位于"空转"位置时，发动机转速计读数应为 1000r/min；发动机速度控制器 5 手柄在"工作"位置时转速计读数应为 2500r/min。

操作员座椅开关 4 是一个起动电路控制开关，只有压下座椅开关后压路机的发动机方可起动。

振动频率开关 5 用于选择压实作业需要的钢轮振动频率。开关"向上"扳起时为最大频率 42Hz，"向下"推时为最小频率 31Hz，"中间"位置时钢轮不振动。

振动模式选择开关 6 有"AUTO"（自动）、"OFF"（断开）和"MANUAL"（手动）三个位置，用来选择自动或手动钢轮振动方式：在"AUTO"（自动）位置时钢轮将会在车速到达预先设定的速度时自动开始振动，一旦车速降低到同一预先设定速度以下时便自动停止振动。压路机车速可设定为 1.2、2.0、2.8 和 3.2km/h；在"MANUAL"（手动）位置时由驾驶员操纵钢轮振动；在"OFF"（断开）位置时钢轮停止振动。

振动模式选择开关 6 必须与钢轮选择开关 8 一起使用。

钢轮选择开关 8 有上、中、下三个位置，用来选择振动钢轮：在"上位"时前、后钢轮都振动；在"中位"时前钢轮振动；在"下位"时则后钢轮振动。

偏心器方向开关 7 有左、中、右三个位置，用来控制偏心器转动方向：在"左位"（钢轮偏心器一边看）时钢轮按顺时针方向转动；在"右位"时钢轮按逆时针方向转动；在"中位"时偏心器随压路机行驶方向的改变而自动换向。

第三节　主车电控系统

DD110 型双钢轮振动压路机的主车电控系统电路包括：发动机起动电路、起动预热电路、制动、喇叭及仪表电路等。

一、发动机起动电路

DD110 型双钢轮振动压路机是采用康明斯（Cummins）B5.9-C-185 型柴油机，其起动电路由蓄电池 1、起动机 2、起动机继电器 11、熔断丝 3、座椅开关 5、紧急制动开关 6、点火开关 8 和中位开关 9 等组成，如图 13-3 所示。

起动机 2 为 12V 直流电动机，由两个 12V 蓄电池并联供电。蓄电池与发电机并联连接。蓄电池 1 的正极与起动机 2 的 B 接线柱连接，起动机继电器 11 的 87 触点与起动机电磁开关 S 接线柱连接，30 触点与起动机电磁开关 B 接线柱连接。起动机继电器 11 的电磁线圈 87A 接线柱通过座椅开关 5、紧急制动开关 6 的 1B/2B 触点与点火开关连接。85 接线柱通过中位开关 9 搭铁。

蓄电池 1 的电流经起动机 B 接线柱、熔断丝 3 到点火开关 8。当紧急制动开关 6 在扳起位置、座椅开关 5 在压下位置、中位开关 9 在中位时，将点火开关 8 转到"起动"位置，则蓄电池 1 的电流经起动机 2 的 B 接线柱、熔断丝 3、点火开关 8、紧急制动开关 6、座椅开关 5、起动机继电器 11 的电磁线圈 86 接线柱、85 接线柱、中位开关 9 搭铁形成回路，起动机继电器 10 的线圈得电，其 87/30 触点闭合，使起动机电磁开关回路导通，接通起动机回路，起动机转动并带动发动机起动。当发动机起动以后，点火开关回位，起动机继电器线圈断电，其 87/30 触点断开，起动机电磁开关断路，起动机停止转动。

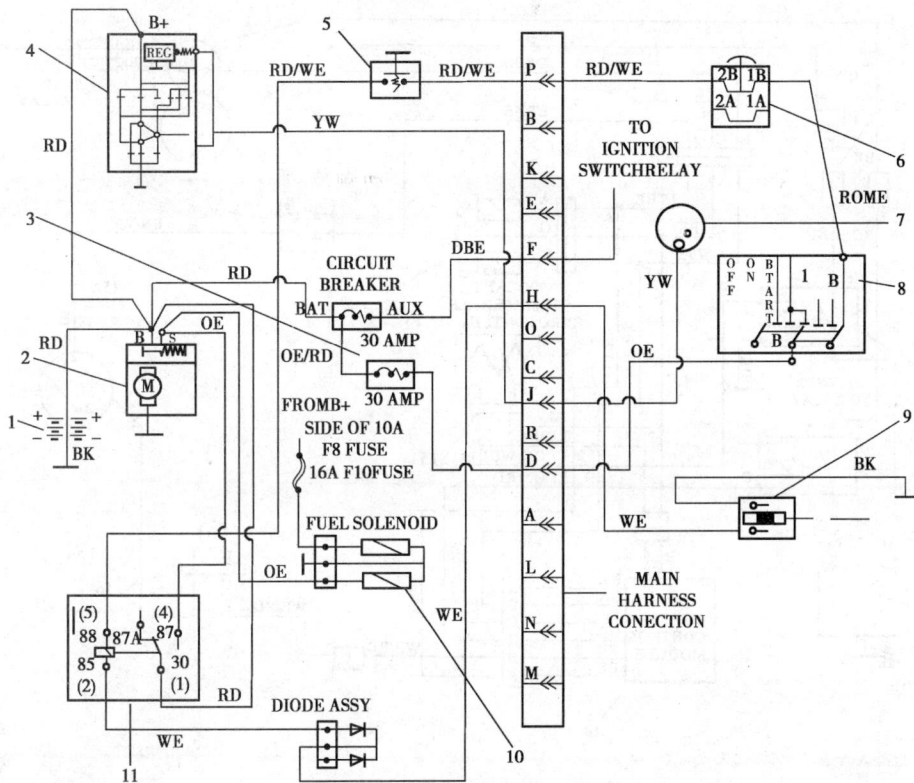

图 13-3　发动机起动电路

1-蓄电池;2-起动机;3-熔断丝;4-发电机;5-座椅开关;6-紧急制动开关;7-转速表;8-点火开关;9-中位开关;10-燃油电磁阀;11-起动机继电器

二、低温起动预热电路

康明斯(Cummins)B5.9-C-185 型柴油机设有冬季低温起动预热系统,对进气管道进行加热,以保证发动机低温起动顺利、可靠。低温起动预热系统由蓄电池 1、熔断丝 3、预热继电器 12、栅格式电预热器 13、预热器控制模块 14、温度传感器 15 和预热指示灯 16 等组成,如图 13-4 所示。

栅格式电预热器 13 安装在发动机的进气管道内,由蓄电池 1 通过预热继电器触点为预热器供电。预热继电器线圈的通断电由预热器控制模块的 C、D 端来控制。温度传感器 15 将检测信号传给预热器控制模块。起动时,来自起动机电磁开关 S 接线柱的电流经预热器控制模块的 E 端进入该模块,控制模块根据温度传感器的检测,若温度低于设定温度,预热器控制模块通过 C、D 端给预热继电器的线圈通电,从而使其触点闭合,电预热器开始工作。同时,预热指示灯发亮指示预热。发动机起动后,起动机的电磁开关断电,预热系统停止工作。

燃油起动加浓电磁阀经 B 端与起动电动机电磁开关 S 接线柱连接,燃油电磁阀经 A 端通过紧急制动开关 6 与点火开关 8 连接。当发动机起动时,燃油电磁阀、燃油加浓电磁阀的回路接通,为发动机供油。当发动机起动以后,起动机电磁开关到燃油加浓电磁阀的回路断路,燃油电磁阀经紧急制动开关 6 继续保持通电状态,向发动机供油。当出现紧急情况需要停止发动机运转时,压下紧急制动开关 6 按钮,则燃油电磁阀断路,切断供油使发动机停止供油。

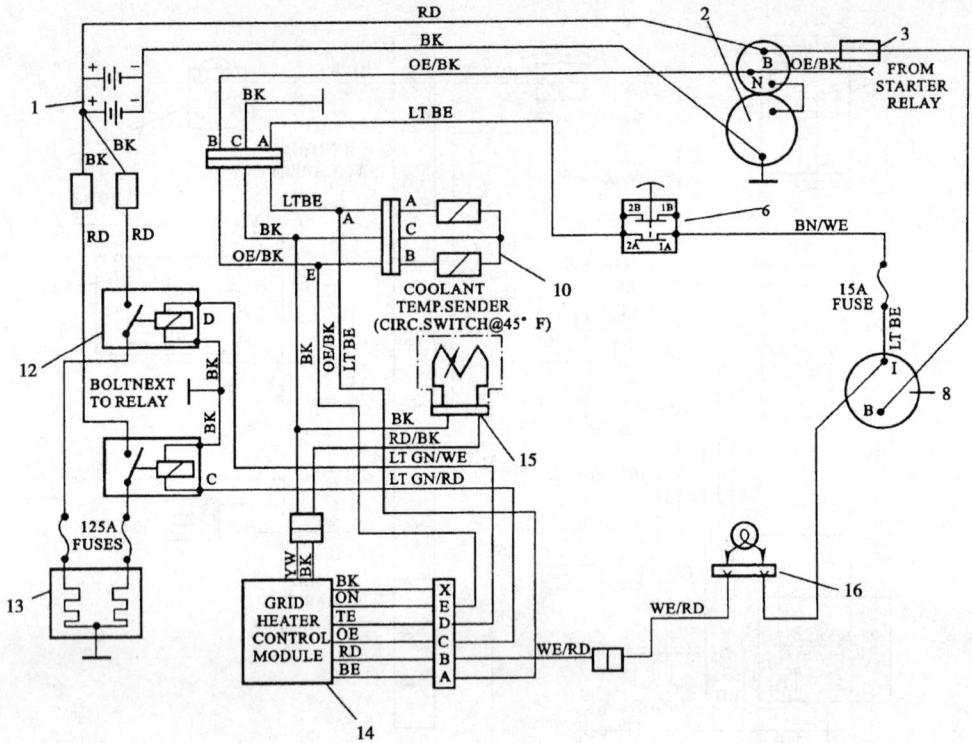

图 13-4　发动机起动预热系统电路

1-蓄电池;2-起动机;3-熔断丝;6-紧急制动开关;8-点火开关;10-燃油电磁阀;12-预热器继电器;13-栅格式电预热器;14-预热器控制模块;15-温度传感器;16-预热指示灯

三、制动、喇叭控制电路

DD110 型双钢轮振动压路机的制动、喇叭控制电路由蓄电池 1、紧急制动开关 6、制动开关 19、喇叭按钮 18、喇叭 21、制动指示灯 20、熔断丝 22、制动继电器 23、制动电磁阀 24 等组成,如图 13-5 所示。

DD110 型双钢轮振动压路机的制动器为断电制动器,制动电磁阀断电时制动器处于制动状态,制动电磁阀通电时制动器的制动解除。

将点火开关 8 转到"ON"(闭合)位置时点火开关继电器 17 的电磁线圈通电,其 30/87 触点闭合导通。当紧急制动开关 6 在拔起位置时,将制动开关 19 扳回到解除制动位置(按下),则蓄电池 1 的电流经起动机的 B 接线柱、熔断丝 22、点火开关继电器 17、紧急制动开关 6、制动开关 19 到制动继电器 23 的电磁线圈,再经保护二极管排、中位开关 9 搭铁而形成回路。制动继电器的 30/87 触点接通。此时制动电磁阀 24 的线圈经制动继电器的触点搭铁构成回路,制动电磁阀得电,使制动器的制动解除。制动继电器 23 的电磁线圈得电后其 30/87 触点闭合,作用是当中位开关 9 离开"中位"后,保持制动电磁阀 24 的回路导通,使制动器保持解除状态。

将制动开关 19 拉到"制动"位置(抬起),制动电磁阀 24 的线圈回路断路,制动器进入制动状态。此时若点火开关 8 在"ON"(闭合)位置,则制动指示灯亮。

出现紧急情况时压下紧急制动开关 8(红色)按钮,则制动电磁阀 24 的线圈回路断路,制动器便进入制动状态。

喇叭控制回路由熔断丝 22、喇叭按钮 18 和喇叭 21 等组成。当点火开关 8 在"ON"(闭合)

位置时,按下喇叭按钮18,则蓄电池1的电流经熔断丝22、点火开关继电器17、紧急制动开关6、喇叭按钮18到喇叭21搭铁而形成回路,喇叭便发出声响。

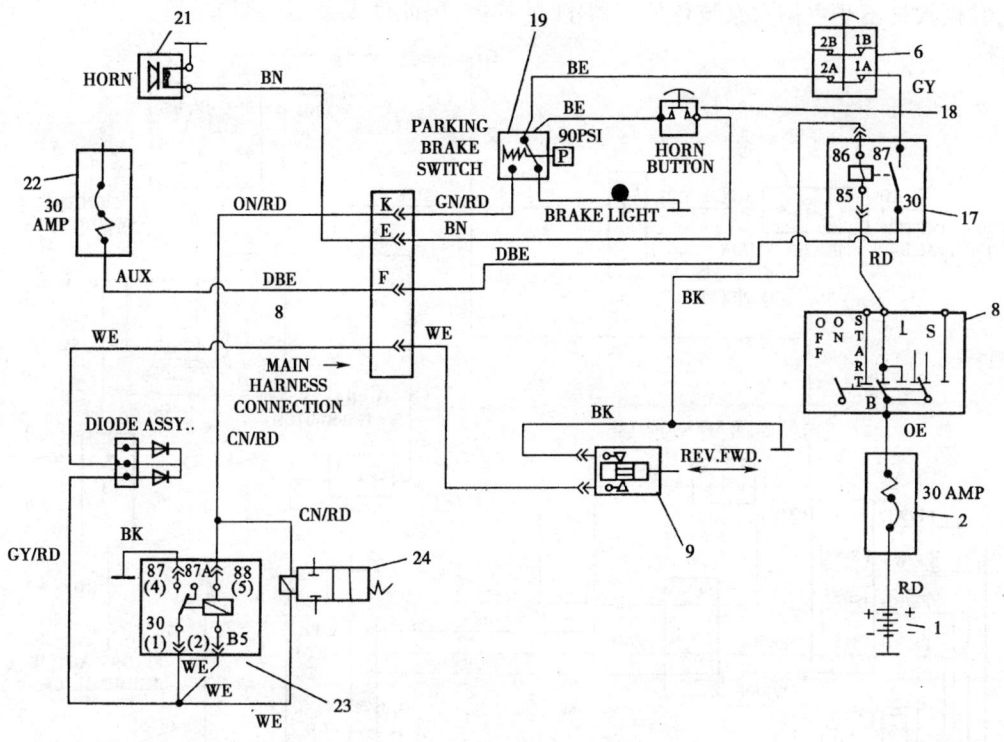

图 13-5　制动喇叭控制电路

1-蓄电池;2、22-熔断丝;6-紧急制动开关;8-点火开关;9-中位开关;17-点火开关继电器;18-喇叭按钮;19-制动开关;21-喇叭;23-制动继电器;24-制动电磁阀

第四节　供水控制电路

DD110 型双钢轮振动压路机在新铺路面上进行碾压作业时,由于沥青混合料温度较高,沥青混合料很容易粘附在碾压轮面上,从而影响碾压质量,因此在压路机碾压轮的上方设有喷水装置,其供水控制电路如图13-6所示。

喷水装置由水泵将水从水箱中抽出,然后通过喷嘴均匀地喷洒到碾压轮上。DD110 型双钢轮振动压路机的喷水装置共有 4 个供水泵,分为前主水泵 7、前辅水泵 8、后主水泵 9 和后辅水泵 10。水泵的供水与停止由水泵开关 5、12 控制,主水泵的供水量由流量控制器 11 控制。

主供水泵控制电路由熔断丝 4、点火开关继电器 3、主水泵开关 5、流量控制器 11、水泵熔断丝 6 和前、后主水泵 7、9 等组成。辅供水泵控制电路由熔断丝 1、点火开关 2、辅供水开关12、水泵熔断丝 6 和前、后辅水泵 8、10 等组成。

当点火开关 2 转到"ON"(闭合)位置时,点火开关继电器 3 的电磁线圈通电,其常开触点30/87 闭合。

将主水泵开关 5 扳到"ON"(闭合)位置时,蓄电池的电流经起动机 B 端子、熔断丝 4、点火开关继电器 3 的常开触点 30/87、主水泵开关 5、流量控制器 11、水泵熔断丝 6 分别到前、后主水泵 7、9 的电动机,使主水泵运转、供水。主水泵供水量大小,通过转动流量控制器 11 的旋钮来调节。

将辅助供水泵开关 12 扳到"ON"(闭合)位置时,蓄电池的电流经起动机 B 端子、熔断丝 1、点火开关 2、辅助供水泵开关 12、熔断丝 6 分别到前、后辅水泵 8、10 的电动机,使辅水泵运转、供水,其供水量不受主供水泵流量控制器 11 的控制,因此供水量不能调节。

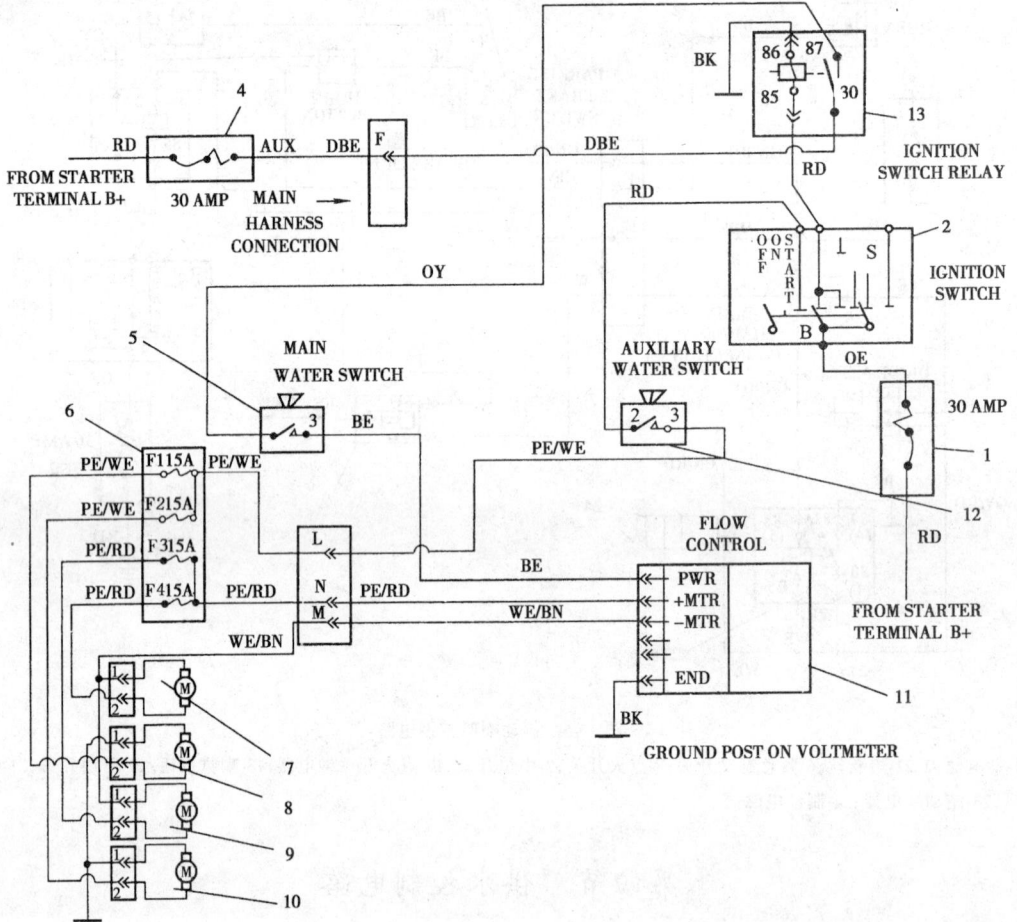

图 13-6　供水控制电路

1、4、6-熔断丝;2-点火开关;3-点火开关继电器;5-主供水开关;7-前主水泵;8-前辅水泵;9-后主水泵;10-后辅水泵;11-流量控制器;12-辅助供水泵开关

第五节　振动控制系统

自动振动装置是振动压路机选择自动启振模式后、压路机行驶速度达到设定启振速度时,自动控制碾压轮振动,压路机行驶速度低于设定启振速度时自动控制压路机停振的装置。

DD110 型双钢轮振动压路机的振动控制电路如图 13-7 所示,它由熔断丝 1 和 12、点火开关 2、点火开关继电器 4、振动控制器 5、前进振动继电器 6、自动振动控制器 7、后退振动继电器 8、速度传感器 9、压实表继电器 10、压实表 11、前轮振动电磁阀 13、后轮振动电磁阀 14、振动手动开关 15、倒车报警器 16 和倒车开关 17 等组成。

DD110 型双钢轮振动压路机的振动控制系统是具有双振频调节和自动启振的电控系统。振动频率分高频(42Hz)和低频(31Hz)两档,高频和低频的转换由振动面板上的振动频率选择开关来控制。振动频率选择开关为开关式,它有"上位"(高频)和"下位"(低频)两个位置。

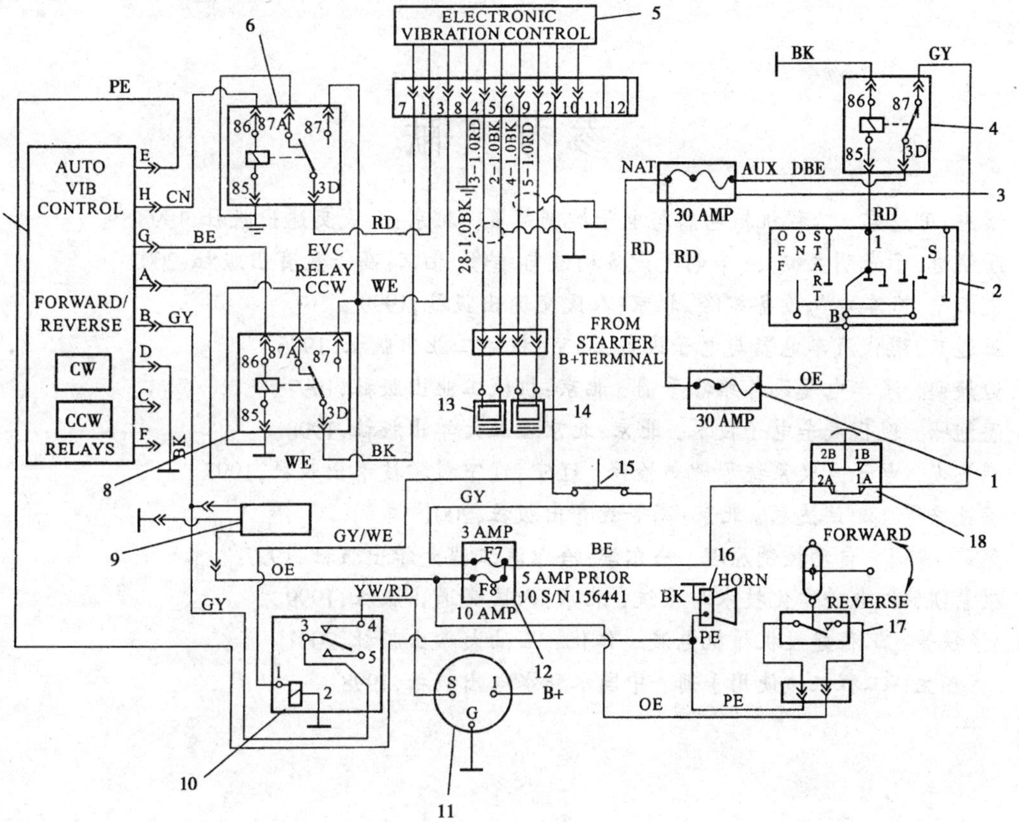

图 13-7 振动控制电路

1-点火开关熔断丝;2-点火开关;3-继电器熔断丝;4-点火开关继电器;5-振动控制器;6-前进振动继电器;7-自动振动控制器;8-后退振动继电器;9-速度传感器;10-压实表继电器;11-压实表;12-熔断丝;13-前轮振动电磁阀;14-后轮振动电磁阀;15-振动开关;16-喇叭;17-倒车开关

DD110 型双钢轮振动压路机有四个启振速度:1.2、2.0、2.8 和 3.2km/h,出厂设定值为 1.2km/h。启振速度可以根据需要自行设定,设定时将振动模式选择开关扳到"AUTO VIB"(自动振)位置,卸下振动控制模式盒盖,将"SPEED SETTING"(速度设定)中的相应速度开关和"VEHICAL TYPE"(机车类型)中相应的机车类型开关按下,启振速度便设定完毕。如果速度设定开关和机车类型开关均未被选定,则其默认值 1.2km/h 和 DD65 型机车。

启振速度设定后、把自动振动/手动振动或方式选择开关搬至 AUTO VIB ON 位置时,压路机钢轮将在车速达到设定速度时自动启振,压路机速度降至设定速度以下时压路机将自动停振。速度传感器将检测信号传给自动振动控制器,自动振动控制器通过 H、G 端分别控制前进、后退振动继电器线圈的通断电,使其 87/3D 触点闭合,自动振动控制器的控制信号通过 A 端、继电器的 87/3D 触点到振动控制器的 1、3 端,从而使振动控制器控制前轮、后轮振动电磁阀的工作。同时,压实表继电器的线圈通电,使其 3/4 触点闭合,速度传感器的信号通过继电器的 3/4 触点到压实表的 S 接线柱,压实表显示压路机的行走速度与振动频率的比率在一定范围时,压实效果最好,因此,操作人员可以根据压实表的显示来控制压路机的行走速度。当选择手动振动时,自动振动控制器直接通过前进、后退继电器和振动控制器来控制前、后轮电磁阀的工作,而不再受速度传感器的影响。

参 考 文 献

1 梁杰,王慧君. 工程机械电器与电子控制装置. 北京:人民交通出版社,1998

2 于明进,于光明主编.汽车电气设备构造与维修.北京:高等教育出版社,2002

2 裘玉平.汽车电气设备维修.北京:人民交通出版社,1999

3 王遂双.现代汽车电器与电子设备.北京:机械工业出版社,1996

4 边焕鹤.汽车电气设备维修手册.北京:机械工业出版社,1997

5 潘旭峰.现代汽车电子技术.北京:北京理工大学出版社,1998

6 麻良友.电子点火系统原理与检修.辽宁:辽宁科学技术出版社,1997

7 贾民平等.测试技术.北京:高等教育出版社,2001

8 苏群,王司.自动控制原理.哈尔滨:哈尔滨工程大学出版社,1997

9 梁景凯.机电一体化技术与系统.北京:人民交通出版社,1999

10 张铁等.工程建设机械机电液一体化.石油大学出版社,2001

11 肖燕生.工程机械使用手册.中国水利水电出版社,1998